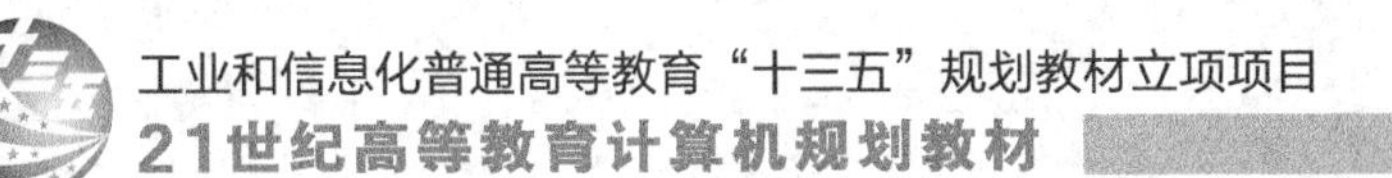

网页制作案例教程（第2版）

Web Homepage Design Case Tutorial (2nd Edition)

陈建孝 江玉珍 陆锡聪 余晓春 编著

人 民 邮 电 出 版 社
北 京

图书在版编目（CIP）数据

网页制作案例教程 / 陈建孝等编著. -- 2版. -- 北京 : 人民邮电出版社, 2017.1(2023.1重印)
21世纪高等教育计算机规划教材
ISBN 978-7-115-44265-9

Ⅰ. ①网… Ⅱ. ①陈… Ⅲ. ①网页制作工具－高等学校－教材 Ⅳ. ①TP393.092.2

中国版本图书馆CIP数据核字(2016)第314916号

内容提要

本书详细介绍了网页制作的基础知识及利用创作网页的三个工具软件——Dreamweaver CC、Photoshop CC、Flash CC进行网站管理、网页设计、图像处理、动画制作的方法和技巧，并通过综合案例介绍这些软件在网站设计上的融合贯通。

全书遵循由浅入深、循序渐进的原则，以案例驱动形式进行编排，内容全面，重点突出，实例丰富，步骤清晰，旨在把理论知识融入实际操作中，力求易教易学。

本书可作为高等院校“网页设计与制作”课程的教材，也可作为网页设计爱好者的入门读物。

◆ 编　　著　陈建孝　江玉珍　陆锡聪　余晓春
责任编辑　吴　婷
责任印制　沈　蓉　彭志环

◆ 人民邮电出版社出版发行　　北京市丰台区成寿寺路 11 号
邮编　100164　　电子邮件　315@ptpress.com.cn
网址　http://www.ptpress.com.cn
固安县铭成印刷有限公司印刷

◆ 开本：787×1092　1/16
印张：18　　2017 年 1 月第 2 版
字数：496 千字　　2023 年 1 月河北第 11 次印刷

定价：45.00 元

读者服务热线：(010)81055256　印装质量热线：(010)81055316
反盗版热线：(010)81055315

前　言

在网络越来越深入人类生活的现代信息化社会，Internet 的应用已普及到人们生活、学习和工作等各个层面。网站作为政府、企业等的信息宣传平台，越来越受到人们的重视，因此越来越多的人员从事网站建设和维护工作，网页的设计与制作成为许多人渴望掌握的技能之一。

编者在总结第 1 版教材多年使用的经验基础上，分析国内外多种同类教材，结合高等学校计算机基础教学发展趋势，并根据近几年教学改革的实践经验，按照社会对各类人才网络知识和技能的高标准要求，应用最新的 Web 开发标准和设计方法，编写了本书。

本着由浅入深、循序渐进的原则，全书系统地对网页设计基础知识、工具软件功能使用和实际应用开发等进行了讲解，力求内容翔实、图文并茂、操作直观、实例丰富，在介绍理论的同时也注重实际操作，使读者能够在实践中轻松掌握网页制作技巧与网页设计工具的使用方法，进而能在实际中应用。

本书章节内容按照高等院校普遍使用“网页设计与制作”课程的教学大纲进行编排，并具有如下特点。

（1）内容新颖。本书包含了目前流行的、最新的 3 款经典网页制作软件：Dreamweaver CC 2015、Photoshop CC 2015 和 Flash CC 2015。这些软件组成了一套优秀的也是目前流行的网页制作和网站管理软件。

（2）简单实用。本书最为突出的特点是实用性，既注重了网页制作过程的讲解，同时还较为全面地介绍了网页设计的方法等，不但有理论的阐述，更注重实践的操作，读者读完本书后，即可独立地制作、发布功能完善的网页。

（3）循序渐进。从网页设计的入门基础知识开始，本书全面系统地介绍了网页设计、制作与发布的全过程，以及网站开发的基本知识，其中包括非可视化的网页编辑语言 HTML、构建网页基本结构的软件、图像处理软件以及动态网页制作软件等，使读者在阅读过程中不必再参考更多的书籍。

（4）案例典型。每章都使用各种例子进行讲解，而且每章后基本上都有使用该软件制作网页的综合实例，给出了相关的技巧提示。每章给出相应的练习题和实验题可作为学生作业和上机实验时的内容。

（5）资源丰富。本书配备完善的教学资源，包括：

① 教学课件；

② 相关素材文件，包括教学案例素材、实验案例素材等；

③ 网络考试软件系统及题库；

④ 实验和实践网站。

我们竭诚为使用本教材的学校提供教学服务。教学课件和相关素材文件请登录人邮教育社区（http://www.ryjiaoyu.com.cn）免费下载。

本书由陈建孝拟定提纲并对全书统稿，陈建孝、江玉珍、陆锡聪和余晓春参加编写和审核。上述各位老师均有15年以上的教龄和丰富的教学实践经验。其中，第1章和第2章由陈建孝编写，第3章和第4章由余晓春编写，第5章～第11章由江玉珍编写，第12章和第13章由陆锡聪编写。

由于编者水平有限，时间仓促，书中定有不妥和错误之处，恳请读者批评指正。

编　者

2016年11月

目　录

第 1 章 网站与网页概述

- 了解 Internet、Web、网站和网页的基本概念
- 了解网站、网页与主页之间的相互关系
- 掌握网站建立及管理方法
- 了解网站的开发设计应遵循的基本原则
- 了解网页设计的常用工具软件

1.1 网站与网页基础知识

网站规划与网页制作是一项综合性非常强的工作，需要设计者具备一定的 Internet 基础知识，理解 Web 的工作原理，对网页的类型风格和网页制作软件有所认识，才能有目标、有步骤、有方法地开展开发设计工作。

1.1.1 Internet 与 Web

Internet 中文译名为因特网，又叫作国际互联网。它是由使用公用语言互相通信的计算机连接而成的全球网络。Internet 起源于美国，前身是美国国防部资助建成的 ARPANET 网络。ARPANET 网络始建于 1969 年，该项目实现了信息的远程传送和广域分布式处理，且比较好地解决了异地网络互联的技术问题，为 Internet 的诞生和以后的发展奠定了基础。随后不久推出的 TCP/IP（传输控制协议/互联网络协议）扫清了计算机互联的主要技术障碍，从根本上解决了不同类型计算机系统之间通信的问题。此后，网络进入了一个大发展时期。目前，Internet 已成为世界上覆盖面最广、规模最大、信息资源最丰富的计算机网络。Internet 的用户遍及全球，有数亿人在使用 Internet，并且它的用户数还在不断地快速增长。对计算机用户而言，Internet 的应用使他们不再被束缚于分散的计算机上，而使他们能够脱离特定网络的约束。用户只要拥有一台计算机和一个网络接入设备，然后向 Internet 服务提供商（Internet Services Provider，ISP）申请一个账号，便可进入 Internet，共享网上其他计算机系统中的资源、相互通信和交换信息。因此，Internet 已成为人们走向世界、了解世界、与世界沟通的重要窗口。

Internet 的发展之所以如此迅猛，一个很重要的原因是它提供了许多受大众欢迎的服务，包括：WWW（万维网）、E-mail（电子邮件）、FTP（文件传输协议）、Telnet（远程登录）、Gopher（一种由菜单式驱动的信息查询工具）和 BBS（电子公告牌服务）等。

如果说 Internet 采用超文本和超媒体的信息组织方式将信息的链接扩展到整个 Internet 上，那么，Web 就是一种超文本信息系统。Web 的一个主要的概念就是超文本链接，它使得文本不再像一本书一样是固定的、线性的，而是可以从一个位置跳到另外的位置，从而可获取更多的相关信

息。许多新闻网站，如搜狐、新浪等，当我们单击选择一个新闻主题后，就会显示出相关新闻的内容，同时也会提供相似的或相关的其他主题供我们选择，这正是Web特有的多链接性。

1.1.2 Web的工作原理

Web是由分布在Internet中的Web服务器组成的。所谓Web服务器，就是那些对信息进行组织、存储并将其发布到Internet中去，从而使得Internet中的其他计算机可以访问这些信息的计算机。

在Web中使用的通信协议是HTTP协议，通过HTTP协议实现客户端（浏览器）与Web服务器的信息交换。当用户通过浏览器向Web服务器提出HTTP请求时，Web服务器根据请求调出相应的网页文件，网页文件类型有HTML、XML、ASP或JSP。对HTML或XML文档，Web服务器直接将该文档返回给客户端浏览器；而对ASP或JSP文档，Web服务器则首先执行文档中的服务器脚本程序，然后把执行结果返回。

Web的基本工作原理如图1-1所示。

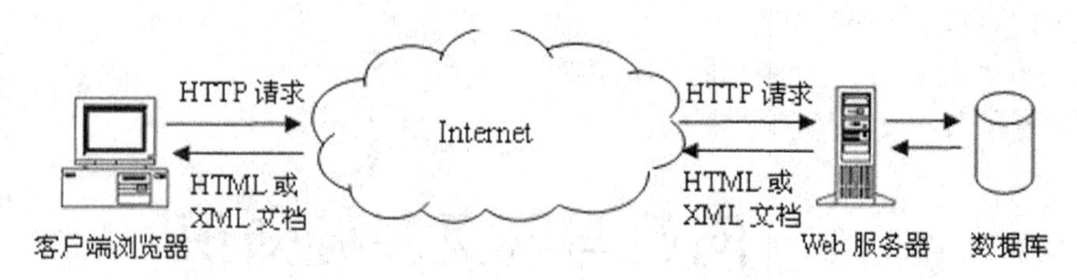

图1-1 Web的工作原理

现在，许多Web应用都是和数据库结合在一起的，服务器端脚本程序主要负责通过开放数据库互连（Open Database Connectivity，ODBC）与数据库服务器建立连接，完成必要的查询、插入、删除、更新等数据库操作，然后利用获得的数据产生一个新的、包含动态数据的HTML或XML文档，并将其发送回客户端浏览器，最后由浏览器解释并显示数据及信息。XML（Extensible Markup Language）为可扩展标记语言，它与HTML一样都是标准通用标记语言。

1.1.3 网站、网页与主页

网站（Website）就是指在Internet上向全世界发布信息的站点。它是根据一定的规则，使用HTML等工具制作的，建立在网络服务器上的一组相关网页的集合。网站是一种信息平台，它通常提供网页服务（Web Server）、数据传输服务（Ftp Server）、邮件服务（Mail Server）和数据库服务（Database Server）等多种服务。

网页（Web Page）是网站提供信息服务的主要形式。网页主要用于展示网站中特定的内容，要使用网页浏览器来阅读。网页尽管可以有多种格式，但通用标准是超文本标记语言（HyperText Markup Language，HTML）。这种语言可以用于创建辅以图像、声音、动画和超级链接的格式化文本。另一种比较流行的语言是XML，它是HTML的衍生语言。当使用HTML和XML制作静态网页不能满足需求时，还可以使用CGI、JSP、ASP和PHP等技术建立动态网页。

网站是一组相关网页的集合，而网页是网站中的一个页面。如果将Internet上的资源看成一个大型的图书馆，那么“网站”就像图书馆里各式各类的书，而“网页”则是书中具体的某一页。在Internet中，每个网页都具有唯一的地址，即“网址”。网址由统一资源定位器（Uniform Resource Locator，URL）指定其在Internet上的位置。

主页（Homepage）是网站中最重要的页面，是整个网站的导航中心，它提供全面的网站信息链接，能够使访问者快速地了解网站的概貌。除主页外，网站中由主页链接的其他网页称为“内页”或“栏目页”。进入一个网站时看到的第一页是首页，许多网站的首页就是主页，但有些网站将首页与主页分开，此时首页与主页就像一本书的封面与目录一样。

1.1.4　静态网页与动态网页

根据网页制作的技术及网页功能，网页通常分为静态网页和动态网页。

静态网页及动态网页的区别并非指网页上是否存在“动态视觉效果”，而是指其网站上是否运用了动态网页生成技术。

静态网页是指纯粹 HTML 格式的网页，早期的网站一般都是由静态网页构成的。每个静态网页都有一个固定的 URL，其 URL 以“.htm”“.html”“.shtml”“.xml”等常见形式为后缀，且不含有“?”，如“http://sports.sina.com.cn/china/afccl/2016-04-20/doc-ifxriqqv6353523.shtml”。

静态并不是指网页中的元素都是静止不动的，而是指网页被浏览时，在 Web 服务器中不再发生动态改变（没有表单处理程序或者其他应用程序的执行），因此网页不是即时生成的。在静态网页上，仍可以看到一些 GIF 动画、Flash 动画等视觉上的“动态效果”。

动态网页是与静态网页相对而言的，其显示的内容是可以随着时间、环境或者数据库操作的结果而发生改变的。同一个动态网页，不同时间、不同用户或不同地点打开，其显示结果也可能是不同的。动态网页并不是独立存在于服务器上的网页文件，它是服务器依据用户请求临时生成并返回给用户的网页。动态网页中除了普通网页中的元素外，还包括一些应用程序，这些应用程序使浏览器与 Web 服务器之间发生交互行为，而且应用程序的执行需要应用程序服务器才能够完成。

动态网页的 URL 以“.asp”“.jsp”“.php”“.perl”“.cgi”等为后缀，且在动态网页网址中常有一个标志性的符号“？”，如“http://mail.163.com/errorpage/err_163.htm?errorType=460&errorUsername=abc123@163.com”。

运用了动态网页技术的网站可以实现更多的功能，如用户注册、用户登录、在线调查、用户管理、订单管理等，其通常以数据库技术为基础，开发难度及工作量比只有静态网页的网站要大，但在后期的网站维护及更新上却更为灵活便利。

1.2　网站建立及管理

如果想在 Internet 上建立自己的 Web 站点，必须先注册域名和申请站点空间。只有注册了域名并申请了网站空间后，才能将用户制作的网页发布到该空间上供他人浏览。

1.2.1　注册、购买域名

由于 IP 地址难以记忆，因此诞生了域名（Domain Name），域名是与 IP 地址相对应的一串字符，用于在数据传输时标识计算机的电子方位（或指地理位置）。注册域名是在 Internet 上建立网站服务的基础，一个好记而漂亮的域名对一个网站的成功运营起到不可估量的作用。

在设计域名时，要注意以下 2 点：（1）简明易记，便于输入；（2）有一定的内涵和意义。一个好的域名最好能采用短而易记的拼音或单词，朗朗上口，让人看一眼就能记住。事实证明，过长的域名往往难以被人们记住，这样网站也难以得到推广。有一定意义和内涵或意义的域名，不但可记性好，而且有助于实现企业的营销目标。例如企业名称、产品名称、商标名、品牌名等都是不错的选择，这样能使域名与品牌更好地结合在一起，加深人们对企业的印象，提高企业的营销目标。

用户注册域名的方法如下。

（1）确定一个 CNNIC（中国互联网络信息中心）认证的域名注册服务机构，如“万网”

（https://wanwang.aliyun.com/）、“你好万维网”（http://www.nihao.net/）等。图 1-2 所示为万网主页，该网页左侧提供了“域名服务”板块。

图 1-2　万网网站

（2）在该机构首页中查询所设计的域名是否已经被注册，如该域名已被注册了，用户可选择另外设计的域名，也可选择系统提供的与原域名相近的未注册域名，如图 1-3 所示，输入 pagesdesign，域名格式选择 com，查询结果是：pagesdesign.com 已注册，系统同时提供 pagesdesign.cn 等未被注册域名供用户选择。

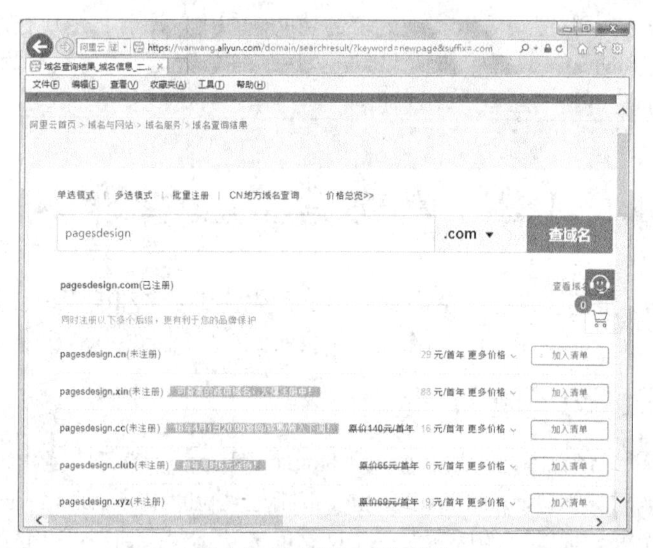

图 1-3　中国万网查询域名

（3）购买域名：将所需域名加入清单，提供个人信息并进行购买，一般购买价格与域名格式及使用年限挂钩。

目前，国际应用最广泛的域名格式有“.com”“.net”“.org”等。“.com”一般用于商业性的机构或公司，“net.”一般用于从事与 Internet 相关的网络服务的机构或公司，“.org”一般用于非营利的组织或团体。此外，“.cn”是由我国管理的顶级国家域名，当前选择注册“.cn”域名的企业越来越多，已超越了“.com”在全球具有最大的市场。

1.2.2　申请网站空间

网站是建立在网络服务器上的一组 Web 文件，需要占据一定的服务器硬盘空间。网站建设者可通过以下方式建立网站空间。

1. 使用免费网站空间

有的 ISP（Internet 服务提供商）会提供一个免费的网站空间供用户使用，注册后，用户可直接上传要发布的网页。但免费网站空间中用户的权限往往受到很大限制，许多高级功能都不能使用，服务质量也较差，有时会严重影响网络营销工作的开展。

2. 租用虚拟主机

用户通过 ISP 网站平台实现租借，“万网”（https://wanwang.aliyun.com/）和“你好万维网”（http://www.nihao.net/）也提供了相关服务，图 1-4 所示为万网主页的“主机服务”板块，图 1-5 所示为万网提供的主机服务类型。这些 ISP 网站平台上面提供了多种虚拟主机类型，它们在内存、空间、流量等服务功能不尽相同，虚拟主机租金也相应不同。用户可结合自己网站的规模及租金费用选择合适的类型的申请。

图 1-4　万网“主机服务”

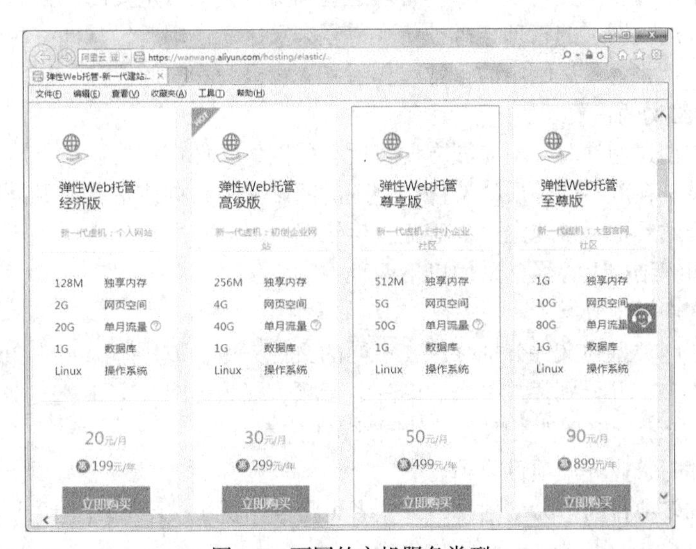

图 1-5　万网的主机服务类型

虚拟主机的特点是多个用户共用一个服务器，但各用户分别占用不同的硬盘空间，使用不同的域名、不同的 IP 地址。这样对每一个用户而言，是感觉不到其他用户存在的。

3. 租用专用服务器

该方式与租用虚拟主机相似，不同的是服务器只供一个用户使用，服务器性能稳定、效率高。但其费用比租用虚拟主机要高得多。

4. 使用自己的服务器

用户（如大型的机构或公司）也可以购买自己的服务器，选择好 ISP 后将服务器接入 Internet，这样网站就可建立到自己的服务器上，这种方式中用户对服务器拥有最高的管理权和控制权，同时也需要具备一定的服务器维护管理能力。

1.2.3 上传网站内容

确定了服务器“地址”“用户名”和“密码”后，用户就可以上传 Web 文件了。网站上传的实现方法有以下 3 种。

1. 使用 IE 浏览器上传文件

使用 IE 浏览器上传文件时，通过 FTP 方式登录 ISP 服务器，即在 IE 浏览器地址栏中输入“FTP：//”加 ISP 的 IP 地址。转入后服务器将需要输入用户名和密码进行登录，然后就可以同操作 Windows 的文件管理器一样管理用户的网站空间。

2. 使用专业的 FTP 工具上传文件

专业的网站技术人员希望能够更好地控制传输的过程，如随时知道正在传输哪个文件，已经传输了多少。这里可以使用专业的 FTP 工具来进行传输。专业的 FTP 工具很多，如 CuteFTP 和 LeapFTP 等。

3. 使用 Dreamweaver 上传文件

网页制作工具 Dreamweaver 也提供了上传文件的操作，选择菜单栏“站点”|“管理站点”选项，可以选择服务器的访问方式，设置服务器参数并实现网站内容的上传。具体操作方法见本书后面相关章节。

1.2.4 网站维护管理方法

一个网站通常由许多网页构成，如何管理这些网页也是非常重要的。当一个网站的网页数量增加到一定程度以后，网站的管理与维护将变得复杂又困难。因此，掌握一些网站管理与维护技术是非常重要的，这将为日后网站的正常运作节省大量人力和时间。

1. 网站文件结构的设置

网站开发者在创建网站时，不应图方便将所有的网站文件都存放在一个站点目录下，而是要使用不同的文件夹来存放不同性质的文件。合理的网站文件结构使站点资源分类清晰，便于开发者及管理者在对网站维护时快速定位，避免发生错误。

在网站文件组织结构上，通常采用以下两种方案。

方案一：按文件类型分类。

开发者可将不同类型的文件分别存放在不同的文件夹中，如用“pages”“images”“sounds”“videos”命名文件夹，并分别存放网页、图片、音频、视频等网站文件，这种分类方法适用于中小型网站。图 1-6 所示为按文件类型分类的网站结构。

方案二：按部门、业务或项目分类。

对于多业务或多项目的中大型网站，开发者可将网站资源按不同的主题或业务性质进行分类存放。例如企业网站，可用“company”“product”“news”“service”及“market”等命名文件夹，分别存放“公司介绍”“产品介绍”“新闻中心”“服务中心”“销售网络”等不同项目的网页及相关资料。对于较大型的网站，按部分、业务或项目分类后，还可以采用方案一的方式再对同一项目内的文件按类型进一步细分及存储。图 1-7 所示为按部门、业务或项目分类的网站结构。

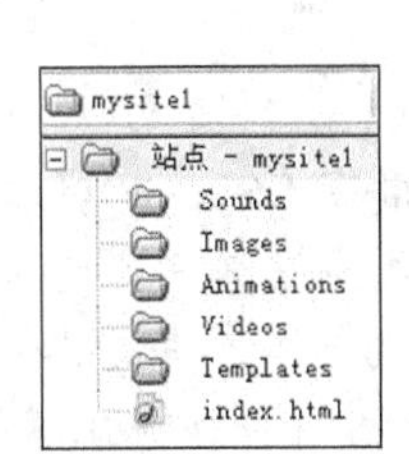

图 1-6　按文件类型分类的网站结构

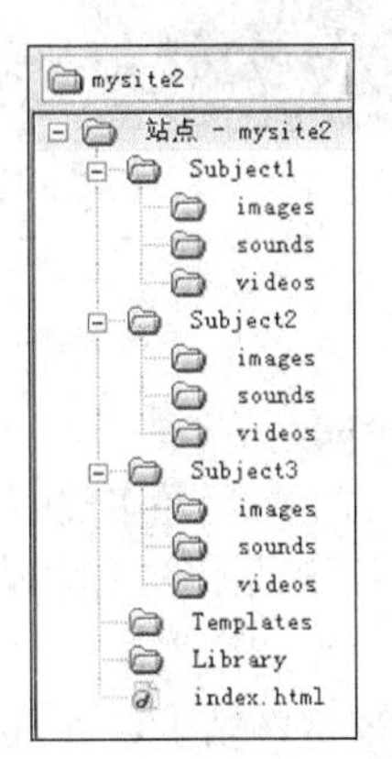

图 1-7　按部门、业务或项目分类的网站结构

2. 网站文件管理原则

（1）在进行网站开发之前，开发者就应具备管理网站存储目录的意识，并事先建立合适的网站文件结构，这将给以后的开发工作带来很多方便。

（2）网站的首页文件通常是“index.html”或“default.html”，它必须存放在网站的根目录中。

（3）网站使用的所有文件都必须存放在站点的文件夹或者子文件夹中。用 URL 方式进行链接的内容或者页面可以不存放在站点文件夹中。

（4）相同路径下的文件或文件夹不能同名。

（5）尽量不要通过文件操作方式直接进行网站文件的删除、重命名或者移动等，这样容易使已经设计好的网页出现链接错误。所有这些操作应通过站点管理器来完成。

1.3　网站的开发设计

建立一个网站不仅仅是完成一组网页的设计，一个优秀的网站应事先进行一系列的调查、分析和规划。首先应做好充分的市场调查和目标分析，明确网站的类型和设计目标，对网站的内容、风格及技术等做出恰当的定位，在提出一个合理方案的基础上再实现网站开发。一个经过认真策划和设计的网站，是艺术和技术的完美体现。

1.3.1　网站类型的确定

Internet 上的网站种类繁多，按功能和主体性质的不同可分成以下几类。

1. 资讯门户类网站

资讯门户网站是 Internet 上最普遍的形式之一，这类网站涵盖的信息量大、访问群体广，信息更新快，通常非常注重网站与用户之间的交流。其开发的技术主要涉及 3 个因素：（1）承载的信息类型；（2）信息发布的方式和流程；（3）信息量的数量级。目前，大部分的政府机构、新闻机构的综合门户网站都属于该类网站，如首都之窗（www.beijing.gov.cn）和搜狐网（www.sohu.com），如图 1-8 所示。此外，还有一些资讯类网站属于有偿资讯网站，其提供的资讯要求有偿回报，如视频观看网站、在线读书网站等。

图 1-8　资讯门户类网站

2. 交易类网站

该类网站的主要目是实现商务交易。交易对象可以是商家对商家（B2B），可以是商家对消费者（B2C），还可以是消费者对消费者（C2C）。有三个内容是这类网站必须实现的：（1）商品如何展示；（2）订单如何生成；（3）订单如何执行。这类网站的成功与否，其关键在于业务模型的优劣，同时也要求网站中运行的程序要具备极高的安全性和稳定性。该类网站中最著名的当数亚马逊（www.amazon.com）、淘宝网（www.taobao.com）、当当网（www.dangdang.com）等。图 1-9 所示为淘宝网和当当网。企业为配合自己的营销计划搭建的电子商务平台，也属于这类网站，如海尔的网上商城（www.ehair.com）等。

图 1-9　交易类网站

3. 企业品牌类网站

企业品牌网站建设用于展示企业综合实力，树立企业形象，体现企业 CIS（Corporate Identity System，企业识别系统）的品牌理念。企业品牌网站非常强调创意，对美工设计要求较高，精美的 Flash 动画是常用的表现形式。网站内容、组织策划、产品展示体验方面也有较高的要求。网站利用多媒体交互技术、动态网页技术，针对目标客户进行内容建设，以达到品牌营销传播的目的。图 1-10 所示为著名的企业品牌网站。

4. 搜索引擎网站

搜索引擎（Search Engine）是指根据一定的策略，运用特定的计算机程序从互联网上搜集信息，在对信息进行组织和处理后，为用户提供检索服务，将用户检索相关的信息展示给用户。搜索引擎网站功能包括用户查询、信息搜集、信息分类三部分。从用户的角度看，搜索引擎提供一个包含搜索框的页面，在搜索框输入检索关键词，通过浏览器提交给搜索引擎后，搜索引擎就会返回跟关键词相关的信息列表供用户参考。搜索引擎网站看似页面简单，却涉及信息检索、统计数据分析、数据挖掘等非常多领域的综合技术，挑战性大。搜索引擎网站往往投资巨大、效益可观。中国地区常用搜索引擎网站有百度（www.baidu.com）、搜狗（www.sogou.com）等，如图 1-11 所示。

图 1-10　企业品牌类网站

图 1-11　搜索引擎网站

5. 办公类网站

办公类网站主要包括企业办公事务类网站、政府机构办公管理网站等。该类网站多为政府、企业机构为办公自动化而建立的内部网站，相当于一个在线的办公管理系统，主要功能是实现办公事务管理、人力资源管理、财务资产管理等。

6. 互动游戏网站

这是近年来国内逐渐风靡起来的一种网站。这类网站的投入是根据所承载游戏的复杂程度来定的。现在许多该类网站的发展趋势是向超巨型方向发展的，其建设的投入非常惊人。互动游戏网站的目的是创建独立、新奇的网络世界和游戏机制，吸引用户投入参与游戏并从中获利。

7. 个人网站

个人网站是以个人名义开发创建的具有较强个性化的网站，一般是个人因兴趣爱好或为了自我展示而创建的。个人网站往往带有很明显的个人色彩，无论从内容、风格或样式上都显得形色各异。目前个人网站更多是以“博客”的形式呈现在网络上。而博客（Blogger）指写 Blog 的人，Blog 是“网络网志”。

在实际应用中，很多网站往往不能简单地归为某一种类型，无论是建站目的还是表现形式都可能涵盖了两种或两种以上类型。设计制作一个网站，首先一定要明确所开发网站的类型，清楚该网站的用途，才能确定合理主题及风格，运用适当的方法和技术，更好地完成设计目标。

1.3.2 网站整体风格的定位

网站的风格主要指网站的色彩、版式等方面给浏览者的整体视觉感受。不同类型、不同主题的网站都应具有自己的独特的风格。例如资讯型网站的设计应简洁整齐，不需要太多花俏的装饰以转移读者的视线；商务型的网站要稳重大方，各功能模块易看易用，给人以规范、可信任的感觉。整体上讲，在设计网站风格上，既要突出网站的 Logo 标识，又要让网站主页和内页均具备一致的色调或排版样式，突出网站特有的统一风格。

1.3.3 网站标识与色彩设计

1. 网站标识

网站标识也称为网站 Logo。如同商品的商标一样，网站 Logo 是传播特殊信息的视觉文化语言，是站点特色和内涵的体现，其作用是加深访问者对网站的印象，提高网站的知名度，并最终形成网站文化的标志。

网站 Logo 可以是字母、文字、符号或图案，也可以是文字加图案的结合体。在设计上，网站 Logo 除了与该网站整体风格相融合外，还应遵循以下原则：①构图简洁，个性突出；②形象生动，易于识别；③内涵明确，精美隽永。以下是一些大家非常熟悉的 Logo 个例，其中图 1-12 所示为搜狐网 Logo，图 1-13 所示为京东网 Logo，图 1-14 所示为 360 网 Logo，图 1-15 所示为百度系列 Logo，其中左图为普通工作日 Logo，中间图为“520”Logo，右图为“中秋节”Logo。

图 1-12　搜狐网 Logo

图 1-13　京东网 Logo

图 1-14　360 网 Logo

图 1-15　百度系列 Logo

2. 网站色彩设计

色彩是人的视觉元素之一，不同的色彩有着不同的象征含义，代表不同的情感及理解。网站色彩的运用是网站设计中一个相当重要的环节，这将直接影响到访问者对网站的整体评价。其中，网站标准色彩主要用于网站的标志、标题、主菜单和主色块，给人以色调统一的感觉。至于其他色彩也可以使用，只是作为点缀和衬托，绝不能喧宾夺主。适合于网页标准色的颜色有蓝色、黄/橙色、黑/灰/白色三大系列色，要注意色彩的合理搭配。一般来说，一个网站的标准色彩不超过 3

种，太多则让人眼花缭乱。

1.3.4　网站导航与布局设计

1. 网站导航设计

一个优秀网站应具备良好的导航功能，导航的作用是引导访问者游历网站的各类信息。所以，网站的主页及内页建议使用相同的导航栏，并置于相同的位置上。导航栏的设计要醒目，既可以是文本链接，也可以是一些图形按钮。一般来说，导航栏通常位于网页的顶部或一侧。

2. 版面布局设计

网站设计者在进行整体的网页排版布局时，如何综合运用文字、图片、色彩、网站 Logo、导航等元素，设计出令人满意的、风格独特且具备美感的页面效果呢？网页版面设计可能更需要经验，对新手而言，参考大量优秀网站的设计不失是一个获得灵感的方法。一个好的网页布局应该给人一种平稳、成熟的感觉，不仅表现在文字、图像的恰当运用，还体现在色彩的巧妙搭配，形成整体协调美观的页面效果。

在网页布局设计上，最好先进行纸上草案绘制，综合考虑各种元素的对称性、对比性、疏密度、比例分布等因素，不断精细化、具体化，然后再定稿。一些布局上的不足之处可以用小方法进行修正，如网页的白色背景太单调，则可以加入底纹或色块；又如版面太零散，可以用线条和符号串联紧凑化。这样，经过不断的尝试和推敲，网页一定会生动亮丽起来。

1.4　网页制作的主要工具软件

“工欲善其事，必先利其器”，正确选择适合的网页制作工具，是高效制作优秀网页作品的第一步。下面介绍常用的网页制作工具软件。

1.4.1　网页设计软件——Dreamweaver

Dreamweaver 是一款“所见即所得”的网页编辑工具，其用户界面非常友好易用，为网页设计者带来了很大的便利。它采用多种先进技术，能快速有效地创建极具表现力和动感效果的网页，使网页的创作过程变得非常简单。Dreamweaver 既是一款专业的 HTML 编辑器，也支持最新的 XHTML 和 CSS 标准，还可以在其中使用服务器语言（如 ASP、ASP.NET、JSP 和 PHP 等）生成支持动态数据库的 Web 应用程序。值得称道的是，Dreamweaver 不仅提供了强大的网页编辑功能，而且提供了完善的站点管理机制，可以说，它是一个集网页创作和站点管理两大利器于一身的创作工具。

1.4.2　图像处理软件——Photoshop

Photoshop 是一款专业的图像处理软件，也是目前最畅销的图像编辑软件。Photoshop 功能强大，为美工设计人员提供了广阔的创意空间，无论是对颜色、明度、色彩的调整，还是对轮廓、滤镜的特效设计，Photoshop 均做到游刃有余、尽善尽美。目前，Photoshop 广泛应用于网页图像编辑、桌面出版、广告设计、婚纱摄影等各行各业，成为许多涉及图像处理的行业的事实标准。

1.4.3　动画设计软件——Flash

Flash 是一款优秀的网页动画制作软件，主要应用于网页设计和多媒体创作等领域。Flash 可以很方便地将音乐、声效、图画以及动画结合起来。利用它，网页设计者可以创作出漂亮而富有新意的导航界面。Flash 不仅功能强大，而且易学易用，最吸引人的是用 Flash 生成的 SWF 作品文件“体积”小得出奇，并且可以以插件的形式直接插入到网页中，通常几分钟的复杂动画才几百 KB 大小，是目前网络中最常用的动画格式。

在以上介绍的 3 种工具软件中，Photoshop 由美国 Adobe 公司开发，而 Dreamweaver 和 Flash 最初是美国 Macromedia 公司的产品，2005 年 4 月 Macromedia 公司被 Adobe 公司收购，Dreamweaver、Flash 同 Photoshop 一起成为了 Adobe 的系列产品（AdobeCreative Suite）。合并后 Adobe 重新整改旗下的系列软件，使它们的工作界面具有相似的外观和操作方式，这样网页设计者在学习和使用 Adobe 这些软件时就能融会贯通，轻松过渡。

1.5 课后实验

上传第 1 个网页到网站。FTP 上传 default.html 文件到读者的网页学习空间，并浏览，效果如图 1-16 所示。

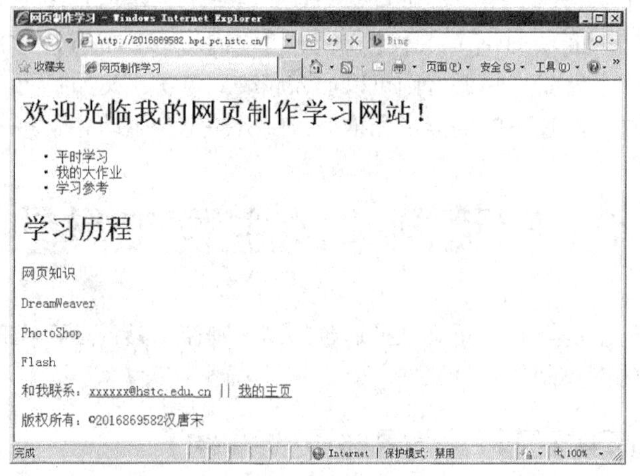

图 1-16　第 1 个网页效果

实验要求如下。

（1）打开 Windows 资源管理器，在地址栏中输入：ftp://pc.hstc.cn，并浏览，如图 1-17 所示。

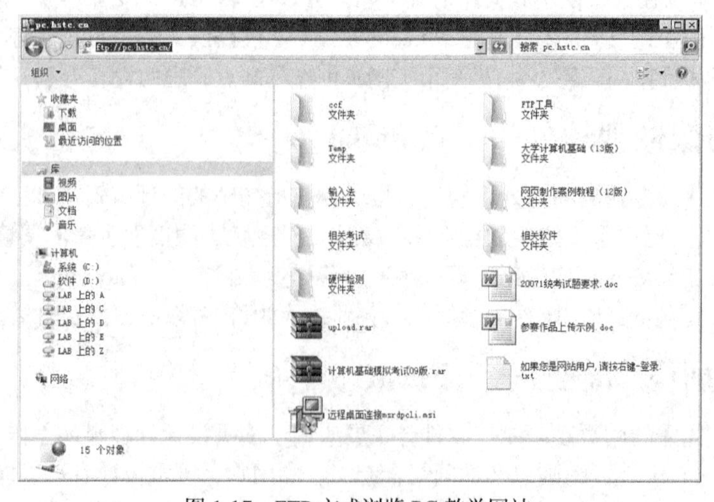

图 1-17　FTP 方式浏览 PC 教学网站

（2）右键单击网站空间空白处，在快捷菜单中单击“登录”命令，如图 1-18 所示；在弹出的“登录身份”对话框中输入用户名和密码，如图 1-19 所示；单击“登录”。用户名为读者的学号，初始密码为读者的生日（8 位，格式为“YYYYMMDD”）。

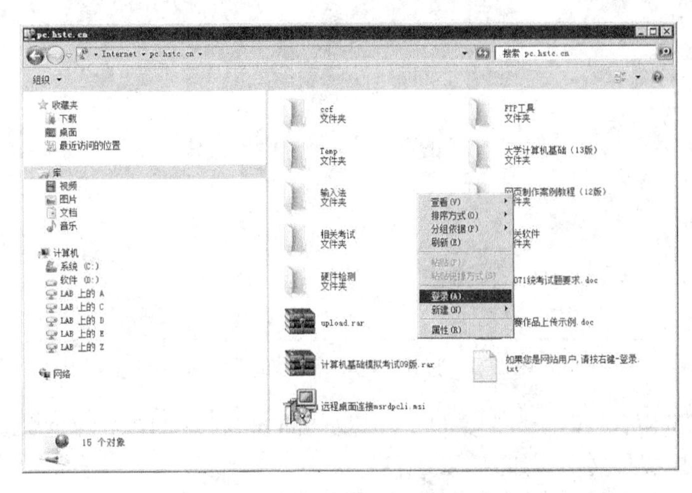

图 1-18　以 FTP 登录 PC 教学网站

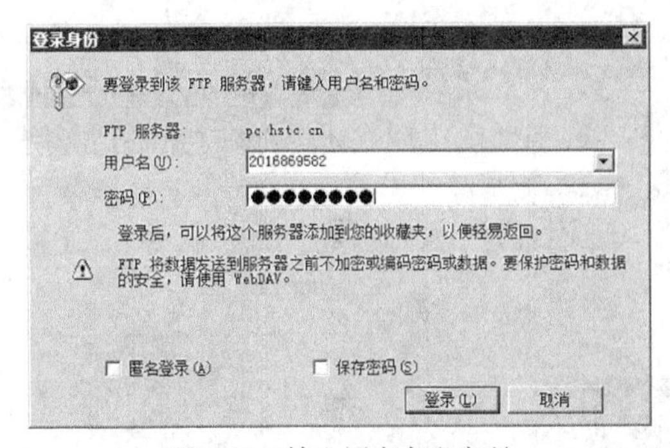

图 1-19　输入用户名和密码

（3）打开“网页制作{班号}实验区”文件夹，如“网页制作 20168695 实验区”文件夹，如图 1-20 所示；再打开“{学号}{姓名}”文件夹，如“2016869582 汉唐宋”文件夹，如图 1-21 所示。

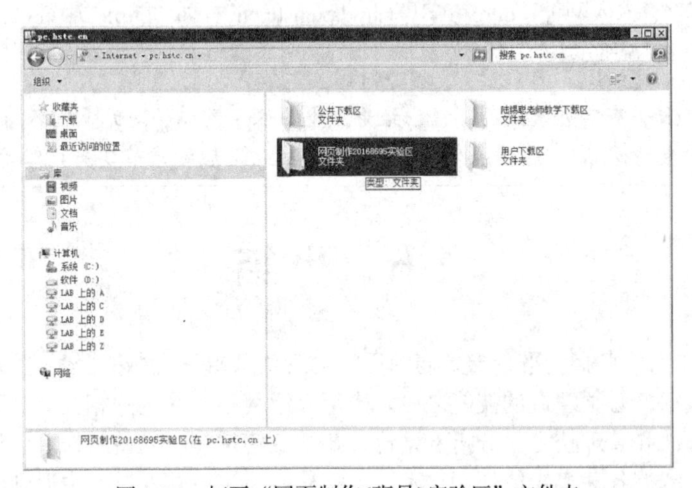

图 1-20　打开“网页制作{班号}实验区”文件夹

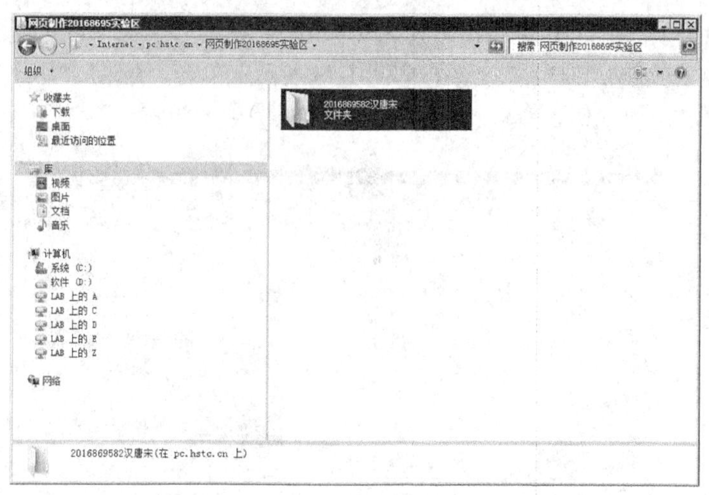

图 1-21　打开“{学号}{姓名}”文件夹

（4）另外打开资源管理器，复制素材文件“default.html”，如图 1-22 所示；粘贴上传该文件到“{学号}{姓名}”文件夹中，如图 1-23 所示。

图 1-22　复制素材文件“default.html”

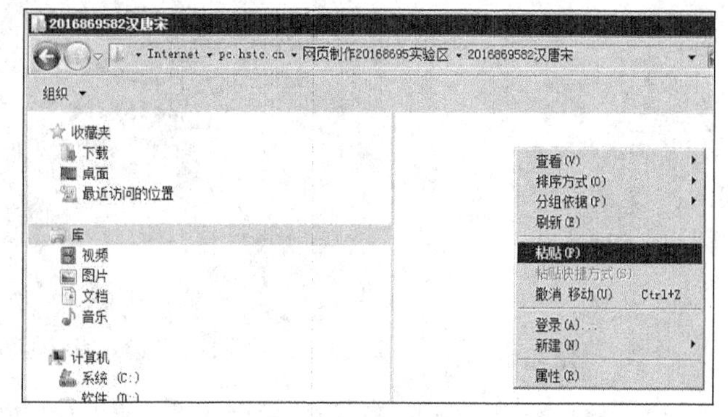

图 1-23　粘贴上传文件

（5）打开浏览器，输入网址“http://{学号}.hpd.pc.hstc.cn”，如“http://2016869582.hpd.pc.hstc.cn”，并浏览，效果如图 1-16 所示。

本书配套有实验实践网站，已经为师生建立了网站，网站空间各自独立，教师可以管理任课学生的网站，但学生只能管理本人的网站。后续章节实验内容均需上传到该网站。

1.6　小结

Internet 网站作为信息交流平台与人们的日常生活息息相关，网站建设维护及网页设计制作也成为当今高素质人材所必须掌握的技能之一。本章介绍网站与网页的相关概念和基础知识，重点讲解网站建立的方法和管理技术，分析网站设计要涉及建站前的准备工作。设计者需要具备一定的网络基础知识，掌握各种多媒体处理技术，才能从容地应对开发过程中遇到的各种问题。

1.7　练习与作业

一、选择题

1. 关于站点与网页说法不正确的是（　　）。

A. 制作网页时，常把本地计算机的文件夹模拟成远程服务器的文件夹，因此本地文件夹也称为本地站点

B. 制作完成的网页最后要放置在 Web Server 上

C. 完成作品后再将本地文件夹里完成的作品上传到服务器中成为真正的网站，服务器即远端站点

D. 制作者可以在服务器上制作网页

2. 关于首页和主页，不正确的说法是（　　）。

A. 浏览网站时最先访问的页为首页

B. 首页就是主页，没有区别

C. 主页是整个网站的导航中心

D. 首页和主页可以是同一页

3. 在同一站点下的网页之间链接使用的路径是（　　）。

A. 绝对路径　　B. 完全路径

C. 相对路径　　D. 基于站点根目录的相对路径

4. 浏览器是一种（　　）。

A. 系统程序　　B. 编程工具　　C. 服务器端程序　　D. 客户端程序

5. 几个表示中，正确的主页地址是（　　）。

A. http://www.baidu.com/　　B. http://www,baidu.com/

C. www@baidu.com　　D. www@baidu,com

6. 域名“.edu”表示（　　）。

A. 教育机构　　B. 商业组织　　C. 政府部门　　D. 国际组织

7. WWW 浏览采用（　　）的信息组织方式。

A. 超文本和超链接　　B. 超媒体和超链接

C. 超文本和超媒体　　D. 以上都不是

8. 网页是用（　　）编写，通过 WWW 传播，并被 Web 浏览器翻译成为可以显示出来的集文本、超链接、图片、声音和动画、视频等信息元素为一体的页面文件。

A. C++语言　　B. C 语言　　C. HTML 语言　　D. Basic 语言

二、问答题

1. 人们可以使用连接到 Internet 的计算机查看 Internet 上的网页，请读者按自己的理解描述在浏览网页的过程中，信息传递的方式和过程。

2. 举例说明网站的主题分类和选择主题的原则。

3. 申请网站空间有哪几种方式？简述建立一个网站的过程。

三、操作题

1. 打开新浪网（www.sina.com）和京东网（www.jd.com）主页，了解该两个网站主页的版面设计、栏目和功能分布，说明该网站属于哪种网站类型，网站风格有什么特点。

2. 打开百度网（www.baidu.com），搜索关键词“企业识别系统”，说明一共能找到多少个相关结果。

第 2 章 HTML 5 入门

- 认识 HTML 5 语言的作用，了解 HTML 5 代码的编写特点
- 掌握查看网页代码、修改网页代码的方法
- 掌握 HTML 5 常用标记及其属性的用法
- 掌握运用 HTML 5 编写网页表格、列表和实现超级链接的方法
- 掌握 HTML 5 实现图片、音频、视频/动画等媒体文件在网页中的插入方法

2.1 HTML 5 基本概念

HTML 语言是网页制作的基础语言，因为无论使用什么工具制作网页，生成的网页代码都是以 HTML 语言为基础的，使用制作工具只是实现制作过程的可视化，简化了编写代码的烦琐工作，提高了设计效率。

HTML 是 Hyper Text Markup Language 的缩写，意为超文本标记语言，它不是程序语言，而是一种描述文档结构的标记语言，是 Web 页面最基本的构成元素，浏览器也是基于标记来显示文本、图片或其他形式的内容。

2.1.1 HTML 5 简介

HTML 与操作系统平台的选择无关，只要有浏览器就可以运行 HTML 文档，显示网页内容。HTML 使用了一些约定的标记（又称标签），对网页上的各种信息进行标识，浏览器会自动根据这些标记，在屏幕上显示出相应的内容，而标记符号不会在屏幕上显示出来。自从 1990 年 HTML 首次用于网页制作以后，几乎所有的网页都是由 HTML 或附加其他语言（如 VBScript、JavaScript 等）镶嵌在 HTML 中编写的。如何运用 HTML 编写代码制作网页文件，是学习制作网页的基础。

HTML 从诞生至今，其发展过程也经历了很多版本的修订，表 2-1 显示 20 多年来重要版本的更新和发布，目前最新的标准是 HTML 5。

表 2-1　　HTML 经历的版本

版本	发布日期	说明
HTML 1.0	1993 年 6 月	互联网工程工作小组（IETF）工作草案发布（并非标准）
HTML 2.0	1995 年 11 月	RFC 1866 年发布，在 RFC 2854 于 2000 年 6 月发布之后被宣布已经过时
HTML 3.2	1996 年 1 月 14 日	万维网联盟（W3C）推荐标准
HTML4.01	1999 年 12 月 24 日	W3C 推荐标准

续表

版本	发布日期	说明
XHTML 1.0	2000 年 1 月 26 日	可扩展超文本标记语言，W3C 推荐标准，后经修订于 2002 年 8 月 1 日重新发布
HTML 5	2014 年 10 月 28 日	W3C 正式发布了 HTML 5 的推荐标准（其草案发布于 2008 年 1 月，历经 8 年完善）

作为万维网的核心语言，HTML 5 是当前最完善的 Web 开发技术，对多媒体的支持功能更强，也使网络标准达到符合当前的网络需求，其发展趋势是取代 HTML 4.01 及 XHTML 1.0 标准，为桌面和移动平台带来无缝衔接的丰富内容。

相对之前的 HTML 版本，HTML 5 更新的功能如下。

（1）新增更加语义化结构标记，新增文档对象模型（DOM），使文档结构更明确。

（2）摒弃部分不规范的标记元素，限制一些属性的使用，同时修正部分不规范语法表达。

（3）支持 2D 绘图的 Canvas 对象。

（4）支持可控媒体播放。

（5）支持文档的离线存储。

（6）支持网页元素的拖放操作、跨文档消息、浏览器历史管理等新增功能。

HTML 5 更强调了网页结构的定义，对于文本等各种网页对象的样式不做过多的涉及，并提倡把对页面布局、背景、字体及其他图文排版等效果实现交由 CSS（层叠样式表）去完成。因此，HTML 5 中标记及属性的使用更简洁、更规范。

目前大多数浏览器，如 IE 9.0、360 浏览器 4.0、Chrome 15.0、Firefox 8.0 及这些浏览器的更高版本等均能支持 HTML 5。

2.1.2　标记及其属性

HTML 5 不是编程语言，而是一种描述性的标记语言，除了新增的结构标记外，HTML 5 中大量标记仍与之前 HTML 版本的一致，用来定义网页文件中信息的格式和功能。浏览器通过解释网页文件内的各种标记，并执行相应的功能，以实现网页效果的显示。

HTML 5 的最基本语法是：<标记符>…</标记符>。

标记用两个尖括号“<>”括起来，一般是双标记。如粗体字标记<b>和</b>，前一个标记是起始标记，后一个标记为结束标记。超始标记也可表示为<标记符/>，但其符号“/”常省略。结束标记则必须以符号“/”开头。两个标记之间的文本是 HTML 元素的内容。某些标记为单标记，因为它只需单独使用就能完整地表达意思，如换行标记
。

一些标记有自己的属性，属性细分了标记的功能，属性通常可以赋予具体的属性值，如源代码<imgsrc="pic.jpg">中，<img>是添加图像的标记，指该处插入一幅图像，“src”用来设置图像文件的路径，是<img>标记的一种属性，“pic.jpg”就是该属性的值，表示所插图像是本网页文件所在文件夹的“pic.jpg”文件。

标记在使用时，应注意以下几点。

➢ 属性和属性值之间用“=”实现赋值，如果一个标记有多个属性，多个属性排列不分前后关系，属性和属性之间用空格隔开，如<imgsrc="pic.jpg"width="400" height="300">中，除指定图像文件路径外，还设置了图像宽度、高度分别为 400、300 像素。

➢ 在 HTML 5.0 版本中，W3C 规定标记的规范写法是小写格式。由于在 HTML 4.0 以及之前的版本中 W3C 标准是不区分标记大小写的，所以目前大多数浏览器仍可以兼容大小写代码，包括大小写的 HTML 5 代码。

➢ 可以使用“<!--”和“-->”标记将 HTML 5 文档中注解内容括起来，浏览器对此种注释标记中的内容将不予处理和显示，如“<!--这是一段注释-->”。

➢ 各标记可以嵌套，但不能交错，如<head><title>…</title></head>是正确的，而<head><title>…</head></title>是错误的。

➢ 对于 HTML 5 文档中错误的标记及其属性，浏览器通常会跳过它，不处理也不显示。

➢ 在 HTML 5 标记中设置属性并赋值时，属性值可用双引号括起，也可用单引号括起，甚至也可不加任何引号。

2.1.3 浏览和修改网页

网页内容的显示需要借助于网页浏览器，在 Windows 操作系统中，网页浏览器常默认为 IE 浏览器（Internet Explorer）。若用户想通过修改 HTML 代码来修改网页内容，则可以通过 Windows 记事本等文本编辑器来实现。

1. 浏览网页

双击某网页文件的图标，就可以调出网页浏览器窗口并显示该网页内容。另外，用户也可以先打开网页浏览器，选择“文件”|“打开”菜单命令，在对话框中选择要打开的 HTML 文件进行浏览。

2. 查看网页源代码

无论是在线网页或本机网页文件，通常都可以使用浏览器查看其 HTML 代码，如图 2-1 所示，在 IE 11.0 浏览器打开新浪网主页（http://www.sina.com.cn），在菜单栏中选择“查看”|“源”命令可弹出 IE 文本编辑器显示其源代码。

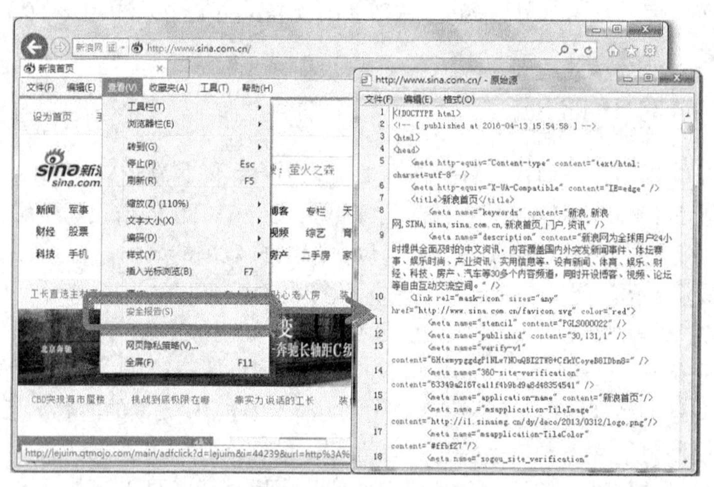

图 2-1 查看网页代码

3. 修改网页 HTML

对于本机网页文件，用上述查看源代码方法或使用记事本等文本编辑器打开网页文件，均可实现网页代码的编辑修改。选择“文件”|“保存”命令保存修改后的代码，再在浏览器上选择“查看”|“刷新”命令即可浏览更新后的网页效果。

2.2 创建第一个 HTML 5 文件

HTML 5 文件是一种纯文本文件，可以使用任何文本编辑器，如 Windows“记事本”或“写字板”等进行编辑，代码输入后，一定要把文件的扩展名保存为“.htm”或“.html”。以下给出一个用记事本编写的简单的 HTML 5 文档（保存为“first.html”），如图 2-2 所示。编辑并保存后，双击网页文档图标，可以看到其在 IE 浏览器中的显示效果，如图 2-3 所示。

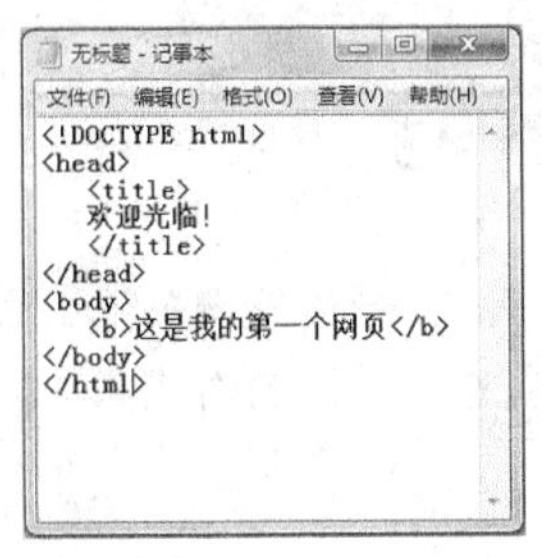

图 2-2　编辑 HTML 5 文档

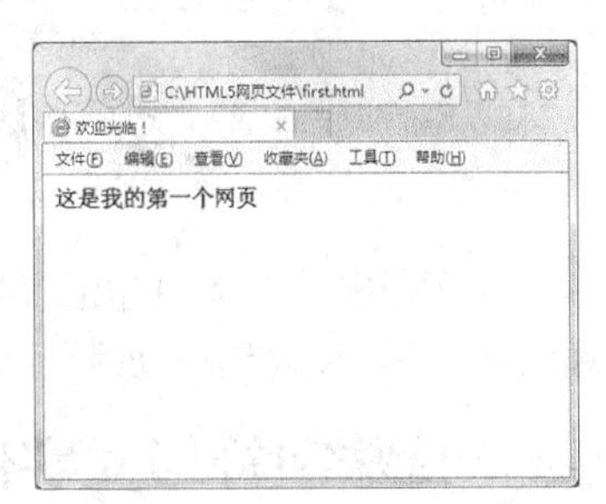

图 2-3　IE 显示 HTML 5 网页内容

2.3　HTML 5 编码基础

一个 HTML 5 网页文档是包含 HTML 5 标记的文本文件，文档中各种标记指定 Web 浏览器如何显示网页。认识 HTML 5 各种标记并掌握它们的用法是学习 HTML 5 编码的基础。

2.3.1　HTML 5 文档的基本架构

HTML 5 文档的基本结构如下：

```
<!DOCTYPE html>
<html>
  <head>
     文件头信息
  </head>
  <body>
     文件体信息
  </body>
</html>
```

其中，<!DOCTYPE html>是 HTML 5 标准网页声明。<!DOCTYPE>声明必须位于 HTML 文档的第一行，在<html>标记之前。<!DOCTYPE>声明不是 HTML 标记，是用于告知浏览器使用哪种规范（HTML 或 XHTML）来显示网页。如不声明<!DOCTYPE>，则浏览器按其默认的标准来打开网页，那么一些 HTML 5 特有的功能或效果将可能不被显示。具体各种<!DOCTYPE>声明详见 3.1.4 小节介绍。

<html>…</html>标记对用于标识 HTML 代码的开始与结束。<head>…</head>标记对用于标识文件头，<body>…</body>标记对用于标识文件体，这两个标记对均包含在<html>…</html>标记对之间。

2.3.2　HTML 5 基本结构标记

（1）<html>…</ html>：文件开始与结束标记，是 HTML 5 文档中不可缺少的标记。<html>表示网页文档的开始，</html>表示网页文档的结束。

（2）<head>…</head>：文件头标记，向浏览器提供网页标题、文本文件地址、创作信息等网页信息说明。该标记可以忽略，但一般不予忽略。

（3）<title>…</title>：网页标题标记，该标记位于<head>…</head>标记中，标记内的文字显示在浏览器的标题栏上。

（4）<body>…</body>：文件体标记，它定义了网页上显示的主要内容与显示格式，是整个网页的核心，网页中要真正显示的内容都包含在该标记对中。

2.4　HTML 5 常用标记

HTML 5 文档中其他常用标记有特殊符号标记、段落格式类标记、图片处理标记、表格处理标记、超级链接标记、音乐及视频标记和动画类标记等，下面介绍这些标记的格式和功能。

2.4.1　特殊字符与文字修饰标记

1. 特殊字符标记

在 HTML 5 文档中，多于一个的空格将被忽略，需要在网页中显示空格时，就要用专门的字符串来表示；另外，字符“<”“>”“"”“&”等具有特殊意义，要在网页中显示这些字符也同样要用专门的字符串表示。

每个特殊字符所对应的字符串标记都必须以“&”开头，以“;”结束，而中间用对应的字符标记表示。例如，在网页中添加一个空格应该用“ ”，又如，输入公式“a>b”，在 HTML 5 文档中应表示为“a>b”。表 2-2 列出了常用特殊字符所对应的标记。

表 2-2　特殊字符标记

特殊字符	对应标记
不断行空格（空格）	
半角大的空格	;
全角大的空格	;
<	<
>	>
&	&
"	"
©	©
®	®
×	× ;
÷	÷ ;

2. 文字修饰标记

位于<body>…</body>中的文本内容将显示在网页浏览器中，如果想对部分文字设置成粗体字等特殊格式，则可以在这些文字两端添加文字修饰标记，常用的修饰文字标记及其功能描述如表 2-3 所示。

表 2-3　常用文字修饰标记

标记	描述
<b>…</b>	设置为粗体字（主要用于排版）
<i>…</i>	设置为斜体字（主要用于排版）
<em>…</em>	语义化强调字体，体现为斜体字
<strong>…</strong>	更强烈的语义化强调字体，体现为粗体字
[…]	设置为上标文字
_…	设置为下标文字

虽然<b>和<strong>一样表现为粗体字，<i>和<em>一样表现为斜体字，但<strong>和<em>分别意味着语义上的强调和加重强调，在搜索引擎中会更受重视。

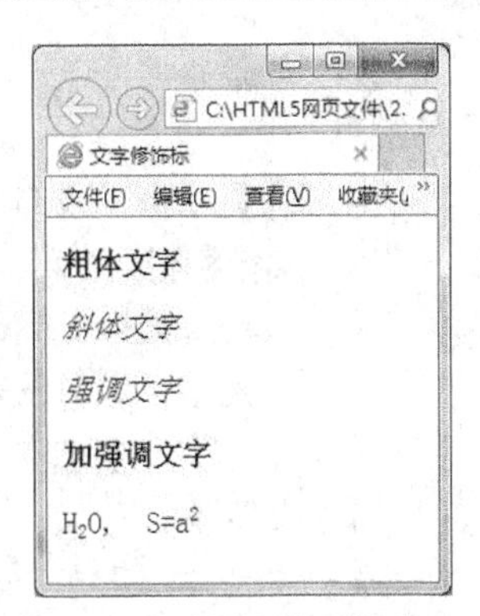

图 2-4　字体修饰标记的应用

例 2.1　文字修饰标记——制作如图 2-4 所示的多格式网页文本效果。

该例主要对多行正文字体设置了不同的文字修饰标记，其实现代码如下：

```
<!DOCTYPE html>
<head>
   <title>文字修饰标</title>
</head>
```

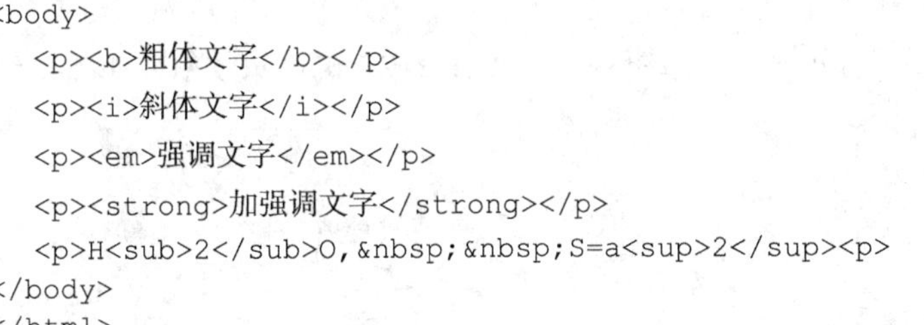

```
<body>
   <p><b>粗体文字</b></p>
   <p><i>斜体文字</i></p>
   <p><em>强调文字</em></p>
   <p><strong>加强调文字</strong></p>
   <p>H<sub>2</sub>O,  S=a<sup>2</sup><p>
</body>
</html>
```

2.4.2　段落格式

这里把 HTML 5 的标题标记、分段标记、换行标记、水平线标记、定位标记和列表标记归类为段落格式标记，以下分别进行介绍。

1. 标题标记

➢ <h1>…</h1>：正文的第一级标题标记，也是级别最高的标题标记。

➢ 第二、三、四、五、六级标题标记，分别为<h2>…</h2>、<h3>…</h3>、<h4>…</h4>、<h5>…</h5>和<h6>…</h6>。

➢ 标题标记中数字越小，标题级别越高，标题显示的字体越大，如<h2>…</h2>中标题字体就大于<h3>…</h3>的。

➢ 设置为标题的文字将独占一行，粗体显示。

例 2.2　“标题”设置示例——将各级标题的文本加入到网页中，如图 2-5 所示。

该例实现代码如下：

```
<!DOCTYPE html>
<head>
   <title>各级标题</title>
</head>
<body>
   <h1>一级标题</h1>
   <h2>二级标题</h2>
   <h3>三级标题</h3>
   <h4>四级标题</h4>
   <h5>五级标题</h5>
   <h6>六级标题</h6>
</body>
</html>
```

2. 分段标记

➢ <p>…</p>：段落标记，<p>和</p>之间的内容形成一个段落。

➢ </p>通常可以也可省略，如省略，则两<p>间形成一段，第 2 个<p>后的内容则另起一段显示。

➢ 在显示上，段与段之间有个间隙，约一个空行大小。

3. 换行标记

➢
：是换行标记，
后面的内容自动换至下一行显示。

➢ 它是单标记，没有</br>。

➢ 多行文本中文本，行与行间是紧凑排列的，没有间隙。

4. 水平线标记

➢ <hr>标记是水平线标记，表示在该处插入一条水平线。

➢ 它是单标记，没有</hr>。

例 2.3 分段、换行及水平线标记——编辑唐诗“早发白帝城”的网页效果，如图 2-6 所示。

图 2-5 各级标题效果

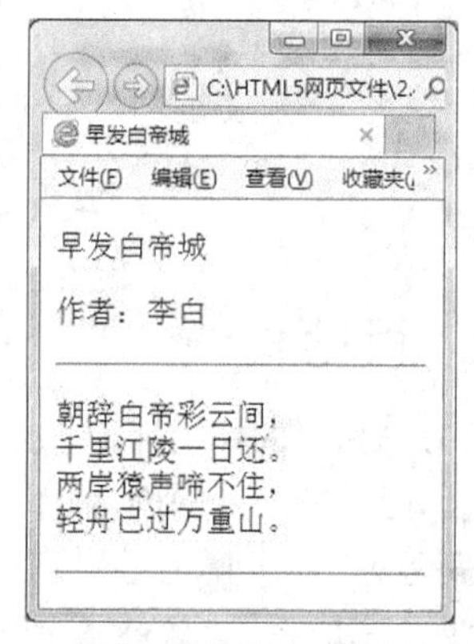

图 2-6 分段、换行及水平线标记的使用

该例主要通过分段标记、换行标记和水平线标记的使用实现网页效果，其 HTML 代码如下：

```
<!DOCTYPE html>
<html>
  <head>
     <title>早发白帝城</title>
  </head>
  <body>
   <p>早发白帝城
   <p>作者：李白
   <hr><p>
      朝辞白帝彩云间，
   <br>千里江陵一日还。
   <br>两岸猿声啼不住，
   <br>轻舟已过万重山。
   <hr>
  </body>
</html>
```

5. 块标记

➢ <div>…</div>：块标记或盒子标记，可以包含段落、标题、表格等内容，在应用上用来设置网页文字、图像、表格的摆放位置，起到网页布局的作用。

➢ 在默认状态下，</div>分块结束时，系统会自动换行。

例 2.4　块标记的运用

```
<!DOCTYPE html>
<html>
  <head>
     <title>块标记运用</title>
  </head>
  <body>
      aaaaaaa
     <div>第一个块起始 bbbbbbb
     </div>
     <div>第二个块起始 cccccc
         <p>eeeeee
     </div>
  </body>
</html>
```

该网页效果如图 2-7 所示。

6. 行内标记

➢ <span>…</span>：行内标记，用于指定行内的一小块文本以做文字效果。

➢ </span>结束该行内文本时，系统不换行

➢ <div >和<span>标记似乎没有任何内容上的意义，但事实上，它们与 CSS 结合起来后，其应用范围就非常广泛了（详见 7.1 节介绍）。

例 2.5　行内标记的使用

```
<!DOCTYPE html>
<html>
      <head>
         <title>块标记使用</title>
      </head>
      <body>
          aaaaaaa
          <span>bbbbbbb</span>
          <span>ccccccc</span>
         <p>eeeeee
      </body>
</html>
```

该网页效果如图 2-8 所示。

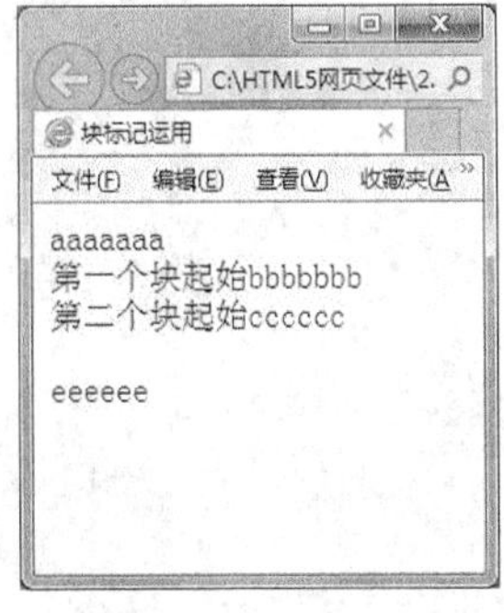

图 2-7　块标记效果

图 2-8　行内标记效果

7. 列表标记

➢ <ol>…</ol>是有序列表标记，其中的列表项用<li>…</li>标记引导文字，显示网页中的

这些文字后，文字前会自动加上“1”“2”…序号。

有序列表的结构如下所示：

```
<ol>
    <li>第一项</li>
    <li>第二项</li>
    <li>第三项</li>
    …
</ol>
```

➢ <ul>…</ul>是无序列表标记，其中的列表项用<li>…</li>标记引导文字，显示网页中的这些文字后，文字前会自动加上“ ·”序号。

无序列表的结构如下所示：

```
<ul>
    <li>第一项</li>
    <li>第二项</li>
    <li>第三项</li>
    …
</ul>
```

➢ 有序列表和无序列表的</li>标记可省。

➢ 有序列表和无序列表都允许自身嵌套或相互嵌套，即可在一个有序列表中包含另一个有序列表或无序列表，或者在一个无序列表中包含另一个有序列表或无序列表。

例 2.6 有序列表——制作图 2-9 所示的有序列表，并在该基础上修改代码，生成图 2-10 所示的无序列表。

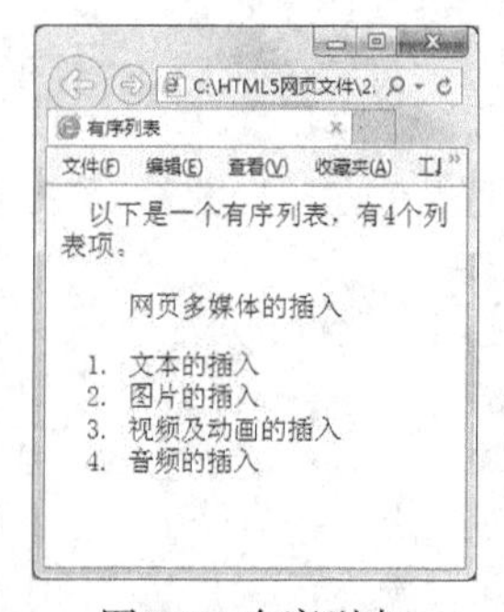

图 2-9 有序列表

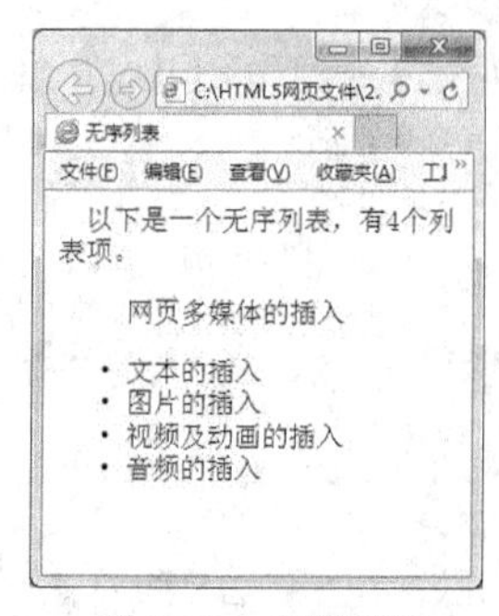

图 2-10 无序列表

有序列表的实现代码如下：

```
<!DOCTYPE html>
<html>
  <head>
     <title>有序列表</title>
  </head>
  <body>
    以下是一个有序列表，有 4 个列表项。
   <ol>
     网页多媒体的插入<p>
     <li>文本的插入</li>
     <li>图片的插入</li>
     <li>视频及动画的插入</li>
```

```
      <li>音频的插入</li>
    </ol>
  </body>
</html>
```

如将上例中的“<ol>…</ol>”改为“<ul>…</ul>”，则为无序列表，网页效果如图 2-10 所示。

例 2.7　嵌套列表——制作图 2-11 所示的嵌套列表，实现在有序列表中嵌入无序列表。

该例的实现代码如下：

```
<!DOCTYPE html>
<html>
  <head>
     <title>有序列表与无序列表</title>
  </head>
  <body>
      以下是一个有序列表，有 4 个列表项，其中第 3
项嵌入一个无序列表，也有 4 个列表项。
    <ol>
      网页多媒体的插入<p>
      <li>文本的插入</li>
      <li>图片的插入</li>
      <li>视频及动画的插入</li>
          <ul>
            <li>mp4 视频格式</li>
            <li>rm 视频格式</li>
            <li>gif 动画格式</li>
            <li>flash 动画格式</li>
          </ul>
      <li>音频的插入</li>
    </ol>
  </body>
</html>
```

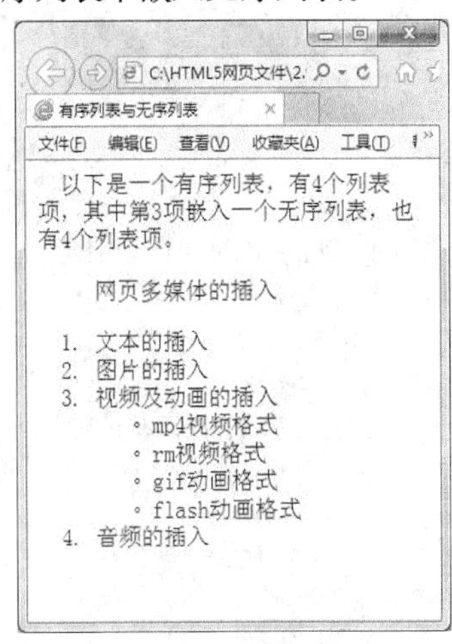

图 2-11　嵌套列表

2.4.3　图像插入

图片是网页中不可缺少的元素，它可以丰富、美化网页的内容，使网页图文并茂、形式多样。HTML 使用<img>标记及相关属性，实现对图像插入及样式处理。

图片标记：<img>，表示该处插入一幅图像。<img>图像标记的常用格式为：

```
<img src =图片文件 URL height =图像高度 width =图像宽度 alt =说明性替代文字>
```

说明如下。

➢ src 属性是<img>图像标记的必需属性，用来指定图像源文件的路径和文件名。网页常用图片格式是 GIF 或 JPG 等。

➢ height 和 width 的属性值为整数数值时，单位为像素，属性值以百分比表示（1%～100%）时，图片将以相对当前窗口大小的百分比来显示。

➢ alt 属性用来指定图像的替换文字，当图像正在下载或下载未成功时，图像所处的位置即可出现指定的替换文字。

➢ <img>为单标记，没有结束标记。

例 2.8　图片插入——在网页中插入一个猴面包树图像，如图 2-12 所示，当在硬盘上删除了该图像文件“pic.jpg”后，网页打开的效果如图 2-13 所示。

图 2-12　网页插入图像

图 2-13　图像替代文本

该例的实现代码如下：

```
<!DOCTYPE html>
<html>
  <head>
     <title>图片的插入</title>
  </head>
  <body>
     <img src="pic.jpg" width=160 height=240 alt="猴面包树">
  </body>
</html>
```

2.4.4　表格处理

表格将文本和图像按行、列排列，它与列表一样，有利于表达信息。特别地，表格还可以辅助建立网页的框架，使整个页面规则地放置各类元素，排版更有序。以下介绍表格处理常用的标记及相关属性。

1. <table>…</table>

表格标记，一个<table>标记对定义设置一个表格。

➢ border：确定表格是否有框线，HTML 5 提倡表格的 border 属性只有两个值："1"和""（或"0"）。

➢ 当 border=""（或"0"）时，表格不带框线，该方法常应用于网页布局。

2. <tr>…</tr>

表格行标记，一个<tr>标记对定义表格的一个行。

3. <td>…</td>

表项标记（单元格标记），一个<td>标记对定义一个单元格，单元格内容写在该标记对之间。

例 2.9　表格插入——在网页中插入一个 2 行 3 列的表格，如图 2-14 所示。

图 2-14　2 行 3 列的表格

该例的实现代码如下：

```
<!DOCTYPE html>
<html>
  <head>
     <title>表格的插入</title>
  </head>
  <body>
    <table border="1">
       <tr><td>表项 1</td><td>表项 2</td><td>表项 3</td></tr>
```

```
    <tr><td>表项 4</td><td>表项 5</td><td>表项 6</td></tr>
  </table>
 </body>
</html>
```

2.4.5　超级链接

上网时，通过单击某些文字或图像就可以打开相应的页面，这种通过单击文字或图标实现页面跳转的功能是通过超链接实现的。

超链接标记<a>和</a>是 HTML 文档中一个十分重要的标记，使用它可链接到文档内的某个指定段落或图形，也可以链接到本地或远程计算机上的一个 URL，用以指向另一个文档或网页。

1．超链接标记

超链接标记的格式为：

```
<a href=URL>实现超链接的文字或图像等网页元素</a>
```

说明如下。

➢　用作超链接的文字在浏览器中通常以一种特殊的颜色并带下划线的方式显示，当鼠标靠近时将会变成小手的形状，表示此处可实现超级链接。

➢　href 属性用来指向链接的 URL 目标。

➢　<a>标记中还可以包含 target 属性，用来指定在哪个窗口打开所链接的目标网页，target 属性的属性值如下。

① _lank：在新窗口中打开。

② _self：在当前窗口中打开（默认）。

例 2.10　超级链接——参照例 2.8 制作一个有插图的网页“a1.html”（见图 2-15），另外制作图 2-16 所示的网页，单击网页中“这里”字样实现对“al.html”的超级链接。

图 2-15　链接打开的网页

图 2-16　设置超级链接的网页

设置超级链接的网页代码实现如下：

```
<!DOCTYPE html>
<html>
  <head>
     <title>超级链接</title>
  </head>
  <body>
     单击<a href=a1.html>这里</a>链接到一个图片网页
  </body>
</html>
```

2. 路径的概念

路径的作用就是定位一个文件的位置，使用过 Windows 的用户都会了解文件夹和子文件夹的关系，沿着文件夹及子文件夹到达指定位置所经过的过程就是路径。

超级链接时，如果被链接的文件和设置链接的网页文件在同一个文件夹中，就可以直接用文件名表示链接对象；如果被链接的文件和设置链接的网页文件不在同一个文件夹中，就要使用绝对路径或相对路径来表示链接对象了。

（1）绝对路径

绝对路径是指文件在硬盘上的真正存放路径。例如“photo.jpg”这个图片是存放在硬盘 D 盘文件夹 newpage 的 images 子文件夹下，那么“photo.jpg”的绝对路径就是“D:\newpage\images\photo.jpg”。如果要使用绝对路径插入该图像就表示为：

```
<img src="D:\newpage\images\photo.jpg">
```

实际上，网页编程时，很少会使用绝对路径，使用绝对路径，在制作网页的本地计算机上浏览网页效果会一切正常，但当上传到 Web 服务器后，浏览器打开该网页就可能不会显示图片了，因为在浏览者的计算机中，可能不存在“D:\newpage\images\”这个目录。

（2）相对路径

所谓相对路径，就是相对于当前位置的目标文件路径。如上面“超级链接”例子中<a href=a1.html>就是一种相对路径的表示。因为“a1.html”网页相对于链接它的网页来说，是在同一个目录的，上传到 Web 服务器后，无论在哪个位置，只要这两个文件相对位置不变（即仍在同一目录中），浏览器都能正确实现链接显示。

相对路径的表示中通常使用以下符号。

①“/”：作为目录的分隔字符。

如：<a href=webpages/images/picture.jpg>，表示使用当前目录下“webpages”文件夹下的子文件夹“images”下的“picture.jpg”图片。由于“webpages”是当前目录下的文件夹，所以“webpages”之前不用再加“/”字符。如加上“/”，则这第一个“/”表示虚拟目录的根目录。

②“./”表示当前文件夹。

如上例“<a href=webpages/images/picture.jpg>”可表示成:

“<a href=./webpages/images/picture.jpg>”

③“../”表示上一层目录。

如“<a href=../others/b1.html>”表示链接到当前目录的上一级文件夹中“others”子文件夹中的“b1.html”网页。

2.4.6 音频及视频插入

音频及视频的添加可使网页变得活泼生动，引人入胜。目前，在网页上没有关于音频和视频的标准，多数音频和视频都是通过插件实现播放的。为此，HTML 5 新增了音频标记<audio>和视频标记<video>，并规定了一些嵌入音频视频的标准方法。使用<audio>和<video>标记，可以不需要 Mediaplayer、Flashplayer、Realplayer 等插件，直接在浏览器中实现音频或视频的播放。

1. 音频标记<audio>

➢ <audio>标记：用于在网页中插入并播放音频文件，主要支持 3 种音频格式：“.mp3”“.wav”和“.ogg”。<audio>的常用格式如下：

```
<audio src="song.mp3" controls="controls"></audio>
```

➢ <audio>常用属性说明如下。

src：指定音频文件 URL。

controls：属性值为“controls”，用于网页中显示音频控制面板（包含播放按钮等）。

loop：属性值为“loop”，用于设置音频循环播放。

autoplay：属性值为“autoplay”，用于设置音频在就绪后马上自动播放，其效果相当于网页背景音乐。

另外，<audio>与</audio>间可插入说明文本，该文本内容一般不会显示在网页上，只有当浏览器（较旧版的）不能支持<audio>标记时，才会显示该文本。

例 2.11　音频嵌入——在网页中通过<audio>标记方法实现 MP3 文件“music.mp3”的自动播放，并显示音频控制面板，效果如图 2-17 所示（浏览器为 360 浏览器 8.1 版）。

图 2-17　<audio>标记嵌入音频

设置音频嵌入的网页代码实现如下：

```
<!DOCTYPE html>
<html>
  <head>
     <title>音频嵌入</title>
  </head>
  <body>
     <audio src="music.mp3" controls="controls" autoplay="autoplay">不支持 HTML 5 则
    显示该文本</audio>
  </body>
</html>
```

2. 视频标记<video>

➢ <video>标记：用于在网页中插入并播放视频文件，主要支持的视频格式有“.mp4”“.flv”“.ogv”和“.mkv”等。目前，HTML 5<video>对视频的支持不仅仅有视频格式的限制，还有对解码器的限制，如：“.ogv”格式是需要带有 Thedora 视频编码和 Vorbis 音频编码的视频文件，“.mp4”是需要带有 H.264 视频编码和 ACC 音频编码的视频文件。

➢ <video>常用属性说明如下。

src：指定视频文件 URL。

controls：属性值为“controls”，用于网页中显示视频播放控件，如播放按钮等。

width：设置视频播放器的宽度。

height：设置视频播放器的高度。

loop：属性值为“loop”，用于设置视频循环播放。

autoplay：属性值为“autoplay”，用于设置视频在就绪后马上自动播放。

例 2.12　视频嵌入——在网页中通过<video>标记方法实现 MP4 文件“bicycle.mp4”的自动播放，显示并控制视频控制面板宽度为 500 像素，高度为 400 像素，效果如图 2-18 所示（浏览器为 360 浏览器 8.1 版）。

设置视频嵌入的网页代码实现如下：

```
<!DOCTYPE html>
<html>
  <head>
  <title>视频嵌入</title>
  </head>
  <body>
   <video src="bicycle.mp4" width=500 height=400 controls="controls" autoplay=
   "autoplay"></video>
  </body>
</html>
```

3. 嵌入标记<embed>

➢ 当浏览器不支持 HTML 5 或需播放上述文件格式之外的音频、视频文件时，可选择使用<embed>标记，<embed>标记可以定义插件等嵌入的内容，即通过浏览器默认的本机播放插件实现媒体文件播放。除了上述文件格式外，该标记还可用于 swf、avi、wav 等动画、视频或音频的插入及播放。

➢ <embed>常用属性如下。

src：必加属性，指定音频、视频动画文件 URL。

width：设定控制面板的宽度。

height：设定控制面板的高度。

➢ 在 HTML 5 中，<embed>没有结束标记。

例 2.13 视频嵌入——在网页中通过<embed>标记实现.avi 文件“sea.avi”的自动播放，效果如图 2-19 所示。

图 2-18 <video>标记嵌入视频

图 2-19 <embed>标记嵌入视频

使用<embed>标记设置视频嵌入的 HTML 5 代码实现如下：

```
<!DOCTYPE html>
<html>
  <head>
     <title>视频嵌入</title>
  </head>
  <body>
     <embed src="sea.avi" >
  </body>
</html>
```

2.5　HTML 5 新增的页面结构标记

HTML 5 的一种重大的变革是增设了一些新的页面结构标记，添加这些结构标记的目的是使文档结构更加清晰，容易阅读，同时便于搜索引擎对网页内容的识别及定位，提高网页的检索效率。

在之前的网页设计上，通常将网页整体结构划分成标题区、导航区、内容区、脚注区等功能分区，这些分区一般均使用<div>…</div>块标识进行划分，通过设置各<div>的不同的 id 进行标识并结合 CSS 进行不同分区的显示设计，常见的网页结构设计方法如图 2-20 所示。HTML 5 提倡使用不同的结构标记名代替<div>来标识这些分区，以达到细化、明确各分区功能的目的，常见的网页结构设计方法如图 2-21 所示。

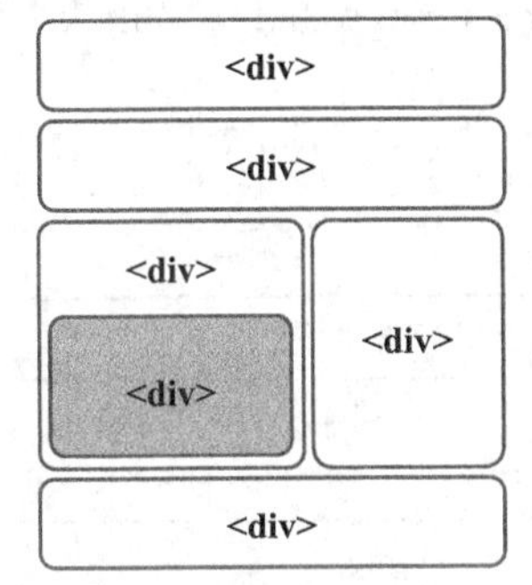

图 2-20　传统网页结构设计方法

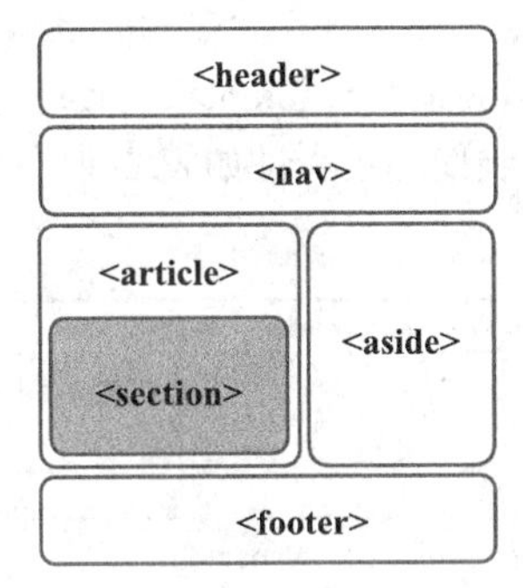

图 2-21　HTML 5 提倡的网页结构设计方法

下面介绍这些新增的页面结构标记。

1. <header>…</header>

标识整个页面的标题或某个内容区块的标题区。

2. <nav>…</nav>

标识整个网页或某个区域的一个导航区。

3. <main>…</main>

标识网页的中心主体内容区，<main>标识对不能被嵌套于<header>、<nav>、<article>、<aside>或者<footer>标识对中，且一个网页文档最多只能使用一对<main>标识。

4. <article>…</article>

定义文档中一块独立的区域，主要用于显示来自其他外部源的内容，如博客或报纸中的一篇文章。

5. <aside>…</aside>

定义<article>以外的内容。<aside>的内容应该与<article>的内容相关。

6. <section>…</section>

定义文档中的一个节点或区段，比如章节、页眉、页脚或文档中的其他部分，可以与<h1>、<h2>…<h6>等标记配合使用。

7. <footer>…</footer>

标识整个网页或某个区域的一个脚注区。

HTML 5 提倡用语义化结构标记来构建网页布局，但使用哪些标记的关键取决于开发者的设计目标。<div>是仅仅用于构建外观和结构的标记，虽然不带任何语义意义，但其仍是一种非常适合做容器的标记，尤其适用于定义结构界定不明确的区块，不能因为新的 HTML 5 标记的出现而随意用之并完全摒弃<div>标记。

2.6 HTML 5 要点补充

HTML 5 网页编码强调了搭构网页结构及功能，对文本等各种网页对象的样式不做过多的涉及。对此，它废除了一些之前 HTML 版本中不规范的标记，如<font>（文字格式标记）、<frame>（框架标记），同时限制了之前版本中大量常用属性的使用，如 align（对齐）、name（名称）等，这些属性有的采用了其他属性替代，有的使用 CSS（层叠样式表，详见第 6 章介绍）。

1. HTML 5 更改的部分标记和属性

（1）废除的标记如下：

<font>、<u>、<strike>、<frameset>、<frame>、<noframes><bgsound>、<blink>、<applet>、<center>、<big>、<basefont>、<tt>、<s>、<marguee>等。

（2）限制使用的属性如表 2-4 所示。

表 2-4　　常用文字修饰标记

被 HTML 5 限制的曾用属性	对应的标记
align	<p>、<div>、<h1>、<h2>、<h3>、<h4>、<h5>、<h6>、<img>、<hr>、<body>、<iframe>
name、hspace、vspace	<img>
alink、link、vlink、text、background、bgcolor	<body>
scrolling、marginwidth、frameboder	<iframe>
version	<html>
scheme	<meta>

如果在 HTML 5 网页中使用了不合规范的标记或属性，浏览器不会提示出错，但有时会自动降级（转换为 HTML 低级别版本）以显示网页内容。

2. HTML 5 中常用标记的语法

HTML 5 中大多数标记都为双标记，使用时起始标记及结束标记均要写上，但有一部分标记为单标记，不允许写结束标记，而有一部分虽为双标记，却允许缺省结束标记。

（1）以下为单标记，即不允许写结束标记：

、<hr>、<img>、<embed>、<meta>、<area>、<base>、<command>、<input>、<track>、<source>等。

（2）以下标记为双标记，但可以省略结束标记：

<p>、<li>、<tr>、<td>、<th>、<dt>、<dd>、<rt>、<rp>、<thead>、<tbody>、<option>、<tfoot>等。

2.7 课后实验

用 HTML 5 编写两个网页文件“tea.html”和“pic.html”，实现图 2-22 和图 2-23 所示的网页效果，并实现网页“tea.html”中文本“绿茶图片”至网页“pic.html”的超级链接。

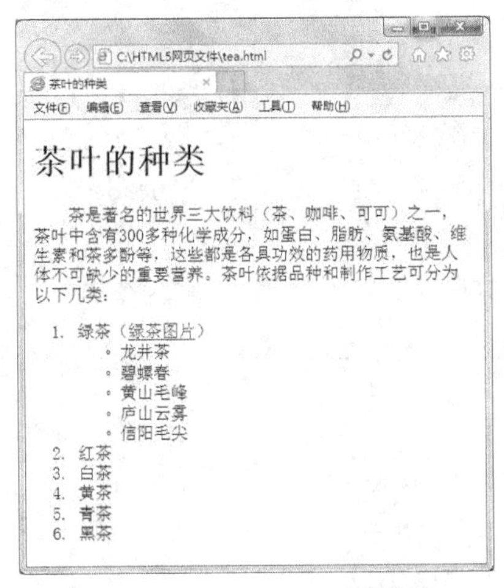

图 2-22　“tea.html”网页效果

图 2-23　“pic.html”网页效果

实验要求如下。

（1）用 HTML 5 代码编写方法创建图 2-22 及图 2-23 所示的两个网页，两个网页标题栏须有文字说明，“tea.html”标题栏为“绿茶分类”“pic.html”标题栏为“绿茶图片”。

（2）“tea.html”文件第一行“茶叶的种类”为一级标题（<h1>）；正文第一段首行缩进 2 个文字；“tea.html”正文中对茶叶的分类使用嵌套列表实现。

（3）在“pic.html”中插入一张绿茶图片。（图片素材见本书配套素材文件夹“第 2 章/课后实验”）

（4）对“tea.html”网页中“绿茶图片”文本实现超级链接，链接对象为“pic.html”网页文件。

2.8　小结

HTML 语言是制作网页的基础语言，是初学者必学的基本知识。虽然大多数网页是用专用的网页制作工具如 Dreamweaver 等开发的，但这些工具生成的代码仍是以 HTML 语言为基础的。目前最新的 HTML 标准是 HTML 5，掌握 HTML 5 的语法将有助于今后的学习理解，也可以更精确地实现页面功能的应用。本章通过各个简明易懂的 HTML 5 代码案例的示范，介绍 HTML 5 常用标记的用法，包括文本格式控制、图片/表格/音频/视频插入、超链接实现等。本章所介绍标记为最基本的 HTML 5 标记，HTML 5 中还定义了大量其他标记，部分常用标记的应用将在以后学习 Dreamweaver 的过程中再进行补充说明。

2.9　练习与作业

一、选择题

1. 静态网页文件的扩展名包括（　　）。

　A. HTTP 和 FTP　　B. ASP 和 JSP　　C. HTM 和 HTML　　D. GIF 和 JPEG

2. 以下哪种标记可以应用于<head>中？（　　）

　A. <body>　　B. <title>　　C. <image>　　D. <html>

3. <img>标记符中连接图片的参数是（　　）。

A. href　　B. src　　C. typc　　D. align

4. 网页中作为段落标记的 HTML 5 标记是（　　）。

A.
　　B. <hr>　　C. <p>　　D. <head>

5. 下列的 HTML 5 标记中，定义表格的单元格是（　　）。

A. <tr>　　B. <table>　　C.
　　D. <td>

6. 有关<TITLE></TITLE>标记，正确的说法是（　　）。

A. 在文件头之后出现

B. 位置在网页正文区内

C. 中间放置的内容是网页的标题

D. 表示网页正文开始

7. 以下哪一个 HTML 5 新增标记用于构建导航区？（　　）

A. <footer>　　B. <header>　　C. <section>　　D. <nav>

8. 以下哪一组标记是 HTML 5 废除的标记？（　　）

A. <frame>、<frameset>、<noframe>　　B. <font>、<strong>、<table>

C. <iframe>、<u>、<strike>　　D. <p>、<img>、<embed>

二、问答题

1. HTML 代码中路径的作用是什么？绝对路径与相对路径在使用上有什么区别？哪一种方法更适合用于网站中文件的定位？

2. 设置插图宽度、表格或单元格宽度时可用像素和百分比两种表示方式，这两种方式有何区别？

三、操作题

1. 打开新浪网站“http://www.sina.com.cn”主页，在浏览器窗口中选择“查看”|“源”菜单命令查看该网页的 HTML 代码文件，并找出其中<!DOCTYPE html>网页声明、<html>…</html>、<head>…</head>和<body>…</body>等标记对的位置。

2. 编写 HTML 5 代码，将课本例 1、例 2、例 3 和例 4 合并成一个 HTML 网页文件。

3. 参考“例 2.9 表格插入”，设计自己的课程表网页，并输入相应课程名称。

4. 编写一个能够显示背景图案并能播放背景音乐的网页。

第 3 章 网页基本编辑

- Dreamweaver CC 基础
- 网页中文本插入、编辑及格式设置
- 常用网页符号、水平线的插入
- 简单文本网页的制作

3.1 Dreamweaver CC 简介

随着互联网（Internet）的深入应用，HTML 技术的不断发展和完善，随之而产生了众多网页编辑器。从网页编辑器基本性质上可以分为所见即所得网页编辑器和非所见即所得网页编辑器（即源代码编辑器），两者各有千秋。所见即所得网页编辑器的优点就是直观、使用方便、容易上手，在所见即所得网页编辑器中进行网页制作和在 Word 中进行文本编辑不会感到有什么区别，但它同时也存在难以精确达到与浏览器完全一致的显示效果的缺点。也就是说在所见即所得网页编辑器中制作的网页放到浏览器中是很难完全达到真正想要的效果，这一点在结构复杂一些的网页（如分帧结构、动态网页结构及精确定位）中便可体现出来。非所见即所得的网页编辑器就不存在这个问题，因为所有的 HTML 代码都在用户的监控下产生，但是，非所见即所得编辑器的先天条件注定了它的工作效率太低。

如何实现这两者的完美结合，既能产生干净、准确的 HTML 代码，又具备所见即所得的高效率、直观性，这一直是网页设计师的梦想。网页编辑软件 Dreamweaver 有效地解决了以上的问题，它是一个非常优秀的所见即所得网页编辑器，近年来一直处于网页排版软件中的领先地位。

Dreamweaver 目前最新的版本是 Dreamweaver CC，它能满足 Web 开发人员的各种设计及制作的需求。相对之前版本，Dreamweaver CC 针对当前较流行的 Web 标准和层叠样式表 CSS 的应用进行了相应的改进。使用 Dreamweaver CC，在大大提高网页设计人员的工作效率的同时，还可以保持对源代码的完全控制。网页设计的新手可以轻松地在可视化环境下实现网页各种元素的编辑。此外，Dreamweaver CC 提供了友好的用户界面和强大功能的快捷工具，支持多种浏览器，可建立跨平台的网页。

Dreamweaver CC 支持 HTML 5，其默认创建的新网页格式就是 HTML 5 文档，同时还可以制作不需要编写任何代码的动态网页；它具有强大的网页排版及制作功能，如增设了 CSS 设计器，可通过层叠样式表格式化文本等网页元素；可设置在 Creative Cloud 上存储文件、定义站点并实现自动同步等。

3.1.1 Dreamweaver CC 的启动

在安装 Dreamweaver CC 之后，在 Windows“开始”菜单中单击“所有程序”选项，选择“Adobe”

程序组中的“Adobe Dreamweaver CC”命令，或双击桌面上 图标，即可启动 Dreamweaver CC。Dreamweaver CC 的启动界面如图 3-1 所示，既可以打开最新的项目，也可以新建各种类型的网页文件。

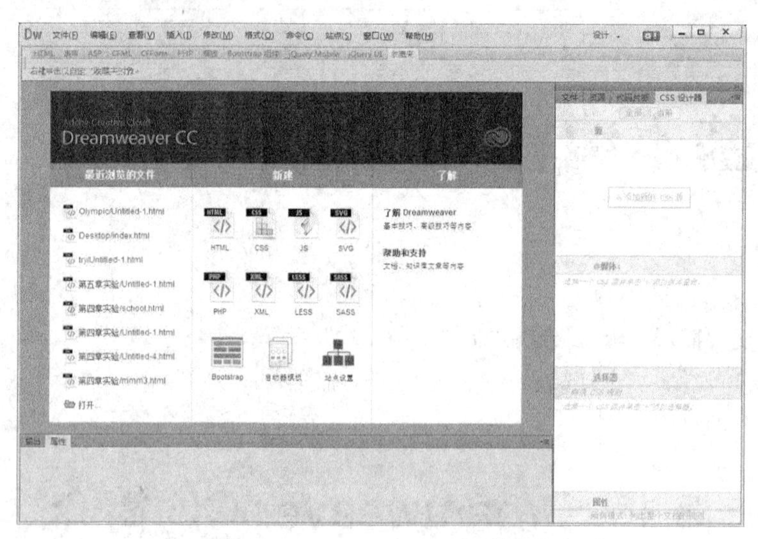

图 3-1　Dreamweaver CC 启动界面

单击中间新建栏的“HTML”，系统会弹出“新建文档”对话框，如图 3-2 所示，默认新建的网页文档类型为“HTML 5”，单击“创建”按钮，进入 Dreamweaver CC 的工作界面。

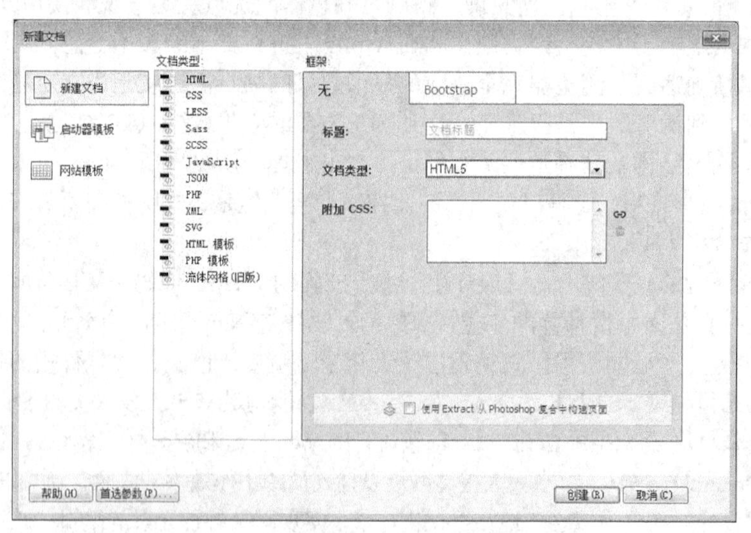

图 3-2　Dreamweaver CC“新建文档”对话框

3.1.2　Dreamweaver CC 的工作界面

Dreamweaver CC 的主要功能是网页设计、代码编写、网站管理、应用程序开发等，相应的面板也是这样分类的。用户也可以根据自己喜好来调整面板布局。

1. 认识 Dreamweaver CC 的工作界面

Dreamweaver CC 的工作界面由编辑窗口和各种属性面板组成，是设计网页的主阵地，如图 3-3 所示。

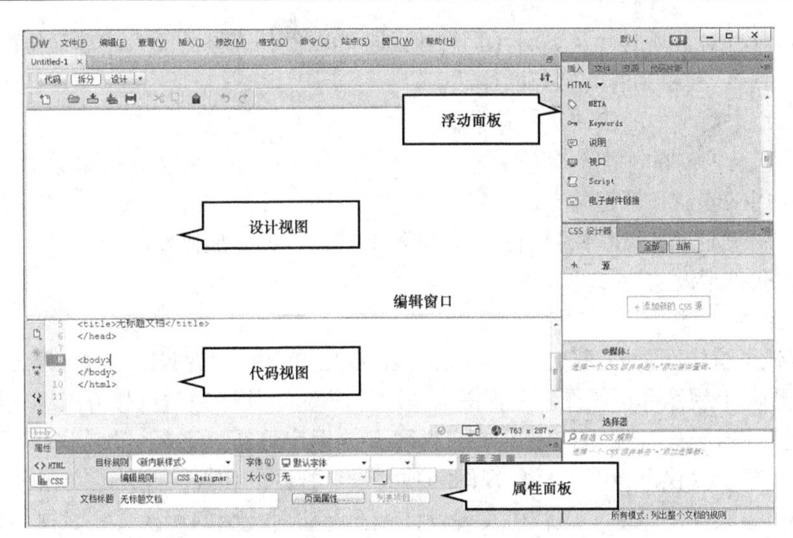

图 3-3　Dreamweaver CC 工作界面

一个典型的 DreamweaverCC 应用程序操作环境主要由菜单栏编辑窗口、浮动面板、属性面版等部分组成。如果用户想切换其他的工作界面方式开展设计工作，可通过菜单栏右侧的“设计器”下拉菜单实现不同方式工作界面的切换，如图 3-4 所示。该操作也可以通过“窗口”|“工作区布局”菜单命令进行设置。

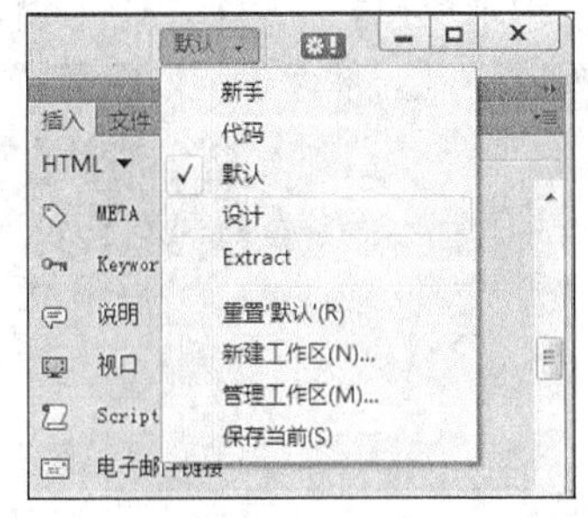

图 3-4　“设计器”切换不同方式工作界面

在设计应用中，通常可将浮动面板组中的“插入面板”拖至菜单栏下方，将其转换成“工具栏”，便于常用功能的选择，如图 3-5 所示。

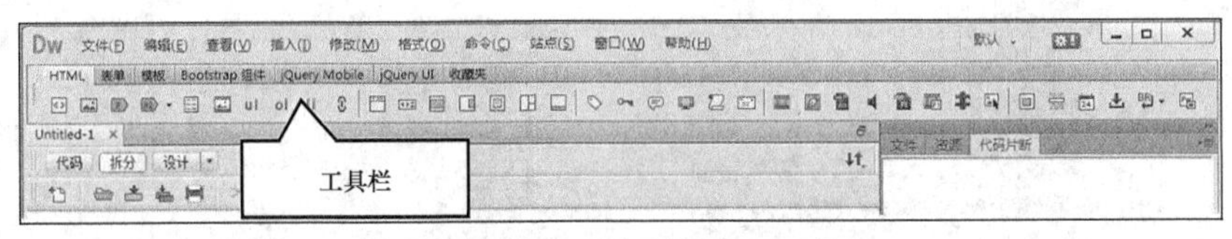

图 3-5　插入面版转换成工具栏

2. 工作界面各部分功能介绍

Dreamweaver CC 的工作界面非常友好，其应用程序的外观同其异常灵活的功能特性分割不开，对于不同级别和经验的用户，都能够从这种应用程序外观上获得显著的工作效率。下面介绍工作界面中各部分的主要功能。

（1）菜单栏。

菜单栏集合了 Dreamweaver CC 的所有功能，分为“文件”“编辑”“查看”“插入”“修改”“格式”“命令”“站点”“窗口”和“帮助”等菜单，虽然其中一些常用的功能也分布在工具栏或浮动面板上，但有时为了有更大的屏幕空间，会将浮动面板或工具栏关闭，这样利用菜单就显得很重要了。

Dreamweaver CC 各菜单的具体功能如下。

- 文件：用来管理文件。例如新建、打开、保存、导入、转换、输出打印等。
- 编辑：用来编辑文本。例如剪切、复制、粘贴、查找、替换以及首选参数设置等。
- 查看：用来管理、切换视图模式以及显示、隐藏工具栏、标尺、网格线等辅助视图功能。
- 插入：用来插入各种元素，例如图片、多媒体组件、表格、超链接等。

- 修改：具有对页面属性及页面元素修改的功能，例如表格的插入、单元格的拆分、合并、对齐对象以及对库、模板和时间轴等的修改。
- 格式：用来对文本的格式化操作等。
- 命令：包含所有的附加命令项。
- 站点：用来创建和管理站点。
- 窗口：用来显示和隐藏控制面板以及各种文档窗口的切换操作。
- 帮助：联机帮助功能。

（2）编辑窗口。

编辑窗口就是编辑网页的窗口区，Dreamweaver CC 默认以“拆分”方式打开编辑窗口，即分成上下两个视图：上视图和下视图。上视图为“设计视图”，用于通过操作方式编辑网页；下视图为“代码视图”，用于通过编写代码方式编辑网页。用户可通过选择“编辑窗口”左上的按钮“ ”实现独立代码视图、拆分视图和独立设计视图的切换。此外，单击“设计”按钮右方小三角弹出下拉菜单“ ”，可实现设计视图至实时视图的切换，实时视图是模拟在浏览器中打开的效果。

编辑窗口右下角有一个“窗口大小”按钮，单击弹出下拉菜单，从中可以选择各种常规平板屏幕或手机屏幕大小，如选择“375×667 iPhone 6”，编辑窗口改变结果如图 3-6 所示。

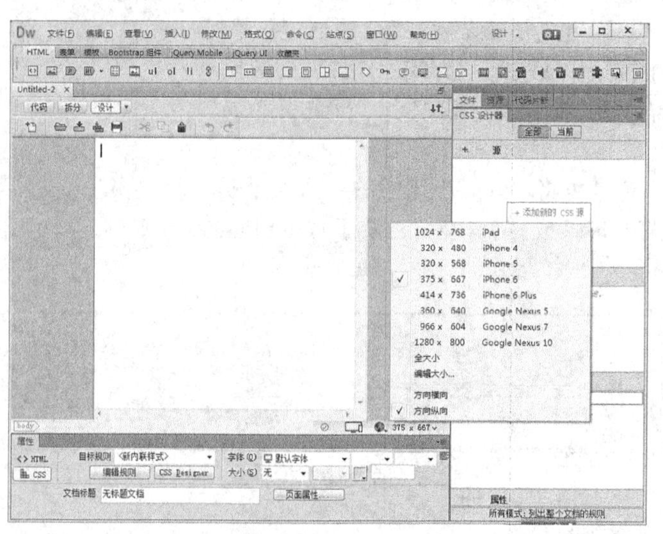

图 3-6 “375×667 iPhone 6”的窗口大小

“窗口大小”选项左侧是“浏览器中预览/调试”按钮“ ”，单击弹出图 3-7 所示的“预览方式”下拉菜单，可选择本机已装的一种浏览器对当前编辑的网页进行预览。

图 3-7 网页预览方式

（3）工具栏。

Dreamweaver CC 工具栏组包括了“HTML”“表单”“模板”“Bootstrap 组件”“jQuery Mobile”“jQuery UI”和“收藏夹”等多组工具栏。工具栏的作用是通过选择一个个图标化的按钮来实现常用的网页编辑操作，如快速地在网页中插入图像、声音、表格或多媒体动画等常用元素，又如快速地设置网页模板、插入表单控件等。

（4）浮动面板。

Dreamweaver CC 浮动面板组包括了“CSS”“标签检查器”“文件”和“资源”等。这些面板根据功能被分成了若干组，它们都可以处在编辑窗口之外，可以使用拓展按钮“ ”展开。浮动面板用户都可以通过“窗口”菜单命令有选择打开和隐藏。

（5）属性面板。

属性面板用来显示和编辑当前选定页面元素（如文本、图像等）的最常用属性。属性面板的内容因选定的元素不同会有所不同。因为属性面板并不是将所有文档窗口中页面元素的属性加载在面板上，而是根据选择的对象来动态显示其属性。例如，当前选择了一幅图像，那么属性面板上就出现该图像的相关属性；如果选择了文本，那么属性面板就会相应地变成文本的相关属性。

3.1.3　创建本地站点

除了页面编辑外，Dreamweaver CC 的另一重要功能是站点管理。站点管理包括管理网站内的文件和目录，检验链接情况，并控制站内文件的上传。一般来说，在做站点时应先建立好站点，再开始网页的制作，这样可以保证页面内文件链接的正确性。建立站点的具体步骤如下。

（1）在菜单栏中选择“站点”|“新建站点”，弹出“站点设置对象”对话框，如图 3-8 所示。在文本框中输入新建站点的名称，如“MyWebsite”，该名称为自定义名称，与网站本身内容无关，主要用于在 Dreamweaver CC 中标识一个网站。在“本地站点文件夹”文本框中输入该网站对应的本地机器上的文件夹位置，也可以通过单击文本框右侧“浏览文件夹”按钮“ ”，打开“选择根文件夹”对话框，如图 3-9 所示，并在其中选择（或新建）文件夹以指定本地站点根目录位置。

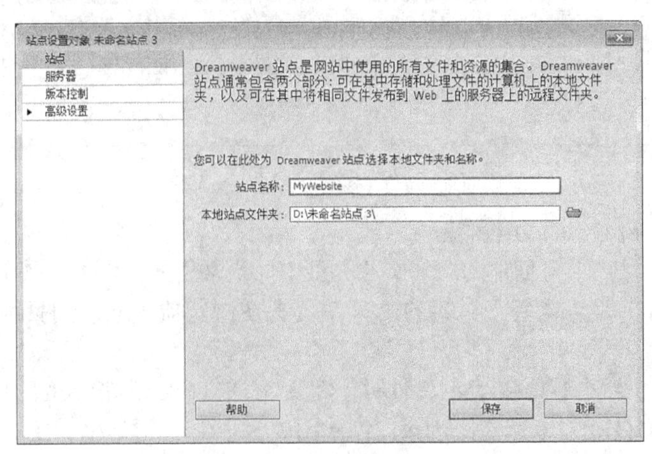

图 3-8　站点设置对象

（2）选择文件夹后，在“站点设置对象”对话框（见图 3-8）中单击“保存”按钮后，Dreamweaver CC 确认所选文件夹为本地站点位置，此时浮动面板组的“文件”面板中将显示当前站点的状态，如图 3-10 所示。

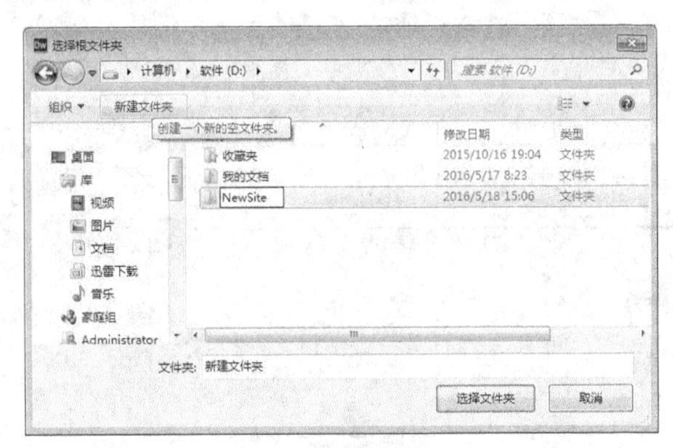

图 3-9　选择根文件夹

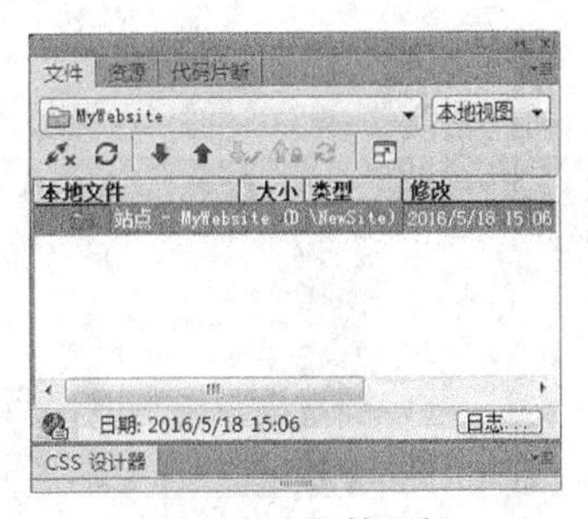

图 3-10　文件面板

3.1.4 创建、打开和保存文档

Dreamweaver CC 为处理各种 Web 设计和开发文档提供了灵活的环境。除了 HTML 文档以外，还可以创建和打开各种基于文本的文档，如 PHP、CSS、JSP、ASP 等。

1. Dreamweaver 文件的创建

使用 Dreamweaver CC 既可以创建 HTML 空白页和空白模板，也可以创建基于现有模板的页面以及基于 Dreamweaver CC 附带的预定义页面布局示例页面，另外还支持 CSS、LESS、Sass、JavaScript 等文档的创建，如图 3-11 所示。

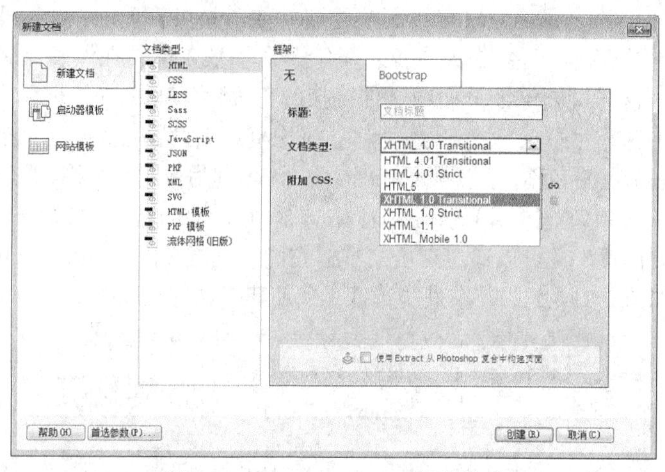

图 3-11　Dreamweaver CC 文档类型

2. Dreamweaver CC 的文档类型

在 Dreamweaver CC 中可创建的众多文件类型中，最常用的文件类型是 HTML 文件，HTML（或超文本标记语言）是包含基于标签的语言，负责在浏览器中显示网页面，其文件扩展名为“.html”或“.htm”。

Dreamweaver CC 创建 HTML 类型文件时，默认为“HTML 5”版本的网页，用户也可以选择创建 HTML 4.0 或 XHTML 1.0 版本的网页。创建图 3-11 所示的对话框，在“框架”|“文档类型”下拉菜单中选择 HTML 文件类型。

图 3-12～图 3-14 分别为 XHTML 1.0、HTML 4 和 HTML 5 的新建文档代码。

```
1  <!DOCTYPE html PUBLIC "-//W3C//DTD XHTML 1.0 Transitional//EN"
   "http://www.w3.org/TR/xhtml1/DTD/xhtml1-transitional.dtd">
2  <html xmlns="http://www.w3.org/1999/xhtml">
3  <head>
4  <meta http-equiv="Content-Type" content="text/html; charset=utf-8" />
5  <title>无标题文档</title>
6  </head>
7
8  <body>
9  </body>
10 </html>
```

图 3-12　XHTML 1.0 新建文档代码

```
1  <!DOCTYPE HTML PUBLIC "-//W3C//DTD HTML 4.01//EN" "http://www.w3.org/TR/html4/strict.dtd">
2  <html>
3  <head>
4  <meta http-equiv="Content-Type" content="text/html; charset=utf-8">
5  <title>无标题文档</title>
6  </head>
7
8  <body>
9  </body>
10 </html>
```

图 3-13　HTML 4 新建文档代码

```
1  <!doctype html>
2  <html>
3  <head>
4  <meta charset="utf-8">
5  <title>无标题文档</title>
6  </head>
7  
8  <body>
9  </body>
10 </html>
```

图 3-14　HTML 5 新建文档代码

从三种 HTML 文档代码可以看出，HTML 5 文档代码最为简洁。三种文件除了<!doctype>文件声明区分不同文件类型外，<meta>标记也反映了三种 HTML 文档的不同元信息。

<meta>标记用于提供有关页面的元信息，比如针对搜索引擎和更新频度的描述和关键词。其属性“http-equiv”把 content 属性关联到 HTTP 头部，属性“content”则定义与 http-equiv 属性相关的元信息。“charset”定义文档的字符编码。

HTML 5 的<meta>标记只需定义 charset 属性，且默认属性值为“utf-8”字符集。utf-8（8-bit Unicode Transformation Format）是一种针对 Unicode 的可变长度字符编码，又称万国码，可用在网页上，可以同一页面显示中文简体、繁体及其他语言（如英文、日文、韩文等）。

除 HTML 文件外，以下是在使用 Dreamweaver CC 时可能会用到的其他一些常见文件类型。

（1）HTML 模板文件：Dreamweaver CC 的模板文件可以编辑可编辑区域，文件扩展名为“.dwt”。

（2）CSS 文件：CSS 是 Cascading Style Sheets（层叠样式表）的缩写，是用于设置 HTML 内容的格式，控制网页样式及各个页面元素的位置，并允许将样式信息与网页内容分离的一种标记性语言。其文件扩展名为“.css”。

（3）XML 文件：XML 是 The Extensible Markup Language（可扩展标识语言）的缩写。XML 包含原始形式的数据，可使用 XSL（Extensible Stylesheet Language：可扩展样式表语言）设置这些数据的格式，最初设计的目的是弥补 HTML 的不足，以强大的扩展性满足网络信息发布的需要，后来逐渐用于网络数据的转换和描述。其文件扩展名为“.xml”。

（4）PHP 文件：PHP 超文本处理器（Professional Hypertext Preprocessor）文件，PHP 是一种在服务器端执行的嵌入 HTML 文档的脚本语言，用于处理动态页面。其实，它和大家所熟知的 ASP 一样，是一门常用于 Web 编程的语言。PHP 的网页文件的格式是“.php”。

（5）JavaScript 文件：JavaScript 是一种基于对象和事件驱动并具有安全性能的脚本语言。它是通过嵌入或调入到标准的 HTML 语言中实现的。其文件扩展名为“.js”。

3. 打开 Dreamweaver CC 的文件

跟其他文档编辑软件一样，Dreamweaver CC 可以打开现有网页或基于文本的文档（不论是否是用 Dreamweaver 创建的），然后在“设计”视图或“代码”视图中对其进行编辑。Dreamweaver CC 也支持非 HTML 的文本文件的打开，如 JavaScript 文件、XML 文件、CSS 样式表或用字处理程序或文本编辑器保存的文本文件。打开 Dreamweaver CC 的文件的方法如下。

（1）选择“文件”|“打开”，如图 3-15 所示，在弹出的“打开”对话框中定位选中目标文件，并单击“打开”按钮。

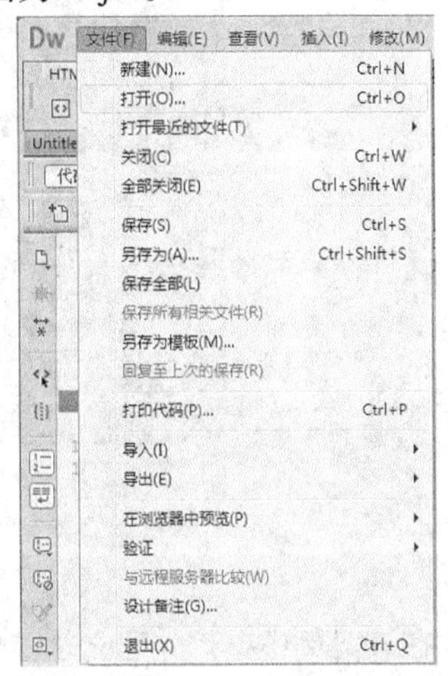

图 3-15　Dreamweaver CC 打开文件命令菜单

默认情况下 HTML 直接打开并可在“设计”或“代码”视图中进行编辑，JavaScript、文本和 CSS 样式表等则在“代码”视图中打开。用户在 Dreamweaver CC 工作界面中可完成文档更新并保存更新的文件。

（2）在 Dreamweaver CC 已打开的情况下，可以从“文件”浮动面版中选中并双击目标文件，打开文件。

（3）另一个常见的方法是在 Windows 的窗口或资源管理器中找到并选中目标文件，然后单击鼠标右键，打开右键快捷菜单，在“打开方式”选择中选择“Abode Dreamweaver CC”实现文件打开。

4. 保存 HTML 网页文档

无论创建的 HTML 类网页是 HTML 5、HTML 4 或 XHTML 1.0，保存网页时 Dreamweaver CC 均使用默认扩展名“.html”进行保存，浏览器打开网页时是通过网页代码中的文件声明<!doctype>来区分不同 HTML 版本的。

3.1.5 Dreamweaver CC 的退出

Dreamweaver CC 的退出与一般的 Windows 应用程序退出方式一样，可以单击窗口右上角的“关闭”按钮；也可以点“文件”菜单，选择“退出”功能；还可以按“Alt+F4”组合键等，都可以退出 Dreamweaver CC。如果当前正在编辑的文件尚未保存，系统会弹出一个询问是否保存退出的警告提示小窗口，可选择“保存”“放弃保存”或者“取消退出”等操作。

3.2 文本

文本在网络上传输速度较快，用户可以很方便地浏览和下载文本信息，故文本成为网页最主要的信息载体之一。整齐划一、大小适中的文本能够体现网页的视觉效果。因而文本处理是设计精美网页的第一步。本节将结合一个具体实例“奥林匹克简介网页”介绍在 Dreamweaver CC 中如何插入文本，对文本进行排版及一些文本辅助功能。

例 3.1 创建并编辑本文网页“奥林匹克简介”，网页效果如图 3-16 所示。

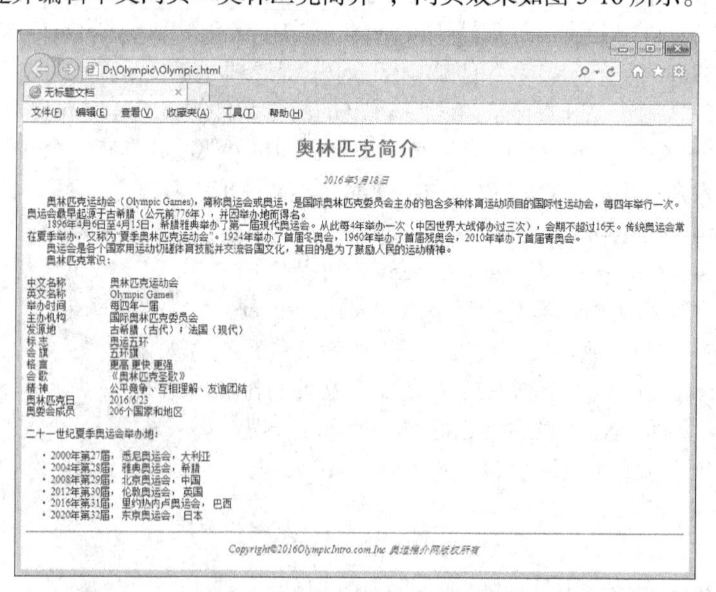

图 3-16 “奥林匹克简介”网页效果

在该案例中，首先建立了“D:/Olympic”作为本地站点文件夹（参照本章 3.1.3 小节），并将相关文件（奥林匹克.xlsx 和奥林匹克介绍.txt，见本书配套素材）复制至该文件夹中。

3.2.1　插入文本

Dreamweaver CC 提供了多种插入文本的方法供读者选择。标题、栏目名称等少量文本，可以选择直接在文档窗口中键入；段落文本可以选择从其他文档中复制粘贴；整篇文章或表格，可以选择导入 Word、Excel 文档。

1．将文本添加到文档

在 Dreamweaver CC 中输入文本与 Word 略有不同，下面通过实例来说明。

（1）直接输入。用鼠标单击网页编辑窗口中的空白区域，在闪动的光标标识处选用适当的输入法输入文字。文本添加效果如图 3-17 所示。

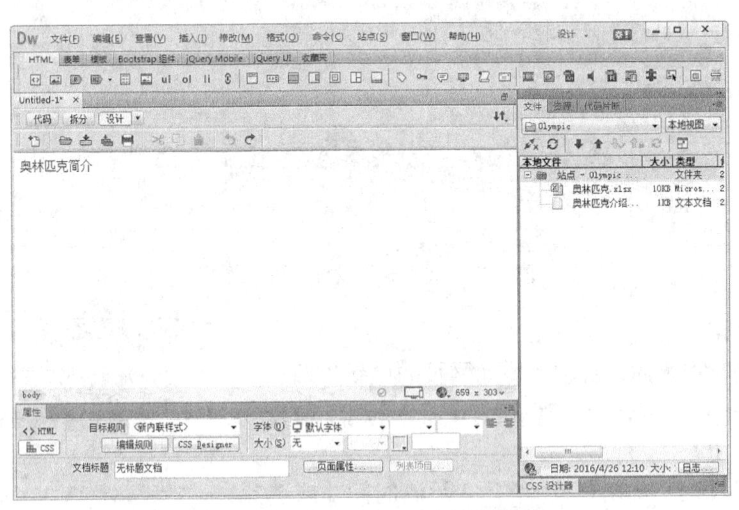

图 3-17　Dreamweaver CC 网页编辑窗口

（2）打开网站的“奥林匹克介绍.txt”文件，如图 3-18 所示，利用复制和粘贴命令将其中文字添加至 Dreamweaver CC 当前网页中。

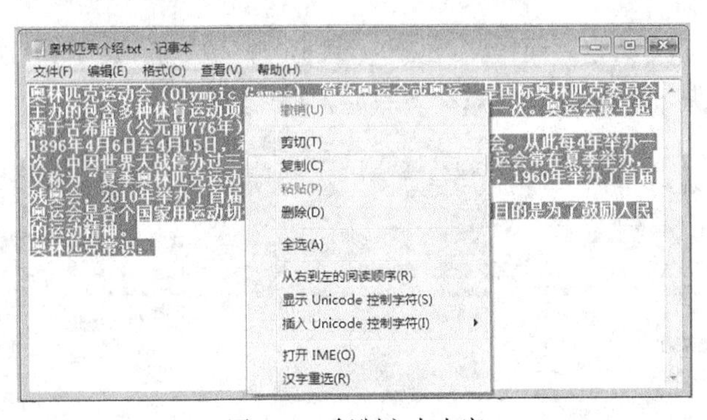

图 3-18　复制文本内容

（3）文本分段、换行与插入空格。

- 在编辑状态下，按“Enter”（回车）键可实现文本分段，代码自动添加<p>…</p>标记。
- 按“Shift+Enter”组合键可实现文本换行，代码自动添加
标记。
- 默认情况下，按键盘空格键只能插入一个不换行空格，如果要插入多个不换行空格，可连续按“Ctrl+Shift+空格键”组合键插入多个不换行空格，代码自动插入 标记。也可选择“HTML 工具栏”上的“不换行空格”按钮（或选择“插入”|“HTML”|“不换行空格”菜单命令）插

入多个不换行空格。

通过上述方法对当前设计视图中的文本进行分段，令标题“奥林匹克简介”和正文内容各成一段，并为第二段各行行首添加“不换行空格”，效果如图 3-19 所示。

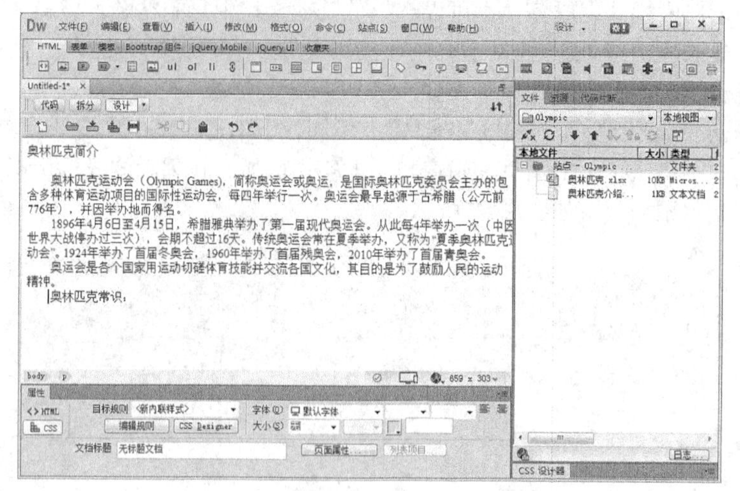

图 3-19　文本分段及首行缩进效果

（4）插入日期。

在网页中经常需要插入日期，比如网页的更新日期、文章的上传日期等。Dreamweaver CC 提供了日期对象，可以方便地插入当前日期。

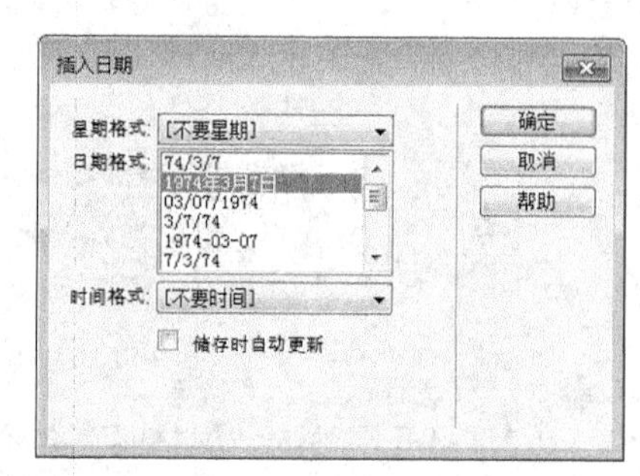

图 3-20　“插入日期”对话框

单击常用工具栏“日期”按钮插入更新时间（或选择“插入”|“HTML”|“日期”菜单命令），系统弹出“插入日期”对话框，有“星期格式”“日期格式”“时间格式”和“储存时自动更新”四个选项，根据对话框的提示设置好有关的内容，如图 3-20 所示。

在图 3-19 所示的标题文本后面按“Enter”（回车）键建立新段，用上述方法插入更新时间，最后的效果如图 3-21 所示，更新时间显示为当前编辑文档的时间。

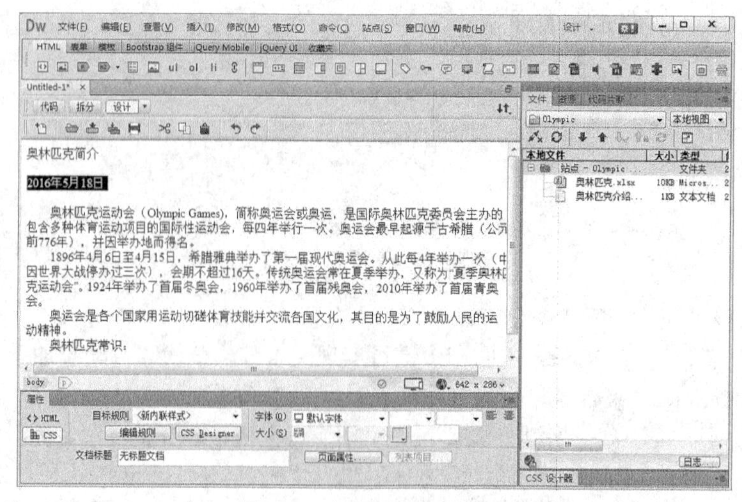

图 3-21　插入更新日期效果

2. 插入特殊字符

前面学习了在网页中添加文本与日期，Dreamweaver CC 还提供了丰富的特殊字符插入功能，可以插入如注册商标、版权、货币符号等特殊符号，代码自动插入相应特殊字符标记。下面以网页中经常用到的版权符号为例，演示如何在文档中插入特殊符号。

在网页正文本文后面新建一段，输入有关文字“Copyright2016OlympicIntro.com.Inc 奥运推介网版权所有”，鼠标单击“Copyright”后方使生成闪动光标，选择“HTML 工具栏”上“换行符”下拉菜单，如图 3-22 所示，单击其中“©版权”命令（也可在菜单栏中选择“插入”|“HTML”|“字符”|“版权”命令），实现在 Copyright 和 2016 之间插入版权符号“©”，如图 3-23 所示。

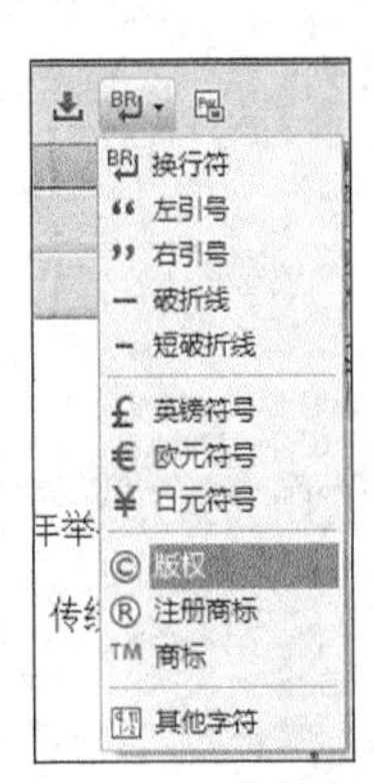

图 3-22　插入版权符号©

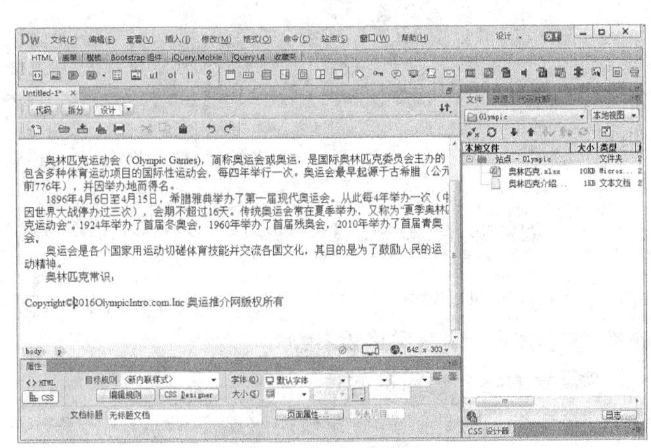

图 3-23　插入版权符号©

3. 导入数据文档

除了直接键入文本和复制粘贴文本以外，Dreamweaver CC 还可以直接将表格式文档、Word 文档、Excel 文档导入到当前文档，省去了复制粘贴的麻烦。

将光标定位在版权声明前一段的末端，如图 3-24 所示，选择“文件”|“导入”|“Excel 文档”，在打开的对话框中选择网站文件夹中的 Excel 文档“奥林匹克.xlsx”，实现将该 Excel 文档导入到当前网页中，最终效果如图 3-25 所示。

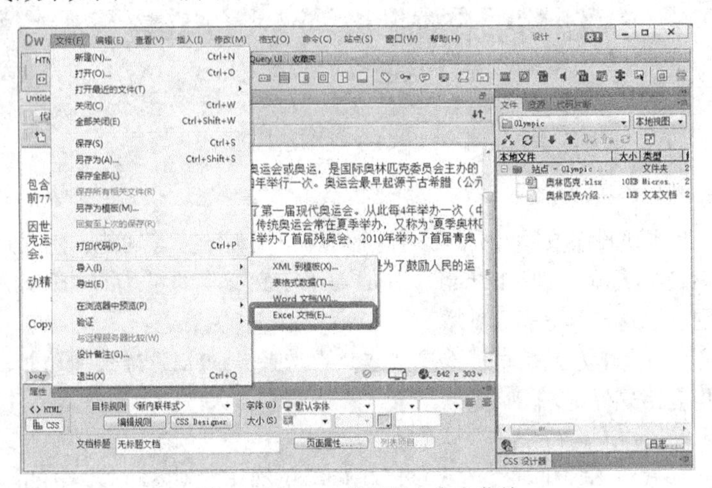

图 3-24　Excel 文档导入命令菜单

导入 Excel 文档后，HTML 代码中在<body>…</body>中的相应位置自动插入了一个<table>…</table>标记结构，以无边框表格方式显示 Excel 电子工作表内容。

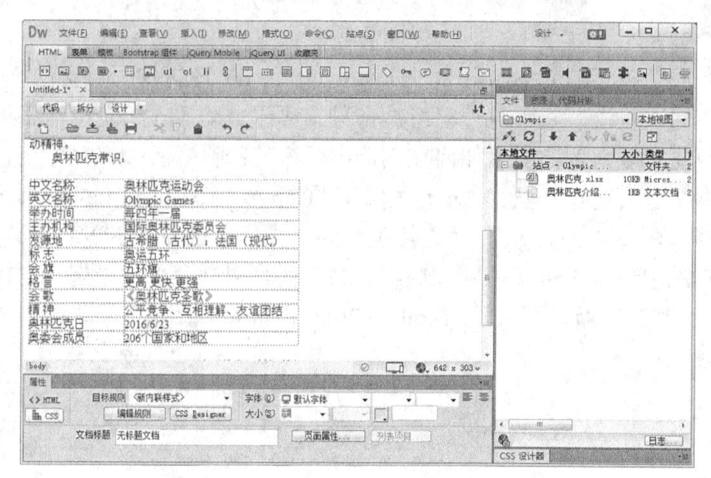

图 3-25　Excel 表格导入效果

3.2.2　设置文本格式

前面介绍了在网页中插入文本的几种方法，由于插入的文本大小、字体格式不一致，需要对文本属性进行设置，使其风格保持统一。

1．设置文本格式的两种方法

Dreamweaver CC 通过属性面板设置文本格式，主要有以下两种方法。

（1）使用 HTML 样式，如图 3-26 所示。

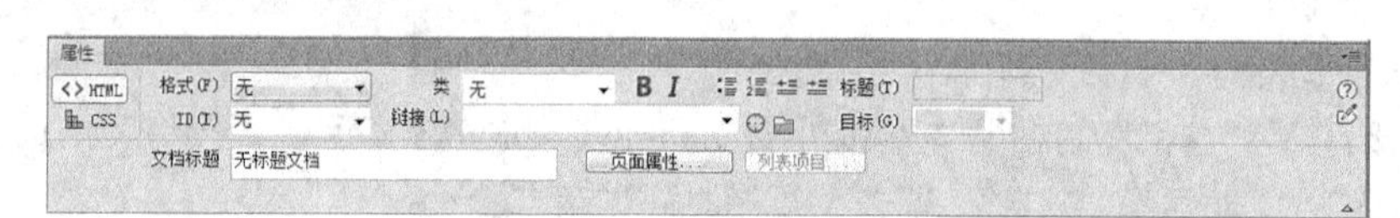

图 3-26　HTML 样式属性面板

（2）使用 CSS 样式（层叠样式表），如图 3-27 所示。

图 3-27　CSS 样式属性面板

2．HTML 样式

“HTML 样式”提供设置文本粗体、斜体、列表、超级链接等功能，它是通过一个或多个用于格式化文本的 HTML 标记，如<strong>、<em>等来定义文本的格式的。HTML 样式则重于定义文档结构，如标题、段落、列表等。

“HTML 样式”的操作方式是直接选择文本，再选择“HTML 样式”功能，代码中自动为所选文本两端加上相应格式标记。

3．CSS 样式

由于“HTML 样式”不提供如文字大小、颜色等更细化的文本设置。因此，在应用上，文本的外观常用“CSS 样式”进行设置，默认情况下，Dreamweaver CC 使用“CSS 样式”而不是“HTML 样式”指定页面属性。CSS 功能强大，除控制文本外，CSS 还可以控制网页中的其他元素，具体内容将在第 6 章中详细讲解。

使用“CSS 样式”能更精确地设计文本的格式，包括选择字体、大小、颜色、对齐方式等。

“CSS 样式”有多种不同的设置方式，用户可通过“目标规则”的选择来确定何种 CSS 设置方式。

（1）内联样式。

直接使用 Dreamweaver CC 的 CSS 属性面板来设置文本格式属于“内联样式”，内联样式常有以下几种操作方式。

① 将光标定位于一段文本内，再在 CSS 属性面板上设置各种样式，这些 CSS 样式将以“style”属性方式添加到离光标位置最近的左侧的<p>或<h1>～<h6>起始标记上。

如：<p style="text-align: center; font-size: 24px;">段落文本内容</p>

② 如鼠标选择一块文本，该块文本刚好完全由某种标记对括起，则所设的 CSS 样式将以“style”属性方式添加到该标记对的起始标记上。若文本由多层标记对嵌套括起，则 CSS 体现于最内层标记对的起始标记上。

如：<p><strong><em style="font-size: 24px">多层标记的文本</em></strong></p>

③ 如鼠标选择一小块文本（小于一整段），再设置 CSS 样式，则 HTML 代码中自动为所选文本括上<span>…</span>标记，且所置的 CSS 样式将以“style”属性方式添加到<span>标记中。

如：<span style="color: #FD0105">所选的文本</span>

（2）新建 CSS 规则。

如果一些 CSS 样式有特定意义或需要重复使用，则需要通过创建选择器来实现，创建选择器相当于创建一种指定的样式，这种样式再应用至所选文本上。该方法可通过在“目标规则”中选择“新建 CSS 规则”，并结合“CSS 设计器”或“CSS 样式”面板来实现样式的设定，具体见第 6 章介绍。

直接在 CSS 属性面板上设置格式时，会弹出“新建 CSS 规则”对话框，其中有 4 种类型的选择器可选择，如图 3-28 所示。

各种选择器的应用范围如下。

- 类：可应用于任何 HTML 元素。
- ID：仅应用于一个 HTML 元素。
- 标签：重新定义 HTML 元素（即应用于某种标记的内容）。
- 复合内容：基于选择的内容。

新建 CSS 规则并为选择器命名后，“类”选择器目标规则名自动以“.”开头，“ID”选择器目标规则名则以“#”开头。

输入“类”选择器名“text1”，单击“确定”按钮弹出如图 3-29 所示的“.text1 的 CSS 规则定义”对话框，用户可直接在其上设置各种文本格式，也可单击“确定”按钮，在 CSS 属性面板上继续设置“.text1”的 CSS 样式，如图 3-30 所示。

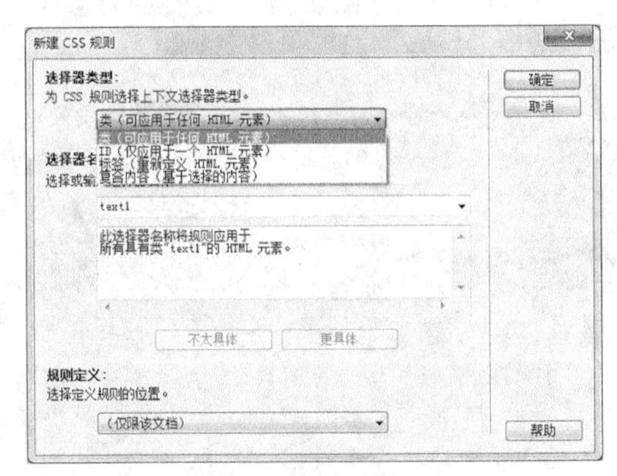

图 3-28　新建 CSS 规则

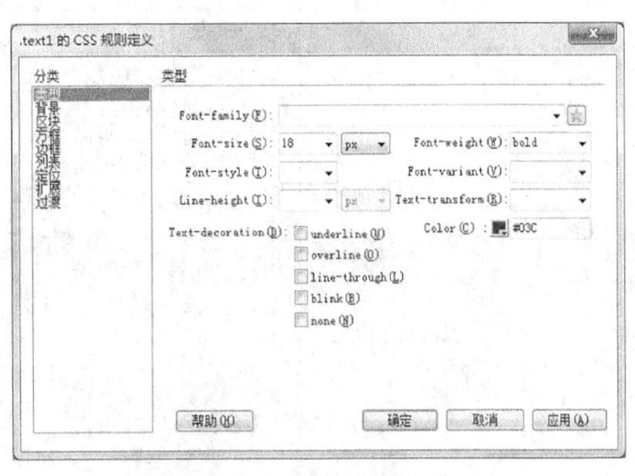

图 3-29　CSS 规则定义

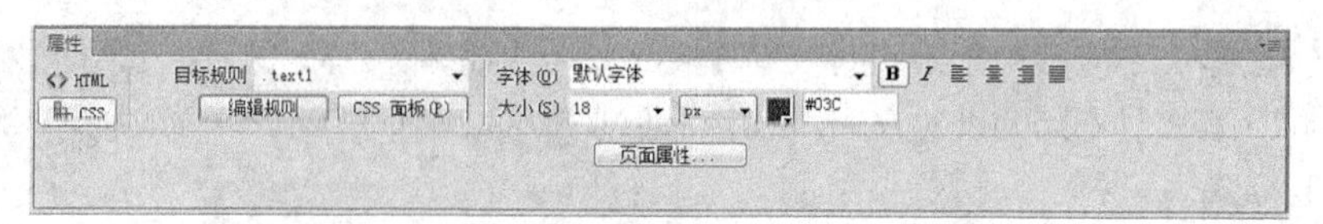

图 3-30　在 CSS 属性面板上实现 CSS 样式设置

4．HTML 及 CSS 样式的应用

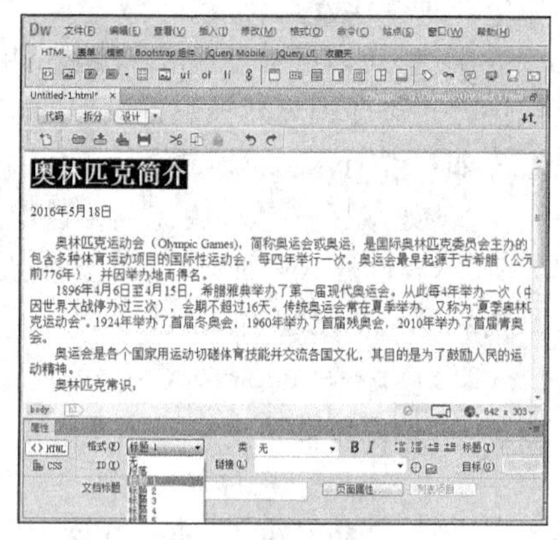

图 3-31　设置标题

继续编辑例 3.1 网页，使用 HTML 样式将标题设置为一级标题、“黑体”字体、居中、绿色字体，并在网页中增设一个项目列表（即无序列表）；将日期和版权声明设置为斜体、居中、相同的蓝色字体。操作方法如下。

（1）选择标题“奥林匹克简介”，在 HTML 样式属性面板中选择“格式”下拉列表中的“标题 1”，效果如图 3-31 所示，HTML 代码自动为该标题加上<h1>…</h1>标记。

（2）在“奥林匹克简介”为选中状态下，打开 CSS 属性面板的“字体”项下拉菜单，选择最下方“管理字体”选项，如图 3-32 所示。

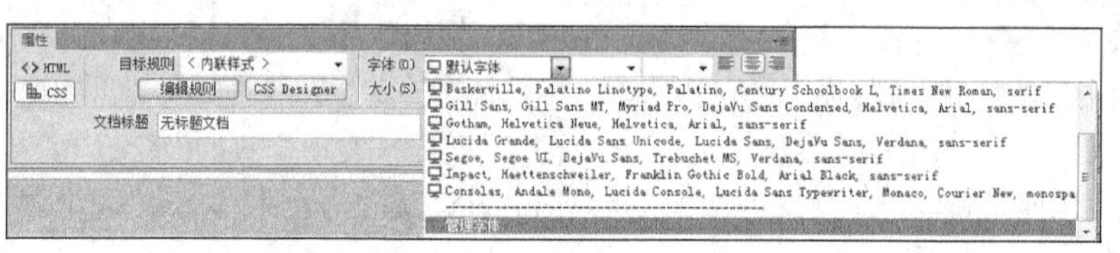

图 3-32　管理字体

（3）在弹出的“管理字体”对话框中选择第三个标签“自定义字体堆栈”，如图 3-33 所示，在“可用字体”选框中将中文字体“黑体”选入“选择的字体”选框中，单击右下角的“完成”按钮。完成该操作后，在 CSS 属性面板上的字体下拉菜单中，就可以找到“黑体”选项了，如图 3-34 所示。

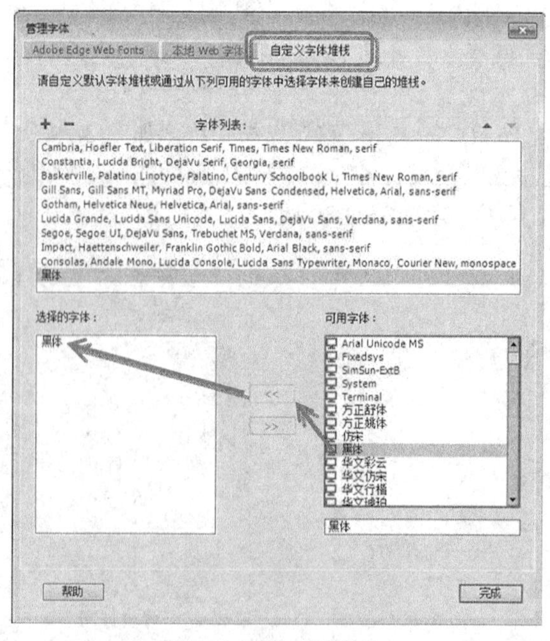

图 3-33　添加“黑体”

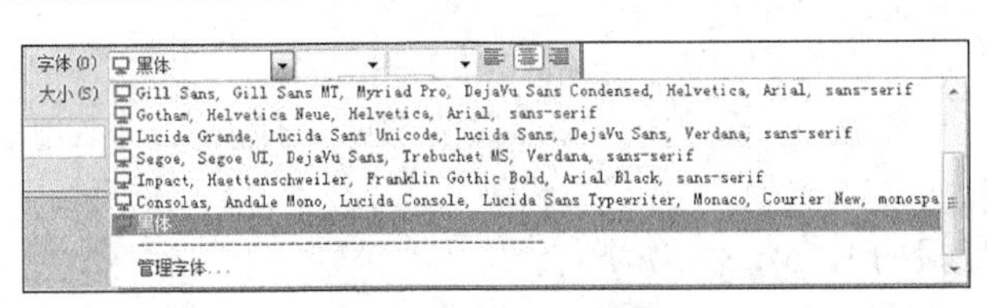

图 3-34　“黑体”选项

单击 CSS 属性面板中的“颜色定义”按钮“ ”，弹出颜色调色板，如图 3-35 所示，调整并设置当前颜色为绿色（#03AC0C），按回车键确定该选择，单击 CSS 属性面板中的“居中”按钮“ ”实现标题居中，标题颜色及居中效果如图 3-36 所示。

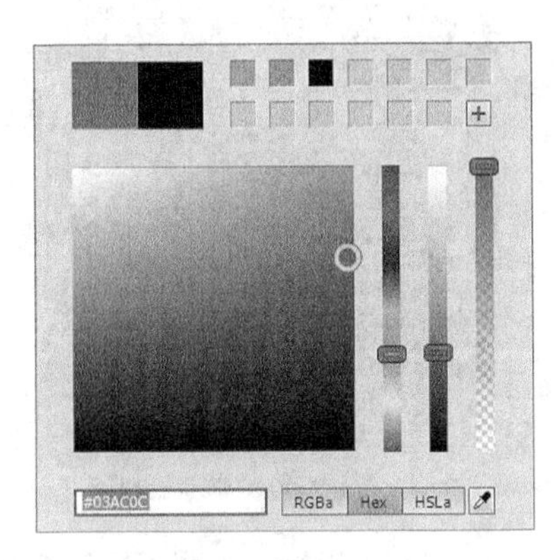

图 3-35　字体颜色选择

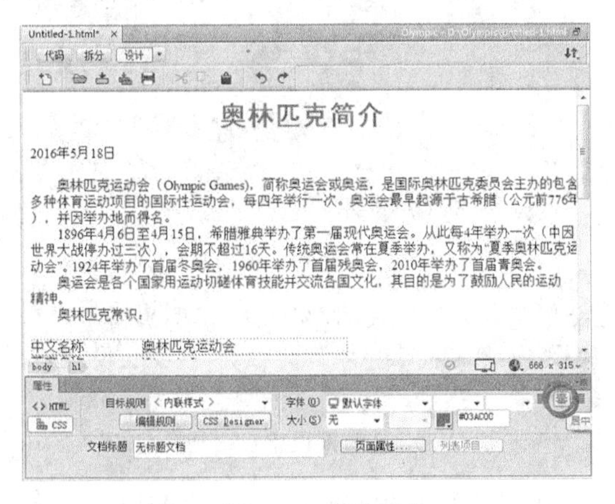

图 3-36　字体居中

此时，该标题的相关 HTML 代码为：

```
<h1 style="text-align: center; color: #03AC0C; font-family: '黑体';">奥林匹克简介</h1>
```

（4）在网页中使用列表将内容分级显示，可使侧重点一目了然，内容更有条理性。在版权声明段前输入“二十一世纪夏季奥运会举办地：”等 7 段文本，选择其中第 2～7 段文本，如图 3-37 所示，选择 HTML 样式属性面板的“项目列表”功能 ，将该 6 段文本转换成项目列表，效果如图 3-38 所示。HTML 代码自动将该 6 段文本的<p>…</p>标记转换为<ul><li>…</li>…</ul>标记结构。

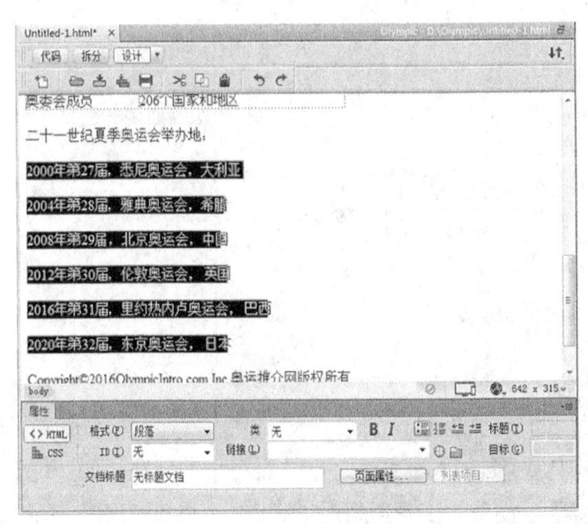

图 3-37　选择多段文本

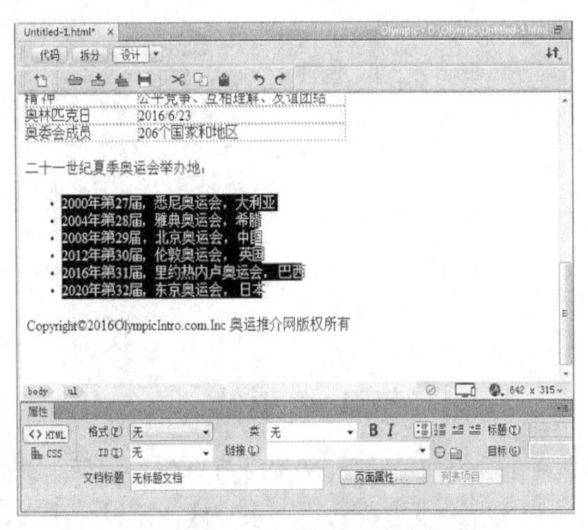

图 3-38　项目列表设置效果

（5）选中日期段“2016 年 5 月 18 日”，先设置其 CSS 样式为居中、绿色，再在 HTML 样式属性面板中单击“I”将其设置为斜体，效果如图 3-39 所示。

由于居中属性必须建立在<p>标记内，即以段落设置才有效果，因此这里先设置 CSS，再设置 HTML 样式的斜体。

以上设置后，日期段的 HTML 代码为：

```
<p style="text-align: center; color: #061AFF;"><em>2016 年 5 月 18 日</em></p>
```

在设置字体颜色时，如该颜色还需应用至其他对象，在调色板中单击右侧“⊞”按钮，将当前所选颜色（#061AFF）添加至颜色板块上，如图 3-40 所示。

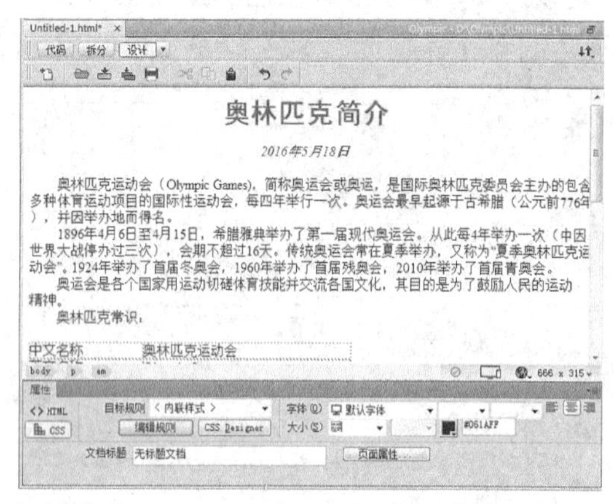

图 3-39　为日期设置 CSS 样式

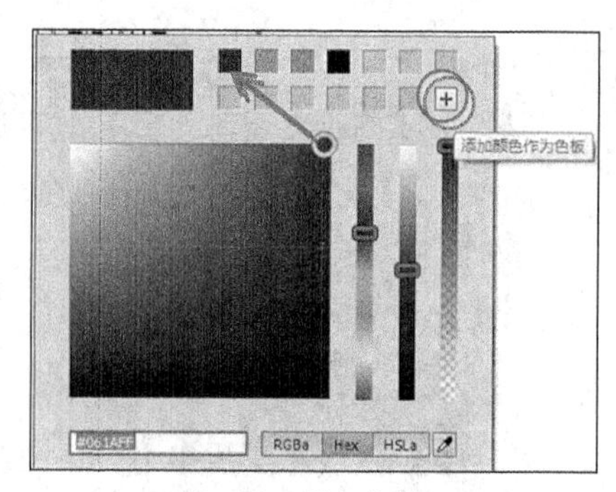

图 3-40　添加色块

用同样方法将网页正文末段的版权声明文本设置为居中、蓝色、斜体，颜色设置直接在调色板颜色板块上选择上步所设的蓝色块（#061AFF）即可（调色板具体应用见本章 3.2.6 小节）。版权声明段格式设置后，其网页效果如图 3-41 所示。

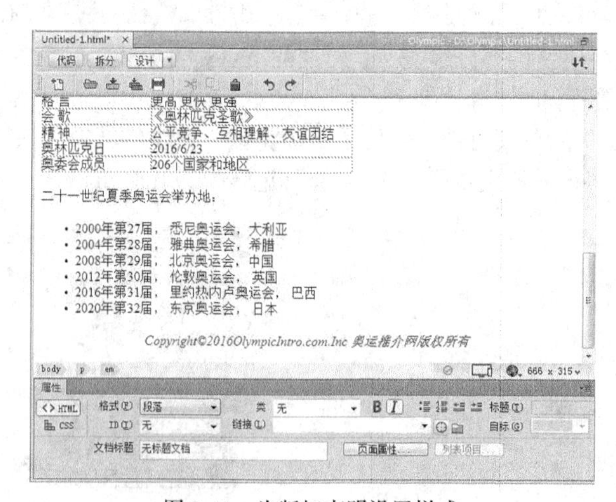

图 3-41　为版权声明设置样式

3.2.3　插入水平线

使用水平线进行文本段落分割，也是网页制作中常用的处理方法。例如，通常会在页面下部版权文字的上方插入一条水平线，用以分隔文档内容，使文档结构清晰明确。

插入水平线的方法是：把鼠标单击在需要插入的位置上，选择“HTML 工具栏”上的水平线按钮“▤”实现水平线的插入，该功能也可以通过选择“插入”|“HTML”|“水平线”菜单功能

实现，插入水平线后，HTML 代码在插入位置生成<hr>标记。

在版权声明段前方插入水平线，效果如图 3-42 所示。

选择菜单栏“文件”|“保存”命令，将当前网页文档保存为“Olympic.html”文件，由于 Dreamweaver 已设置当前网站根目录为“D:/Olympic”，所以当首次保存网页文档时，默认的保存位置就是网站文件夹“D:/Olympic”。在网站中用 IE 浏览器打开网页“Olympic.html”，效果如图 3-16 所示。

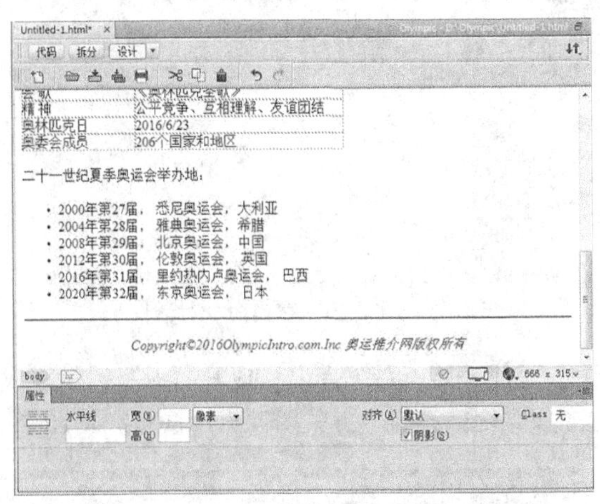

图 3-42　插入“水平线”效果

3.2.4　检查拼写

在输入文本时，有时会遇到拼写错误。使用 Dreamweaver CC 的“检查拼写”命令，可以自动检查出当前文档中文本拼写的错误并将其更正，大大提高了工作效率。下面举例来说明如何检查并修改出网页中存在的拼写错误。具体操作步骤如下。

需要检查拼写时，将光标定位于正文文首，选择菜单栏“命令”|“检查拼写”选项，进行“检查拼写”命令，如图 3-43 所示，若文本存在拼写错误，则 Dreamweaver CC 弹出错误提示对话框，并提出修改建议的选择项，如图 3-44 所示。

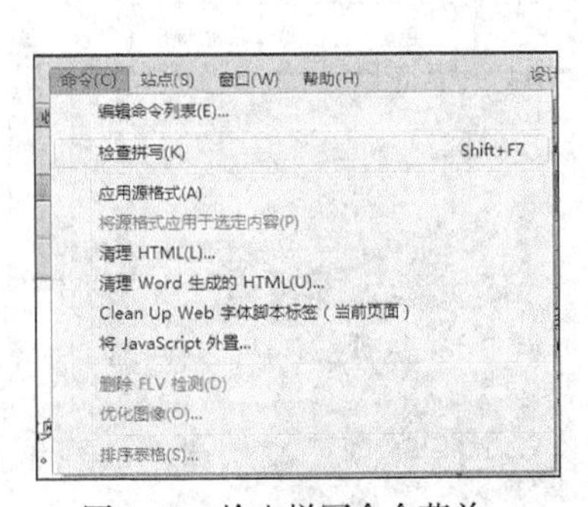

图 3-43　检查拼写命令菜单

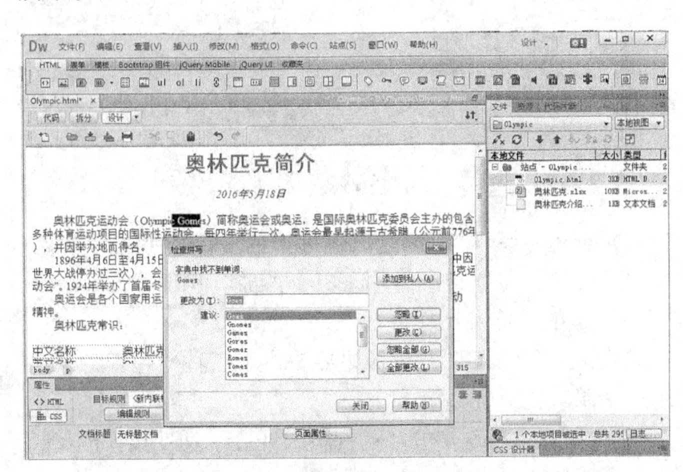

图 3-44　检查拼写的修改建议

3.2.5　查找和替换文本

使用 Dreamweaver CC 的“查找和替换文本”功能，可以在文档或站点中方便地查找出指定的文本或代码，并进行替换，省去了亲自动手查找修改的麻烦，大大提高了网页编辑与修改的效率。

以下操作实现将网页中的“奥运会”替换成“奥林匹克”，操作如下。

（1）选取要查找的文段或全文，选择菜单栏“编辑”|“查找和替换”命令。

（2）在弹出的对话框中设置相应的内容，如图 3-45 所示。

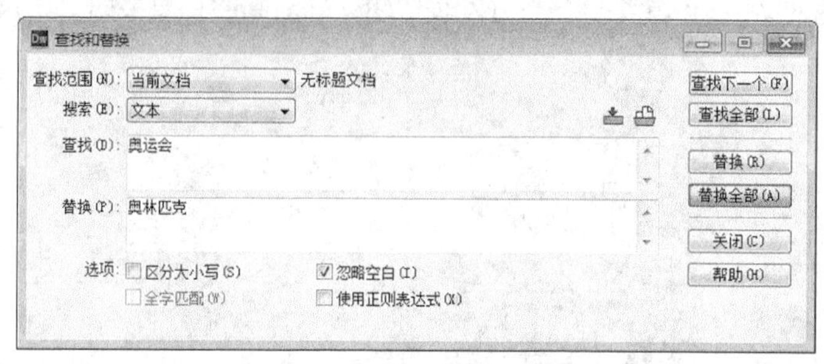

图 3-45　查找和替换命令对话框

（3）选择“替换全部”，完成替换。系统弹出“搜索面板”提示完成 12 处替换，单击“搜索面板”控制菜单按钮并选择“关闭标签组”可关闭该提示面板，如图 3-46 所示。

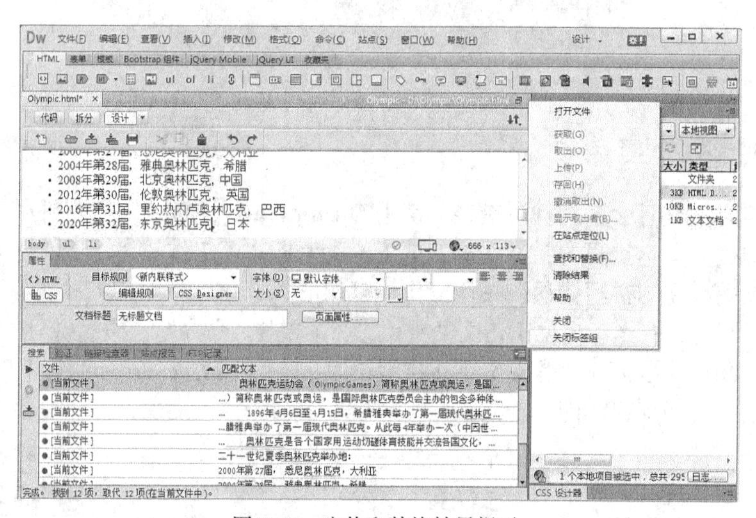

图 3-46　查找和替换结果提示

3.2.6　调色板操作

Dreamweaver CC 调色板也称拾色器，是调配网页文本、背景、边框等颜色的常用工具，下面介绍 Dreamweaver CC 调色板的功能及操作方法。

Dreamweaver CC 调色板主要提供了三种颜色模型，如图 3-47 所示，分别如下。

（1）RGBa 模型：红、绿、蓝和 Alpha（透明度）模型，值如：rgba(19,22,173,1.00)。

（2）Hex 模型：十六进制颜色模型，调色板默认调色模型。以“#”开头和 6 位十六进制值表示颜色值，6 位十六进制数按顺序分为 3 组，即每 2 位数一组，分别表示红、

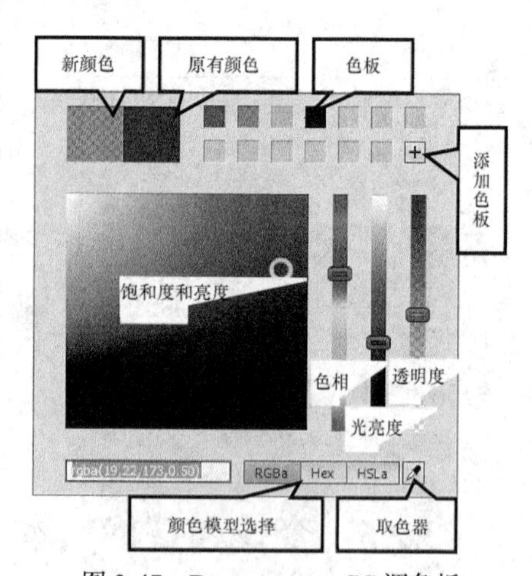

图 3-47　Dreamweaver CC 调色板

绿、蓝颜色分量的强度，不支持透明度，值如：#1316AD。

（3）HSLa 模型：色调、饱和度、亮度和 Alpha（透明度）模型，值如：hsla(239,80%,38%,1.00)。

rgba(19,22,173,1.00)、#1316AD 和 hsla(239,80%,38%,1.00)是同一颜色的不同表示方法，其中，RGBa 模型和 HSLa 模型还允许设置颜色透明度，透明度值域均为 0～1，0 表示完全透明。

调色板操作方法如下。

- 用户根据需要在调色板调整色相、光亮度、不透明度或饱和度/亮度，最后确定的颜色值为新颜色，若想在颜色板中保留该颜色以支持重复使用，单击“⊞”将新颜色加入为最前色板。
- 要将新颜色重置为原有颜色，单击原有颜色。
- 若要更改色板的顺序，将色板拖至所需位置。
- 若要删除色板，从面板中拖出该色板。
- 使用取色器工具“🖊”从计算机屏幕上除调色板外的任意位置获得颜色样本。
- 选择颜色后，鼠标单击调色板以外区域或按“Enter”键确定选择并关闭调色板，按“Esc”键撤销颜色选择并关闭调色板。

此外，CSS 也允许使用定义好的色彩英文名称来表示颜色，如：

```
<p style="color: red">用颜色名表示</p>
```

常用的色彩英文名称及十六进制代码如表 3-1 所示。

表 3-1　色彩代码表

色彩	色彩英文名称	十六进制代码
黑色	black	“#000000”
白色	white	“#FFFFFF”
红色	red	“#FF0000”
绿色	green	“#008000”
蓝色	blue	“#0000FF”
黄色	yellow	“#FFFF00”
青色	cyan	“#00FFFF”
灰色	gray	“#808080”
橙色	orange	“#FFA500”
棕色	brown	“#A52A2A”
紫色	purple	“#800080”
粉色	pink	“#FFC0CB”

3.3　课后实验

使用本书配套资料的“课后实验/第 3 章/素材”下“苹果 iPhone7 功能简介.txt”和“iPhone7 和 iPhone6 的比较.xlsx”文本，完成如下网页的制作，网页效果如图 3-48 所示。

实验要求如下。

（1）拷贝“苹果 iPhone7 功能简介.txt”文本并在新建网页中粘贴，在第二行“更新日期：”后插入当前日期，在正文内容前插入 4 个空格，在最后一行版权声明的“Copyright”后插入版权字符“©”。

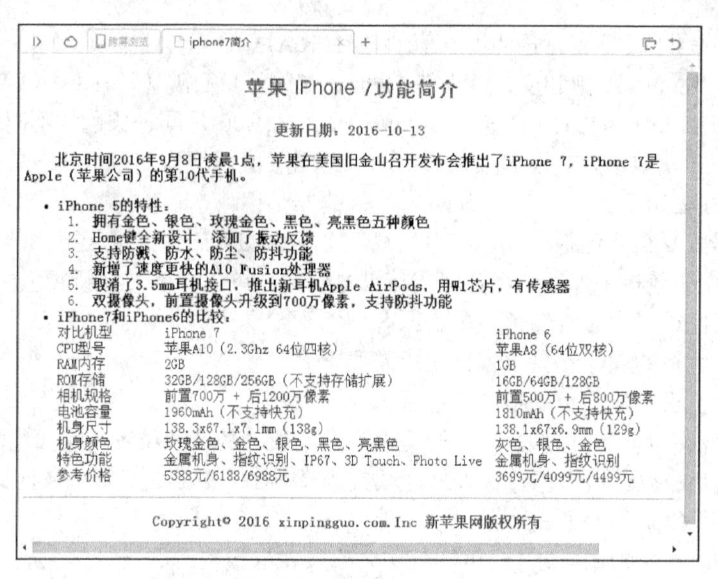

图 3-48 “iPhone7 简介”网页效果

（2）设置文本格式：标题使用 CSS 内联样式设置成大小为 24px，颜色为“#FF0000”红色字体、“黑体”、加粗、居中对齐；“更新日期”及“版权声明”使用同一 CSS“类选择器”设置成“#0000FF”蓝色字体。正文内容用属性面板“HTML 样式”方法设为“加粗”，并设置成一个嵌套列表，如图 3-48 所示。

（3）在嵌套列表后面导入“iPhone.xlsx”文件电子表格内容。

（4）在表格下面插入水平线。

（5）保存文档为“iPhone7.html”，用浏览器查看网页效果。

3.4 小结

本章首先介绍了 Adobe Dreamweaver CC 的特点、功能和运行界面，再对网页中插入文本或特殊网页元素、设置文本格式的方法、调色板使用等进行详细的描述，为设计网页打下基础。

3.5 练习与作业

一、填空题

1. Dreamweaver CC 中可以创建的文件类型除了.html 外，还有________、________、________、________、________等。

2. Dreamweaver CC 使用默认扩展名______进行保存网页，浏览器打开网页时是通过网页代码中的文件声明__________来区分不同的 HTML 版本。

二、选择题

1. Dreamweaver CC 新建 HTML 文档时，默认的文档类型是（　　）。

A. HTML 4.01 Transitional　　B. HTML 4.01 Strict

C. HTML 5　　D. XHTML 1.0 Transitional

2. 下面哪些文件属于静态网页？（　　）

A. abc.asp　　B. abc.doc　　C. abc.html　　D. abc.jsp

3. 下面哪些不是网页编辑软件？（　　）

A. Dreamweaver　　B. CuteFTP　　C. Word　　D. Flash

4. 网页元素不包括：（　　）。

A. 文字　　B. 图片　　C. 界面　　D. 视频

5. Dreamweaver CC 是哪家公司的产品？（　　）

A. Adobe　　B. Corel　　C. Microsoft　　D. Macromedia

6. 下列哪种软件是用于网页排版的？（　　）

A. Flash　　B. Photoshop　　C. Dreamweaver　　D. CuteFTP

7. 在（　　）中可以为文字设置对齐方式、字体、字号和颜色。

A. 属性面板　　B. 代码面板　　C. 设计面板　　D. 文件面板

8. 在复制带有格式的文本时，可以先将内容粘贴到（　　），再将其中没有格式的文本复制到剪贴板上，最后再粘贴到 Dreamweaver 编辑窗口中。

A. 文件夹　　B. 记事本　　C. Word 文档　　D. Excel 文档

三、操作题

1. 安装、运行 Adobe Dreamweaver CC，仔细查看该软件的各级菜单功能，体会该软件的强大功能。

2. 浏览一些知名网站，如“www.qq.com”“www.sohu.com”等，观察它们各自的风格、网页的布局和组成元素。

3. 使用不同网页浏览器打开同一 HTML 5 网页文件，看一看有什么区别。

第 4 章 多媒体与超链接

- 网页图片的插入、修改以及格式设置的基本操作
- 声音、视频、动画等多媒体元素在网页中的使用
- 超级链接的意义和使用
- 简单多媒体网页的制作

4.1 图像

图像通常用来添加图形界面（例如导航按钮）、具有视觉感染力的内容（例如 Logo）或交互式设计元素（例如鼠标经过图像或图像热点区域），是网页中必不可少的元素之一。本章节将和大家一起探讨常用的 Web 图像的种类、基本概念及在 Dreamweaver CC 中的具体操作方法。

4.1.1 常用的 Web 图像格式

计算机对图像的处理也是以文件的形式进行的，由于图像编码的方法很多，因而形成了许多图像文件格式。但 Web 页中通常使用的格式只有三种，即 GIF、JPEG 和 PNG。本节将重点介绍这三种图像格式的特点及其适用的范围。

1. GIF 格式

GIF（Graphics Interchange Format）是世界最大的联机服务机构 CompuServe 所在 1987 年开发的图像文件格式，扩展名为“.gif”。GIF 文件是经过压缩的、容量较小、解码与下载速度快，但最多只支持 256 种色彩的图像。GIF 格式可以创建简单的动画，并支持透明背景，最适合显示色调不连续或具有大面积单一颜色的图像，例如网页中的导航条、按钮、图标、徽标或其他具有统一色彩和色调的图像。

2. JPEG 格式

JPEG 格式是由联合图像专家组制定的文件格式，扩展名为“.jpg”或“.jpeg”。JPEG 是一种有损压缩，可支持 1670 万种颜色。随着 JPEG 文件品质的提高，文件的大小和下载时间也会随之增加，所以在网页中使用 JPEG 图像时，不妨多试几次不同的压缩率，以找到压缩率与失真度之间的最佳结合点。

3. PNG 格式

PNG（Portable Network Graphic Format）是 20 世纪 90 年代中期开发的一种新兴的网络图像格式，文件扩展名是“.png”。PNG 是 Macromedia 公司的 Fireworks 的默认格式，可保留所有原始层、矢量、颜色和效果信息（例如阴影），并且在任何时候所有元素都是完全可编辑的。它拥有

GIF 格式图片的容量小、支持透明背景的优点和 JPEG 格式图片色彩丰富的优点。目前，由于不同浏览器对 PNG 的支持是不一致的，因而不建议在网页中使用 PNG 文件，还应该将它们导出为 GIF 或 JPEG 格式。

例 4.1　在完成第 3 章的例 3.1“Olympic.html”网页基础上，插入图像并编辑图像，使网页效果如图 4-1 所示。

该实验步骤将在本书的 4.1.2～4.1.5 小节中详细描述。

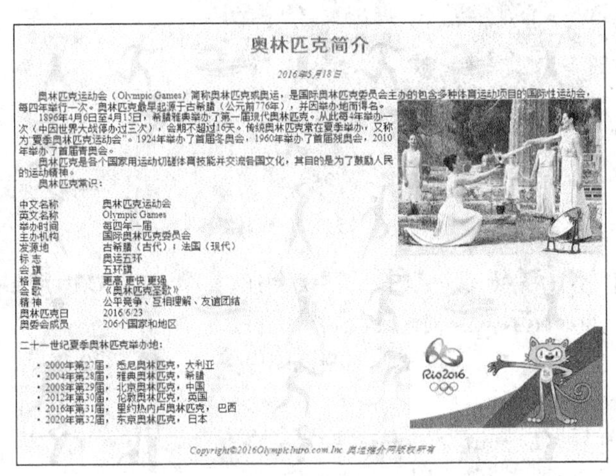

图 4-1　Olympic.html 的最后网页效果

4.1.2　插入图像

上面详细介绍了网页中常用的图像格式，下面学习如何在网页中插入图像，使网页更加美观。

在“Olympic.html”插入图像前，首先将所需的插图文件复制至网站文件夹中。

插入图像操作方法如下。

（1）将光标放在“编辑区”中要插入图像的位置（本例为正文第一段段末），然后在“HTML 工具栏”中单击“图像”按钮，或选择“插入”|“图像”菜单命令。弹出“选择图像源文件”对话框，如图 4-2 所示。

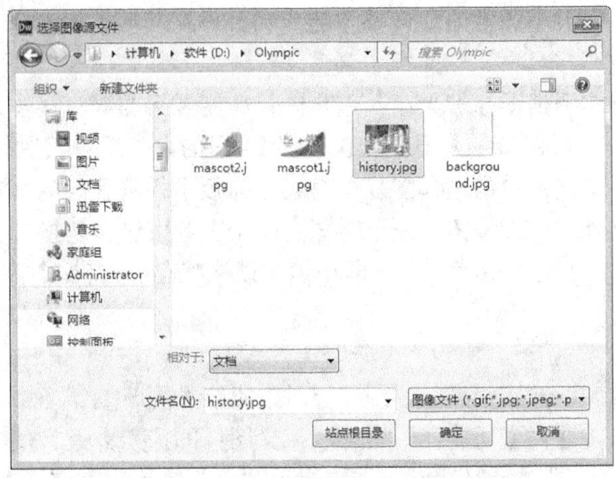

图 4-2　“选择图像源文件”对话框

（2）选中要插入的图像“history.jpg”，单击“确定”按钮，网页效果如图 4-3 所示。

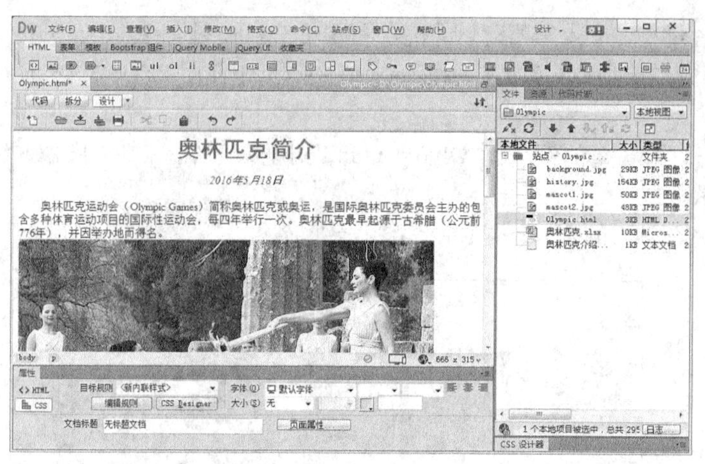

图4-3 网页插入图像效果

当所选的图像文件不在站点文件夹内时，系统会弹出如图4-4所示的对话框，提示将该文件复制到根文件夹（即站点文件夹）中，单击“是”按钮，复制该图像文件有利于网站资源的统一管理。

图像插入网页文档后，Dreamweaver CC会自动在HTML源代码中生成对该图像文件的引用。本例生成代码为：<img src="history.jpg" width="590" height="407"alt=""/>

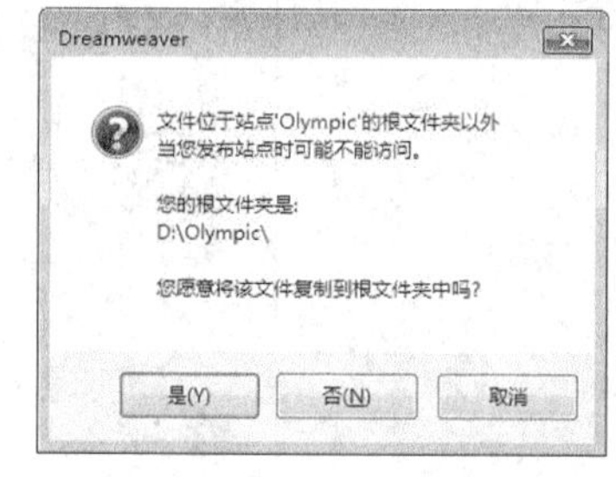

图4-4 提示外部图像文件复制进站点根文件夹

在图像为选择状态下，可以通过属性面板对图像进行修改，如大小重置、裁剪等，具体操作见4.1.3小节。

4.1.3 图像常用属性设置

除了调整图像大小、设置图像超级链接等，Dreamweaver CC的图像属性面板还具有强大的图像编辑功能，用户无需借助外部图像编辑软件，就可以轻松实现对图像的重新取样、裁剪、调整亮度和对比度、锐化等操作，获得网页图像显示的最佳效果。

1. 调整图像大小

在网页中插入的图像大小通常需要调整才能与网页相配。本小节将介绍两种调整图像大小的方法：以可视化的形式调整及在属性面板中调整。

（1）以可视化的形式调整图像的大小：选择图片，用鼠标左键直接拉动图片的控制柄（按住Shift键调整右下角控制柄可保持图像宽高比例），到合适的大小后释放鼠标左键。

（2）在属性面板中调整：单击选择图片，在属性面板中的宽和高的文本框中输入相应的数据或百分比。宽和高右侧有一小锁按钮，用于对宽高比是否约束进行切换，如图4-5所示。

继续例4.1操作：在宽度约束状态下（即小锁为锁住状态），将插图高度设为401px，则宽度自动调整为277px。

2. 重新取样

当对网页中的图像大小进行调整后，图像显示效果会发生改变，通常调整后图像的效果明显不如原图。此时，可以通过“重新取样”增加或减少图像的像素数量，使其与原始图像的外观尽可能匹配。选择“重新取样”按钮“ ”，系统提示“您要执行的操作将永久性改变所选图像”，如图4-6所示。单击“确定”，图像效果得到优化，同时外部的图像文件也被更新，大小与修改后的一致。对图像进行重新取样可以减少图像文件大小，提高下载速度，同时会降低图像品质。

图 4-5　调整图像大小

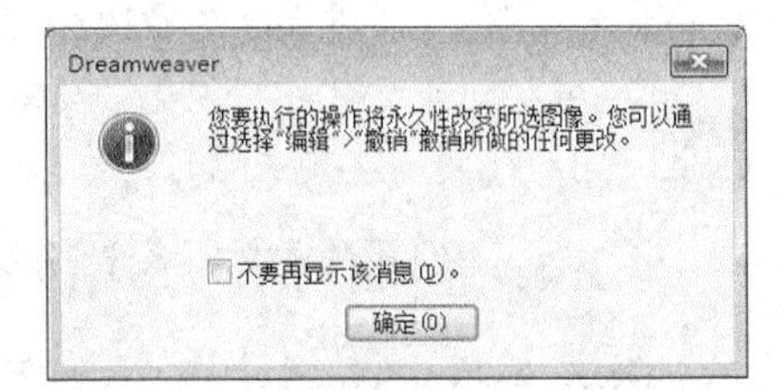

图 4-6　提醒该操作会永久性改变图像

3. 裁剪

利用 Dreamweaver CC 的“裁剪”功能，就可以轻松地将图像中多余的部分删除，突出图像的主题。例如对上述网页插图进行裁剪，裁去左侧站立的女孩，操作方法如下。

（1）在“编辑区”中单击选中要裁剪的图像，在属性面板中单击“裁剪”按钮，系统同样弹出如图 4-6 所示的提示框，单击“确定”按钮，此时图像上会出现 8 个调整大小的控制块，8 个控制块围成的内部区域为保留区域，其外围的阴影区域为要删除的区域。

例 4.1 中，通过拖动控制块，将图像的保留区域调整到合适大小，如图 4-7 所示。

图 4-7　裁剪控制手柄

（2）双击图像保留区域，效果如图 4-8 所示，原图多余部分就被删除了。

图 4-8　完成裁剪效果

（3）裁剪后，为确认图像结果以方便进一步编辑，用户需单击属性面板宽度高度输入框右则的“提交图像大小”按钮，如图 4-9 所示，此时系统同样提示会永久性改变源图像，如图 4-6 所示。单击“确定”按钮。

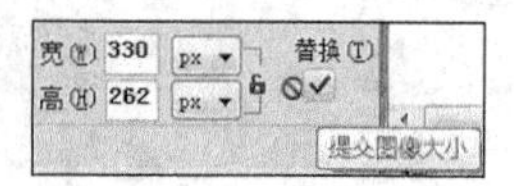

图 4-9　调整图像大小

在图像属性面板中，Dreamweaver CC 还提供了“亮度和对比度”按钮和“锐化”按钮。“亮度和对比度”功能用于调整网页中过亮或过暗的图像，使图像整体色调一致。“锐化”功能与 Photoshop 相似，通过提高图像边缘部分的对比度，从而使图像边界更清晰。

“亮度和对比度”和“锐化”功能与“重新取样”及“裁剪”功能一样会永久性改变源图像，因此，用户在使用这些功能时，如果还想保留原图，就必须在编辑操作前对原图先进行备份。

4.1.4　图像对齐方式设置

Dreamweaver CC 网页中插入的图像没有默认的对齐方式，用户可以通过对齐图像操作调整图像的位置，使图像与同一行中的文本、另一个图像、插件或其他元素对齐。

以下操作实现网页插图的“右对齐”处理，具体操作步骤如下。

在插图上单击鼠标右键，在弹出的快捷菜单中选择“对齐”|“右对齐”选项，如图 4-10 所示，图像设为右对齐方式，网页文本现于图像左侧。

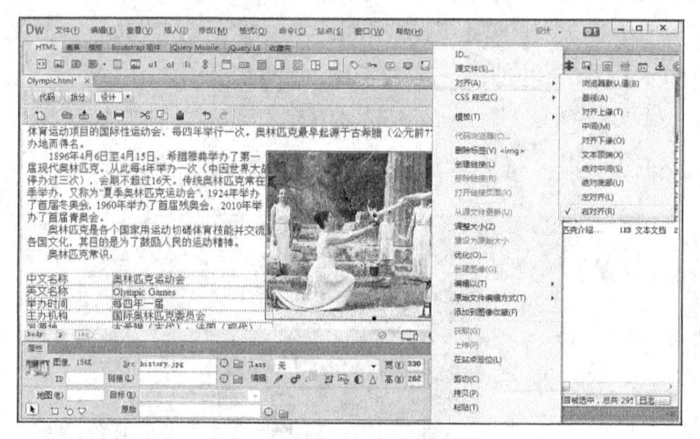

图 4-10　插入图像“右对齐”方式

在编辑状态下，图文混排可能会出现局部文字被图片遮挡的情况，如图 4-10 所示的插图左侧的文本。但用户可以忽略该情况，因为当网页由浏览器打开时，网页显示效果是正常的，如图 4-11 所示。

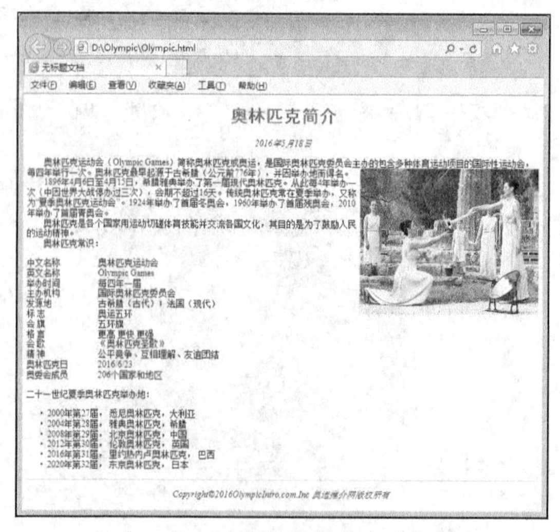

图 4-11　浏览器显示的插图效果

提示

设置了图像的对齐方式后，系统自动为<img>标记添加 align 属性。上例中图像的源代码为：

```
<img src="history.jpg" alt="" width="330" height="262" align="right"/>
```

由于 HTML 5 不赞成使用如 align、border、hspace、vspace 等的布局属性，在 HTML 5 网页中插入图像时，通常结合表格或 div 方法来设计插图位置，即将图像插入到表格的某个单元格中，或嵌入到某个 div 块中，通过单元格或 div 的位置的设定来控制图像位置。

4.1.5　创建鼠标经过图像效果

利用 Dreamweaver CC 还可以实现特殊的网页图像效果——鼠标经过图像。

鼠标经过图像是指当鼠标指针移动到图像上时会显示预先设置好的另一幅图像，当鼠标指针移开时，又会恢复为第一幅图像。在制作网页中的按钮、广告时，经常会用到这种效果。它实际上是由两幅图像组成，一图为页面载入时显示的图像，二图为鼠标经过时显示的图像，即原始图像和替换图像。在制作鼠标经过图像时，应保证两幅图像大小一致。

以下操作实现在例 4.1 网页“Olympic.html”中将两幅一样大的图像“mascot1.jpg”（见图 4-12）和“mascot2.jpg”（见图 4-13）合并为一个鼠标经过图像，具体操作如下。

图 4-12　mascot1.jpg

图 4-13　mascot2.jpg

（1）选择“HTML 工具栏”上的“鼠标经过图像”按钮，打开“插入鼠标经过图像”对话框进行设置，如图 4-14 所示。在对话框中选择原始图像和替换图像，然后单击“确定”按钮完成设置。插入效果如图 4-15 所示。

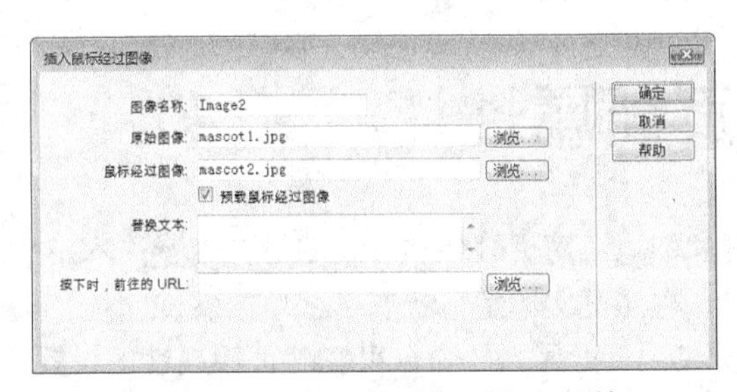

图 4-14　“鼠标经过图像”设置对话框

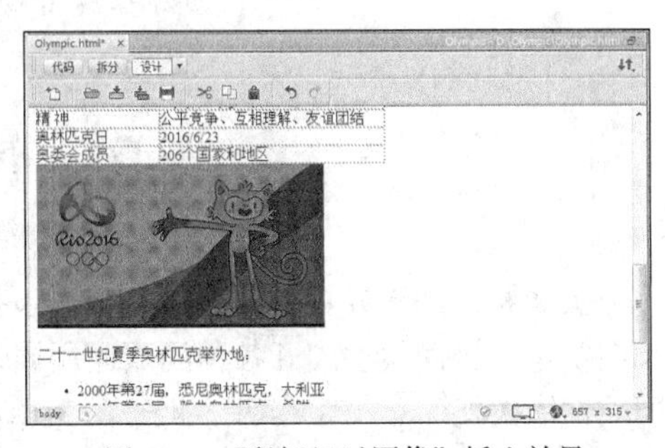

图 4-15　“鼠标经过图像”插入效果

（2）单击选择该插图，在其上单击鼠标右键，在弹出的快捷菜单中选择“对齐”|“右对齐”选项，设置该插图为右对齐方式，按键盘“F12”快捷键以默认浏览器打开网页显示效果。

在编辑状态下，用户无法检测该操作带来的效果，除按“F12”键外，可通过外部浏览器打开显示网页，或选择 Dreamweaver CC 的“实时视图”方式显示网页效果，检测鼠标经过效果。

在浏览状态下，鼠标经过该图时，该图迅速切换成第二幅图像效果，如图 4-16 所示。实时视图不支持编辑，再单击“实时视图”按钮可恢复至编辑状态。完成插入鼠标经过图像，系统会在<head>……</head>中加插一段 javascript 代码以支持该功能。

图 4-16 “鼠标经过图像”图像的切换效果

鼠标经过图像也常用于制作导航区的按钮图像切换上，当鼠标移至某一导航按钮上方，按钮图像迅速响应并切换成另一效果图，这样能使网页显得互动性更强，如图 4-17 所示的切换的按钮图及导航图（该网页案例为第 8 章例 8.1）。

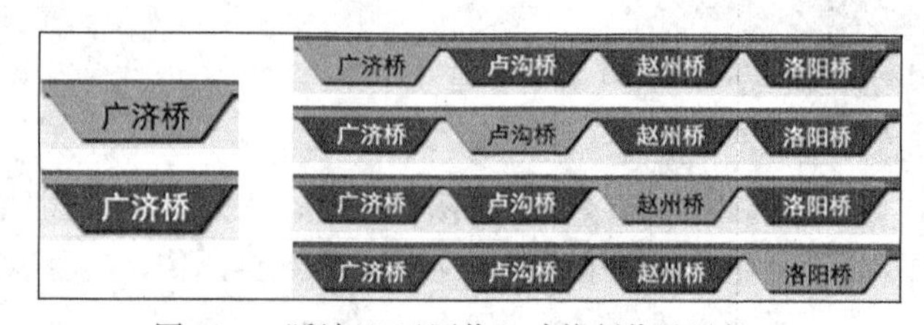

图 4-17 “鼠标经过图像”功能制作的导航区

4.2 设置页面属性

页面属性用于设置页面整体外观，包括了网页的标题、网页颜色、背景图片等设置。本小节就围绕这些页面属性展开各种网页通用属性的知识。在网页文本编辑状态下，单击属性面板“页面属性”按钮“页面属性...”，或选择菜单栏“修改”|“页面属性”命令可实现页面属性的设置。

例 4.2 在例 4.1 基础上设置标题栏文本及网页背景图。

1. 网页背景颜色与背景图像设置

单击属性面板“页面属性”按钮“页面属性...”后，弹出图 4-18 所示的“网页属性”对话框。Dreamweaver CC 中提供了两种设置背景颜色和背景图像的方法。

（1）外观（CSS）

Dreamweaver CC 默认的网页外观是“CSS 外观”设置方式，也是 HTML 5 提倡的外观设置方法。图 4-18 所示对话框提供了页面字体、字体大小、文本颜色、网页背景颜色、网页背景图像、页边距等页面外观设置，该设置方式是用 CSS 样式实现的。例如设置背景颜色为橙黄色

（#FCF771），系统将自动在<head>…</head>标记内产生这样的 CSS 代码：

```
<style type="text/css">
body {
    background-color: #FCF771;
    }
</style>
```

其中，body 为 CSS 的标签选择器。

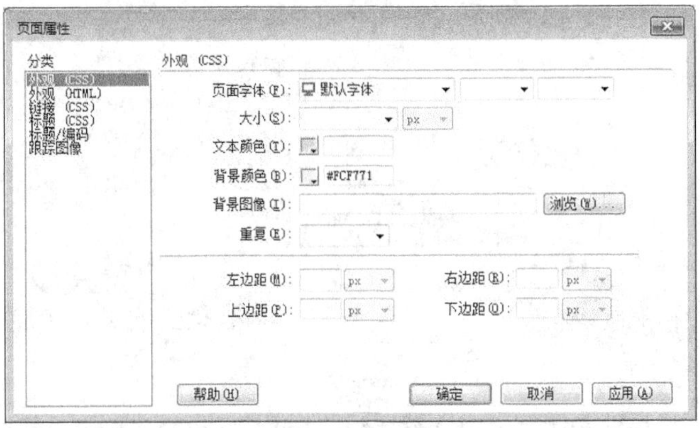

图 4-18　网页属性对话框

继续编辑“Olympic.html”网页，为其添加如图 4-19 所示的背景图“background.jpg”，在“页面属性”对话框的“背景图像”项右侧单击“浏览”按钮选择图像，如图 4-20 所示。

图 4-19　background.jpg

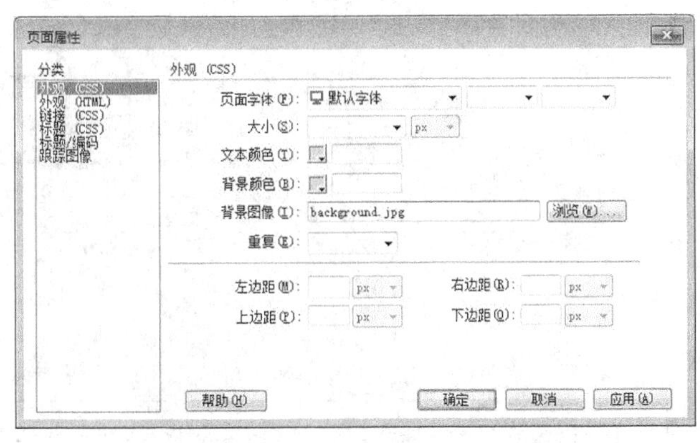

图 4-20　外观（CSS）方式设置背景图像

该方式添加网页背景，其代码为：

```
body {
    background-image: url(background.jpg);
    }
```

添加背景图像后，网页整体效果如图 4-21 所示。

（2）外观（HTML）

在“页面属性”对话框左侧分类中选择“外观（HTML）”，如图 4-22 所示，一样可以看到有设置背景色、背景图像、文本等选项。但用该方式设置的页面格式是通过在<body>标记中添加 bgcolor、background 等属性来实现功能的。例如同样设置背景颜色为橙黄色（#FCF771），其相应代码是：<body bgcolor="#FCF771">。

HTML 5 标准不赞成使用该方法设置页面属性。

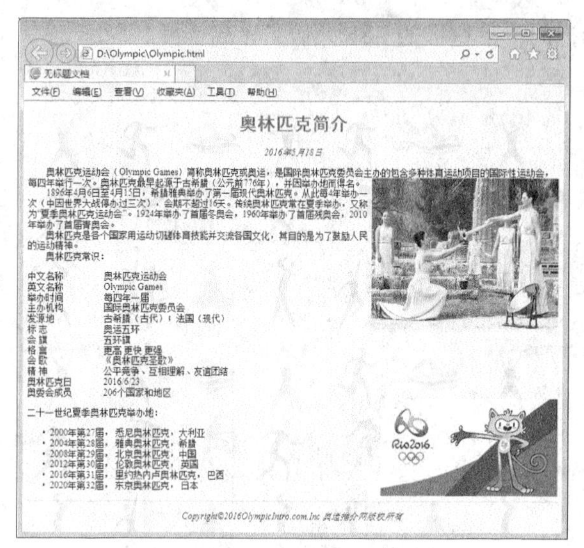

图 4-21　网页整体效果

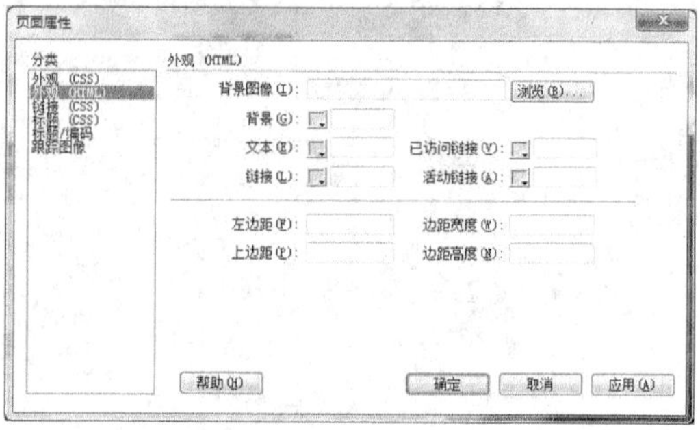

图 4-22　外观（HTML）设置网页背景

2. 标题/编码

在“页面属性”对话框左侧分类中选择“标题/编码”，可设置网页标题与文字编码。例如为奥林匹克网页添加网页标题，可在该对话框中输入标题名“奥林匹克简介”，如图 4-23 所示。单击“确定”按钮，网页标题栏显示效果如图 4-24 所示。

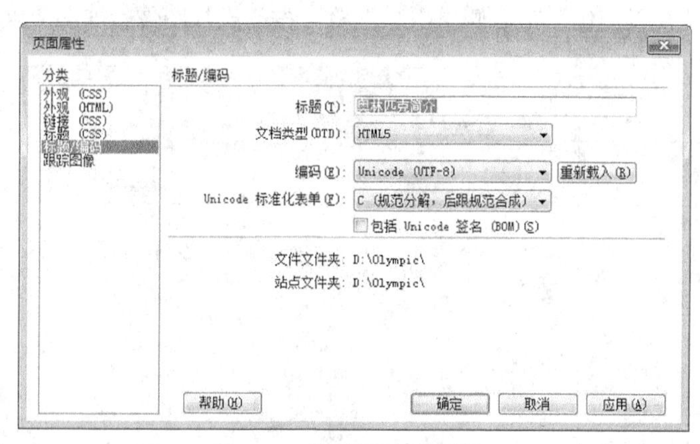

图 4-23　设置网页“标题”

设置了网页标题栏文本，系统自动在<head>…</head>标记中实现标题标记的配置：

```
<title>奥林匹克简介</title>
```

除了上述方法外，为网页添加标题栏文本的方法还有：（1）创建新文档时在“新建文档”对话框中输入；（2）编辑网页时，在属性面板下方的“文档标题”输入框中输入标题，如图 4-25 所示。

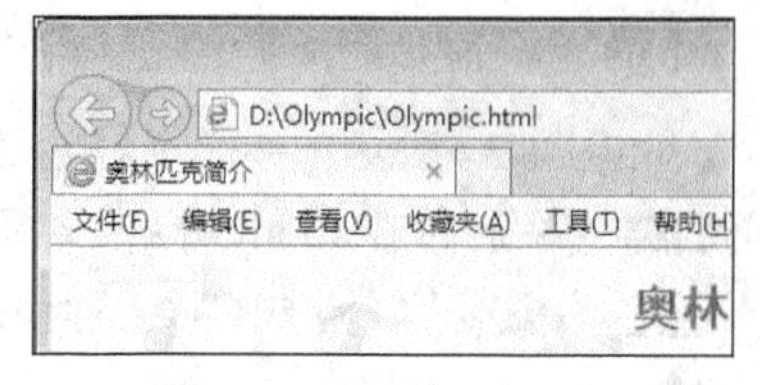

图 4-24　网页标题显示

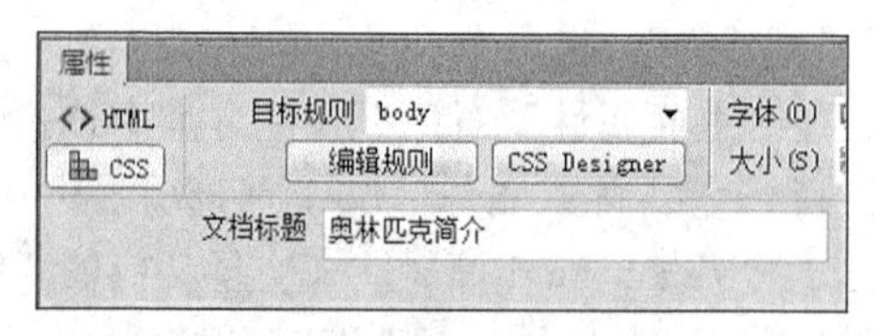

图 4-25　属性面板上设置网页标题

3. 其他页面属性设置

“页面属性”对话框左侧分类中还提供了其他页面属性的设置，具体功能如下。

- 链接（CSS）：设置和页面全体超级链接相关的项目，包括链接字体的大小、格式、颜色、活动链接及已访问链接的文本颜色等。
- 标题（CSS）：设置各级标题（一级标题至六级标题）字体的属性。
- 跟踪图像：设置跟踪图像的属性，它允许用户在网页中将原来的平面设计草图作为辅助的背景图，可以非常方便地定位文字、图像、表格等。

4.3　多媒体

随着多媒体技术的发展，网页已由原先单一的图片、文字内容发展为多种媒体相结合的表现形式。多媒体的应用可以增强网页的表现效果，使网页更生动，激发访问者兴趣。Dreamweaver CC 对多媒体的支持功能很强，用户可以在网页中插入各种常规音频、视频、Flash 动画、Edge Animate 作品等。当然，由于多媒体对象往往文件相对较大，且有时需借助插件播放，所以多媒体的应用有时会以牺牲网页浏览速度和兼容性为代价。因此，如何适量适当地运用多媒体也是设计网页的一种重要技巧。

4.3.1　插入音频

在网页中使用的音频文件类型主要有“.mid”“.wav”“.aif”“.mp3”等。在 Dreamweaver CC 中插入音频的主要方法如下。

1. 插入可控音频

（1）在设计视图中单击鼠标以确定音频插入点位置。

（2）在 HTML 工具栏中单击“HTML 5 Audio”按钮，页面中出现带有小喇叭形状的图标，如图 4-26 所示。单击该图标，在属性面板的“源”选项中确定要插入的音频文件，如“music.mp3”。

（3）保存文档，用浏览器打开网页，其效果如图 4-27 所示，用户可通过浏览器显示的控制器实现对音频播放、暂停、音量调节等的控制。

在“HTML 5 Audio”的属性面板中，“Controls”可设置是否显示播放控制器，默认为“是”“Loop”可设置是否循环播放，“Autoplay”可设置音频是否自动播放。

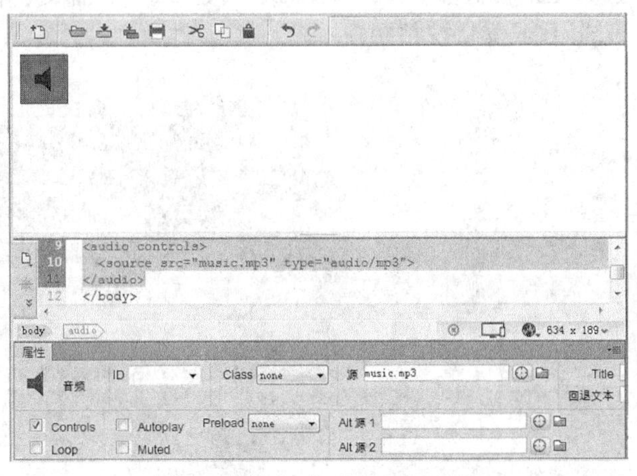

图 4-26　插入“HTML 5 Audio”

图 4-27　浏览器上的音频控制

由代码视图可以看出，插入音频后，在<body>……</body>标记中增加了如下代码：

```
<audio controls>
  <source src="music.mp3" type="audio/mp3">
</audio>
```

2．添加背景音乐

用“HTML 5 Audio”方法插入音频时，在属性面板上取消“Controls”属性，并选取“Autoplay”和“Loop”属性，其代码如下，此时网页音频自动循环播放且不显示播放器，起到背景音乐的作用。

```
<audio autoplay loop >
  <source src="music.mp3" type="audio/mp3">
</audio>
```

4.3.2　插入视频

在 HTML 5 网页中插入视频，常见的视频格式有“.flv”“.avi”“.mov”“.mpg”“.mp4”等。在 Dreamweaver CC 中，插入视频的方法如下。

1．插入 FLV 视频

FLV（Flash Video）流媒体格式是一种新的视频格式。FLV 格式的文件极小、加载速度极快，使得网络观看视频文件成为可能，是目前增长最快、最为广泛的视频传播格式。插入 FLV 视频的步骤如下。

（1）在设计视图中单击鼠标以确定音频插入点位置。

（2）在 HTML 工具栏中单击“Flash Video”按钮，弹出“插入 FLV”对话框，如图 4-28 所示，通过“浏览”按钮选定 FLV 视频文件，如“adv.flv”，单击“插入 FLV”对话框的“检测大小”按钮，Dreamweaver CC 会自动指定 FLV 文件的精确宽高度。假如系统无法识别宽高度，那么必须手工键入高度值。最后单击“确定”按钮完成插入 FLV 的操作。插入 FLV 后，“设计”视图如图 4-29 所示。虽然在编辑状态下设计视图无法浏览 FLV 的播放效果，但代码中会自动生成相关的<object>和<script>代码支持视频播放。

图 4-28　“插入 FLV”对话框

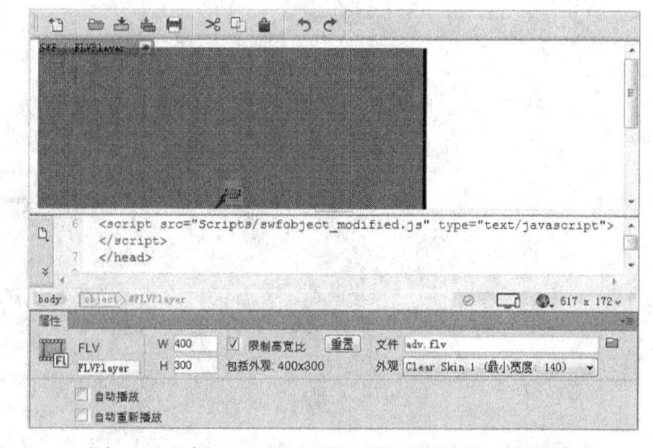

图 4-29　插入 FLV 视频后的“设计”视图效果

（3）保存文档，用浏览器打开网页，其效果如图 4-30 所示。

图 4-30　浏览器显示 FLV 视频效果

Dreamweaver CC 提供了对 FLV 两种不同的下载和播放方式。用户可从“插入 FLV”对话框（见图 4-29）的视频类型选项上进行选择。

累进式下载视频：将 FLV 文件下载到站点访问者的硬盘上，并允许在下载完成之前就开始播放视频文件。该方式为插入 FLV 的默认方式。

流视频：对视频内容进行流式处理，并在一段可确保流畅播放的很短缓冲时间后，在网页上播放视频。

2. 插入插件

Dreamweaver CC 也可用插件方式插入各种格式的音频或视频文件，如使用插件方式插入视频的操作步骤如下。

（1）在设计视图合适位置上单击鼠标确定视频插入点。

（2）在 HTML 工具栏中单击“插件”按钮，弹出“选择文件”对话框，选择插入的视频文件，如“airport.mp4”，并单击“确定”按钮。设计视图出现一个“插件”图标。

（3）单击该“插件”图标，在属性面板上设置插件的宽度和高度值，如图 4-31 所示。保存文档，使用浏览器打开网页查看视频播放效果，如图 4-32 所示。

使用“插件”方式插入视频文件后，系统为相关操作生成如下 HTML：

```
<embed src="airport.mp4" width="500" height="380"></embed>
```

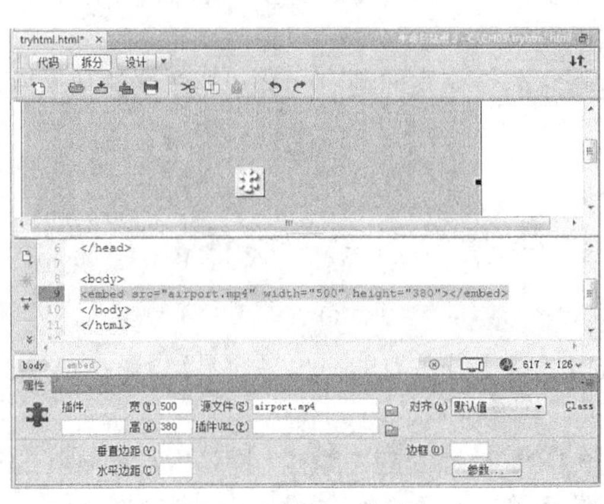

图 4-31　插入“插件”

图 4-32　网页“插件”式视频效果

4.3.3 插入 Flash 动画

Flash 是网上广泛流行的矢量动画技术，常用的文件格式是“.swf”，文件容量小、动画生动，能把传统网页无法做到的效果准确地表现出来，增强了网页的吸引力。网页中插入 SWF 动画文件的操作方法如下。

（1）在设计视图合适位置上单击鼠标确定视频插入点。

（2）在 HTML 工具栏中单击“Flash SWF”按钮，弹出“选择 SWF”对话框，选择插入的视频文件，如“flower.swf”，并单击“确定”按钮。

（3）在属性面板上确认“宽度”“高度”“循环”“自动播放”等设置，如图 4-33 所示，保存文档，使用浏览器打开网页查看 Flash 动画效果，如图 4-34 所示。

插入 SWF 文件后，代码视图中自动生成相关的<object>和<script>代码支持视频播放。

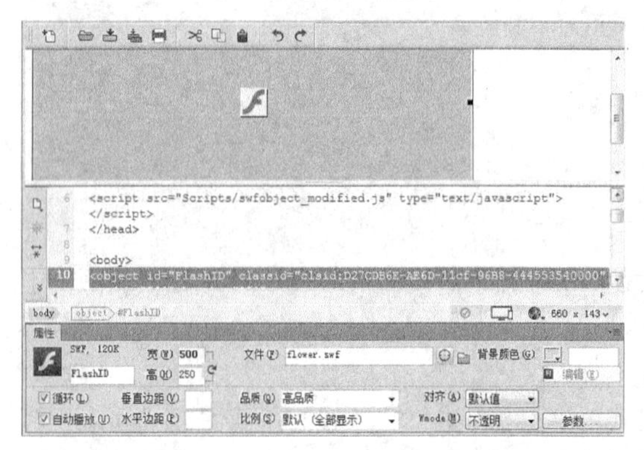

图 4-33 插入“Flash SWF”

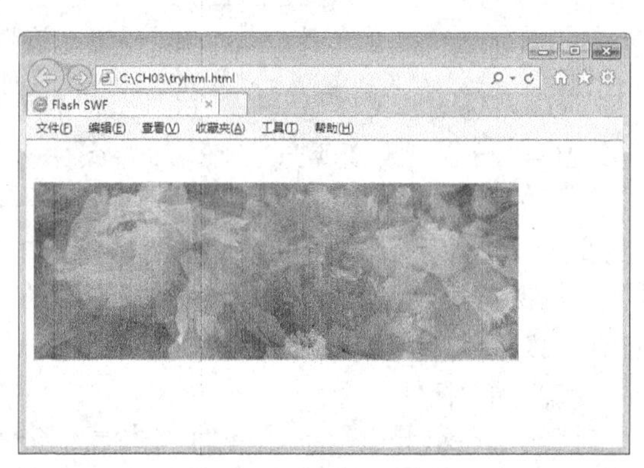

图 4-34 网页的 Flash 动画播放效果

4.4 超链接

Internet 之所以如此受到人们的欢迎，很大程度上是由于在网页中使用了大量的超级链接（超链接）。超链接是指从一个对象指向另一个对象的指针，它可以是网页中的一段文字也可以是一张图片，甚至可以是图片中的某一部分。它允许用户同其他网页、站点、图片、文件等进行连接，从而使 Internet 上的信息构成一个有机的整体。本节主要讲解的内容是超链接的基本知识、各种超链接的操作方法，以及检查和修复网页中的超链接。

读者在使用 Dreamweaver CC 在文档中创建超链接之前，先来回顾一些关于超链接的基本概念和基本知识。

1. 超链接的链接对象

根据链接对象的不同，超链接可分为：超文本链接、命名锚链接、图像链接、电子邮件链接、热区链接、空链接等。

2. 超链接的路径

相对路径与绝对路径作为超链接的两种基本连接方式是十分重要的，也是容易混淆的，要想熟练运用超链接必须先认清、区分这两个概念。

（1）绝对路径：指明目标端点所在具体位置的完整 URL 地址的链接路径。网站内部网页间的链接通常不会使用绝对路径，但链接到外部网址，则使用绝对路径，如：http://www.163.com。

（2）相对路径：指明目标端点与源端点之间相对位置关系的路径称为相对路径。如站点内网页的链接路径：./news/news1.html。

本节将结合一个具体实例“五豆养生网”介绍在 Dreamweaver CC 设置各种超级链接的操作方法。

例 4.3　在 Dreamweaver CC 中将文件夹“五豆养生网”（见本书配套素材“教学素材”|“第 4 章”|“例 4.3”）指定为当前网站文件夹，打开其中的 index.html 文档，如图 4-35 所示，该网页完整图如图 4-36 所示，在该网页中实现文本外部网页及内部网页超链接、空链接、锚记链接、图像及热区链接等多种不同的超链接功能。

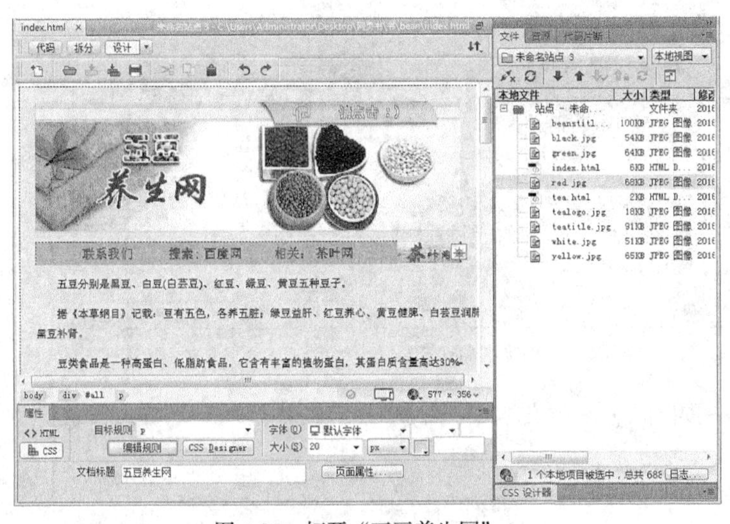

图 4-35　打开“五豆养生网”

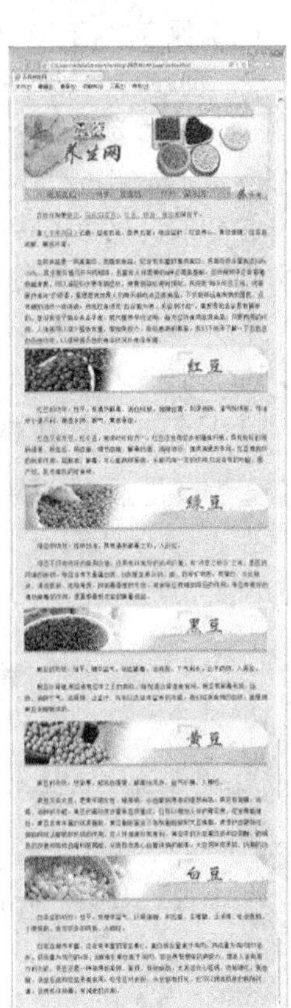

图 4-36　网页整体效果

该例的操作过程见 4.4.1～4.4.4 小节。

4.4.1　超文本链接

超文本链接是最普通、最简单的一种超链接。在 Dreamweaver CC 中根据链接目标的不同，超文本链接可以分为与本地网页文档的链接、与外部网页的链接、空链接等几种类型。下面将逐一介绍。

1．创建与外部网页的链接

与外部网页的链接是网站不可或缺的推广方法，正是网站间的相互链接使 Internet 形成了一个巨大的网络，在网页上创建外部链接的操作如下。

（1）选择网页中要创建超链接的文字，如图 4-37 所示，选择导航条中的“百度网”文本。

（2）在“HTML 属性面板”的“链接”文本框中直接输入 URL 地址：http://www.baidu.com，如图 4-38 所示。

图 4-37　链接文档路径文本框

（3）保存文档，在浏览器中预览时，单击文本“百度网”，打开百度网站的主页。

2. 创建与内部网页的链接

网页中最常见的超文本链接类型则是与站点内部网页的链接。通过创建与内部网页的链接，可以将本地站点的一个个单独的网页连接起来，形成网站。

创建内部网页链接的操作方法如下。

（1）选择网页中要创建超链接的文字，如图 4-38 所示，选择导航条中的“茶叶网”文本。

（2）在“HTML 属性面板”的“链接”文本框中直接输入相对路径“tea.html”（因为该网页文件与当前网页在同一目录下）。该操作也可通过拖动“指定文件”按钮直接指向要链接的文件，如图 4-38 所示。此外，用户还可以通过链接项右侧“浏览”按钮选择文件实现链接。

图 4-38　链接指向按钮

（3）保存文档，在浏览器中预览时，单击文本“茶叶网”，链接并打开“tea.html”网页，如图 4-39 所示。

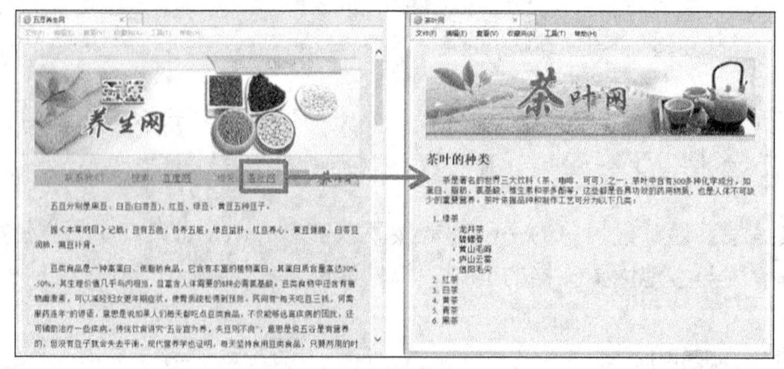

图 4-39　浏览器检查链接效果

3. 空链接

空链接是指未指定目标文档的链接。使用空链接可以为页面上的对象或文本附加行为。具体操作步骤如下。

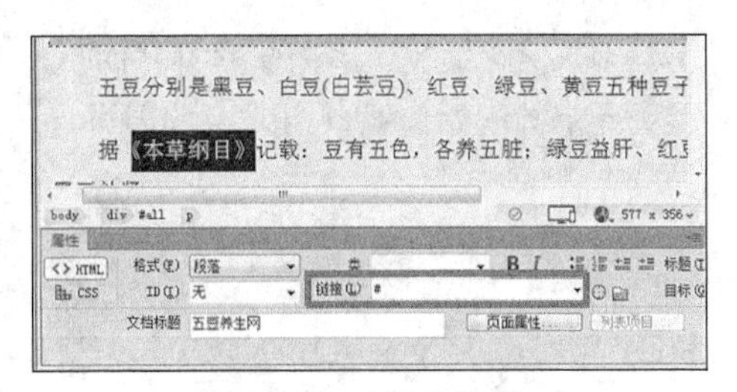

图 4-40　空链接设置

（1）选择网页中要创建超链接的文字，如图 4-40 所示，选择正文第二行的“《本草纲目》”文本。

（2）在“HTML 属性面板”的“链接”文本框中直接输入“#”，如图 4-40 所示。

（3）保存文档，在浏览器中预览时，“《本草纲目》”显示为超文本链接的样式，但单击后不会跳转到别的页面。

4.4.2　命名锚记及锚链接

当用户浏览一个内容较多的网页时，查找信息会浪费大量的时间。在这种情况下，可以在网页中创建锚链接，放在页面顶部作为“书签”，让用户可以单击后快速跳到同一网页中感兴趣的内容位置。锚记实质上就是在文件中命名的位置或文本范围，锚链接起到的作用就是在文档中定位。单击锚链接，就会跳转到页面中指定的位置。

Dreamweaver CC 不提供直接创建锚记的工具，但用户可以在代码视图中输入“命名锚记”代码实现锚记插入，锚记创建的代码格式为：

```
<a name="锚记名称"></a>
```

在“五豆养生网”中为各色豆子的介绍起点处添加锚点，即在各个插图之前添加锚记，并实现文本至锚记链接，具体操作如下。

1. 创建锚记

在创建锚链接之前，首先要在页面中创建锚记。具体操作步骤如下。

（1）选择要创建锚记的位置，单击鼠标，本例在“红豆图”前方单击鼠标。

（2）单击编辑窗口上方“拆分”按钮，在“代码视图”中光标所在位置输入代码“<a name="B_red"></a>”“B_red”为该锚记名称，如图 4-41 所示，输入代码后，设计视图自动生成锚记图标⚓。该图标只在编辑状态下显示，在浏览器中不会显示出来。

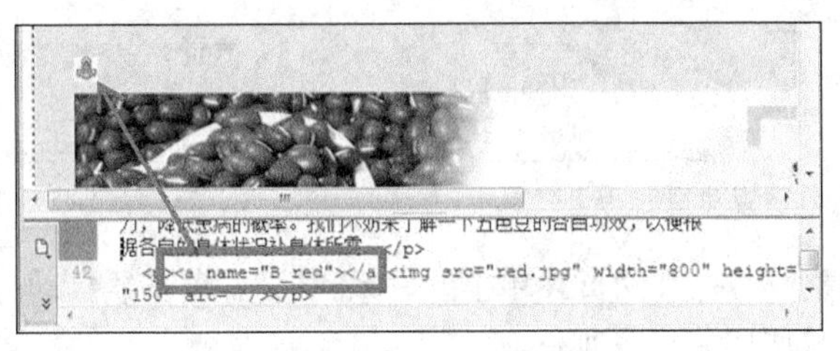

图 4-41　命名锚点与锚点标记

（3）用相同的方法为其他豆子的介绍添加锚记，分别命名为“B_green”“B_black”“B_yellow”和“B_white”，这里可以采用复制代码并修改锚记名的方法快速实现。

2. 建立锚链接

在上一小节中创建了 5 个锚记，下面来学习为文本建立锚链接。具体步骤如下。

（1）单击编辑窗口上方“设计”按钮切换回设计视图，选择要建立锚链接的文本，如正文第一行“黑豆”。

（2）在“HTML 属性面板”的链接的文本框中键入要锚链接的路径，格式为“#”后面加上锚记名称，这里输入“#B_black”，如图 4-42 所示。

（3）用相同方法为正文第一行“白豆（白芸豆）、红豆、绿豆、黄豆”设置锚链接，分别为：“#B_white”“#B_red”“#B_green”和“#B_yellow”。

（4）保存文档，用浏览器打开网页，检测锚链接效果，如单击“黑豆”，浏览器将自动跳转至黑豆介绍的起始位置，如图 4-43 所示。

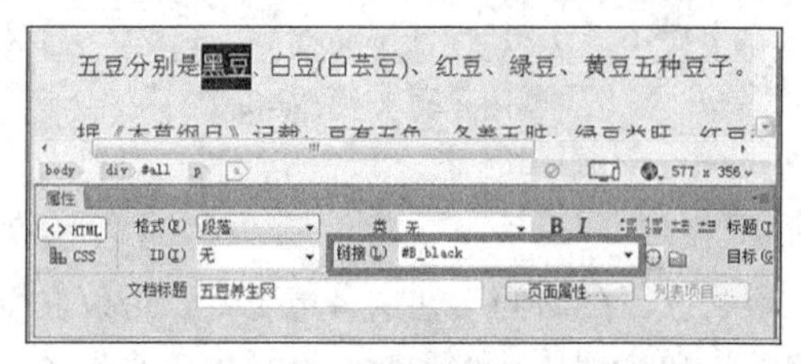

图 4-42 实现锚链接

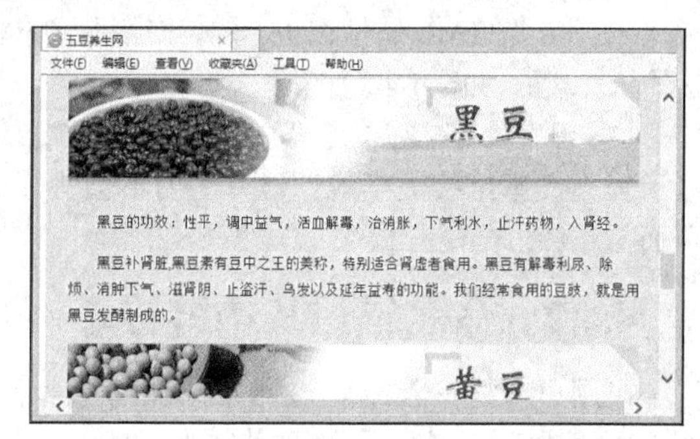

图 4-43 网页自动跳转至相应锚点位置

4.4.3 电子邮件链接

电子邮件链接是一种特殊的链接，在网页中单击这种链接，不是跳转到其他网页中，而是会自动启动计算机中的 Outlook Express 或其他 E-mail 程序，允许书写电子邮件，并发送到指定的地址。

继续例 4.1 的操作：对导航条上“联系我们”实现电子邮件链接。具体操作步骤如下。

（1）选择文本“联系我们”，选择“HTML 工具栏”中的“电子邮件链接”工具按钮。弹出“电子邮件链接”对话框，如图 4-44 所示。

（2）在“电子邮件”输入框中输入网站联系的邮箱地址：RegimenWeb@163.com，单击“确定”按钮，由“HTML 属性面板”上可以看到，该处链接自动设置为“mailto:RegimenWeb@163.com”，如图 4-45 所示。

图 4-44 电子邮件设置对话框

图 4-45 电子邮件链接的生成

（3）保存文档，用浏览器打开网页并单击“联系我们”，浏览器自动打开 Outlook 或其他默认的电子邮件服务软件，方便用户编写邮件。

4.4.4 图像及图像热区链接

在 Dreamweaver CC 中，除了可以给文本添加超链接，还可以给图像添加超链接。图像的超链接包括为整张图像创建超链接和在图像上创建热区两种方式。

以下操作实现在“五豆养生网”中添加图像及图像热区超链接。

1. 为整张图像创建超链接

这种应用方式很普遍，在网页中经常会用到。当鼠标移到设置了链接的图像上时，会变成“手型”；单击图像，会跳转到指定的页面。具体操作步骤如下。

（1）单击要创建超链接的图像，如“五豆养生网”导航条右侧“茶叶网”图片。

（2）在“属性面板”的链接文本框中键入链接的路径（或利用文本框右边的“指定文件”按钮或“浏览”按钮完成超链接设置），如图 4-46 所示。

（3）保存文档，用浏览器检测图像链接效果。

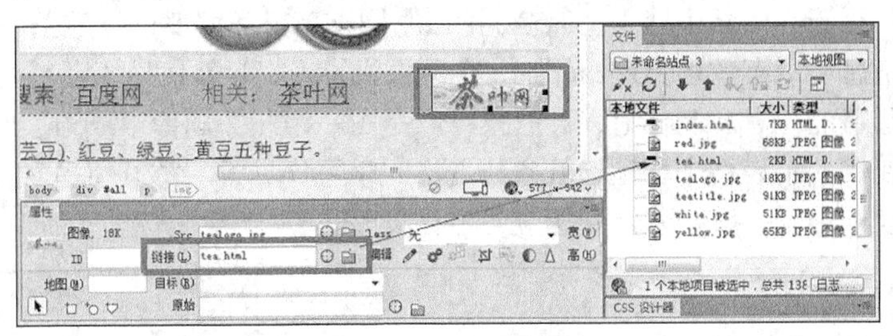

图 4-46　设置图像超链接

2. 创建热区

在 Dreamweaver CC 中，除了为整张图像创建超链接外，还可以在一张图像上创建多个链接区域，这些区域可以是矩形、圆形或者多边形。这些链接区域就叫作热区。当单击图像上的热区时，就会跳转到热区所链接的目标。

当单击图像时，属性面板左下方有矩形、圆形和多边形等三种热点工具可供选择，用户可根据不同的需要选用适当的热点工具在图像上标识出若干个热区。

具体操作步骤如下。

（1）单击要创建热区的图像，如“五豆养生网”标题图片，选择矩形热点工具，在该图红豆区上框画出矩形热区，热区均为天蓝色半透明区域，通过指针热点工具可以移动热区和修改热区顶点位置。

（2）将属性面板的“链接”项设置为“#B_red”，即指定该矩形热区链接至本页面的锚点“#B_red”，如图 4-47 所示。

（3）选择多边形热点工具，在该图红黑豆区上点画心形热区，如图 4-48 所示，在属性面板“链接”项上设置“#B_black”。

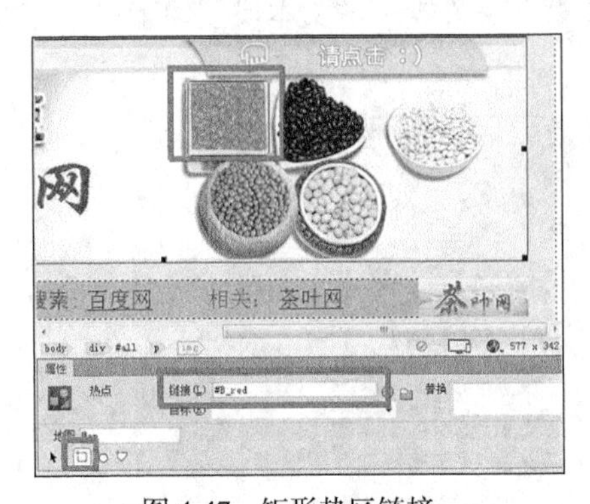

图 4-47　矩形热区链接

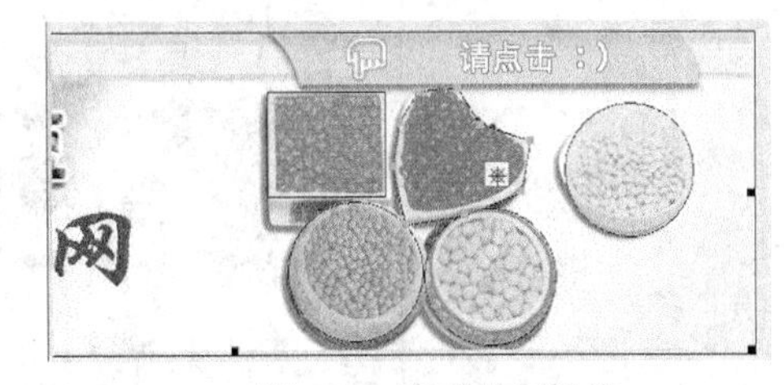

图 4-48　各种热区链接

（4）使用圆形热点工具，分别在白豆、绿豆和黄豆区上框画圆形区域，如图 4-48 所示，并分别设置超链接为“#B_white”“#B_green”和“#B_yellow”。

（5）保存文档，在浏览器中检测标题图像各热区链接效果。

4.5　导航条

导航条是网页设计中不可缺少的部分，其主要功能就是超级链接。网页导航条的目的是以一种简洁、有条理的方式展示出层次结构，为网站的访问者提供清晰的途径，引导他们毫不费力地找到管理信息，不至于在网站中迷失。“ZOL 论坛”网站就具有鲜明的导航条，如图 4-49 所示。

为了让网站信息可以有效地传递给用户，在网页设计上，导航信息一定要简洁、直观、明确，且放置在网页中醒目的位置。制作上，导航条可以是由一组相关图像组成的，或在一个图像设置多个热区，也可使用一个表格来设计导航条，表格的学习详见第 5 章。使用时，单击某个图像、某个热区或某个表项内容，就会跳转到相应的栏目页面。

图 4-49　导航条实例网页

4.6　课后实验

实验一：使用本书配套资料的“课后实验/第 4 章/素材”文件夹下的文本或图像素材，完成如下网页的制作，网页效果如图 4-50 所示。

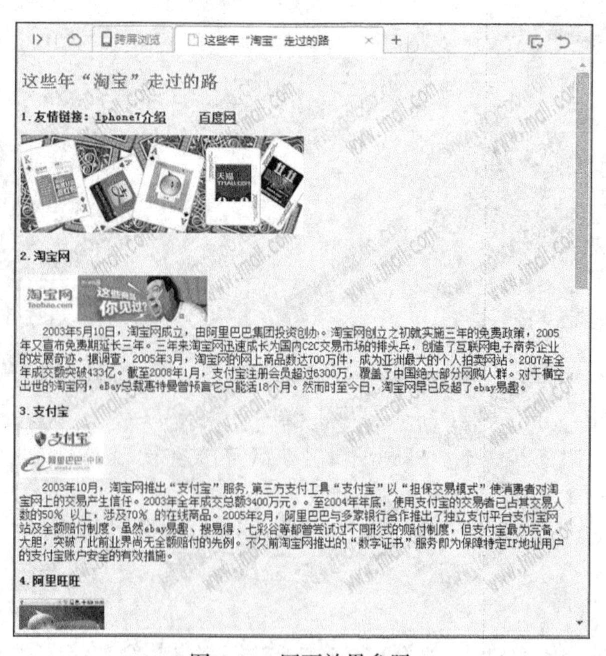

图 4-50　网页效果参照

实验要求如下。

（1）建立网站，新建空白网页，拷贝“淘宝网.txt”文本并在新网页中粘贴，除各标题行外，实现各段正文的首行缩进。网页标题文本设置为“橙色”（#C83E00）、36px、加粗；各标题行字体设为“加粗”。

（2）在“1.友情链接”标题行下方插入图像“taobao_cards.jpg”，在“2.淘宝网”标题行下方插入一鼠标经过图像（“tao1_1.jpg”为原始图像，“tao1_2.jpg”为鼠标经过图像）。在其他各标题行下方分别插入图像“zhifubao.jpg”“wangwang.jpg”“tmall.jpg”和“double11.jpg”。

（3）不改变宽高比，调整“阿里旺旺”图片（“wangwang.jpg”）至宽度为 240px，对该图“重新取样”，裁剪“天猫”图片（“tmall.jpg”），使其只保留顶部 Logo 部分，如图 4-51 所示。

（4）保存文档为“taobao.html”。

实验二：在实验一网页“taobao.html”基础上实现网页中的超级链接功能。

实验要求如下。

（1）实现标题行“1.友情链接”后面“iPhone7 介绍”文本至第 3 章课后实验网页“iPhone7.html”的超级链接；实现“百度网”文本至网站“www.baidu.com”的超级链接。

（2）在网页第一张插图（“taobao_cards.jpg”）上添加矩形、圆形或多边形热点工具，如图 4-52 所示。

（3）分别在各标题行前方创建锚记，并实现第（2）步中各热点区域至相应锚记的锚链接。

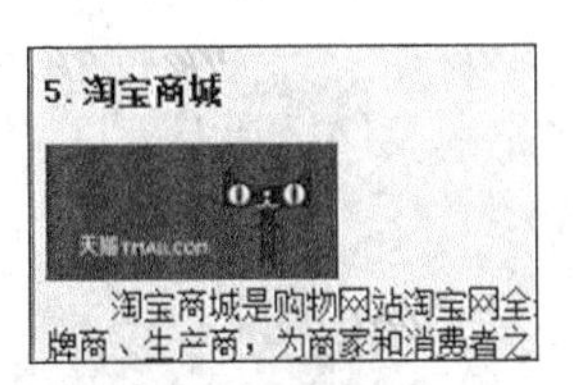

图 4-51　图像裁剪效果

图 4-52　添加热区

（4）保存文档编辑结果，用网页浏览器调试各种超级链接效果。

4.7　小结

本章着重对网页常用的图像、动画、声音、视频、超级链接等元素的使用进行详细的描述，并通过具体的案例操作实现各种多媒体或超链接在网页中的应用，熟练掌握这些常用元素的操作是网站建设及网页制作的重要前提。

4.8　练习与作业

一、填空题

1. 可以实现网页超链接的元素有________、________、________等，超文本链接可以分为与________________、________________、______________等几种类型。

2. Dreamweaver CC 支持在同一图像上创建热区以实现不同的超级链接，创建热区可以使用的热点工具有________、__________和_____________。

二、选择题

1. 下面关于超链接说法正确的是（　　）。

   A. 所有的超链接都必须使用相对路径

   B. 所有的超链接都必须使用绝对路径

   C. 设置图像热区的链接时，必须以#开头

   D. 网页的超链接对象不仅是网页，还可以是其他各类文档

2. 网页导航条可以是文字链接或（　　）链接。

   A. 文件　　B. 图像　　C. 文件夹　　D. 显示器

3.（　　）是网页与网页之间联系的纽带，也是网页的重要特色。

   A. 导航条　　B. 表格　　C. 框架　　D. 超链接

4. 创建空链接使用的符号是（　　）。

   A. @　　B. #　　C. &　　D. *

5. 按下哪个键可以将网页置于浏览器中进行测试预览？（　　）

   A. F11　　B. F12　　C. F3　　D. F6

6. 在网页设计中，（　　）是所有页面中的重中之重，是一个网站的灵魂所在。

   A. 引导页　　B. 脚本页面　　C. 导航栏　　D. 主页面

7. Internet 上使用的最重要的两个协议是（　　）。

   A. TCP 和 Telnet　　B. TCP 和 IP　　C. TCP 和 SMTP　　D. IP 和 Telnet

8. 下列哪一种格式的图像可以应用于网页之中（　　）。

   A. EPS　　B. DCS2.0　　C. TIFF　　D. JPEG

第 5 章 表格与嵌入式框架

- 掌握表格的基本操作
- 认识表格属性的设置
- 学会在表格中添加各种元素
- 掌握运用表格设计网页布局的方法
- 掌握嵌入式框架的应用方法

5.1 表格的基本操作

本节主要介绍表格的基本组成部分以及一些基本操作，如插入表格、选择表格、添加或删除行和列、单元格的拆分与合并等。掌握表格的这些基本用法，既可以实现为网页添加表格各种数据，也可以轻松地实现网页布局设计。

5.1.1 表格的组成

表格通常由标题、行、列、单元格、边框几部分组成，图 5-1 所示是一个 2 行 3 列的表格，边框粗细为 2 像素。其中，表格各横向叫行，各纵向叫列。行列交叉部分就叫作单元格（也称表项）。单元格中的内容和边框之间的距离叫边距。单元格和单元格之间的距离叫间距。整张表格的边缘叫作边框。单击表格边框，属性面板显示该表格的各种属性，如图 5-2 所示。用户可通过在该属性面板上重设表格的各种属性值以实现对表格的修改编辑。

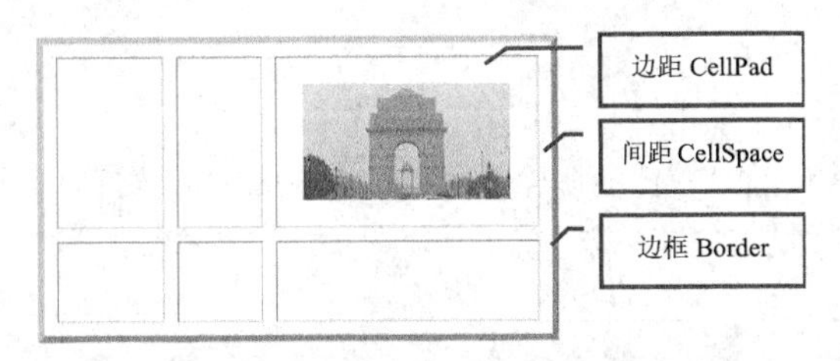

图 5-1 认识表格的行、列、单元格、边框

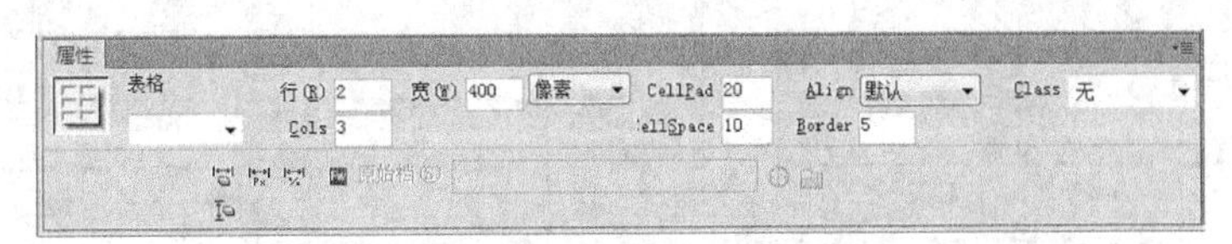

图 5-2 表格的属性面板

5.1.2 插入表格

Dreamweaver CC 提供了多种插入表格的方法，下面来介绍如何插入表格，以及设置表格参数。具体操作步骤如下。

（1）单击“HTML”工具栏上的“表格”按钮，如图 5-3 所示，或选择“插入”菜单中的“表格”选项（或直接键入组合键“Ctrl+Alt+T”），如图 5-4 所示。

图 5-3 插入表格快捷按钮

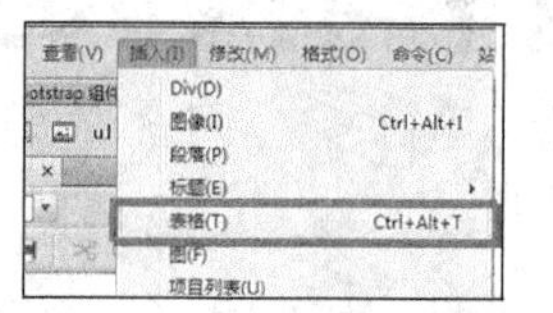

图 5-4 插入表格命令菜单

（2）在弹出的“Table”对话框中设置表格参数，如图 5-5 所示。

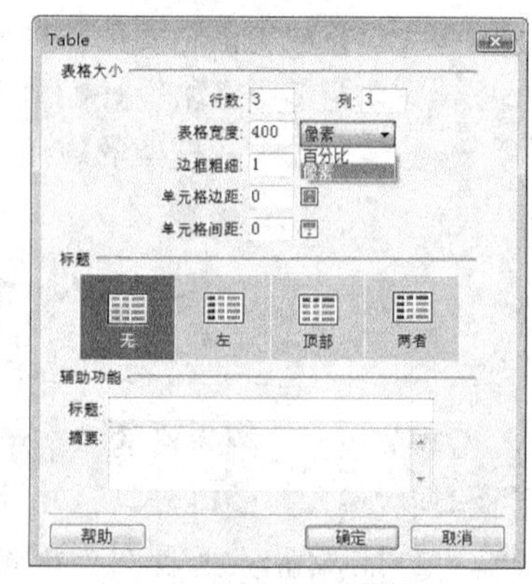

图 5-5 设置表格参数对话框

“Table”对话框中一些参数作用如下。

- 表格宽度：设置表格的整体宽度，有两种单位“像素”和“百分比”可选择，“百分比”指相对于网页所在浏览器窗口宽度的百分比来设置表格宽度。
- 标题：表内标题，用于定义表头样式，4 种样式可以任选一种。
- 辅助功能|标题：设置表格标题，它显示在表格的外面。
- 辅助功能|摘要：用来对表格进行注释，仅在源代码中显示。

（3）单击“确定”按钮，完成表格的插入。

5.1.3 选择表格

对插入的表格进行编辑之前，首先选择表格要编辑的区域，可以选择整个表格、一行、一列、连续或不连续的多个单元格。具体操作如下。

1. 选择整个表格

方法 1：在编辑窗口中，单击表格外框选择整个表格。

方法 2：单击任意一单元格，然后单击编辑窗口下面的“table”标签，系统自动选择整个表格，如图 5-6 所示。

2. 选择一行

方法 1：在编辑窗口中，单击并拖动鼠标，圈选一行。

方法 2：单击要选择的行中的任意一个单元格，然后单击编辑窗口下面的“tr”标签，系统自动选择一行，如图 5-7 所示。

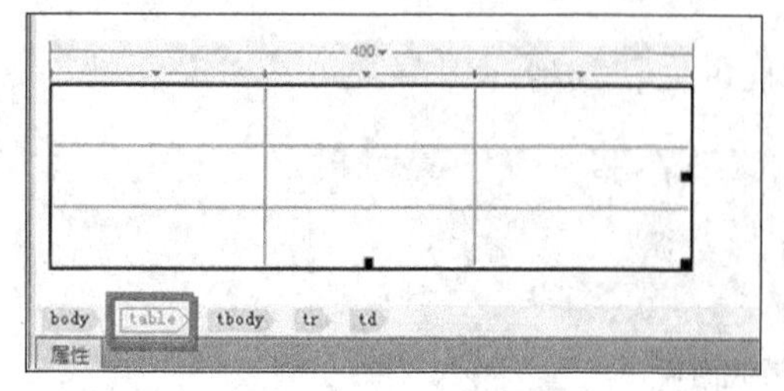

图 5-6 通过“table”标签选择整个表格

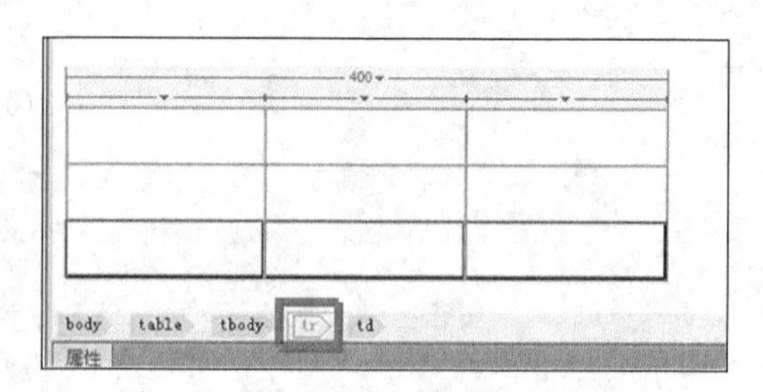

图 5-7 通过“tr”标签选择表格中的一行

3. 选择一列

在编辑窗口中，单击并拖动鼠标，圈选一列。

4. 选择连续或不连续的多个单元格

在编辑窗口中，单击并拖动鼠标，可圈选连续的多个单元格，也可实现整个表格所有单元格的选择。

若想选择不连续的多个单元格，则按住“Ctrl”键不放，同时用鼠标单击选择单元格，如图 5-8 所示。

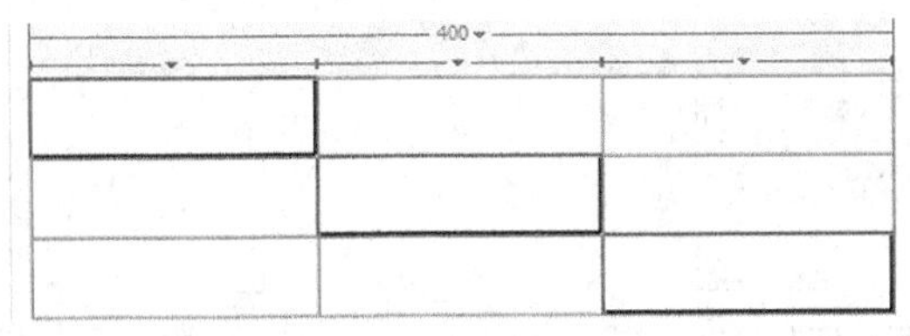

图 5-8 使用“Ctrl”键选取不连续单元格

选择一个或多个单元格时，Dreamweaver CC 的“属性面板”如图 5-9 所示，该面板用于设置所选单元格的参数，包括单元格背景颜色、文本样式等。

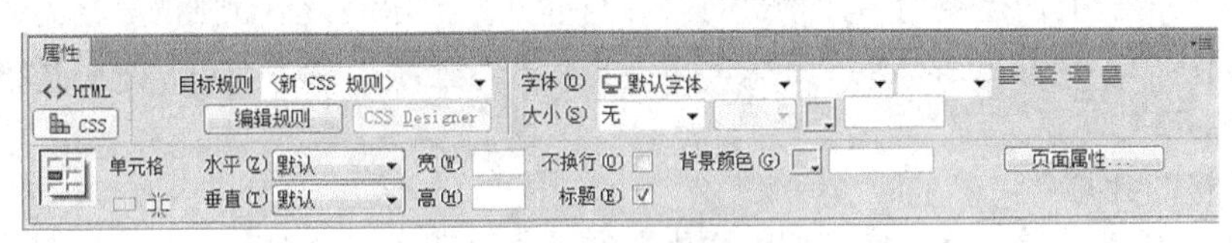

图 5-9 设置所选单元格参数

5.1.4 添加或删除表格的行和列

在表格中添加行或列是表格经常用到的基本操作之一。具体操作方法是：在任意一单元格上单击鼠标右键，在弹出的快捷菜单中选择“表格”|“插入行”（可选择菜单栏“修改”|“表格”|“插入行”选项），实现在当前单元格上方插入一行，如图 5-10 所示，除“插入行”外，该方法还可实现“插入列”“删除行”“删除列”等功能。

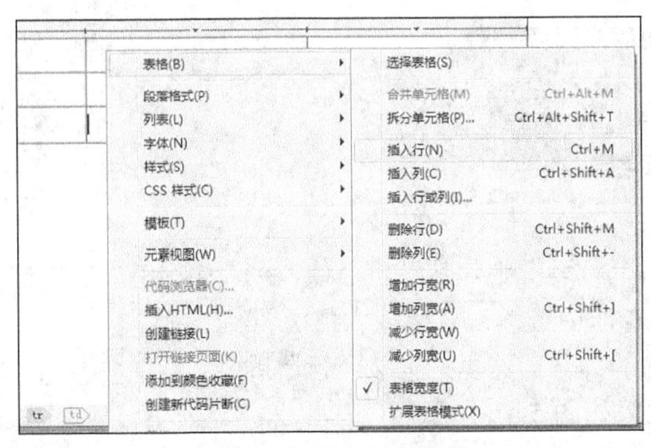

图 5-10 “插入行”操作

5.1.5 调整表格大小

在整个表格被选择的状态下，表格右下角会出现三个控制柄，鼠标拖曳该控制柄可调整表格宽度和高度，如图 5-11 所示。

此外，如果用鼠标拖曳表格的内部框线，则可调整表格的行高或列宽，如图 5-12 所示，调整列宽的同时按住“Shift”，则可以保留其他列宽。

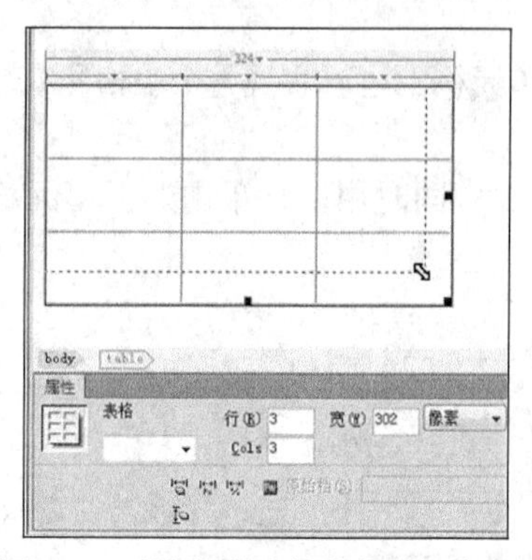
图 5-11　鼠标调整表格的宽度和高度

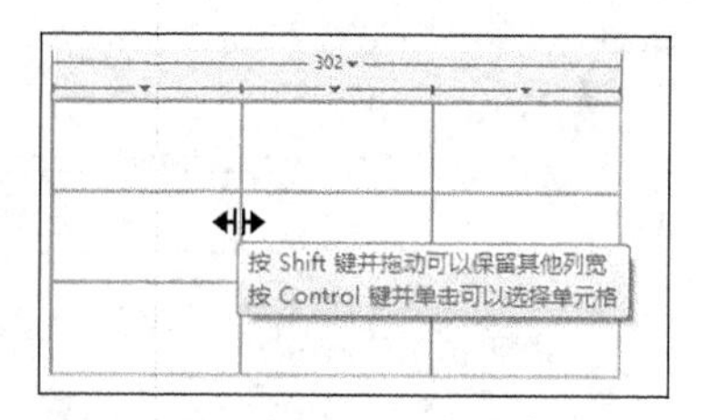

图 5-12　鼠标调整单元格大小

5.1.6　单元格的合并与拆分

在应用表格时，有时需要对单元格进行合并与拆分。实际上，不规则的表格是由规则的表格合并或拆分而成的。合并是指将多个连续的单元格合并成一个单元格，拆分则是指将一个单元格拆分为多个单元格。

1. 单元格的合并

框选要合并的连续单元格，在“属性面板”左下角上选择“合并”按钮，如图 5-13 所示。

2. 单元格的拆分

（1）用鼠标在要拆分的单元格上单击，选中该单元格，这里选择第二行单元格。

（2）在“属性面板”单击“拆分”按钮，弹出“拆分单元格”对话框，如图 5-14 所示。

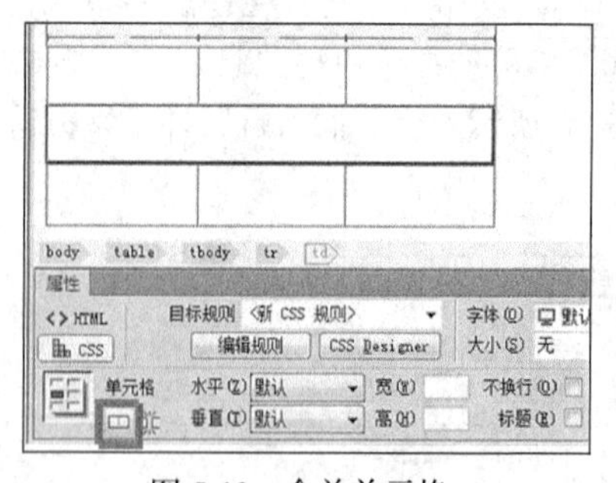
图 5-13　合并单元格

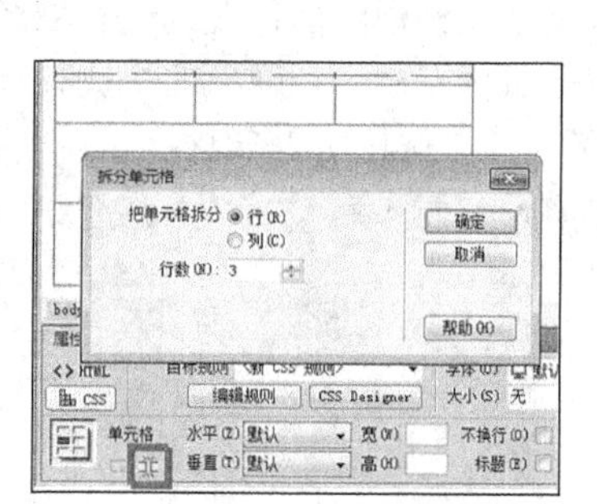
图 5-14　拆分单元格

（3）在“拆分单元格”对话框中勾选“行”或“列”拆分方式，然后在下方数值文本框中选择或直接输入数值，单击“确定”按钮，完成对单元格的拆分。这里选择按“行”拆分，行数为 3，拆分后，表格效果如图 5-15 所示。

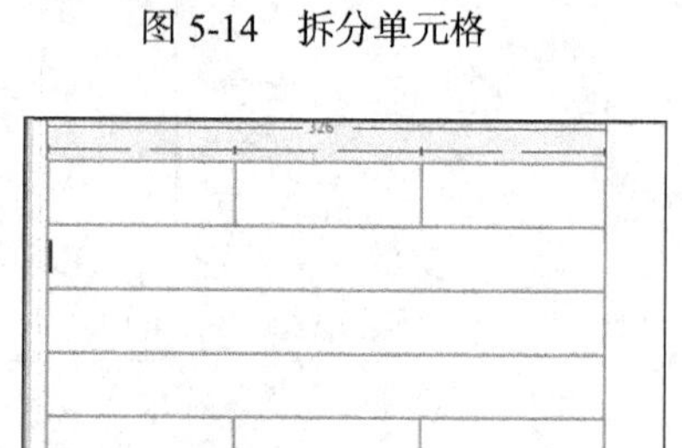
图 5-15　拆分单元格对话框

5.2　表格的实例应用

表格建立后，可以在表格中添加内容。这一节主要来学习如何在表格中添加表格、文本、图像等网页元素。下面以“课程表”网页为例，学一学如何在表格中嵌套表格、添加文本、插入图像等。以“回到拉萨”网页为例，学一学如何利用表格对网页进行布局设计。

5.2.1　实例应用 1——制作课程表

例 5.1　使用插入表格的方法完成课程表编辑，使用百分比方式设置表格及单元格宽度，使课程表能依据浏览器窗口大小自动调整宽度，效果如图 5-16 所示。

	课　程　表				
	星期一	星期二	星期三	星期四	星期五
上午	语文	数学	英语	数学	语文
	体育	综合实践	语文	体育	数学
	音乐	语文	数学	英语	综合实践
午　休　时　间					
下午	数学	品德	语文	语文	英语
	品德	英语	科学	品德	科学
	信息技术	班队活动	美术	音乐	书法
☆南方小学五年级（一）班功课表☆					

图 5-16　表格实例应用——课程表

制作步骤如下。

（1）在编辑窗口中插入一个 10 行 6 列的表格，如图 5-17 所示，在“Table”对话框中设置表格宽度为 80 百分比，边框粗细为 1 像素，单元格间距为 2，标题为“顶部”。

（2）在“属性面板”中“Align”下拉菜单中选择“居中对齐”选项，令表格处于网页的水平居中位置，表格效果如图 5-18 所示。

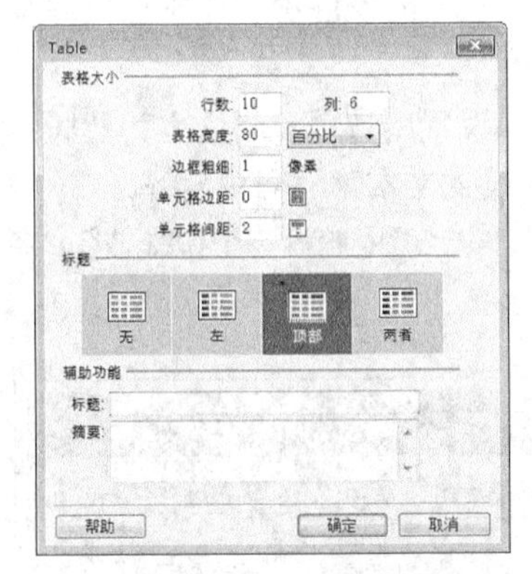

图 5-17　用百分比定义表格宽度

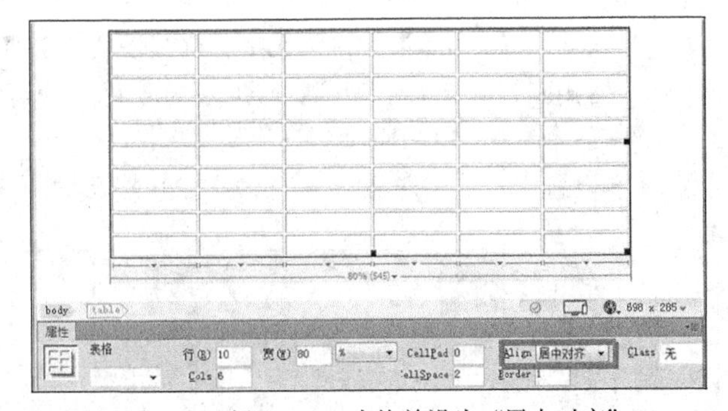

图 5-18　插入 10×6 表格并设为“居中对齐”

（3）合并第 1 行的第 2～6 列，合并第 1 列的第 7～9 行、第 1 列的 3～5 行、第 1 列的 1～2 行，合并第 6 行及第 10 行的所有单元格，如图 5-19 所示。

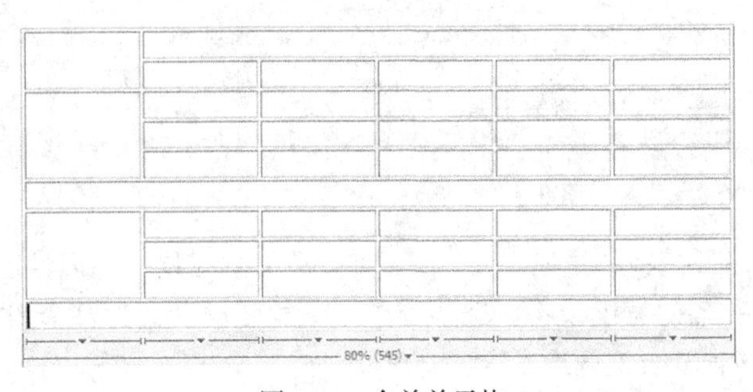

图 5-19　合并单元格

（4）单击第 1 行第 2 列单元格，在属性面板“背景颜色”输入框中输入颜色值“#000099”，框选第 2 行第 2～6 列单元格，在属性面板“背景颜色”输入框中输入颜色值“#00FFFF”，为左侧第 1 列中、下方两个合并单元格设置相同背景颜色值“00FFFF”，该步骤可通过复制颜色值，并粘贴至目标单元格“背景颜色”输入框中来实现，如图 5-20 所示，为除左上单元格外的其他单元格设置背景颜色值“#CCFFFF”。

（5）在左上角单元格中插入一图像“niu.jpg”，按下“Shift”键，拖动图像右下控制柄调整至合适大小，在其他各单元格中输入课程表的文本内容，如图 5-21 所示。

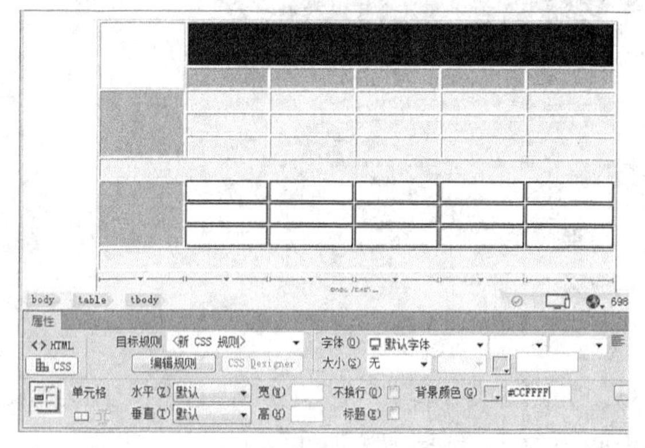

图 5-20　设置各单元格背景颜色

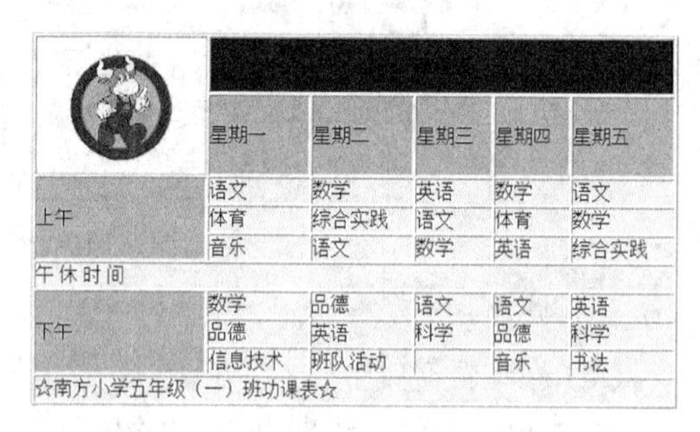

图 5-21　单元格内容添加

（6）在“课程表”文本中按“Ctrl+Alt+Space”组合键打入空格以间开三字距离，选择该表头文本，使用默认的 CSS 目标规则“新内联样式”，为该文本设置文字大小“48px”、文字颜色红色“#FF0000”，如图 5-22 所示。

（7）框选上午所有课程的单元格，继续使用 CSS 新内联样式，设置所选单元格文本为“居中对齐”，用相同方法，对下午课程等所有背景色为淡蓝色的单元格设置文本为“居中对齐”。

（8）逐个选择“上午”“下午”及“星期一”～“星期五”文本，使用 CSS 新内联样式，将所选文本设置为“居中对齐”，大小为“24px”，如图 5-23 所示。

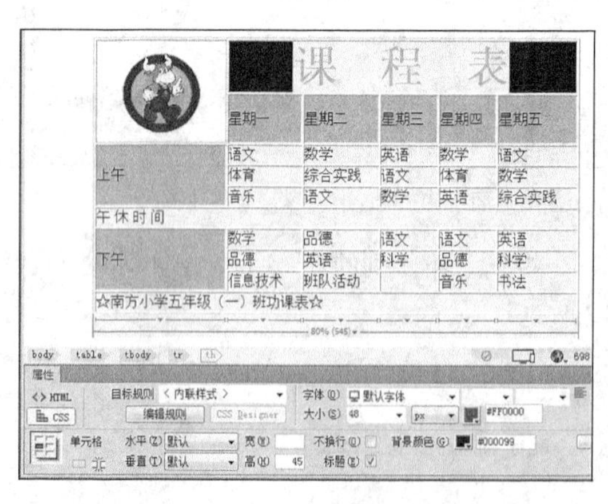

图 5-22　设置“课程表”文字属性

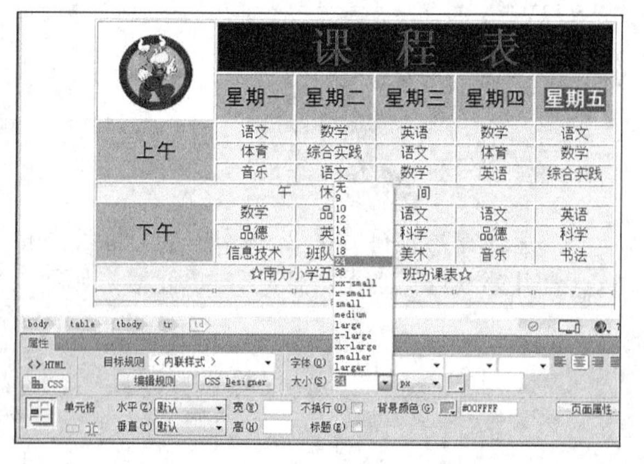

图 5-23　设置文字属性

（9）如图 5-24 所示，框选“星期一”～“星期五”4 列表格，在属性面板中的“宽”输入框中输入“16%”，即统一各列宽度，将所选各列单元格宽度均设置为整个表格宽度的“16%”。保存网页文档，用浏览器查看表格效果。

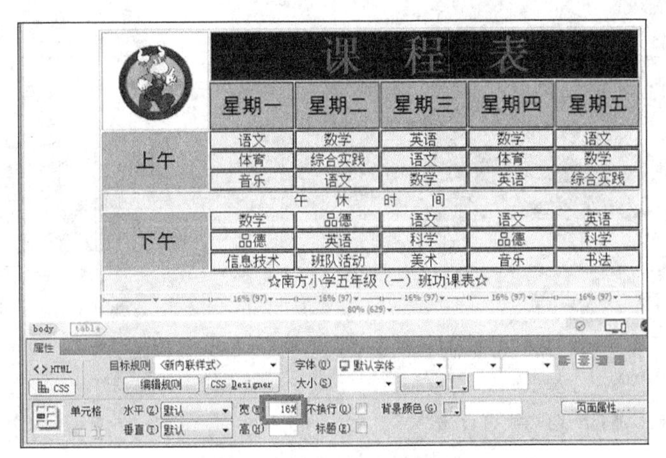

图 5-24　统一部分列的宽度

5.2.2　实例应用 2——用表格实现网页布局

在设计制作网页时，使用表格来实现网页布局是一种传统的常用的技术。令表格边框和单元格间距设置为 0，通过合并/拆分、插入内嵌表格等设计网页的整体版式，将网页各个元素按版式分别放入表格的各个单元格中，从而实现复杂的排版组合。该方式简单可靠、兼容性好、易学易用。

例 5.2　运用表格进行排版设计，并完成网页“回到拉萨”的设计，网页效果如图 5-25 所示。

图 5-25　表格布局的网页效果

制作步骤如下。

（1）将网页相关图像放置于文件夹“LaSa”内，并将该文件夹指定为 Dreamweaver CC 的当前网站的文件夹，如图 5-26 所示。

（2）单击“HTML”工具栏上的“表格”按钮，插入一个 6 行 3 列的表格，插入时参数设置如图 5-27 所示。

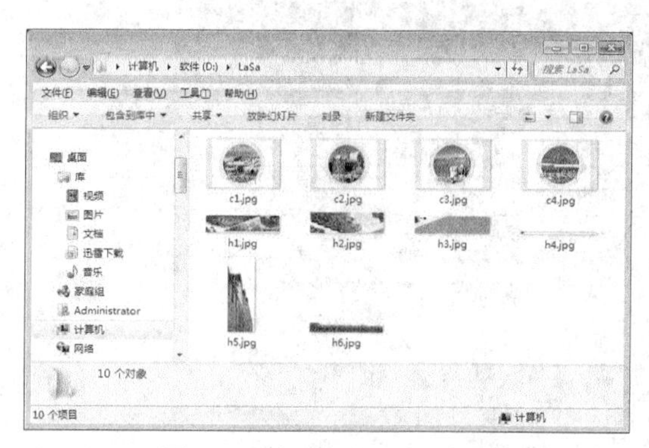

图 5-26　建立本地网站文件夹

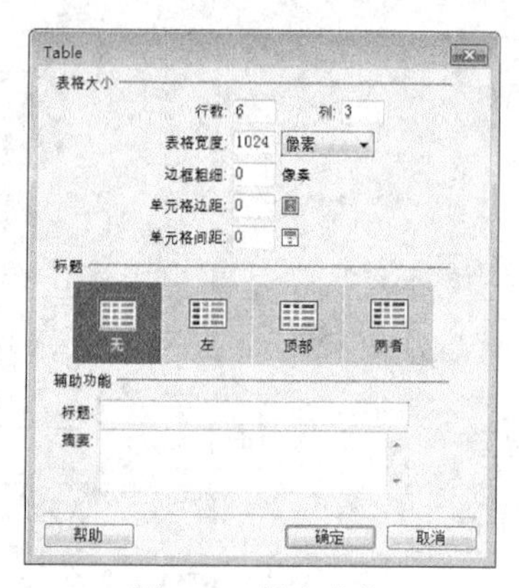

图 5-27　插入表格

（3）选择属性面板表格“合并单元格”按钮，将所插入表格中的第 1 行及第 3、5、6 行单元格分别合并成一个单元格，合并第 4 行第 2、3 列单元格为一个单元格，如图 5-28 所示。单击表格外边框，在属性面板中将“Align”属性设置为“居中对齐”。

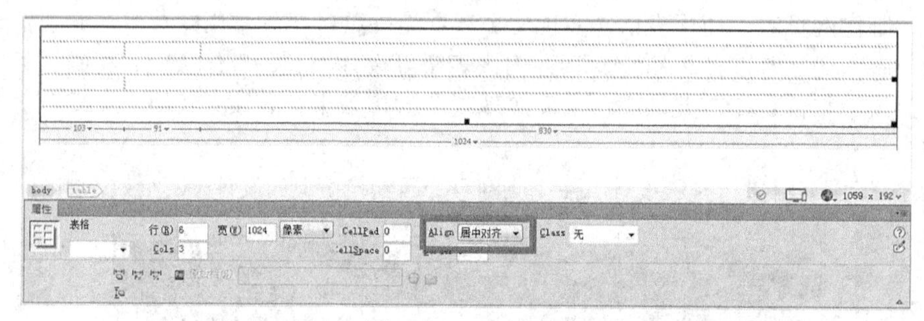

图 5-28　单元格调整及表格对齐设置

（4）为表格部分单元格中插入图像，效果如图 5-29 所示。

（5）单击导航区右侧空白单元格，使用背景颜色调色板的“吸管”功能吸取导航区左侧图像的背景色，如图 5-30 所示，为导航区空白单元添加背景颜色。

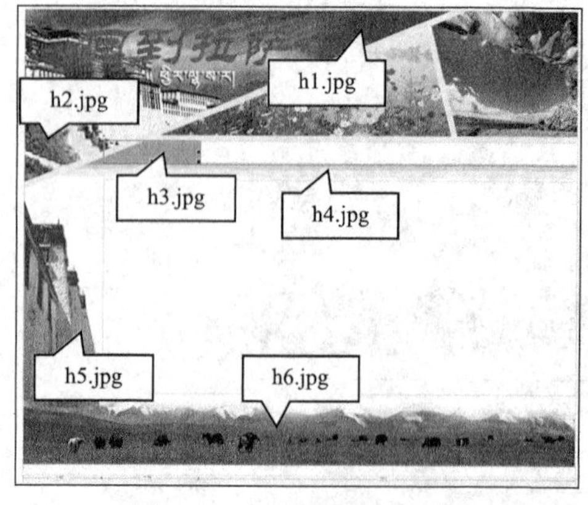

图 5-29　各单元格插入图像

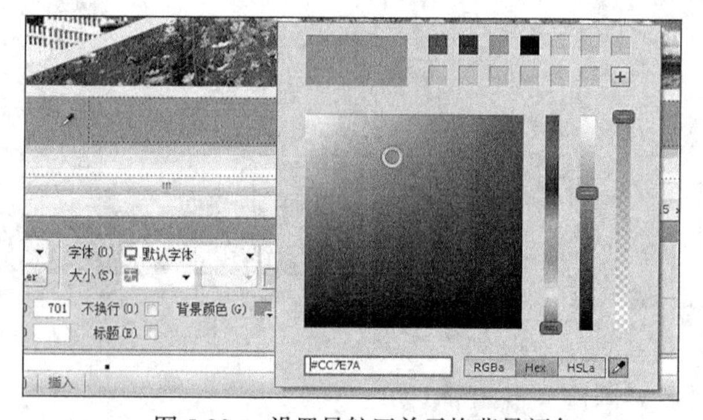

图 5-30　设置导航区单元格背景颜色

（6）在添加了背景颜色的单元格中插入一个 1 行 7 列的表格，如图 5-31 所示，输入表格文本（其中各“|”号与文本之间隔开 6 个空格），用“CSS 内联样式”将文本颜色设置为白色，如图 5-32 所示。

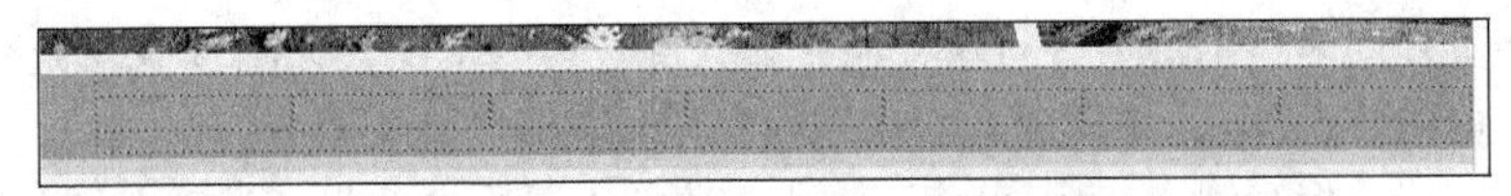

图 5-31　插入一个 1 行 7 列的内嵌表格

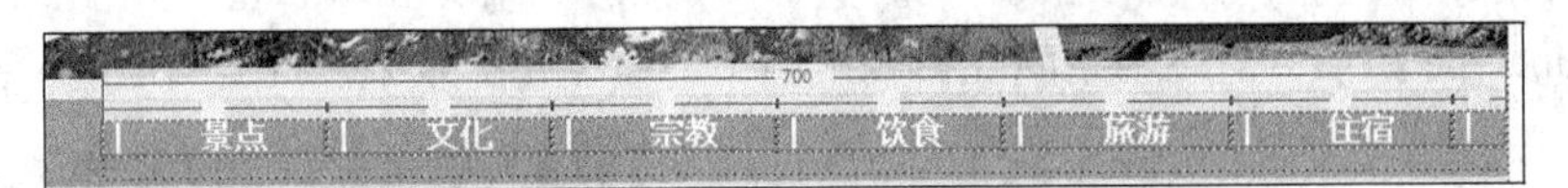

图 5-32　添加白色文本

（7）在“主体内容”区的空白单元格中插入一个 2 行 4 列的表格，间距为 10，边框、边距均为 0 的表格。使用“合并”功能合并第 1 列、第 3 列单元格，如图 5-33 所示。

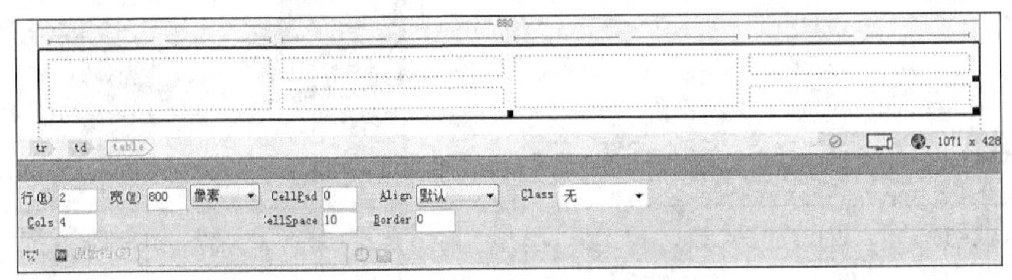

图 5-33　“主体内容”的表格结构

（8）在左侧单元格中插入“布达拉宫”图片“C1.jpg”，图片下方输入相应的介绍文本，效果如图 5-34 所示。

图 5-34　添加图像与文本

（9）运用调色板的“吸管”功能吸取插图“c1.jpg”的边缘颜色，为该单元格添加背景，在表格其他 3 列处用相似的方法增加各景点图片及介绍文本，其中第 2 列和第 4 列的图片及文本均置于该列第 2 行单元格中，编辑后表格的整体效果如图 5-35 所示。

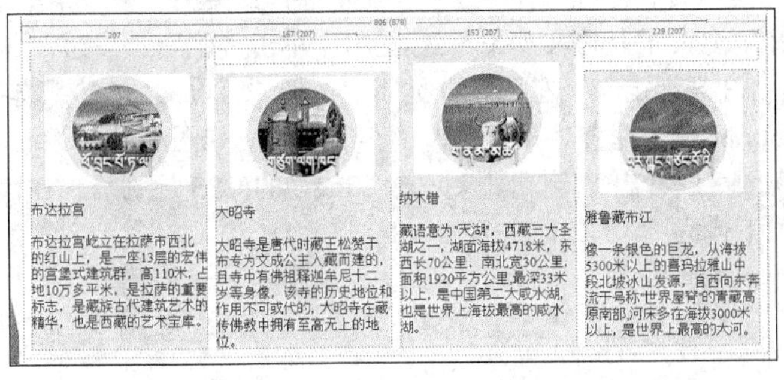

图 5-35　“主体内容”整体效果

（10）在网页外层表格的最后一行单元格中输入版权声明本文，如图 5-36 所示，该文本在单元格中居中，选择该行文本，并设置为 CSS“内联样式”的“居中对齐”。

（11）保存文档（保存为“index.html”），用浏览器查看网页效果，发现各图片之间总是存在一条宽为 3px 的水平间隙，如图 5-37 所示。这其实是浏览器显示的 Standard Mode（标准模式），由 HTML 5 doctype 激活，但该水平间隙影响了网页的整体视觉效果。

Powered by BackToLaSa123.com © 2016-2020

图 5-36　输入版权声明本文

图 5-37　图片间存在间隙

去除该间隙的方法如下。

① 在“CSS 样式”浮动面板下方单击“新建 CSS 规则”按钮（如找不到“CSS 样式”浮动面板，则按“Ctrl+Shift+Alt+P”组合键，令 Dreamweaver CC 由“CSS 设计器”活动面板切换成“CSS 样式”活动面板），如图 5-38 所示。

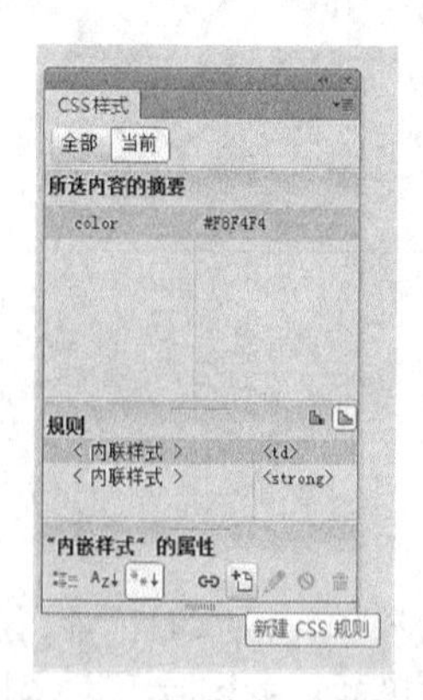

图 5-38　“CSS 样式”浮动面板

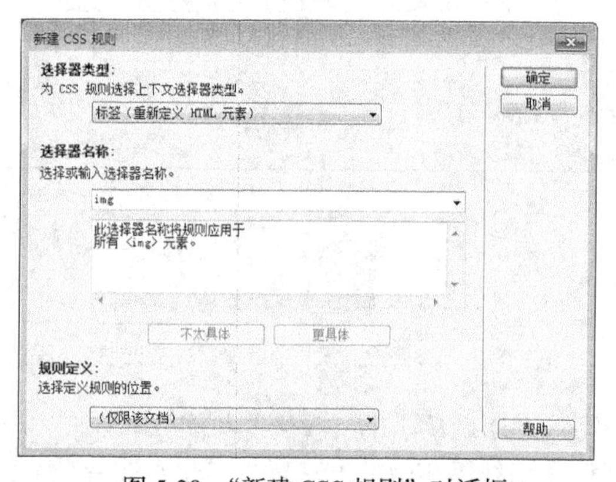

图 5-39　“新建 CSS 规则”对话框

② 在弹出的“新建 CSS 规则”对话框中，在“选择器类型”下拉菜单中选择“标签”选择器，在“选择器名称”输入框中输入“img”标签名，单击“确定”按钮，如图 5-39 所示。

③ 在“img 的 CSS 规则定义”左侧“分类”中选择“区块”，在右侧选项的“Vertical-align”下拉菜单中选择“bottom”，即垂直对齐方式为“底部对齐”，如图 5-40 所示。单击对话框下方“确定”按钮。从代码视图可以看出，定义图像标签“img”的 CSS 规则后，在代码<head>…</head>标记对内，会增添如下代码：

```
<style type="text/css">
img {
    vertical-align: bottom;
}
</style>
```

（12）保存文档，再次使用浏览器查看网页效果。经上述处理，网页图片的水平间隙已被修正，网页左上角的效果如图 5-41 所示。

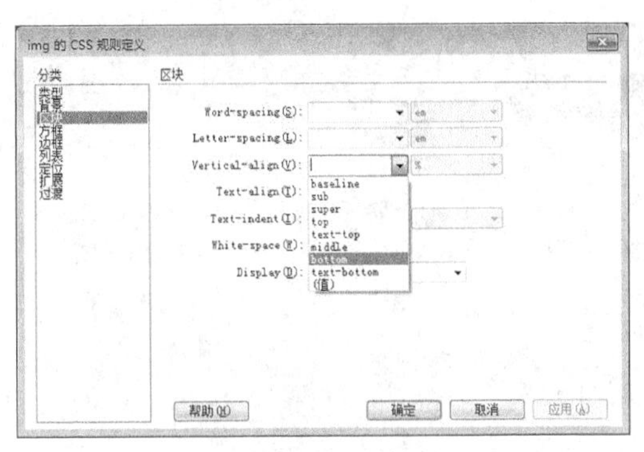

图 5-40　设置“底部对齐”

图 5-41　图像修正后的网页效果

5.3　表格数据的导入与导出

在网页制作时，有时需要输入大量的表格数据。使用 Dreamweaver CC 可以把表格数据导入到网页中，也可以把网页中的表格数据导出。另外，使用 Dreamweaver CC 还可以对表格中的数据进行排序操作。

5.3.1　表格数据的导入

在第 3 章 3.2.1 小节中我们已经学习利用“文件”菜单中的“导入”命令，把外部 Excel 表格导入到 Dreamweaver CC 的设计视图中。下面来学习如何将保存为文本文档的表格数据导入到设计视图中。

图 5-42 所示为文本文件“ipad 价格表”，现在将其内容导入到 Dreamweaver CC 当前网页中，具体操作方法如下。

（1）单击“文件”菜单，选择“导入”命令，选中“表格式数据”选项，如图 5-43 所示。

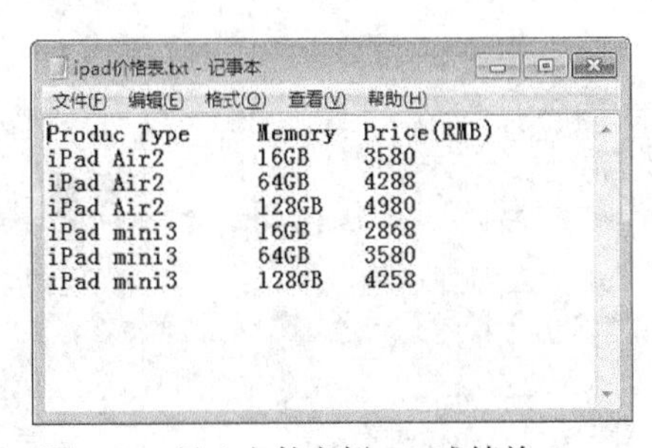

图 5-42　导入文件实例——成绩单.txt

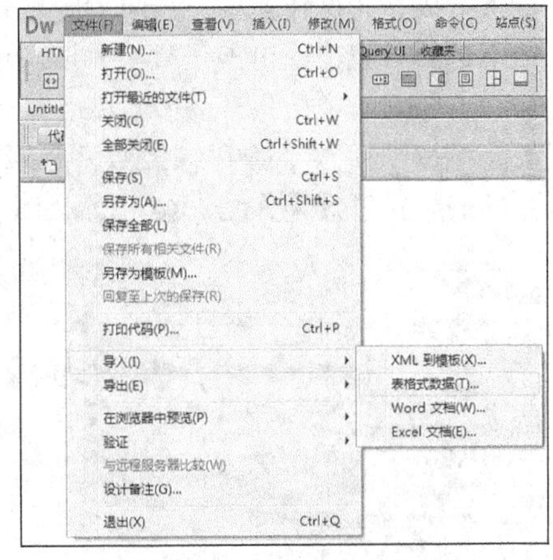

图 5-43　导入文件命令菜单

（2）在弹出的对话框中选择要导入的文件的名称。单击“浏览”按钮选择一个文件，如图 5-44 所示。

（3）选择要导入的文件中所使用的定界符。一般系统会自动识别定界符，如本例默认为“Tab”，即制表符，如图 5-44 所示。

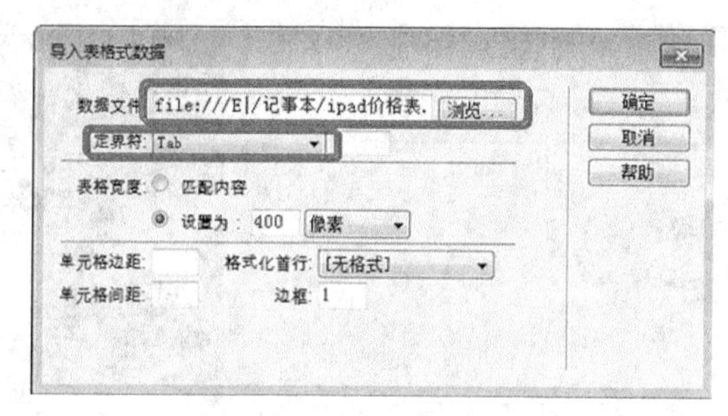

图 5-44　导入文件对话框

将分隔符指定为先前保存数据文件时所使用的分隔符。如果不这样做，则无法正确地导入文件，也无法在表格中对数据进行正确的格式设置。完成对话框的其他设置，如将“表格宽度”设置为“400”，单位“像素”。导入后生成的表格效果如图 5-45 所示。

Produc Type	Memory	Price(RMB)
iPad Air2	16GB	3580
iPad Air2	64GB	4288
iPad Air2	128GB	4980
iPad mini3	16GB	2868
iPad mini3	64GB	3580
iPad mini3	128GB	4258

图 5-45　导入表格效果

5.3.2　表格数据排序

利用 Dreamweaver CC 的表格排序功能可以像 Excel 一样对表格中的数据进行排序。可以根据单个列的内容对表格中的行进行排序，还可以根据两个列的内容执行更加复杂的表格排序。下面以刚导入的表格为例作演示，按总分降序排序，具体操作步骤如下。

（1）选择该表格或单击任意单元格。选择“命令”|“排序表格”，如图 5-46 所示。

（2）若想对该表格各产品按价格，即“Price(RMB)”列进行排序，则在“排序表格”对话框中设置排序按“列 3”，顺序“按数字顺序”“降序”，如图 5-47 所示，然后单击“确定”按钮，网页中的表格排序效果如图 5-48 所示。

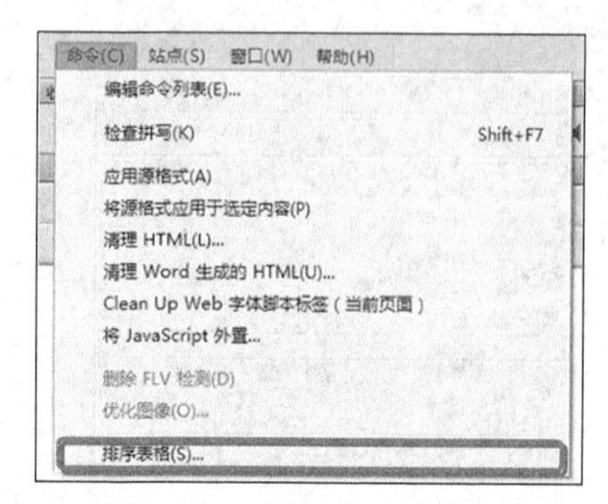

图 5-46　文件数据排序命令菜单

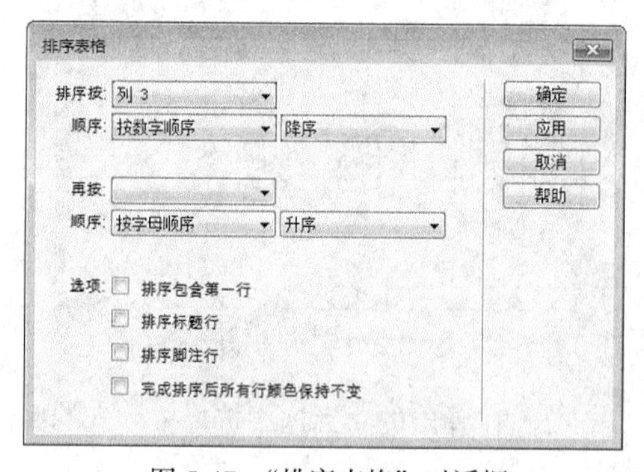

图 5-47　“排序表格”对话框

Produc Type	Memory	Price(RMB)
iPad Air2	128GB	4980
iPad Air2	64GB	4288
iPad mini3	128GB	4258
iPad mini3	64GB	3580
iPad Air2	16GB	3580
iPad mini3	16GB	2868

图 5-48　导入文件数据排序效果

下面对图 5-47“排序表格”对话框中的各项设置做简单的说明。

① 排序。确定使用哪个列的值对表格的行进行排序。

② 顺序。确定是按字母还是按数字顺序以及是以升序（A 到 Z，数字从小到大）还是以降序对列进行排序。当列的内容是数字时，选择“按数字顺序”。如果按字母顺序对一组由一位或两位数组成的数字进行排序，则会将这些数字作为单词进行排序（排序结果如 1、10、2、20、3、30），而不是将它们作为数字进行排序（排序结果如 1、2、3、10、20、30）。

③ 再按/顺序。确定将在另一列上应用的第二种排序方法的排序顺序。在“再按”弹出菜单中指定将应用第二种排序方法的列，并在“顺序”弹出菜单中指定第二种排序方法的排序顺序。

④ 排序包含第一行。指定将表格的第一行包括在排序中。如果第一行是不应移动的标题，则不选择此选项。

⑤ 排序标题行。指定使用与主体行相同的条件对表格的 thead 部分（如果有）中的所有行进行排序。请注意，即使在排序后，thead 行也将保留在 thead 部分，并仍显示在表格的顶部。有关 thead 标签的信息，请参阅“参考”面板（选择“帮助”|“参考”）。

⑥ 排序脚注行。指定按照与主体行相同的条件对表格的 tfoot 部分（如果有）中的所有行进行排序。（注意，即使在排序后，tfoot 行也将保留在 tfoot 部分，并仍显示在表格的底部）。

⑦ 完成排序后所有行颜色保持不变。指定排序之后表格行属性（如颜色）应该与同一内容保持关联。如果表格行使用两种交替的颜色，则不要选择此选项以确保排序后的表格仍具有颜色交替的行。如果行属性特定于每行的内容，则选择此选项以确保这些属性保持与排序后表格中正确的行关联在一起。

5.3.3　从网页中导出表格数据

Dreamweaver CC 除了能导入表格数据，还可以将表格数据从编辑网页导出到文本文件中，相邻单元格的内容由分隔符隔开，也可以使用逗号、冒号、分号或空格作为分隔符。当导出表格时，将导出整个表格，而不能选择导出部分表格。本小节来学习如何从网页中导出表格式数据。具体操作步骤如下。

（1）请将插入点放置在表格中的任意单元格中。

（2）选择“文件”|“导出”|“表格”命令，如图 5-49 所示。

（3）在弹出的“导出表格”对话框中，指定“定界符”为“逗点”，如图 5-50 所示。

在该对话框中：

① 定界符。指定应该使用哪种分隔符在导出的文件中隔开各项，默认为“Tab”选项。

② 换行符。指定将在哪种操作系统中打开导出的文件：Windows、Macintosh 还是 UNIX（不同的操作系统具有不同的指示文本行结尾的方式）。此处选择“Windows”选项。

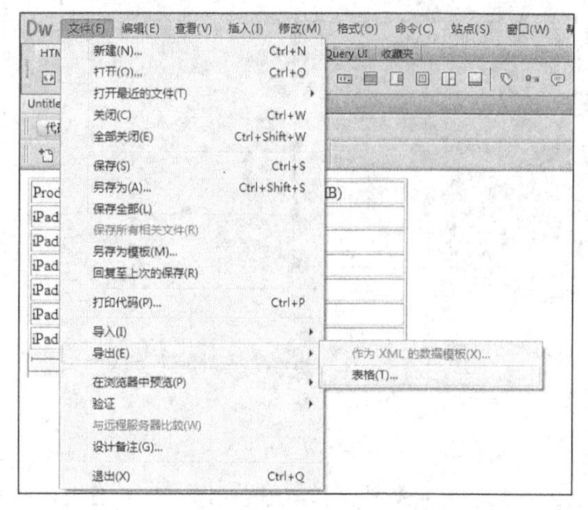

图 5-49　导出表格命令菜单

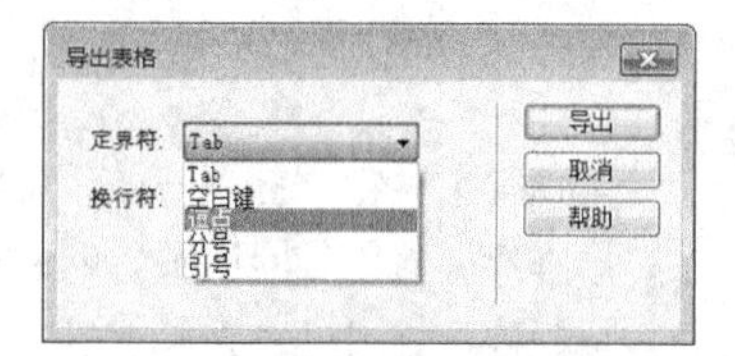

图 5-50　导出表格命令对话框

（4）单击“导出”按钮，在“表格导出为”对话框中确定导出位置，并在对话框下方输入文件名“ipad 排序价格表.txt”，然后单击“保存”按钮，如图 5-51 所示，完成文件的导出。系统在导出位置生成同名文本文件，打开该文件，其内容如图 5-52 所示。

图 5-51　导出为 txt 文件

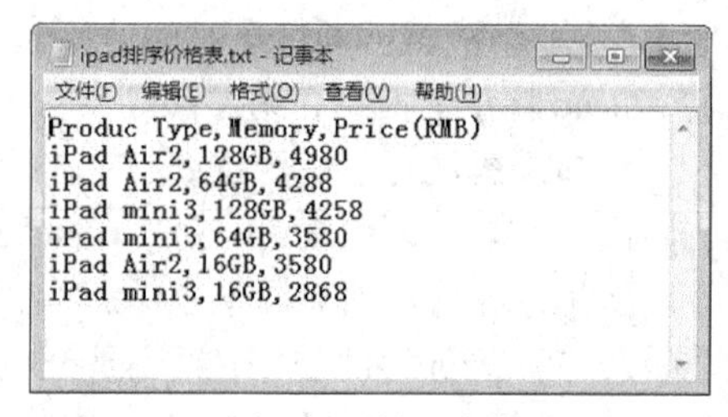

图 5-52　导出内容

5.4　嵌入式框架

使用框架，可以在一个浏览器窗口中显示不止一个页面，但由于不容易管理、对搜索引擎不友好、对网页可用性的负面影响等缺点，常规框架方法已不再符合当前标准的网页设计理念。因此，HTML 5 已不再支持<frame>及<frameset>标记的应用，但它仍然支持嵌入式框架 IFRAME 的使用。

5.4.1　嵌入式框架介绍

嵌入式框架（标记为<iframe>），也称为浮动框架，相当于在网页中又打开一个小窗口，在该窗口中可以显示其他网页的内容。嵌入式框架可以嵌入在网页中的任意部分，比如可以在表格中插入嵌入式框架。正是由于这一特点，使得嵌入式框架使用广泛。

Dreamweaver CC 在“HTML 工具栏”上提供了“IFRAME”按钮，如图 5-53 所示，单击该

按钮，在网页中创建一个嵌入式框架，如图 5-54 所示。同时在 HTML 代码中<body>…</body>中的相应位置生成<iframe></iframe>标记对。

图 5-53　HTML 工具栏上的“IFRAME”按钮

创建后默认的嵌入式框架很小，系统并没有提供 iframe 的属性面板或相关设置的对话框，因此，若想进一步编辑嵌入式框架有两种方法：（1）在代码编辑器中根据需要为<iframe>标记添加属性的设置代码；（2）创建 iframe 的 CSS 规则。

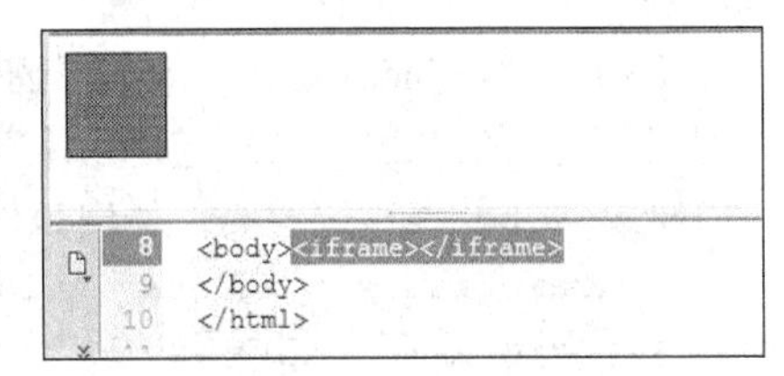

图 5-54　嵌入式框架代码

HTML 5 中<iframe>的常用格式是：

```
<iframe name= “框架名称” src= “URL”  width=宽度值 height=高度值></iframe>
```

以下是对 iframe 中各属性的介绍。

- name：指定当前 iframe 的名称，如 name= “view1”。
- src：指定 iframe 中显示的网页，如 src= “/pages/show.html”。

这里的 URL 可以是相对路径，例如我们设计的网站中的某个页面；也可以是绝对路径，例如 http://www.chinanews.com/（中国新闻网）。

- width：表示 iframe 宽度，默认单位为像素，当值设置百分比时为相对浏览器宽度的比例。
- heigh：表示 iframe 高度，默认单位为像素，当值设置百分比时为相对浏览器高度的比例。

HTML 5 不再支持 frameborder（框架边框）、scrolling（滚动条），如果想设置边框或滚动条等更细致的属性，则需要通过创建 iframe 的 CSS 规则来实现。创建 CSS 规则的方法将在第 6 章详细介绍。

5.4.2　嵌入式框架应用

例 5.3　修改本章例 5.2“回到拉萨”网页：在主页内容区中创建一个嵌入式框架，用于显示“景点”网页内容或“文化”网页内容，并在导航条上实现“景点”及“文化”2 项在嵌入式框架中的网页链接。效果如图 5-55 和图 5-56 所示。

图 5-55　“景点”网页

图 5-56　“文化”网页

由上述两图可见，该例实现了在同一嵌入式框架中显示不同网页内容的功能，其操作步骤如下。

（1）打开例 5.2 中保存的“index.html”网页，选择内容区嵌入的内部表格外框，将其剪切并复制进一个新建空白网页中，将该网页保存为“page1.html”，且与“index.html”在同一路径上，如图 5-57 所示。

（2）更换“page1.html”中的插图和文本，将网页修改成“文化”的介绍内容。选择 Dreamweaver CC 的“文件”|“另存为”命令，将所改网页另存为“page2.html”，如图 5-58 所示。

（3）选择“index.html”的编辑窗口，在空白内容区上单击鼠标确定插入位置，单击“HTML 工具栏”上的“IFRAME”按钮实现嵌入式框架的插入，在“代码”视图中找到新添加的<iframe></iframe>标记代码，编辑该标记，为<iframe>增加属性设置，代码如下：

```
<iframe name="contents" height="390" width="875" src="page1.html">
```

该代码定义了嵌入式框架的名称为“contents”，该名称也是该嵌入式框架的识别标志，上述代码指定嵌入式框架中默认显示网页“page1.html”的内容。

图 5-57 “page1.html”网页内容

图 5-58 “page2.html”网页内容

（4）选择网页“index.html”导航条上的“景点”文本，在“HTML”属性面板上设置“链接”项为“page1.html”，并在“目标”项中输入“contents”，如图 5-59 所示。

设置超链接目标的意义是：当单击网页中的超链接（“景点”文本）时，就会在名为“contents”嵌入式框架中显示 page1.html 的内容。该超链接的代码为：

```
<a href="page1.html" target="contents">景点</a>
```

（5）选择“文化”文本，在“HTML”属性面板上设置“链接”项为“page2.html”，并在“目标”项中输入“contents”。该操作意义是当单击“文化”文本，在“contents”中显示 page2.html 的内容，如图 5-60 所示。

图 5-59　在指定嵌入式框架中实现“景点”的超链接

图 5-60　在指定嵌入式框架中实现“文化”的超链接

（6）保存文档，用浏览器查看网页的修改效果，检测两处超级链接在 IFRAME 的实现效果。

上面所讲的就是在网页中插入 iframe 的一个简单的例子。我们可以根据需要在网页的任何位置插入 iframe，链接到任何一个网页，也可以在 iframe 中播放视频等素材，而浏览器的主网页不会跳转，实现画中画的效果。

5.5　课后实验

实验一：使用表格布局的方法制作中国五大民居的简介网页“intro.html”，如图 5-61 所示，在该网页表格结构上更换文本及图像信息，并另存为“page1.html”～“page5.html”网页，这些网页分别介绍“客家围龙屋”“北京四合院”等特色民居，实验所用图像及文本素材见本书配套资料的“课后实验/第 4 章/素材”文件夹。

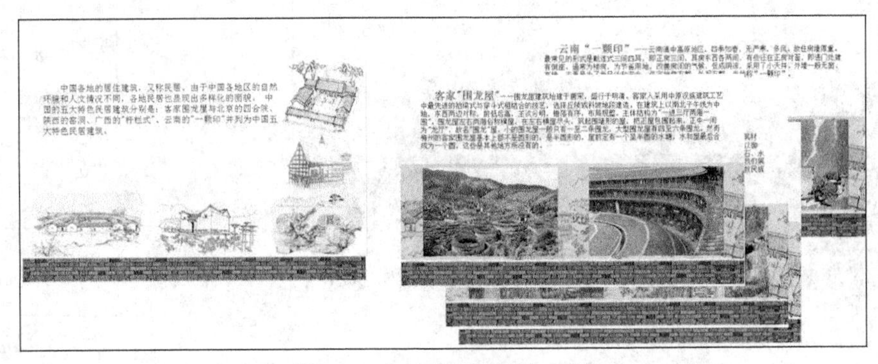

图 5-61　“中国五大民居”网站

实验要求如下。

（1）创建网站，准备网站素材，新建空白网页，在新网页中插入一个“4 行 3 列”、无边框，宽度为 790 的表格，如图 5-62 所示，将右上角 2 个单元格合并，并将表格最后二行各合并成一个大单元格。

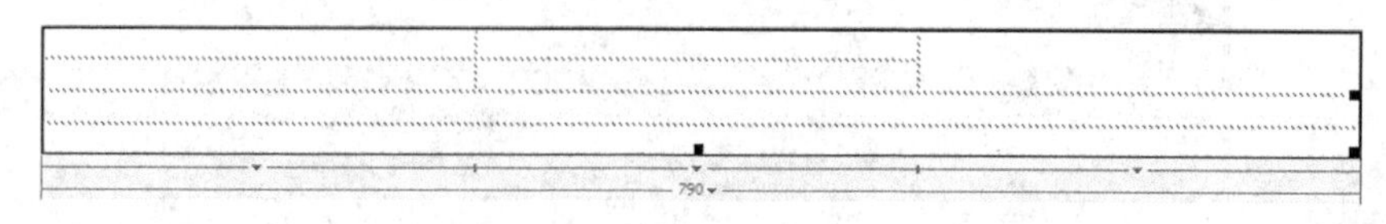

图 5-62　合并单元格

（2）在表格相应位置插入文本或图像，其效果如图 5-63 所示，其中，文本字体大小用 CSS“新内联样式”设为 20px，并在属性面板上将其所在单元格的垂直对齐方式设为“顶端”，如图 5-64 所示。编辑后将该网页保存为“intro.html”。

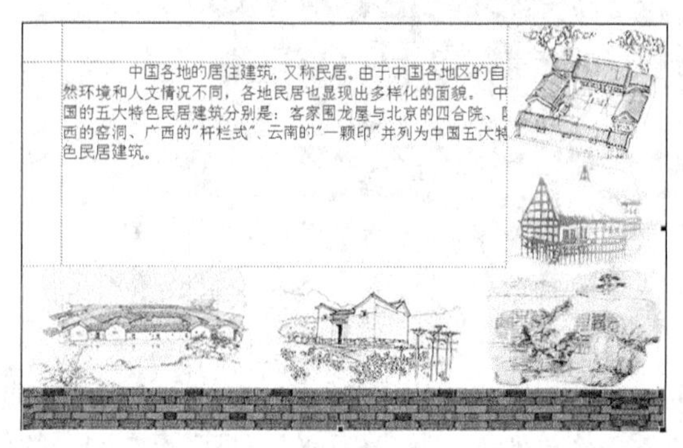

图 5-63　插入文本或图像

图 5-64　文本的垂直对齐方式设为“顶端”

（3）在网页“intro. html”打开状态下，将文本及插图更换成“客家围龙屋”的介绍文本及图像，其中文本标题“客家‘围龙屋’”字体可用 CSS“新内联样式”设为 20px、红色加粗，其他正文字体为系统默认字体，如图 5-65 所示。编辑后，将网页“另存”为“page1.html”文件。注意：这里不能直接保存，不然“intro.html”网页内容将被覆盖。

（4）使用上述方法继续更新网页内容，并另存为其他民居的介绍网页“page2.html”～“page5.html”，令网站文本夹结构如图 5-66 所示。

图 5-65　“客家围龙屋”介绍内容

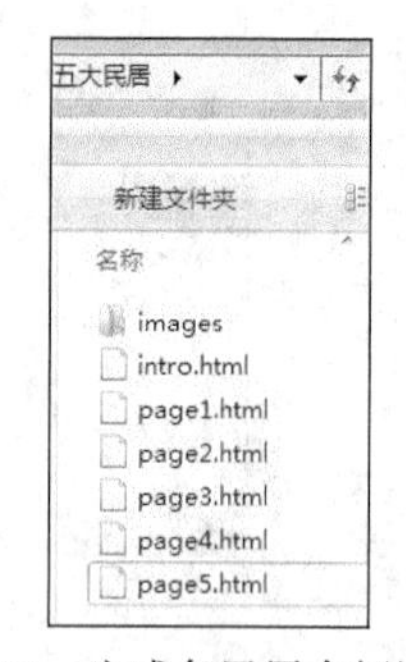

图 5-66　生成各民居介绍网页

实验二：在实验一的基础上结合嵌入式框架完成“中国五大民居”网站的构建：用表格布局方法创建主页结构，插入嵌入式框架（IFRAME），通过导航链接的方法实现在嵌入式框架中显示实验一的各网页内容。网站界面及链接效果如图 5-67 所示。

图 5-67　“中国五大民居”网站及链接效果

实验要求如下。

（1）如图 5-68 所示，插入一个“2 行 2 列”、宽 1024px、无边框表格，设置表格在网页中水平对齐，合并第 1 行两单元格为 1 个单元格，将左下单元格宽度调整为 220px，将当前网页文件保存为“index.html”。

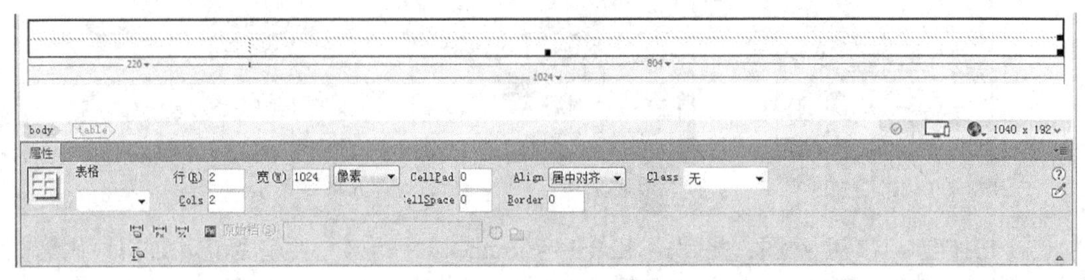

图 5-68　插入表格并调整

（2）在第 1 行单元格中插入图像“title.jpg”，在左下单元格中插入一个“15 行 1 列”、宽 220px、无边框的表格（作为导航区）。选中该表格所有单元格，使用 CSS“新内联样式”设置单元格字体大小为 8px，如图 5-69 所示。

（3）如图 5-70 所示，在小表格的奇数行中分别插入图像“left.jpg”“bu0.jpg”～“bu5.jpg”（导航区按钮图）和“wall1.jpg”，该小表格区域为网页的导航区。

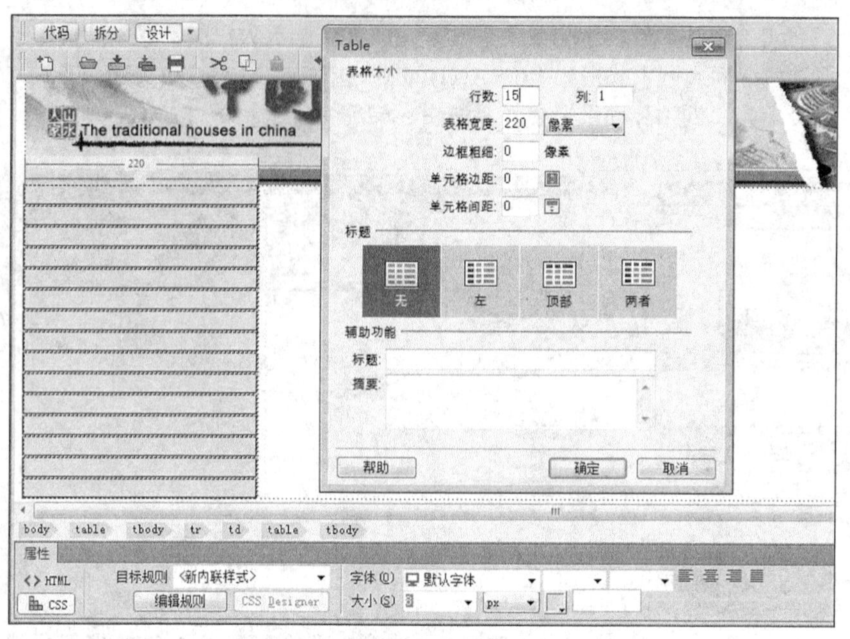

图 5-69　插入导航区表格

（4）令导航区中间的按钮图居中对齐，如图 5-71 所示。用鼠标单击大表格右下单元格，设置该单元格水平对齐为“左对齐”，垂直对齐为“顶端”对齐，确保单元格中光标位于左上角，单击工具栏“IFRAME”按钮插入嵌入式框架。

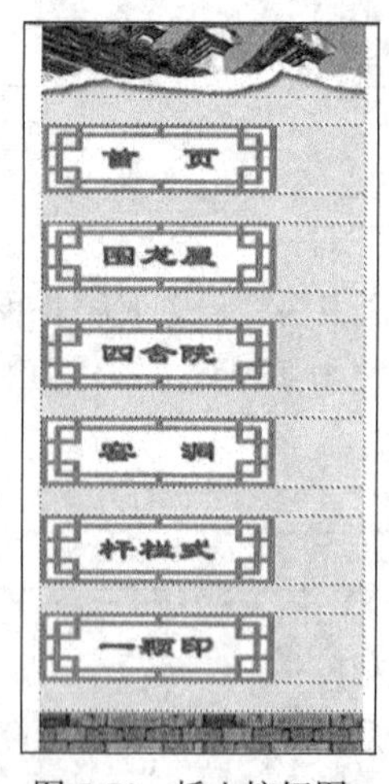

图 5-70　插入按钮图

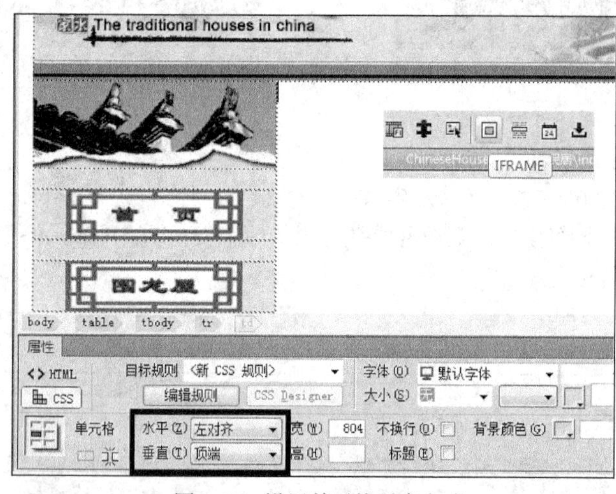

图 5-71　设置单元格对齐方式

（5）切换至“代码”视图，找到“<iframe></iframe>”标记对，为该标记增加属性代码，如图 5-72 所示。修改代码后，用浏览器查看“index.html”，效果如图 5-73 所示。

```
      </table></td>
        <td width="804" align="left" valign="top"><iframe name="content" height="515" width="800" src="intro.html"></iframe></td>
      </tr>
    </tbody>
</table>
</body>
</html>
```

图 5-72　添加嵌入式框架的代码

图 5-73　“index.html”网页效果

（6）在导航条上为各按钮图设置超级链接，“首页”按钮链接至网页“intro.html”“围龙屋”按钮链接至网页“page1.html”，其他按钮做相应操作，注意，所有链接的“目标”项均设为“content”，如图 5-74 所示。

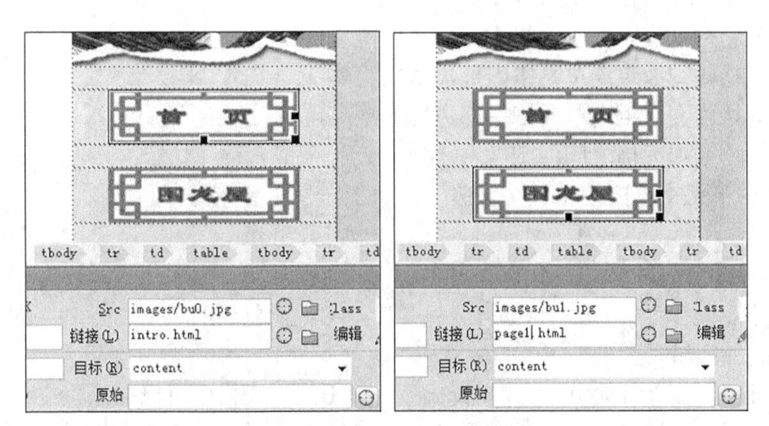

图 5-74　为各导航按钮实现超级链接

（7）保存网页编辑结果，用浏览器查看该网站的各超级链接效果。

5.6　小结

本章首先介绍了 Adobe Dreamweaver CC 中表格的作用，详细介绍了表格的插入、编辑及格式的设置、网页元素的添加以及表格在网页布局上的作用；描述了一个课程表的制作过程，并通过实例操作讲述运用表格设计网页布局的方法；讲解了表格数据的导入、导出和排序操作。本章最后还介绍了嵌入式框架的应用及实现方法。

5.7 练习与作业

一、填空题

1. 在“插入”菜单中选择________命令，可在网页文档中插入表格。

2. 选中表格后，表格的外框变成________，并在右方、下方和右下方各会显示一个黑色________。

3. 将光标放置在要拆分的单元格中，单击鼠标右键，在弹出的菜单中选择“表格”下的________命令。

4. 在 Dreamweaver CC 中，若将 *.txt 的文本文件导入为表格，主要依靠________来进行区分数据项。

二、选择题

1. 在（　　）中可以修改表格属性。

A. 代码面板　　B. 设计面板　　C. 文件面板　　D. 属性面板

2. 插入表格对话框中间距表示（　　）。

A. 表格的外框精细　　B. 表格在页面中所占用的空间

C. 表格之间的距离　　D. 表格大小

3. 在表格属性设置中，间距指的是（　　）。

A. 单元格内文字距离单元格内部边框的距离

B. 单元格内图像距离单元格内部边框的距离

C. 单元格内文字距离单元格左部边框的距离

D. 单元格与单元格之间的宽度

4. 选中多个单元格应按住（　　）键。

A. Ctrl　　B. Alt　　C. Shift　　D. Ctrl+Alt

5. 单元格合并必须是（　　）的单元格。

A. 大小相同　　B. 相邻　　C. 颜色相同　　D. 同一行或同一列

6. 下面说法错误的是（　　）。

A. 单元格可以相互合并　　B. 在表格中可以插入行

C. 可以拆分单元格　　D. 在单元格中不可以设置背景图片

7. 以下关于 IFRAME 哪种说法是正确的（　　）。

A. 需要配合<frameset>标记实现

B. Dreamweaver CC 不提供相关属性面板

C. 通过属性 href 指定显示的网页

D. 嵌入式框架一旦命名（设置 name 属性），则不允许在其中切换显示不同的网页内容

三、操作题

1. 表格在网页设计中有什么作用？如何插入表格？

2. 在网页中插入一个行和列分别是 8 和 3 的表格。将制作好的表格边框色和背景色用 5 组不同的颜色搭配。然后把行列之间的背景颜色也做出不同的变化来。

3. 制作自己所在班级本学期的功课表。

第 6 章 CSS 概述

- 了解 CSS 的基本概念
- 认识 CSS 样式面板与 CSS 设计器
- 掌握 CSS 选择器的类型和用法
- 掌握 HTML 5 中 CSS 创建和应用

6.1 CSS 简介

CSS 是“Cascading Styles Sheets”的缩写，中文名称是层叠样式表。用于控制网页样式并允许将样式与网页内容分离的一种标记性语言。CSS 可将网页的内容与表现形式分开，使网页的外观设计从网页内容中独立出来单独管理。要改变网页的外观，只需更改 CSS 样式。

6.1.1 认识 CSS

对于初学网页设计的人来说，CSS 看起来有些陌生。在进入 CSS 的学习之前，我们先来看一个简单的应用 CSS 的例子。

例 6.1 为网页“flower1.html”“flower2.html”和“flower3.html”添加相同的外部 CSS 样式。

图 6-1 所示的网页“flower1.html”是不带任何样式的 HTML 5 网页（见本书配套素材“教学素材/第 6 章/例 6.1”）。其中，“flower1.htm”的 HTML 代码如图 6-2 所示。另有“flower2.html”和“flower3.html”的 HTML 代码与“flower1.htm”的相似。

图 6-1 flower1.html 网页效果

```
<!doctype html>
<html>
<head>
<meta charset="utf-8">
<title>玫瑰花茶</title>
</head>

<body>
<h1>玫瑰花茶</h1>
<h2>1.功效</h2>
<p>消除疲劳、理气解郁、活血散淤</p>
<h2>2.图片</h2>
<p><img src="f1.jpg" width="240" height="176" alt=""/></p>
</body>
</html>
```

图 6-2 flower1.html 的 HTML 代码

从网页代码可以看出，网页文本中设置了 1 处一级标题文本，2 处二级标题，这些标题都按 HTML 5 的默认格式显示。另外，网页中还插入了一幅插图。

例 6.1 的具体操作步骤如下。

（1）使用 Dreamweaver CC“文件”|“新建”方法创建一个文档类型为“CSS”文件，在其中输入图 6-3 所示的代码，并将文件保存为“sample.css”，保存位置与“flower1.html”文件相同。创建“sample.css”文件也可直接使用记事本等编辑器完成。

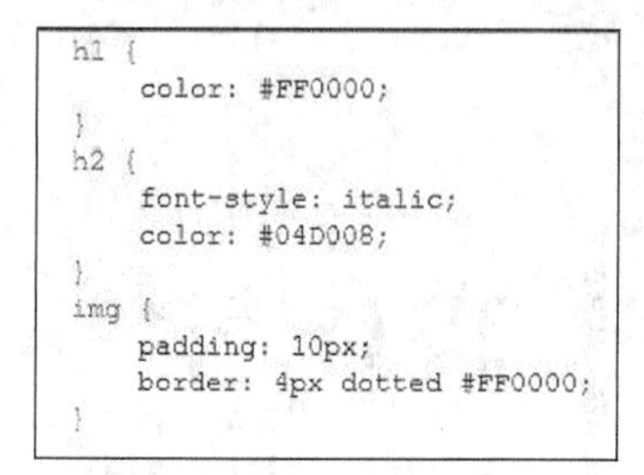

```
h1 {
    color: #FF0000;
}
h2 {
    font-style: italic;
    color: #04D008;
}
img {
    padding: 10px;
    border: 4px dotted #FF0000;
}
```

图 6-3　sample.css 文件

（2）在“flower1.html”代码的<head>…</head>中插入以下代码：

```
<link href="sample.css" rel="stylesheet" type="text/css">
```

即代码如图 6-4 所示，此时该网页效果变化如图 6-5 所示。

```
<!doctype html>
<html>
<head>
<meta charset="utf-8">
<title>玫瑰花茶</title>
<link href="sample.css" rel="stylesheet" type="text/css">
</head>

<body>
<h1>玫瑰花茶</h1>
<h2>1.功效</h2>
<p>消除疲劳、理气解郁、活血散淤</p>
<h2>2.图片</h2>
<p><img src="f1.jpg" width="240" height="176" alt=""/></p>
</body>
</html>
```

图 6-4　flower1.html 的更新代码

图 6-5　flower1.html 网页效果

可以将图 6-5 所示的网页效果理解成由两个文件“flower1.html”和“sample.css”共同构成，其中，“flower1.html”为网页文件，而“sample.css”是网页格式文件，专门定义 CSS 样式。

在上述“sample.css”文件的代码中，使用了 CSS 的方式设置了一些特定标签的样式，如“h1 { color: #FF0000;}”表示一级标题的字体颜色为红色；“h2 { font-style: italic; color: #04D008;}”表示二级标题字体为绿色、斜体字；而“img { padding: 10px; border: 4px dotted #FF0000;}”表示插图设置 10px 的边距，边框为 4px 的红色点线。h1、h2 和 img 都是 HTML 标签（标记）名。

在“flower1.html”文件中，通过“<link href="sample.css" rel="stylesheet" type="text/css">”实现将“sample.css”文件所定义的格式应用到网页中去。

（3）用与步骤（2）相同的方法，在网页文件“flower2.html”和“flower3.html”的<head>…</head>中插入代码“<link href="sample.css" rel="stylesheet" type="text/css">。

加入后，它们将同样具有与“flower1.html”相同的样式，如图 6-6 和图 6-7 所示。

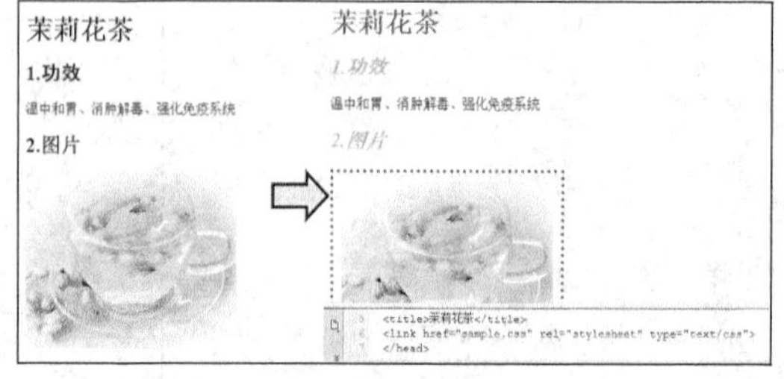

图 6-6　flower2.html 链接外部 CSS 前后的效果比较

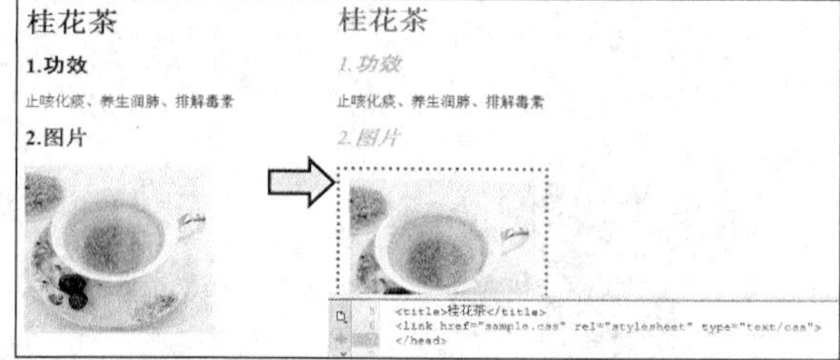

图 6-7　flower3.html 链接外部 CSS 前后的效果比较

将 CSS 样式定义到外部.css 文件的一个好处是可以令多个网页文件共同引用它。

在这里我们可以看到，使用 CSS 样式，不仅可以表示传统 HTML 中无法表达的、更加丰富的格式（如图片添加点线边框等），还可以将同一 CSS 样式表应用到不同网页上，使它们统一显示风格。随着后面的深入了解，我们还将学习到更多、更详细的 CSS 样式使用方法。

6.1.2　CSS 的功能

CSS 作为当前网页设计中的热门技术，具有以下优势。

（1）CSS 符合 Web 标准。W3C 组织创建了 CSS 技术，其目的就是替代 HTML 的表格、font 标签、frames 以及其他用于表现的 HTML 元素，这种创新改进的技术极大地体现在 HTML 5 网页中。

（2）提高页面浏览速度。使用 CSS，比传统的 Web 设计方法至少节约 50%以上的文件大小，网页结构化省略了很多传统格式标记，有效地缩减了浏览器打开网页的时间。

（3）表现和内容相分离。将设计部分剥离出来放在一个独立样式文件中，让多个网页文件共同使用它，省去在每一个网页文件中都要重复设定样式的麻烦。

（4）缩短网页改版时间。在上面的例子中我们已经可以看到，只要修改相应的 CSS 文件就相当于重新设计一个有成百上千页面的站点。

（5）强大的字体控制和排版能力。CSS 控制字体的能力比 HTML 的格式标记好用得多：样式控制类型多、范围大，使用者可以随心所欲地制定自己的样式。

（6）CSS 非常容易编写。CSS 样式具有统一的编写格式，方便直接编写代码，Dreamweaver CC 也提供了相应的辅助工具以直接生成代码。

（7）CSS 有很好的兼容性，只要是可以识别 CSS 样式的浏览器都可以应用它。

6.1.3　CSS3

万维网联盟（W3C）在 1996 年制定并发布了一个网页排版样式标准（即层叠样式表）用来对 HTML 有限的表现功能进行补充。随着 CSS 的广泛应用，CSS 技术越来越成熟。CSS 现在有三个不同层次的标准：CSS1、CSS2 和 CSS3。

CSS1 主要定义了网页的基本属性，如字体、颜色、空白边等。CSS2 在此基础上添加了一些高级功能（如浮动及定位），以及一些高级的选择器（如子选择器、相邻选择器和通用选择器等）。CSS3 开始遵循模块化开发，标准被分为若干个相互独立的模块，这将有助于理清模块化规范之间的关系，减小完整文件的体积。

CSS3 制定完成之后增设了很多新样式，即新功能，如边框圆角效果、边框阴影效果、多重背景图片、元素过渡动态效果等。但这些新样式在各种现有的浏览器中却不能获得完全支持。其主要原因是，各个浏览器对 CSS3 很多细节在处理上存在差异，如同一种属性，某种浏览器能支持而另一种不能支持，又或者两种浏览器都能支持，但其显示的效果不一样。虽然大多数新版本的浏览器均声明能够支持 CSS3，但它们之间效果的差异对网页设计者来说也是一个麻烦。网页设计者在设计一个网页时，最好能考虑在不同浏览器上的显示效果，并将做好的网页在不同的常用浏览器中进行调试，以调整出较通用的最佳显示效果。

虽然 CSS3 还没有完全普及，各种浏览器对 CSS3 的支持还处于发展中，但 CSS3 标准使得布局更加合理，样式更加美观，整个 Web 页面显示将会焕然一新。因此，CSS3 具有很高的发展潜力，在样式修饰方面是其他技术无法替代的。Dreamweaver CC 中也提供了便捷的 CSS3 设计方法，学习并使用 CSS3 技术，才能使网页设计方法不落伍。

6.2　CSS 的基本语法

CSS 样式表由若干条样式规则组成，这些样式规则可以应用到不同的元素或文档中来定义它们的显示效果。

CSS 的样式规则由两部分组成：选择器和声明。选择器就是样式的名称，声明就是样式的具体定义，格式如下：

```
选择器 {
    声明
}
```

6.2.1 选择器

选择器总共有 4 种类型：类（class）选择器标签、ID 选择器、标签选择器、复合内容选择器。选择器可直接通过编写代码实现，在 Dreamweaver CC 设计选择器时，设计者可通过图 6-8 所示的“新建 CSS 规则”对话框直接实现四种选择器的选择。

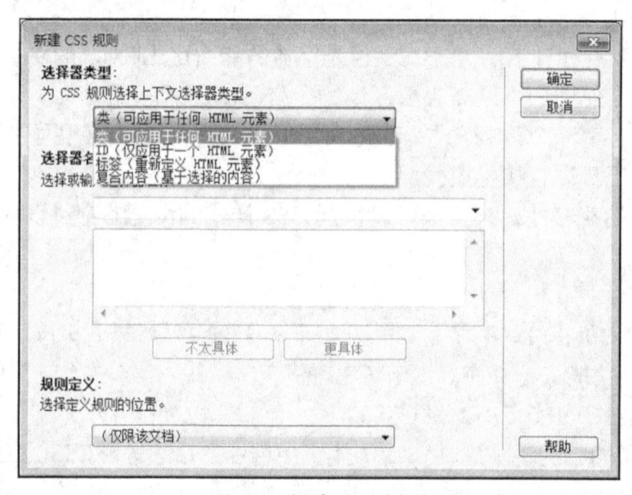

图 6-8　新建 CSS 规则

1. 类选择器

也称 class 选择器，可以由设计者自己为样式命名，类选择器命名时以点号“.”开头。

例如：

```
.bluetext
{
   color:blue;
}
```

定义了类选择器，就可以把其 CSS 规则加入文档中的任何一个 html 标记来应用类选择器，例如：<p class="bluetext">这是一个蓝色文本的 class 选择器<p>。

类选择器是一个多重选择器，同一个类选择器在一个页面中可以多次出现，同一个标记内也可以引用多个类选择器。例如，<div class="div_1 div_2">中的 div 就引用了 2 个类。

在 Dreamweaver CC 中，为新建类选择器命名时若没以“.”开头，Dreamweaver CC 也会自动补上点号作为开头。

2. ID 选择器

也由设计者自己为样式命名，ID 选择器和 class 选择器的用法类似，不同的是 ID 选择器以#号开头，例如：

```
#redtext
{
```

```
  color:red;
}
```

定义了 ID 选择器，就可以把 id 加入文档中的任何一个 html 标记来应用 ID 选择器，例如：

```
<p id="redtext">这是一个红色文本的 id 选择器<p>。
```

ID 选择器是一个唯一性选择器，整个页面中同一个 id 只能出现一次，一次也只能应用一个 ID 选择器，这是 ID 选择器和 class 选择器的一个重要的区别，通常 ID 选择器还建议做到在整个网站中唯一。

3. 标签选择器

即重新定义 HTML 标签（即标记）的格式，定义后所有该标签的样式都会立即自动更新。就如本章开头的例子，重新定义了 h1、h2 和 img 标签。使用标签选择器可以快速地更新所有该标签的样式，但是，使用标签选择器，在同一个页面中，同一个标签只能是同一种相同的样式，这也带来了不便，例如不同的段落要使用不同的样式的话，那么使用标签选择器就无法实现。因此，若想相同标记的内容具有不同样式，就要使用 class 选择器和 ID 选择器，这样可以更自由地设置样式。

4. 复合内容选择器

除了以上选择器外，还有复合内容（基于选择的内容）选择器。复合内容就是复合的选择器，可以由 ID、类和标签名混合使用。

复合内容选择器又包括以下 3 种常用方式。

① 嵌套的选择器

有时候仅需要对某些位置的标签进行声明，可以使用选择器的嵌套，选择器的嵌套各层之间用空格隔开。例如，当只想将<p></p>标签内的<b></b>标签的字体设置为红色时，可以这么定义：

```
p b
{
  color: red;
}
```

同样地，类选择器、ID 选择器都可以进行嵌套，例如：

```
.bluetext i
{
  color:yellow;
}
#first li
{
  font-size:12px;
}
td.top .top1 strong
{
  font-size:8px;
}
```

② 集体声明的选择器。

在声明各种 CSS 选择器时，有时候某些选择器的风格是完全相同的，可以将它们同时声明，集体声明时用逗号隔开，例如：

```
h1,h2,h3,h4
{
  color:red;
}
```

③ 伪类选择器。

伪类选择器的 CSS 样式不是作用在标记上，而是作用在标记的状态上。该类选择器中最常用的是超链接的 4 种伪类选择器，如下介绍。

```
a: link {color: red}            /*未访问的链接*/
a: visited {color: green}       /*已访问的链接*/
a: hover {color: blue}          /*鼠标移动到链接上时*/
a: active {color: yellow}       /*单击链接时*/
```

6.2.2 声明

CSS 的声明由属性和属性值构成，属性和属性值之间用冒号隔开，每一行声明的末尾加上一个分号，最后一行的分号可以省略，如 color: red。

CSS 的各种属性将在后续的学习中一一讲解。

6.3 CSS 在 HTML 5 中的应用方式

6.3.1 CSS 的应用方式

CSS 的样式表能很好地控制页面显示，它控制 HTML 5 页面效果的方式可分为内部 CSS 样式和外部 CSS 样式。

内部 CSS 样式：是 CSS 样式代码直接体现到当前 HTML 文档中，并且只针对当前网页进行样式应用的方法。内部 CSS 样式包括行内样式和内嵌样式两种方式。

外部 CSS 样式：以扩展名为.css 的文件而存在，文件中内容即是所有样式的选择和声明。该文件可作为共享文件，让多个文档共同引用并应用，达到站点文件样式的一致性。同时，如果修改该样式表文件，所有引用的文档都将改变其样式，达到网站迅速改版的目的。网页文档引用 CSS 文件有两种方式：链接式和导入式。

下面分别介绍行内样式、内嵌样式、链接样式和导入样式。

1. 行内样式

行内样式是所有样式中比较简单、直观的方法，它是作为当前 HTML 文档的标记属性（style）存在的，通过这种方法，可以很简单地对某个元素单独定义样式。

例如：`<p style="color:red; font-size:20px ">段落样式</p>`。

尽管行内样式简单，但这种方法并不常用，因为这样添加无法完全发挥样式表“内容结构”和“样式控制代码分离”的优势，而且这种方式也不利于样式的重用。因为如果每一个标记都设置了“style”属性，那么网站后期维护成本会过高，不推荐使用。

2. 内嵌样式

CSS 样式也只存在于当前文档中，通常将 CSS 样式代码添加到<head>…</head>中，并且用<style>…</style>标记进行声明。例如：

```
<style type="text/css">
  p
  {
    color: red;
    font-size:20px;
  }
</style>
```

这种写法虽然没有完全实现页面内容和样式控制代码完全分离，但可以用于设置一些比较简单且需要样式统一的页面。

3. 链接样式

链接式样式是最常用的 CSS 方法，在<head>…</head>标记内加入<link>标签链接到所需的 CSS 文件，如 6.1 节“花茶网页”案例中的链接方式：

```
<link href="sample.css" rel="stylesheet" type="text/css">
```

其中：

- href 指定了 CSS 样式表文件的路径，其对应的属性值就是 CSS 文件的文件名。
- rel 表示链接到样式表，其值为"stylesheet"。
- type 表示样式表的类型为 CSS 样式表。

4. 导入样式

导入样式通常在<style>标签中使用@import 将外部 CSS 文件导入，例如：

```
<style type="text/css">
    @import url("sample.css");
</style>
```

导入样式与链接样式一样，都需要一个独立的 CSS 文件，虽然也是将 CSS 文件分开，但两种外部 CSS 样式的原理却有所差别。链接式只不过是在网页需要格式时才引用了外部 CSS 文件；而导入式却是在网页文件初始化时，就将 CSS 文件的全部内容装载到网页中，并与当前网页合成一体。即：导入式相当于将外部 CSS 样式表导入到内嵌样式表中，它是内部 CSS 与外部 CSS 的结合。

6.3.2 优先级问题

如果同一个网页中采用了多种 CSS 样式表方式（例如同时使用行内样式、链接样式和内嵌样式），且这几种方式共同作用于同一属性，就会出现优先级问题。例如，使用内嵌样式设置字体为黑体，使用链接样式设置字体为红色，那么两者会同时生效，但如果一种设置字体为绿色，一种设置字体为红色，那么哪种样式的设置才有效呢？

通常情况下，CSS 样式表方式的优先顺序由大到小依次为：行内样式、内嵌样式、链接样式和导入样式。

设计者在制作网页时也应尽量避免属性的重复设置，以防止导致不同浏览器网页效果差异及后期维护的困难。

6.4 CSS 样式面板及 CSS 规则定义

Dreamweaver CC 新增了多种实用功能，其中之一就是启用了全新的 CSS 设计器（图 6-9 左侧面板）对 CSS 进行快速布局并支持 CSS3 设置。但是，新的 CSS 设计器与以往 CSS 样式面板（图 6-9 右侧面板）的风格差别较大，对习惯使用传统 CSS 样式的设计者来说可能有点不习惯。对此，Dreamweaver CC 仍保留了旧版中 CSS 样式面板的使用，并支持两种面板之间的相互切换。

CSS 设计器与 CSS 样式面板之间的切换方法是按“Ctrl+Shift+Alt+P”组合键进行切换，如图 6-9 所示。

注意

Dreamweaver CC 默认的 CSS 设置方式是“CSS 设计器”，用户需按“Ctrl+Shift+Alt+P”组合键才能切换至“CSS 样式”面板，Dreamweaver CC 会保留用户最后切换的 CSS 面板状态。

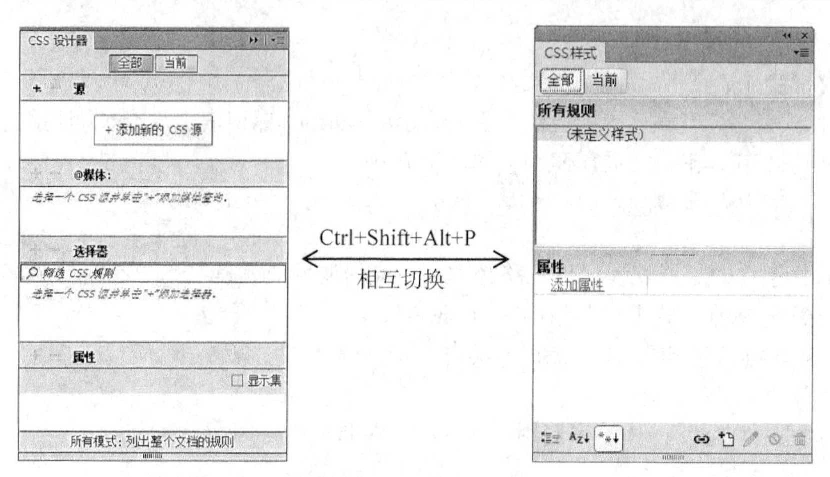

图 6-9　CSS 设计器与 CSS 样式面板之间的切换方法

另外，由于设计需要，可使用“Shift+F11”组合键隐藏当前的“CSS 设计器”或“CSS 样式”面板，若再按“Shift+F11”组合键，则展开被隐藏的面板。

本章先介绍 CSS 样式面板的功能及用法，在 6.5 节再介绍 CSS 设计器的使用。

6.4.1　CSS 样式面板功能介绍

利用“CSS 样式”面板，可以轻松创建和管理 CSS 规则。

1. 新建 CSS 规则方法

在 CSS 样式面板下方单击“新建 CSS 规则”按钮，如图 6-10 所示，可打开“新建 CSS 规则”对话框，如图 6-11 所示，用于确定 CSS 选择器的类型并进行规则创建。

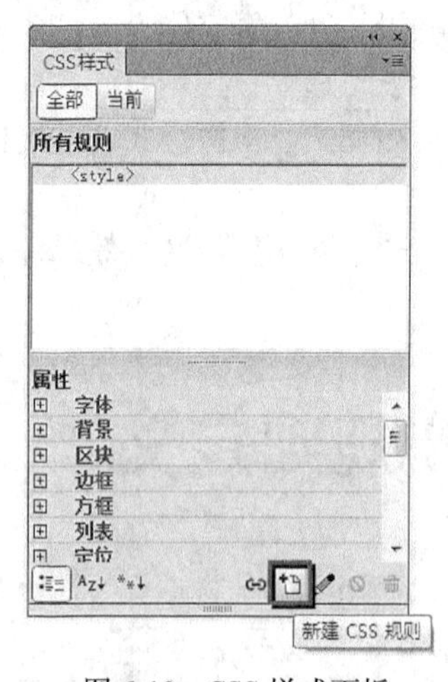

图 6-10　CSS 样式面板

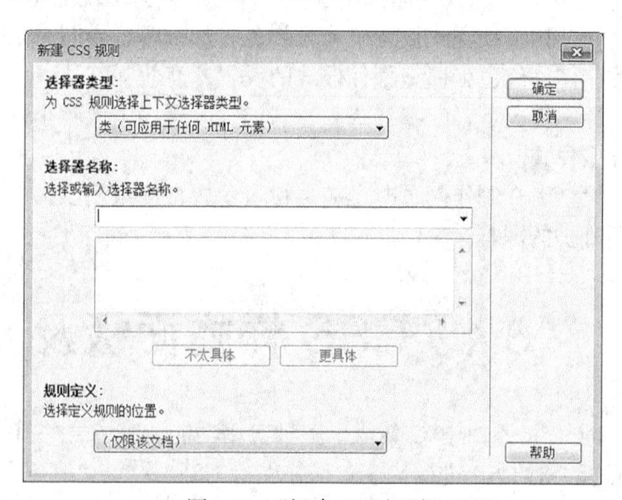

图 6-11　“新建 CSS 规则”面板

当 CSS 设置方式是“CSS 样式”面板的状态下，设置 CSS 属性面板上的“目标规则”选项为“新 CSS 规则”，如图 6-12 所示，单击下方“编辑规则”按钮，同样可打开“新建 CSS 规则”对话框。“新建 CSS 规则”对话框功能的介绍详见 6.5.2 节。

创建了 CSS 规则后，面板上的“规则区”中显示当前各种规则名称，如在当前文档上创建了 3 个规则：“.style1（类选择器）”“#id_text（ID 选择器）”和“h1（标签选择器）”，CSS 样式面板如图 6-13 所示。

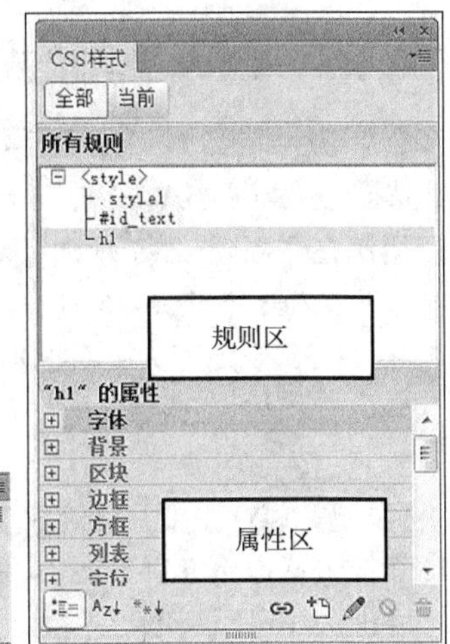

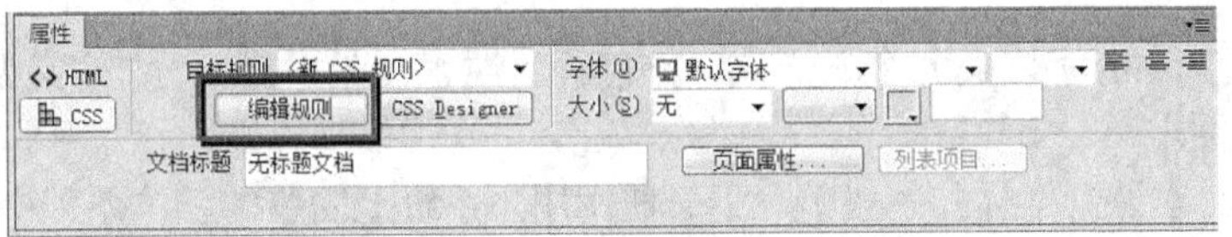

图 6-12　“CSS”属性面板上也可创建新 CSS 规则　　　图 6-13　创建了规则的 CSS 样式面板

2. CSS 样式面板的其他功能

面板上侧为“规则区”，显示当前文档所有规则；下方是“属性区”，以列表方式显示当前规则所有设置过或未设置的属性，用户也可在属性区中增添、修改属性的设置。

CSS 样式面板上其他功能介绍如下。

“全部 当前”：默认情况下为“全部”。在“全部”模式下，“CSS 样式面板”显示应用到当前文档的所有 CSS 规则。切换成“当前”模式时，“CSS”面板只显示当前所选网页内容的属性状态，如图 6-14 所示。

“”：附加样式表，单击弹出图 6-15 所示的对话框，用于引用指定的外部 CSS 文件，可选择“链接式”和“导入式”两种引用方式。

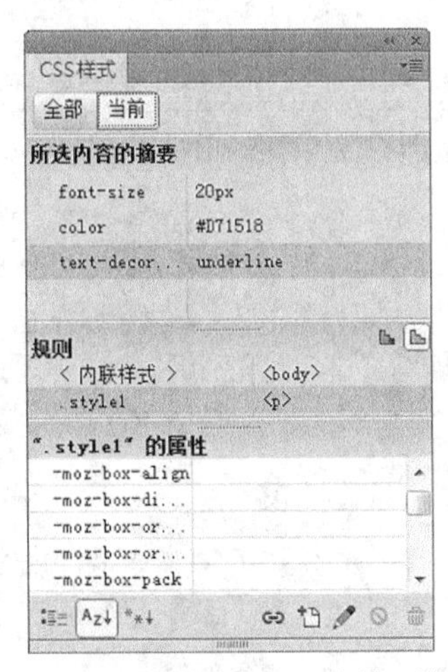

图 6-14　CSS 样式面板“当前”模式

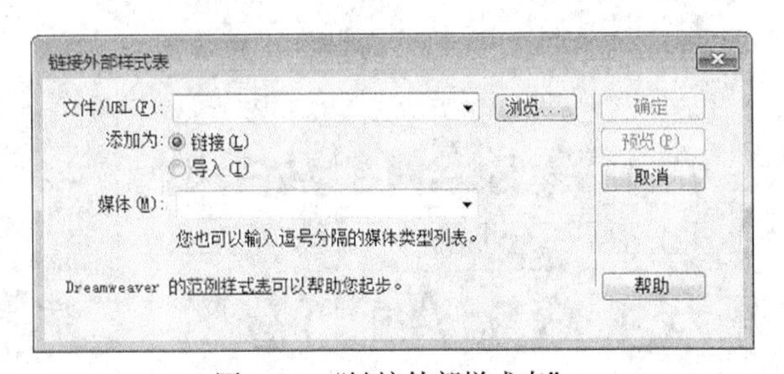

图 6-15　“链接外部样式表”

“”：编辑当前规则。

“”：删除当前规则。

“”：显示类别视图，在属性区中按属性类别显示所有属性的设置状态。

“Az↓”：显示列表视图，在属性区中将所有属性按名称排序显示。

“*+↓”：只显示设置属性，只显示当前规则中已设置的属性。

6.4.2　CSS 规则的定义

前面已经讲到，CSS 的规则类型包括自定义的类选择器、自定义的 ID 选择器、标签选择器和复合内容选择器（高级样式）4 种。下面来学习 CSS 规则定义的各种分类，以及各种属性的功能及用法。

用户在“新建 CSS 规则”对话框中确定 CSS 选择器后，将弹出该选择器相应的“CSS 规则定义”对话框，如图 6-16 所示。

在“CSS 规则定义”对话框的“分类”列表框中，共有类型、背景、区块、方框、边框、列表、定位、扩展、过渡等九大类。以下按分类介绍各种最常用的 CSS 属性。

1. 类型

“类型”属性主要用来定义文字的字体、大小、样式、颜色等属性，如图 6-16 所示，“类型”选项面板包括以下 9 种 CSS 属性。

“Font-family（字体）”：为文本设置字体。一般情况下，使用用户系统上安装的字体系列中的第一种字体显示文本。用户可以手动编辑字体列表，如图 6-17 所示，在“Font-family”下拉列表中选择“管理字体”，弹出“管理字体”对话框，如图 6-18 所示，可直接选择其中 Web 字库字体，或选择“自定义字体堆栈”选项卡，在其中实现中文的“可用字体”的添置，如图 6-19 所示。

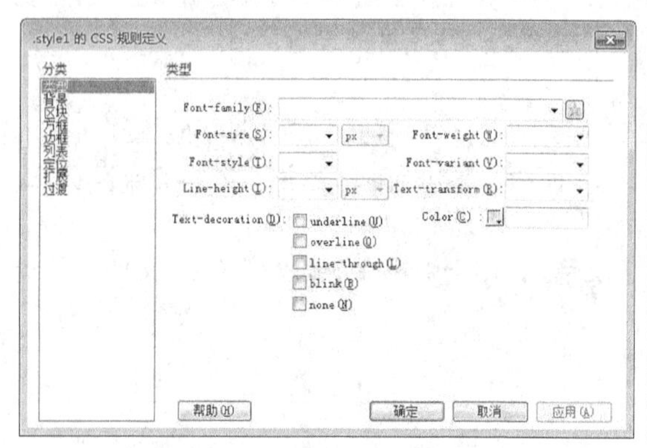

图 6-16　“类型”属性设置

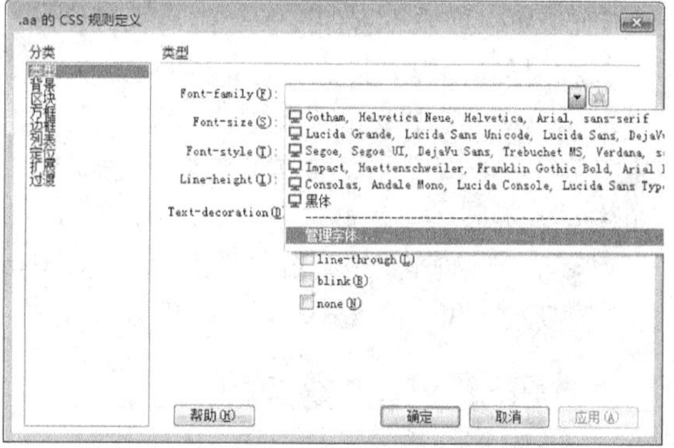

图 6-17　管理字体

图 6-18　Web 字库字体

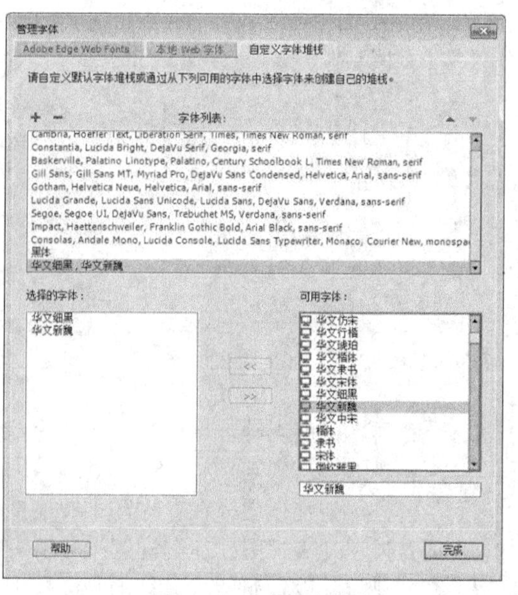

图 6-19　自定义字体堆栈

“Font-size（大小）”：定义文本的大小。在选项右侧的下拉列表中选择具体数值和度量单位。

“Font-style（样式）”：指定字体的风格为“normal（正常）”“italic（斜体）”或“oblique（偏斜体）”。系统默认为“normal”。

“Line-height（行高）”：设置文本所在行的行高度。在选项右侧的下拉列表中选择具体数值和度量单位。若选择“normal”，系统则自动计算字体大小以适应行高。

“Text-decoration（修饰）”：控制链接文本的显示形态，包括“underline（下划线）”“overline（上划线）”“Line-through（删除线）”“blink（闪烁）”和“none（无）”5 个选项。正常文本的默认是“none”，链接的默认设置为“underline”。

“Font-weight（粗细）”：为字体设置粗细效果，包括“normal（正常）”“bold（粗体）”“bolder（加粗体）”“lighter（细体）”和具体粗细值多个选项。

“Font-variant（变体）”：将正常文本缩小一半尺寸后大写显示。该文本效果在编辑状态时不显示，且部分浏览器不支持该属性。

“Text-transform（大小写）”：将选定内容中的每个单词的首字母设为大写，或将文本设置为全部大小或小写。它包括“capitalize（首字母大写）”“uppercase（大写）”“lowercase（小写）”和“none（无）”4 个选项。

“Color（颜色）”：设置文本的颜色。

CSS“类型”属性是常用的文本属性，Dreamweaver CC 在 CSS 属性面板上也直接提供其中最常用的属性设置，如图 6-20 所示。

2. 背景

“背景”属性主要用来定义页面的背景颜色或背景图像。“背景”选项面板如图 6-21 所示，共包括以下 6 种 CSS 属性。

图 6-20　直接在 CSS 属性面板上设置 CSS 文本属性

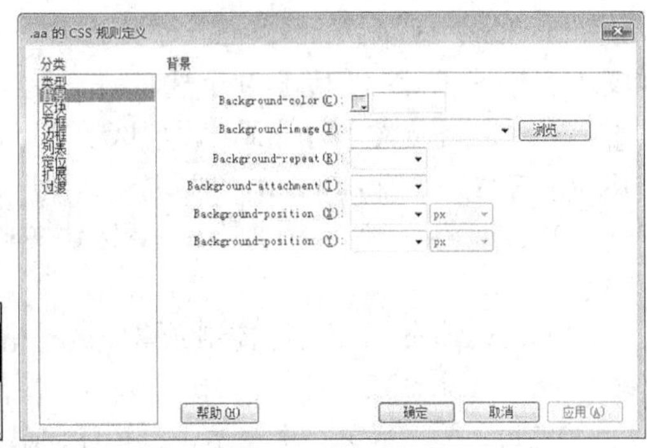

图 6-21　背景属性设置

“Background-color（背景颜色）”：设置网页的背景颜色。

“Background-image（背景图像）”：设置网页的背景图像。

“Background-repeat（重复）”：控制背景图像的平铺方式，包括“no-repeat（不重复）”“repeat（重复）”“repeat-x（横向重复）”和“repeat-y（纵向重复）”4 个选项。

“Background-attachment（附件）”：设置背景图像是固定在它的原始位置还是随内容一起滚动。

“Background-position（X）（水平位置）”设置背景图像相对于网页的水平初始位置，包括“left（左对齐）”“center（居中）”“right（右对齐）”和“（值）”4 个选项。

“Background-position（Y）（垂直位置）”：设置背景图像相对于网页的垂直初始位置，包括“top（顶部）”“center（居中）”“bottom（底部）”和“（值）”4 个选项。

3. 区块

“区块”属性主要用来定义间距、对齐方式和文本缩进等属性。“区块”的选项面板如图 6-22 所示，包括了以下 7 种 CSS 属性。

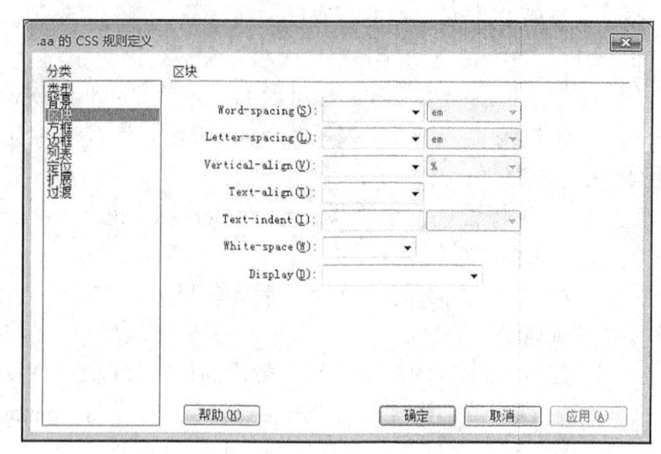

图 6-22　区块属性设置

“Word-spacing（字单距）”：设置文字间的间距，包括“normal（正常）”和“（值）”2 个选项。

“Letter-spacing（字母间距）”：设置字母间的间距，包括“normal（正常）”和“（值）”2 个选项。

“Vertical-align（垂直对齐）”：控制文字或图像相对于其母体元素（包含该图像的标记）的垂直位置。若将图像同其母体元素文字的顶部垂直对齐，则该图像将在该行文字的顶部显示。该选项包括“baseline（基线，表示将图像的基准线同母体元素的基准线对齐）”“sub（下标）”“super（上标）”“top（顶部）”“text-top（文本顶对齐）”“middle（中线对齐）”“bottom（底部）”“text-bottom（文本底对齐）”和“（值）”9 个选项

“Text-align（文本对齐）”：设置区块文本的对齐方式，包括“left（左对齐）”“center（居中）”“right（右对齐）”和“justify（两端对齐）”4 个选项。

“Text-indent（文字缩进）”：设置区块文本的缩进程度。若让区块文本凸出显示，则该选项值为负值。

“White-space（空格）”：控制元素中的空格输入，包括“normal（正常）”“pre（保留）”和“nowrap（不换行）”3 个选项。

“Display（显示）”：指定是否以及如何显示元素。“none（无）”关闭应用此属性元素的显示。

4. 方框

“方框”属性主要用来定义元素在页面中的大小、位置、与边界的距离等。

任何网页元素（如文本、层、图像、表格等）都可以看作一类盒子，对于初学者可能一时不能理解 width、height、padding 和 margin 的关系与区别，这里简单作介绍，如图 6-23 所示，读者可自己设置不同参数。

“方框”的选项面板如图 6-24 所示，共有以下 6 种 CSS 属性。

“Width（宽）”：设置网页元素的宽度，使盒子的宽度不受它所包含内容的影响。

“Height（高）”：设置网页元素的高度。

“Float（浮动）”：设置网页元素的浮动效果，有“left（靠左浮动）”“right（靠右浮动）”和“none（无）”3 种选项。

“Clear（清除）”：清除设置的浮动效果。

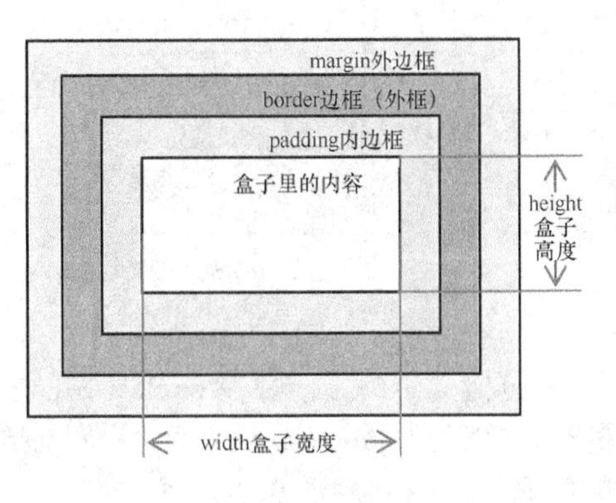

图 6-23　方框属性对应图

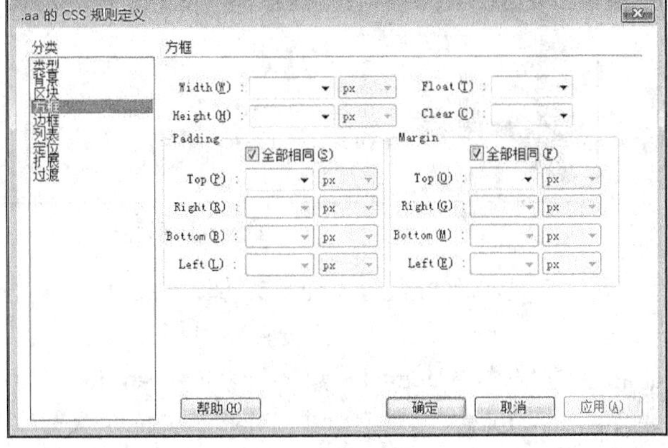

图 6-24　方框属性设置

“Padding（内部间距）”：控制元素内容与盒子边框的间距，包括“Top（上）”“Bottom（下）”“Right（右）”和“Left（左）”4 个选项。若取消“全部相同”复选框，则可单独设置块元素的各个边的内部间距效果，否则块元素的 4 条边设置相同的内部间距效果。

“Margin（外部间距）”：控制围绕元素的外部间距，也包括“Top（上）”“Bottom（下）”“Right（右）”和“Left（左）”4 个选项。若取消“全部相同”复选框，则可单独设置块元素的各个边的外部间距效果，否则块元素的 4 条边设置相同的外部间距效果。

5. 边框

“边框”属性用来定义元素周围的边框，例如边框的宽度、颜色和样式等。应用边框属性样式的图像效果如图 6-25 所示，表格边框为 4 像素黑色虚线。

该图边框属性设置如图 6-26 所示。

其中，各属性功能分别如下。

“Style（样式）”：设置块元素边框线的样式，其下拉列表包括了“none（无）”“dotted（点线）”“dashed（虚线）”“solid（实线）”“double（双线）”“groove（槽状）”“ridge（脊状）”“inset（凹陷）”“outset（凸出）”9 个选项。若取消“全部相同”复选框，则可单独设置块元素的各条边的边框线样式。

图 6-25　边框设置效果

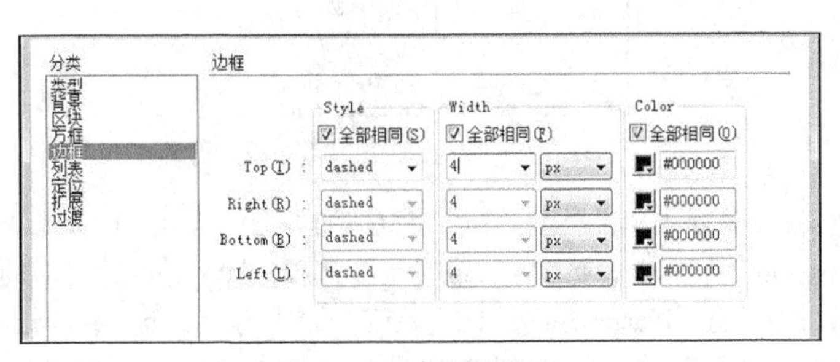

图 6-26　边框属性设置

“Width（宽度）”：设置块元素边框线的粗细，包括“thin（细）”“medium（中）”“thick（粗）”和“(值)”4 个选项。

6. 列表

“列表”属性主要用来定义列表各种属性，如列表项目符号、位置等，如图 6-27 所示，单击“List-style-image”选项的“浏览”按钮，选择一张图片，即得到图 6-28 所示的效果。

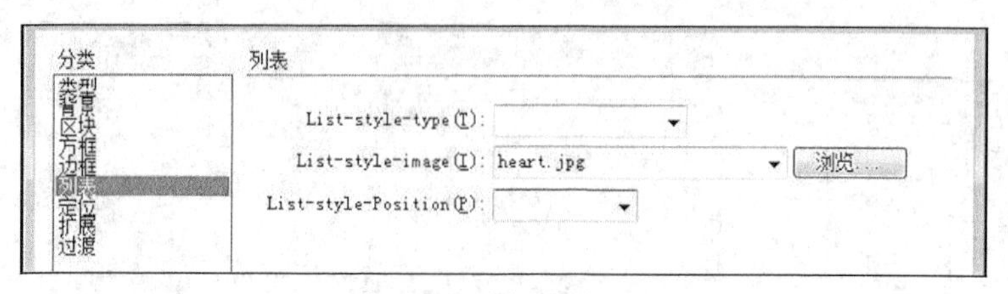

图 6-27　列表属性设置

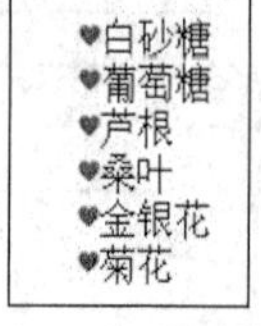

图 6-28　列表效果

“列表”选项面板上的 3 种 CSS 属性分别如下。

“List-style-type（类型）”：设置项目符号或编号的外观，包括“disc（圆点）”“circle（圆圈）”“square（方块）”“decimal（数字）”“lower-roman（小写罗马数字）”“upper-roman（大写罗马数字）”“lower-alpha（小写字母）”“upper-alpha（大写字母）”和“none（无）”9 个选项。

“List-style-image（项目符号图像）”：为项目符号指定自定义图像。单击选项右侧的“浏览”按钮选择图像，或直接在选项的文本框中输入图像的路径，如图 6-27 所示。

“List-style-Position（位置）”：用于描述列表的位置，包括“inside（内）”和“outside（外）”两个选项。

7．定位

“定位”属性主要用来定义层，包括层的大小、位置、可见性、溢出方式、剪辑等属性。

“定位”选项面板主要包括以下几种 CSS 属性，如图 6-29 所示。

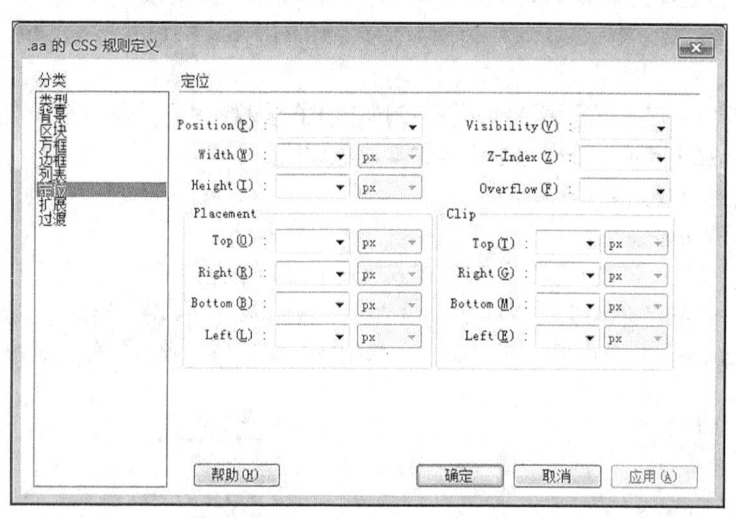

图 6-29　定位属性设置

“Position（定位类型）”：确定定位的类型，包括“absolute（绝对的）”“fixed（固定的）”“relative（相对的）”和“static（静态的）”4 个选项。“absolute（绝对的）”表示相对于它的父元素来定位，通过在下方“Placement”组的“left”“top”“right”“bottom”选项中输入的坐标值来放置层；“fixed（固定的）”表示以页面左上角为坐标原点放置内容，即根据浏览器的窗口来进行元素的定位，当用户滚动页面时，内容将在此位置保持固定。“relative（相对的）”表示以对象在文档中的位置为坐标原点，使用“定位”选项中输入的坐标来放置层；“static（静态的）”默认方式，表示以对象在文档中的位置为坐标原点，将层放在它在文本中的位置。

“Visibility（显示）”：确定层的初始显示条件，包括“inherit（继承）”“visible（可见）”和“hidden（隐藏）”3 个选项。“inherit（继承）”表示继承父级层的可见性属性。

“Z-Index（Z 轴）”：确定层的堆叠顺序，为元素设置重叠效果。编写较高的层显示在编号较低的层上面。该属性值为整数，可以为正，也可以为负。

“Overflow（溢位）”：此选项仅限于 CSS 层，用于确定在层的内容超出它的尺寸时的显示状态，包括“visible（可见）”“hidden（隐藏）”“scroll（滚动）”和“auto（自动）”4 种选项。

8. 扩展

“扩展”属性主要用于控制鼠标指针形状、控制打印时的分页，以及为网页元素添加滤镜效果，但只有较新版本的浏览器才能支持该类属性功能。

“扩展”选项面板如图 6-30 所示，它包括以下 CSS 属性。

“分页”：在打印期间为打印的页面设置强行分页，包括“Page-break-before（之前）”和“Page-break-after（之后）”2 个选项。

“Cursor（光标）”：当鼠标指针位于样式所控制的对象上时改变鼠标指针的形状。

“Filter（滤镜）”：对样式控制的对象应用特殊效果，常用对象有图像、表格、层等。

9. 过渡

“过渡”属性主要用于控制动画属性的变化，以响应触发器事件，如悬停、单击和聚焦等，“过渡”选项面板如图 6-31 所示，它包含了以下 CSS 属性。

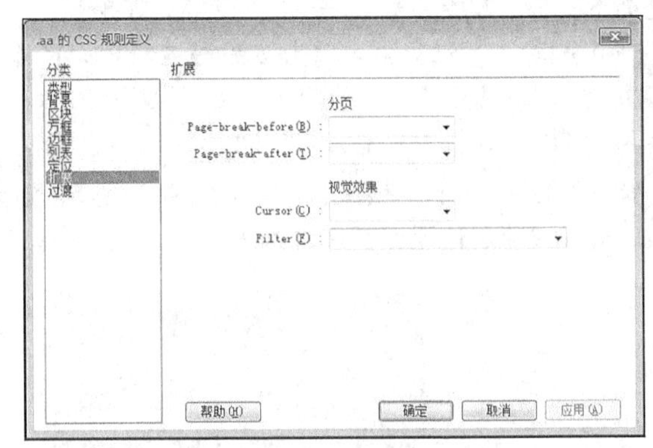

图 6-30　扩展的属性设置

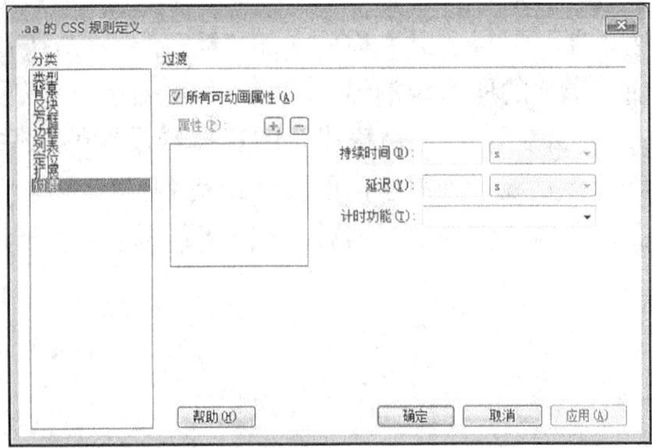

图 6-31　过渡的属性设置

“所有可动画属性”：勾选后可以设置所有的动画属性。

“属性”：可以为 CSS 过渡效果添加属性。

“持续时间”：CSS 过渡效果的持续时间。

“延迟”：CSS 过渡效果的延迟时间。

“计时功能”：设置动画的计时方式。

使用“CSS 样式”面板及“CSS 规则定义”对话框来定义 CSS 规则是最常用的传统操作方法。该方法是 Dreamweaver CC 在之前各版本中的通用操作方法，为大多数网页设计者所熟悉及认可。该方法的具体实例应用将在本书第 7 章“DIV+CSS 网页布局”中详细介绍。

6.5　使用 CSS 设计器

6.5.1　CSS 设计器面板介绍

“CSS 设计器”（“窗口”|“CSS 设计器”）是 Dreamweaver CC 默认的 CSS 设置方式，“CSS 设计器”面板能让用户“可视化”地创建 CSS 样式和规则，并设置属性和媒体查询，也支持 CSS3 属性的便捷设置。

若用户已设置当前使用方式是“CSS 样式”面板，按“Ctrl+Shift+Alt+P”组合键可切换回“CSS 设计器”面板。

1. CSS 设计器的各部分功能

如图 6-32 所示，CSS 设计器包括了“源”“@媒体”“选择器”和“属性”4 个窗格，其各自功能分别如下。

“源”：列出与文档相关的所有 CSS 样式表。使用此窗格，可以创建 CSS 并将其附加到文档，也可以定义文档中的样式，如图 6-33 所示，单击其中“添加 CSS 源”按钮 +，弹出下拉列表，可选择“创建新的 CSS 文件”“附加现有的 CSS 文件”或“在页面中定义”；单击按钮 - 则实现“删除 CSS 源”。

“@媒体”：在“源”窗格中列出所选源中的全部媒体查询。如果不选择特定 CSS，则此窗格将显示与文档关联的所有媒体查询。

“选择器”：在“源”窗格中列出所选源中的全部选择器。如果同时还选择了一个媒体查询，则此窗格会为该媒体查询缩小选择器列表范围。如果没有选择 CSS 或媒体查询，则此窗格将显示文档中的所有选择器，如图 6-33 所示，单击其上“添加选择器”按钮“+”，出现文本框以输入选择器名。用户添加选择器时应注意，如果是类选择器，则名字前面需加“.”号；如果是 ID 选择器，则自定义名称前需加“#”号。单击按钮 - 可删除当前选择器。单击按钮 选择器 可显示当前“源”的所有选择器。

“属性”：显示可为指定的选择器设置的属性，各属性以列表方式显示，如图 6-34 所示，单击可直接实现各种属性值的设置或更新。属性列表按“布局”“文本”“边框”“背景”和“更多”分类，在属性窗格上单击相应按钮 可快速定位至该类属性列表。

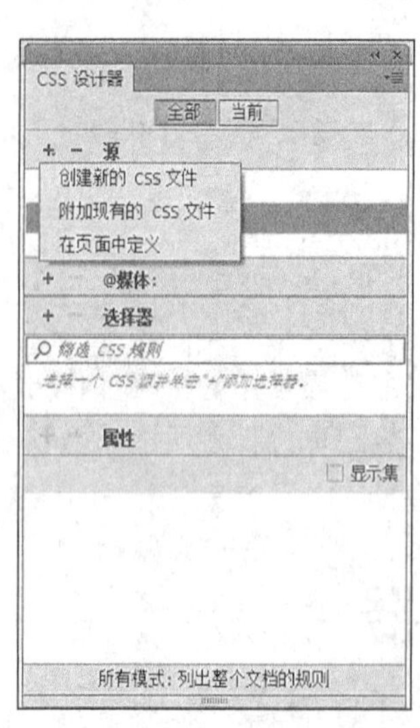

图 6-32　CSS 设计器

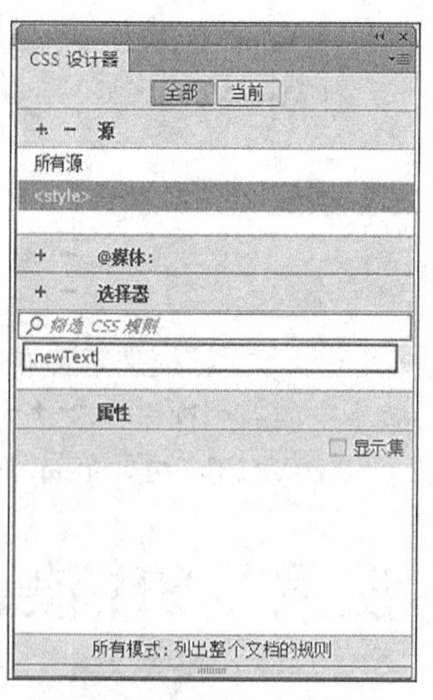

图 6-33　在页面中定义样式

图 6-34　属性设置

2. CSS 设计器创建规则的方法

用 CSS 设计器新建一个内部 CSS 样式的步骤如下。

① 在“源”窗格中单击“添加 CSS 源”按钮 +，在弹出下拉列表中选择“在页面中定义”

选项。

② 在“选择器”窗格中单击“添加选择器”按钮 + ，出现文本框，用户在文本框中输入所需选择器名，如“.sort”（类选择器）“#footer”（ID 选择器）或“p”（标签选择器）。

③ 在“选择器”窗格中选择刚添加的选择器，在“属性”窗格中进行属性设置。

6.5.2　CSS 设计器的 CSS3 实例应用

例 6.2　对网页“robot.html”（见图 6-35）使用 CSS 设计器为图像及文本设置圆角、阴影等 CSS3 属性，令其效果如图 6-36 所示。

图 6-35　“robot.html”原网页效果

图 6-36　“robot.html”的 CSS3 设置效果

“robot.html”是一个表格布局的网页文件，其制作过程见本书配套资料“第 6 章”|“例 6.1”。本例的编辑目标是为该网页中所有图像设置左上角及右下角的圆角效果，并增加图像阴影效果；设置导航条文本为“居中、22px、黑体、加粗、阴影”效果。

具体操作步骤如下。

（1）打开已有的“robot.html”网页，在“CSS 设计器”（可通过选择菜单栏的“窗口”|“CSS 设

计器”选项打开）的“源”窗格上单击“添加 CSS 源”按钮“+”，并选择“在页面中定义”选项。

（2）在“选择器”窗格中单击“添加选择器”按钮“+”，在其下方文本框中输入标签选择器名“img”，选择所设“img”标签选择器，在“属性”窗格上单击“边框”按钮“□”，如图 6-37 所示，属性列表跳转至“边框”类属性。

（3）在“边框”类属性中找到“border-radius（边框圆角）”属性，边框圆角默认 4 个角“锁定”相同的值，即设置其中一个圆角半径值，其他 3 个会自动赋上相同的值。在其下圆角矩形示意图中心单击“锁定”按钮，如图 6-38 所示，将其切换为“解锁”状态，并在其左上角及右下角处设置圆角半径值均为 20px。

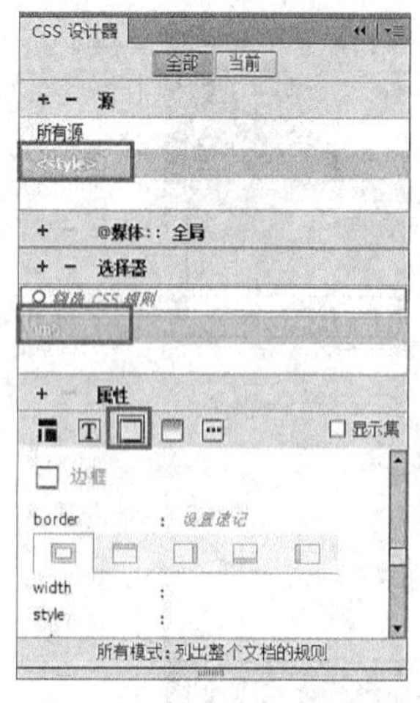

图 6-37　添加 img 标签选择器

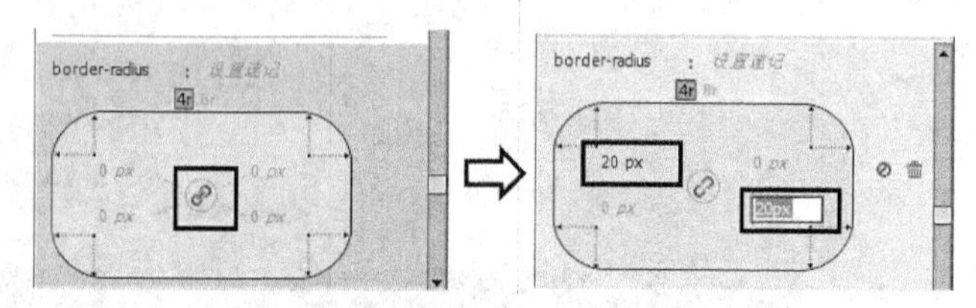

图 6-38　边框圆角设置切换为“解锁”状态

（4）如图 6-39 所示，在“属性”窗格上单击“背景”按钮“▭”，属性列表跳转至“背景”类属性，拖动滚动条下翻属性列表至“box-shadow”类，设置其中“h-shadow（水平阴影）”为“5px”“v-shadow”为“5px”“color”为“#6F6E6E”，该操作为所有图像增加阴影效果。

（5）再次在“选择器”窗格中单击“添加选择器”按钮“+”，在其下方文本框中输入类选择器名“.text1”，选择所设“.text1”类选择器，在“属性”窗格上单击“文本”按钮“T”，属性列表跳转至“文本”类属性。

（6）在“文本”类属性中设定“color（颜色）”为“#A9F0FC”“font-family（字体）”为“黑体”“font-weight（粗细）”为“bolder”“font-size（字号）”为“22px”“text-align（对齐）”为“center”，如图 6-40 所示。

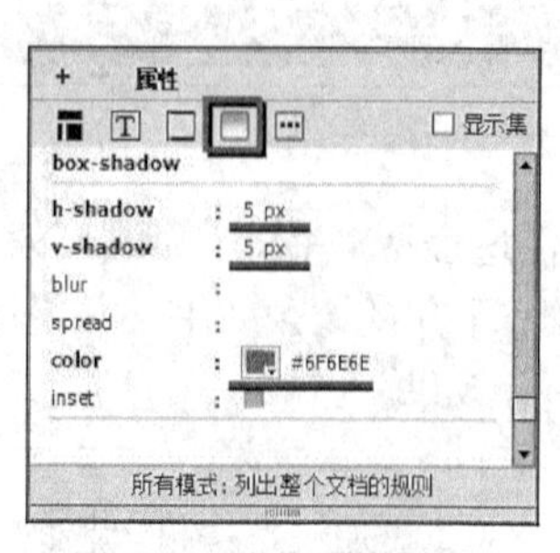

图 6-39　设置阴影属性

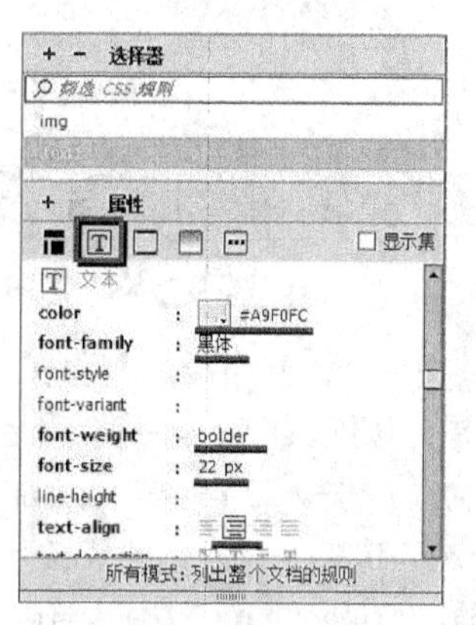

图 6-40　设置文本属性

（7）继续下翻“文本”类属性列表，找到“text-shadow（文本阴影）”属性区，设定其中“h-shadow（水平阴影）”为“1px”“v-shadow（垂直阴影）”为“2px”“color（颜色）”为“#4E4C4C”，如图 6-41 所示。

（8）在“设计视图”中选择网页导航条中的“产品展示”文本，如图 6-42 所示，在 CSS 属性面板的“目标规则”选项中选择“text1”，即将该类选择器应用于所选文本上。用相同的方法将导航条上其他文本“产品类型”“研发中心”“技术合作”和“联系我们”都设置为“.text1”样式。

图 6-41　设置文本阴影属性

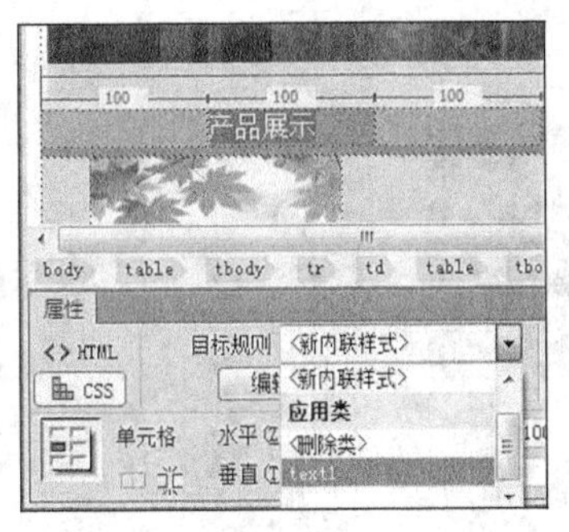

图 6-42　应用“.text1”样式

（9）保存网页，使用浏览器查看网页的修改效果，网页效果如图 6-36 所示。

以上网页 CSS 设置方式是内嵌式 CSS 样式，由“代码视图”可见，本例所做的设置最终是在 HTML 代码的<head>……</head>标记对中产生以下 CSS 定义代码：

```
<style type="text/css">
img {
     border-top-left-radius: 20px;
     border-bottom-right-radius: 20px;
     box-shadow: 5px 5px #6F6E6E;
}
.text1 {
     color: #A9F0FC;
     font-family: "黑体";
     text-align: center;
     font-size: 22px;
     text-shadow: 1px 2px #4E4C4C;
     font-weight: bolder;
}
</style>
```

文档保存后，网页中所有<img>标记将自动引用“img”规则，其圆角及阴影效果如图 6-43 所示。导航条文本应用了“.text1”样式后，其代码如下：

```
<td width="100" class="text1">产品展示</td>
```

文本效果如图 6-44 所示。

图 6-43　网页图像的圆角及阴影效果

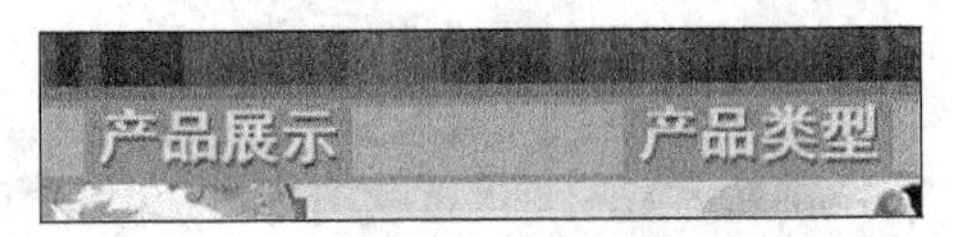

图 6-44　网页文本阴影效果

6.6 课后实验

实验一：创建 CSS 文件，如图 6-45 所示，使“坚果”网站中的网页具备统一样式。

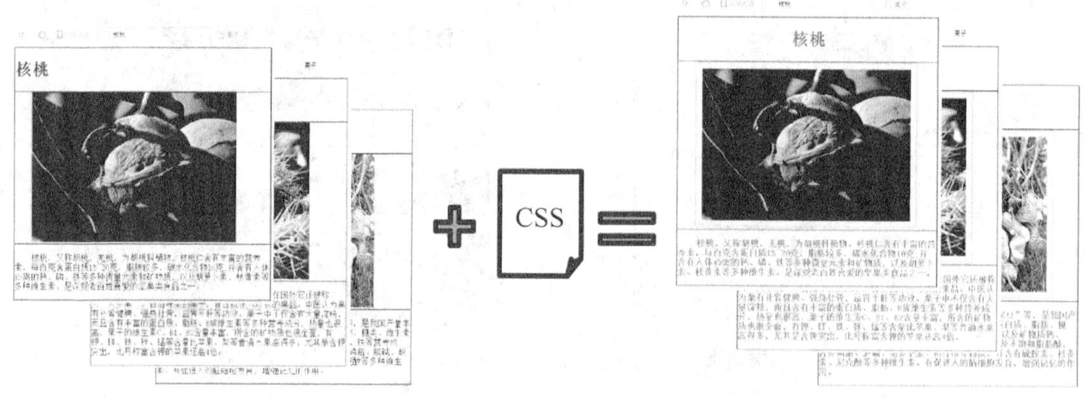

图 6-45 使用 CSS 文件统一网站网页的样式

实验步骤如下。

（1）复制本书配套素材“实验素材/第 6 章/坚果”至本地计算机并指定为当前网站，打开“nut1.html”文档，通过“CSS”属性面板或“CSS 样式面板”编辑 CSS 规则，如图 6-46 所示，重新编辑“h1”“P”“img”和“table”的样式，编辑后网页效果如图 6-47 所示。

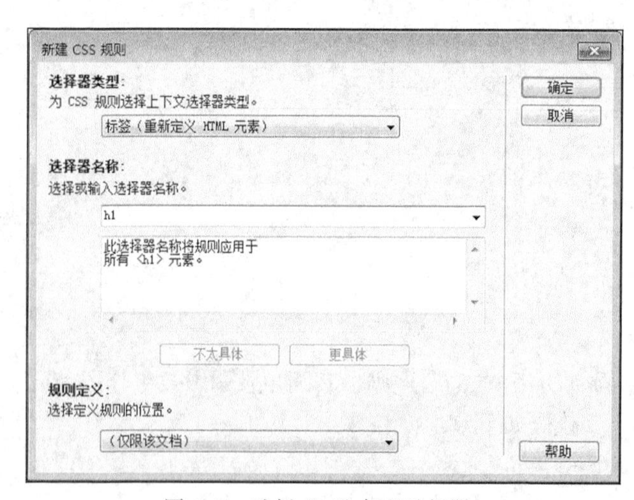

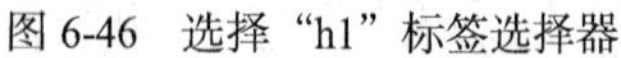

图 6-46 选择“h1”标签选择器

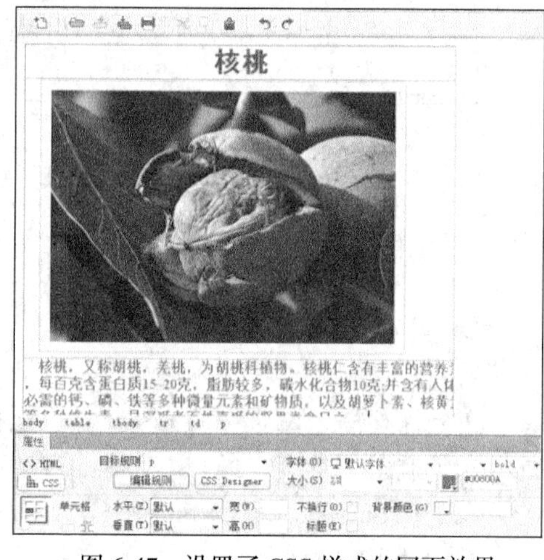

图 6-47 设置了 CSS 样式的网页效果

（2）新建一个 CSS 文件，如图 6-48 所示，复制“nut1.html”中的样式代码至新建 CSS 文件中，并保存为“three_nuts.css”，如图 6-49 所示。

（3）使用“导入式”或“链接式”，将样式文件“three_nuts.css”分别应用至“nut1.html”“nut2.html”和“nut3.html”，使三个网页具有统一的样式。

实验二：使用“CSS 选择器”，为网页“nut1.html”设置内部 CSS3 样式，使其图像的显示方式如图 6-50 右图所示（网页插图为：“圆角半径 40px”“水平/垂直阴影值均为 10px”“阴影颜色为“#ADCD00”）。

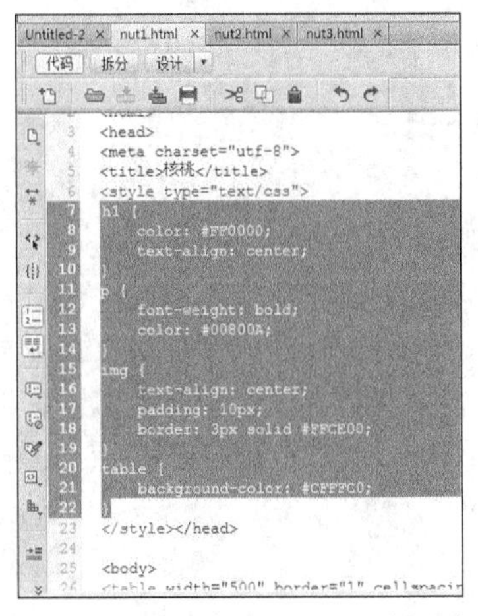

图 6-48　复制“nut1.html”中的样式代码

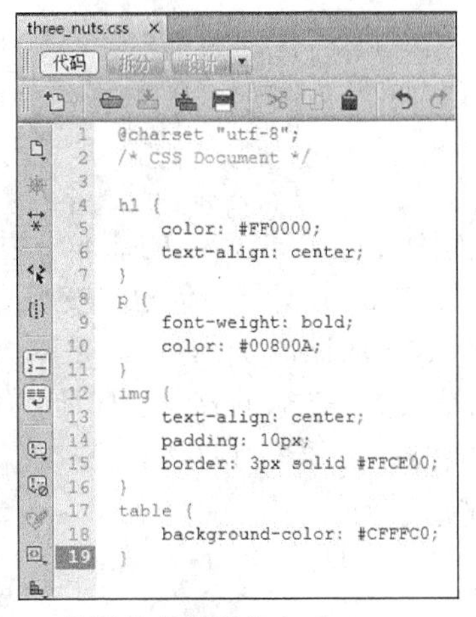

图 6-49　粘贴代码并保存为“three_nuts.css”

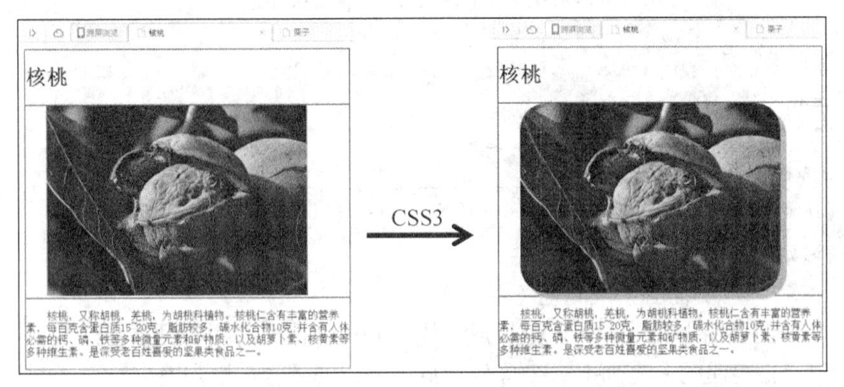

图 6-50　“nut1.html”设置内部 CSS3 样式效果

实验步骤如下。

（1）打开“nut1.html”文档，在菜单栏中选择“工具”|“CSS 设计器”，打开“CSS 设计器”面板（如非该面板请按“Ctrl+Shift+Alt+P”组合键实现切换），如图 6-51 所示。

（2）参考本章例 6.2 的方法，为标签选择器“img”添加 CSS3 属性，如图 6-51 所示，设置“border-radius”属性，令其 4 个角均显半径为 40px 的圆角效果；如图 6-52 所示，设置“box-shadow”属性，令其水平/垂直阴影值均为 10px，阴影颜色为“#ADCD00”，CSS3 属性值设置之后，“img”标签选择器的 CSS 样式代码如图 6-53 所示，网页效果如图 6-50 右图所示。

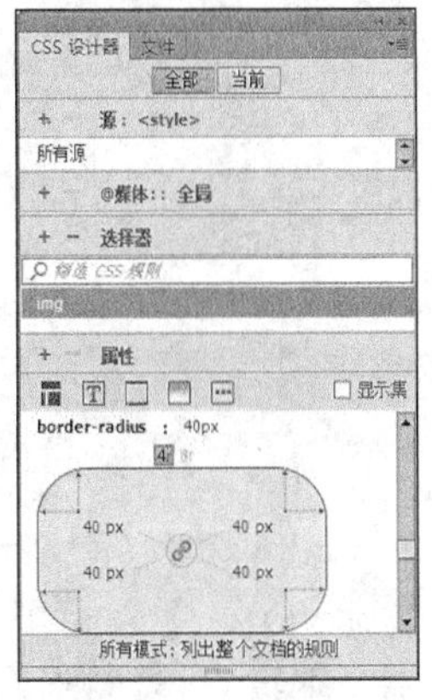

图 6-51　设置“border-radius”属性

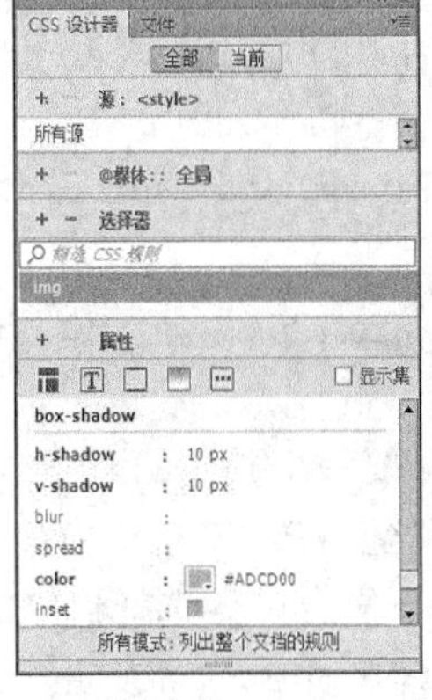

图 6-52　设置“box-shadow”属性

```
1  <!doctype html>
2  <html>
3  <head>
4  <meta charset="utf-8">
5  <title>核桃</title>
6  <style type="text/css">
7  img {
8      border-radius: 40px;
9      -webkit-box-shadow: 10px 10px #ADCD00;
10     box-shadow: 10px 10px #ADCD00;
11 }
12 </style></head>
13
14 <body>
15 <table width="500" border="1" cellspacing="0
16   <tbody>
17     <tr>
18       <td><h1 class="h1">核桃</h1></td>
```

图 6-53　“img”的 CSS 样式代码

6.7 小结

本章介绍什么是CSS、CSS的基本语法等基础知识，学习如何在Dreamweaver CC中利用“CSS样式”面板及“CSS设计器”创建与应用CSS样式表、管理规则等方法。通过实例应用掌握CSS设计器设置CSS3的操作方法。CSS是网页设计的一个重要技术，也更符合Web标准，它提供快速风格化网站及统一改版的方法，且具有传统HTML格式标签无可比拟的丰富样式，CSS3的推出更大大地增强了多媒体特效功能。因此，CSS是学习网页设计的重要内容，熟练掌握CSS才能设计出高品质的网页。

6.8 作业与实验

一、填空题

1. CSS文件的扩展名为＿＿＿＿＿＿。
2. CSS选择器有＿＿＿种，分别是＿＿＿＿＿、＿＿＿＿＿、＿＿＿＿＿和＿＿＿＿＿。
3. CSS的样式规则由两部分组成：＿＿＿＿和＿＿＿＿。

二、选择题

1. 关于CSS，以下说法错误的是（　　）。
   A. CSS的声明由属性和属性值构成，属性和属性值之间用等号进行赋值
   B. 每一行声明的末尾加上一个分号，最后一行的分号可以省略
   C. 当属性值为颜色值时，除了可以用6位十六进制式赋值，还可以用颜色名赋值
   D. CSS的类选择器名称以“.”开头，ID选择器以“#”开头
2. 下面说法错误的是（　　）。
   A. CSS样式表可以将格式和结构分离
   B. CSS样式表可以控制页面的布局
   C. CSS样式表可以使许多网页同时更新
   D. CSS样式表不能制作体积更小、下载更快的网页
3. 下列选项中，只有（　　）是正确的CSS样式格式命名。
   A. .ab　　B. .sb　　C. .txt　　D. .exe
4. 以下哪种代码是“链接式”CSS样式的应用方式（　　）。
   A. <p style="color:blue; font-size:18px">文字</p>
   B. <link href="test1.css" rel="stylesheet" type="text/css">
   C. @import url("sample.css");
   D. <body style="color:black; font-size:12px ">正文内容</body>
5. 以下说法有误的是（　　）。
   A. 导入样式与链接样式一样都需要一个独立的CSS文件
   B. 导入样式与链接样式的原理完全一样
   C. 以“a: link”命名的选择器属于复合内容选择器中的伪类选择器
   D. Dreamweaver CC可以选择“CSS样式”面板或“CSS选择器”编辑CSS规则

6. 以下哪一种说法是正确的（　　）。

A. 类选择器和 ID 选择器均可多次使用

B. 一个 CSS 文件只能应用于一个 HTML 文件

C. 一个 HTML 文件不能引用多个 CSS 文件

D. 用于控制网页样式并允许将样式与网页内容分离的一种标记性语言

7. 以下哪一组属性是 CSS3 才具有的（　　）。

A. 文本阴影、边框圆角、图像滤镜　　B. 边框圆角、边框颜色、边框线型

C. 背景图像不重复、字体行高　　D. 单词间距、文字上下标

8. 通常情况下，CSS 样式表各种方式的优先顺序是以下哪一个（　　）。

A. 链接样式和导入样式>行内样式>内嵌样式

B. 行内样式>内嵌样式>链接样式和导入样式

C. 内嵌样式>链接样式和导入样式>行内样式

D. 行内样式>链接样式和导入样式>内嵌样式

三、操作题

1. 建立一个外部 CSS 文件“li_sample.css”，在其中定义“li”标签选择器为“红字字体”“20px”“下划线”。

2. 建立一个 HTML 空白，在其中创建一个有序列表和一个无序列表，分别使用“链接式”和“导入式”方法引用上题的“li_sample.css”文件中的 CSS 样式，用浏览器查看两种外部 CSS 的网页效果。

第7章 DIV+CSS网页布局

- 了解网页的结构化设计思想
- 了解 DIV+CSS 的优点
- 掌握运用 DIV+CSS 设计网页的方法
- 掌握盒子的相对与绝对定位

7.1 DIV+CSS 的概述

DIV+CSS 是 Web 设计标准，它是一种网页的布局方法。该布局方法也称为盒子模型，网页设计者可以将网页各部分内容视为一个个盒子（内容区块），用 DIV 标识各个盒子。盒子的大小、位置与样式等则用 CSS 进行设置，这样通过多个盒子间的拼接或嵌套来建立网页结构。与传统通过表格（Table）布局定位的方式不同，DIV+CSS 方式在布局设计上更灵活细致，也可以实现网页页面内容与表现相分离，是目前较为合理和高效的网页制作方法。使用 DIV+CSS 布局还具有结构简洁、代码效率高等优点。因此，DIV+CSS 布局技术被越来越多的网页设计者应用。

7.1.1 DIV+CSS 布局的优缺点

应用 DIV+CSS 布局有以下几种优势。

（1）大大缩减页面代码，提高网页浏览速度，缩减带宽成本。

（2）结构清晰，容易被搜索引擎搜索到，有利于 SEO（搜索引擎优化）。

（3）缩短改版时间，只要简单修改几个 CSS 文件就可以更新站点所有网页。

（4）CSS 强大的字体控制和排版能力可直接生成文字或图片特效，减少素材的前期处理工作。

所有事物都具有两面性，既有优点，也有缺点，DIV+CSS 布局也不例外，其存在的缺点主要是：开发技术及开发难度相对 table 布局高，开发制作时间长，开发成本也相对较高，且对浏览器版本有一定要求。

7.1.2 网页结构的设计

不同用途的网页在结构上有自己不同的需要，对于创建 HTML 来说，很难找到一个完美的直接能解决问题的方案。因此，我们首先要对网页的布局进行一下合理规划，依据信息传递和功能的需要划分版面上的各个内容区块，确定各内容块服务的目的，并以此建立起相应的 HTML 结构。常见的内容区块有：站点名称和 Logo 标志区、站点导航区、广告条、主页面内容区、侧导航功能区、页脚（版权和有关法律声明）。这几大块通常采用 DIV（盒子）来进行定义，如：

```
<div id="header"></div>
```

```
<div id="nav"></div>
<div id="banner"></div>
<div id="mainbody"></div>
<div id="sidebar"></div>
<div id="footer"></div>
```

7.2　Dreamweaver CC 中 DIV+CSS 创建网页布局的方法

下面通过一个简单的网页结构的创建，介绍在 Dreamweaver CC 中使用 DIV+CSS 构建网页布局的主要方法，并认识该布局方法中一些重要工具、面板的功能及使用。

例 7.1　用 DIV+CSS 方法创建如图 7-1 所示的网页，该网页结构主要由 7 个 DIV 盒子相互嵌套构成，各盒子的 ID 命名大小及其内容功能分别如右侧说明。

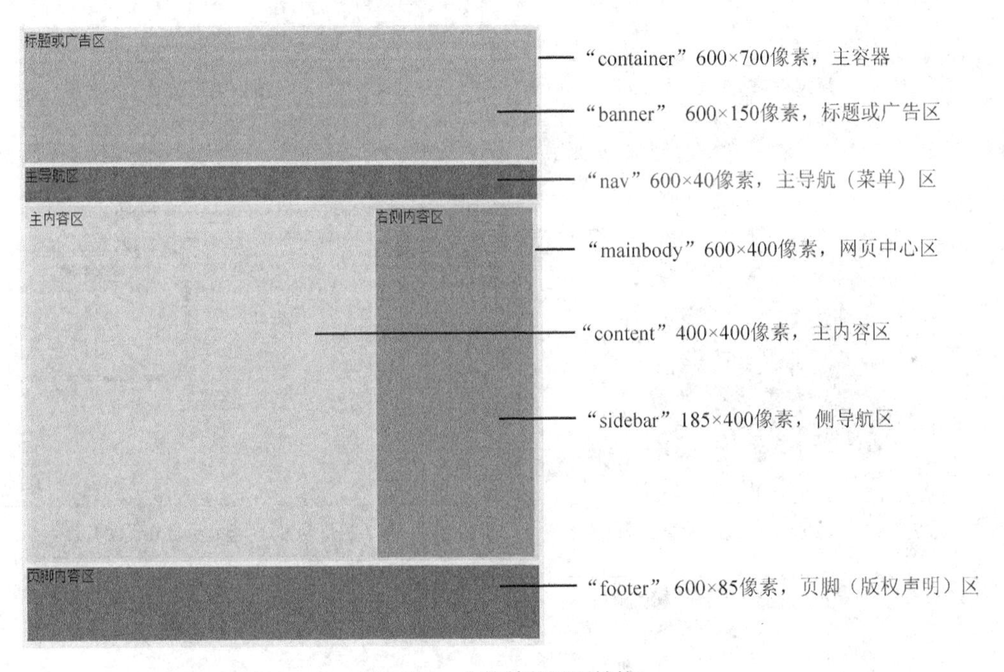

图 7-1　一个简单的网页结构

Dreamweaver CC 操作步骤如下。

1．创建居中对齐的主容器——"container"

（1）新建一空白网页，单击"HTML"工具栏中"Div"按钮，弹出如图 7-2 所示的"插入 Div"对话框，在"ID"输入框中输入"container"，单击下方"新建 CSS 规则"按钮（小提示：如先单击右上"确定"按钮，则可通过 CSS 属性面板的"编辑规则"按钮或 CSS 样式面板的"新建 CSS 规则"按钮实现 CSS 规则设置），弹出如图 7-3 所示的"新建 CSS 规则"对话框。

（2）在该对话框单击右上的"确定"按钮，弹出如图 7-4 所示的"#container 的 CSS 规则定义"对话框，在左侧分类列表中选择"背景"类型，单击右侧"background-color"的色块，在弹出的调色板中选择一种淡黄色，如"#F4FB8C"。

（3）选择“方框”类型，如图 7-5 所示，设置 Width 为 600px，Height 为 700px，Padding 全部设置为 5px，这样 containcr 盒子与其内部各盒子间四边均留有 5 像素的内部间距，设置“Margin”全部为“auto”“Margin=auto”可以使该 DIV 盒子实现外部的水平居中对齐。单击下方的“确定”按钮，Dreamweaver CC 设计窗口中，生成的 container 盒子效果如图 7-6 所示，HTML 代码中自动在<body>…</body>标记对中生成 container 盒子的 HTML 代码，如图 7-7 所示；在<head>…</head>标记对中则生成该 ID 选择器的 CSS 样式代码，如图 7-8 所示。

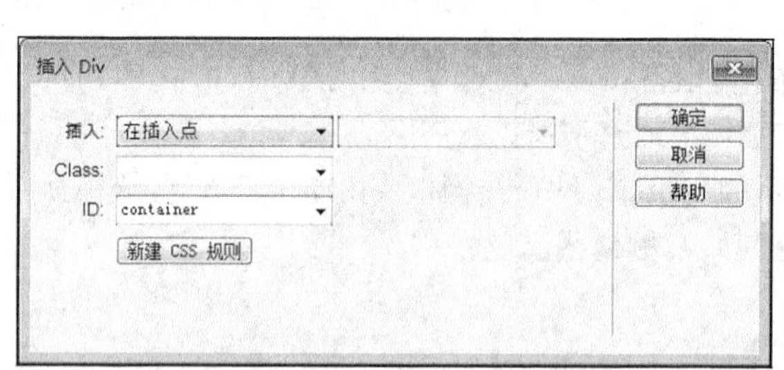

图 7-2　新建 ID 选择器“container”

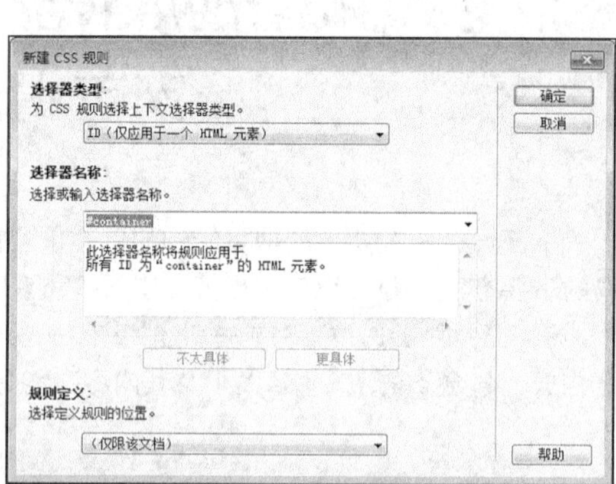

图 7-3　“新建 CSS 规则”对话框

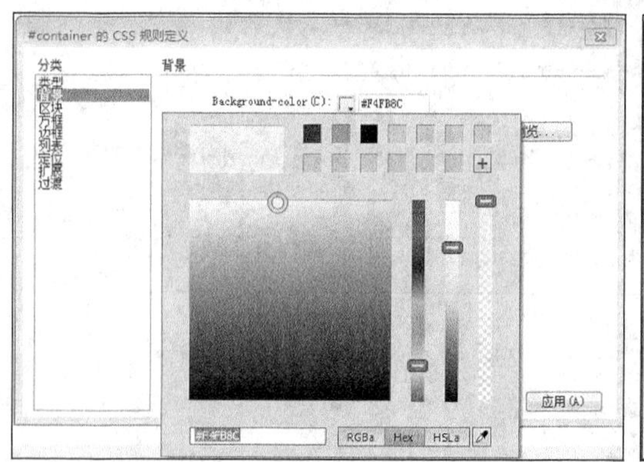

图 7-4　选择“container”的背景颜色

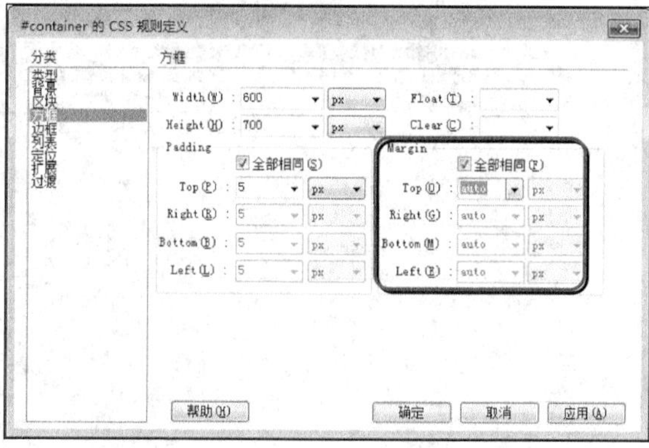

图 7-5　“方框”类“Margin”的设置

图 7-6　“container”设计视图效果

```
<body>
<div id="container"></div>
</body>
```

图 7-7　container 盒子的 HTML 代码

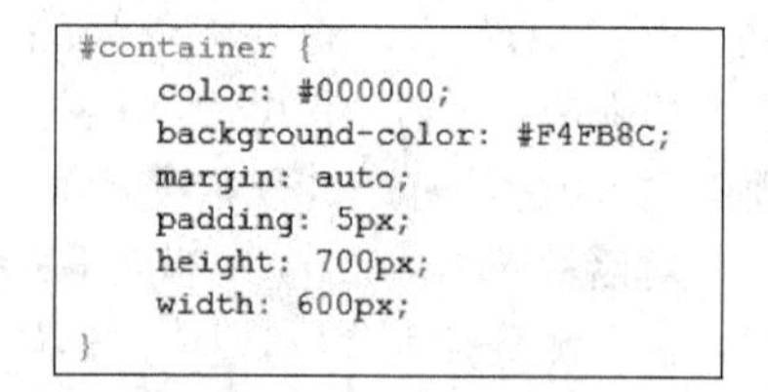

```
#container {
    color: #000000;
    background-color: #F4FB8C;
    margin: auto;
    padding: 5px;
    height: 700px;
    width: 600px;
}
```

图 7-8　container 盒子的 CSS 样式代码

2. 创建“container”内部直接嵌套的 4 个盒子——“banner”“nav”“mainbody”和“footer”

（1）删除“container”盒子中默认生成的文本，将光标停留在“container”内部中，单击“HTML”工具栏中的“Div”按钮，参考上述生成盒子的方法，创建 ID 为“banner”的盒子，其大小为 600×150 像素，背景颜色为橙色（#FFAB21），特别强调的是将其“Float”属性设置为“Left”，如图 7-9 所示（小提示：“Float”属性决定当前盒子的浮动靠拢方向，最常用的属性值是“Left”，即向左侧靠拢。如一个外层盒子嵌套到多个内层盒子时，当所有内层盒子“Float”属性设为“Left”后，它们将依次向前一个靠拢，靠左排列，若排列后超过外层盒子的宽度，则容纳不了的盒子会自动排至第二行的左侧）。删除“banner”盒子的默认文本并输入“标题或广告区”，这样就生成了“container”盒子的第一个内嵌盒子，其设计视图效果和代码分别如图 7-10、图 7-11 和图 7-12 所示。

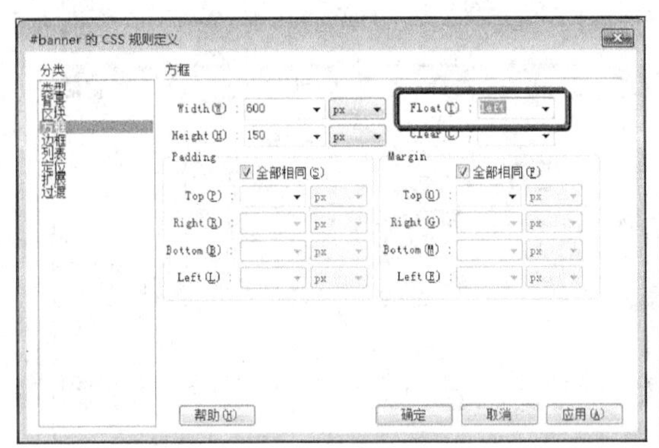

图 7-9　“Float”属性设为“Left”

图 7-10　“banner”设计视图效果

```
<div id="container">
  <div id="banner">标题或广告区</div>
</div>
```

图 7-11　banner 盒子的 HTML 代码

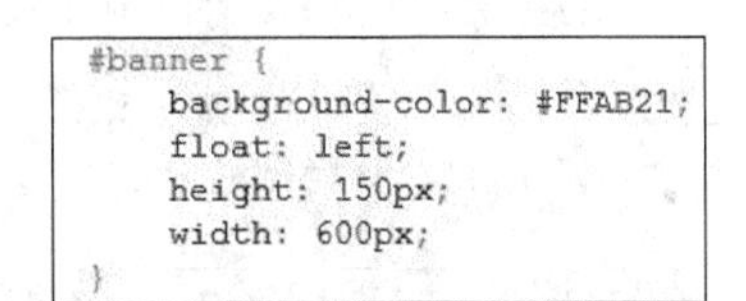

```
#banner {
    background-color: #FFAB21;
    float: left;
    height: 150px;
    width: 600px;
}
```

图 7-12　banner 盒子的 CSS 样式代码

（2）将光标定位于“banner”盒子后面（也可在 HTML 代码中进行光标定位，如图 7-11 所示），创建主导航区“nav”盒子，600×40 像素，蓝色（#535BB8），“Float”属性值为“left”，注意，这里设置“Margin”属性中的“Top”和“Bottom”为 5 像素，如图 7-13 所示，这样是为了与上下方两盒子“banner”和“mainbody”均间开 5 个像素的距离，因为“margin”是外部间距，它不体现当前盒子的背景颜色，所以这个间距的颜色是浅黄色的，即外层盒子“container”的背景颜色。为“nav”盒子添加文本“主导航区”，其设计视图效果和 CSS 样式代码分别如图 7-14、图 7-15 所示。

（3）将光标定位于“nav”盒子后面，创建网页中心区“mainbody”盒子，600×400 像素，天蓝色（#88D7D5），“Float”属性值为“left”，注意，这里设置“Padding”所有属性值设为 5 像素，如图 7-16 所示，这样是为了与其内嵌盒子空开 5 个像素的距离，因为“padding”是内部间距，所以该间距将体现当前盒子“mainbody”的背景颜色，即天蓝色，删除“mainbody”盒子默认文本，其设计视图效果和 CSS 样式代码分别如图 7-17 和图 7-18 所示。

（4）将光标定位于“mainbody”盒子后面，创建页脚内容区“footer”盒子，600×85 像素，绿色（#1C8228），“Float”属性值为“left”，设置“Margin”中的“Top”属性值均为 5 像素，这样是为了与其上“mainbody”盒子空开 5 个像素的距离，将“footer”盒子中的文本内容更改为“页脚内容区”，其 CSS 样式代码如图 7-19 所示。

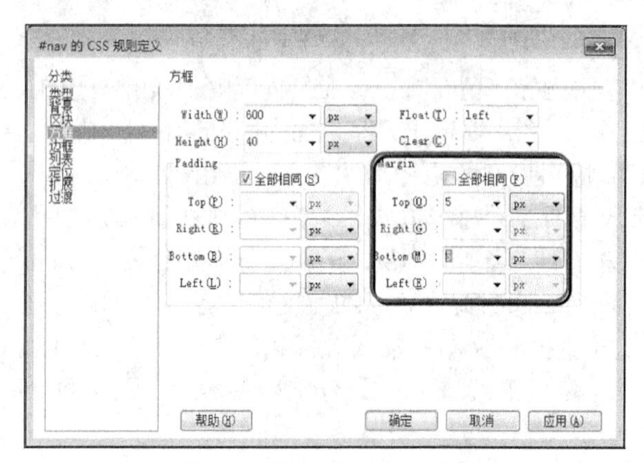

图 7-13　设置“Margin”属性

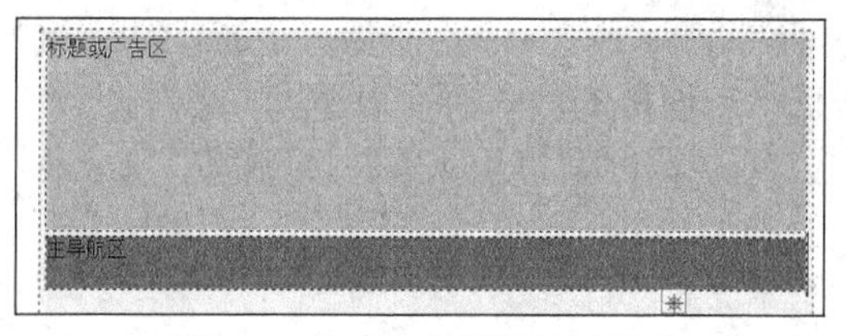

图 7-14　“nav”的设计视图效果

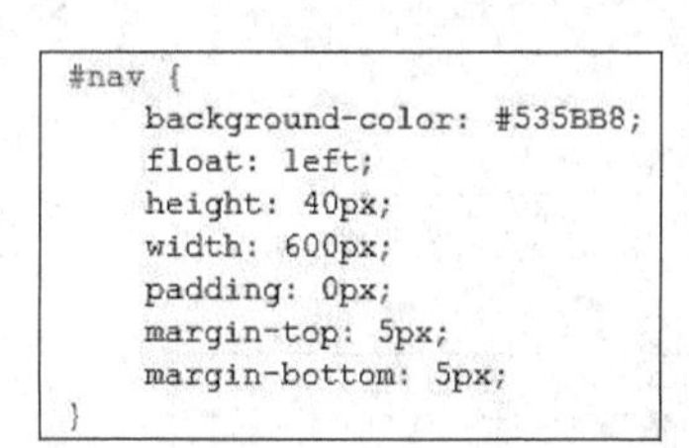

```
#nav {
    background-color: #535BB8;
    float: left;
    height: 40px;
    width: 600px;
    padding: 0px;
    margin-top: 5px;
    margin-bottom: 5px;
}
```

图 7-15　“nav”的 CSS 样式代码

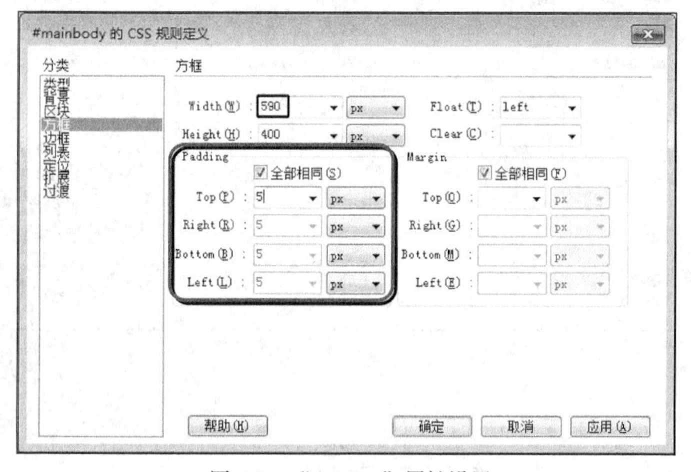

图 7-16　“Padding”属性设置

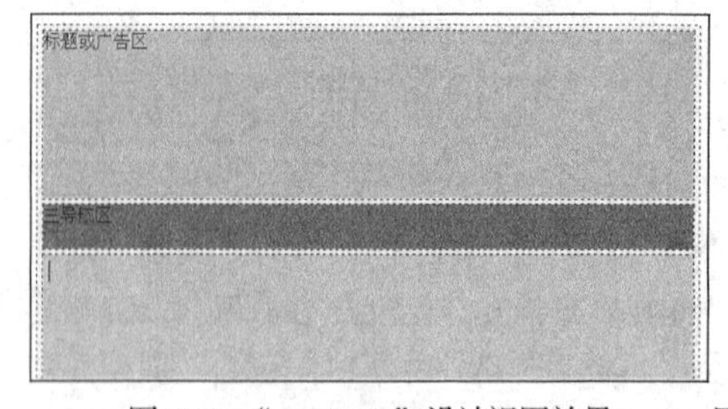

图 7-17　“mainbody”设计视图效果

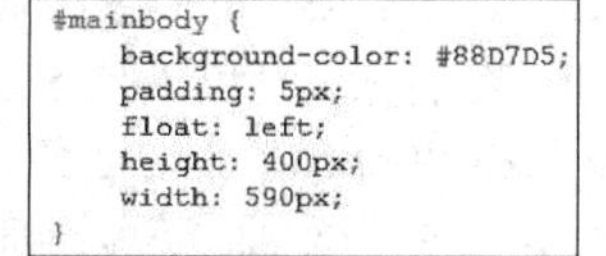

```
#mainbody {
    background-color: #88D7D5;
    padding: 5px;
    float: left;
    height: 400px;
    width: 590px;
}
```

图 7-18　“mainbody”CSS 样式代码

```
#footer {
    background-color: #1C8228;
    float: left;
    height: 85px;
    width: 600px;
    margin-top: 5px;
}
```

图 7-19　“footer”CSS 样式代码

3. 细化网页结构，创建“mainbody”的两个内嵌盒子“content”和“sidebar”

（1）将光标定位于“mainbody”盒子内部，创建主内容区“content”盒子，400×400 像素，浅红色（#FFC6C7），“Float”属性值为“left”。

（2）将光标定位于“content”盒子后面，创建侧导航区“sidebar”盒子，185×400 像素，粉红色（#FF7476），“Float”属性值为“left”。“content”盒子和“sidebar”盒子的 CSS 样式代码如图 7-20 所示。

至此，网页完成各层 DIV 盒子的布局架构，其网页效果如图 7-1 所示。在 HTML 代码的<body>…</body>标记对中也生成了非常简洁的 DIV 嵌套式代码，如图 7-21 所示，该代码能快速地反映网页的整体结构。

```
#content {
    background-color: #FFC6C7;
    float: left;
    height: 400px;
    width: 400px;
}
#sidebar {
    background-color: #FF7476;
    float: left;
    height: 400px;
    width: 185px;
    margin-left: 5px;
}
```

图 7-20　“content”和“sidebar”的 CSS 样式代码

```
<body>
<div id="container">
  <div id="banner">标题或广告区</div>
  <div id="nav">主导航区</div>
  <div id="mainbody">
    <div id="content">主内容区</div>
    <div id="sidebar">右侧内容区</div>
  </div>
  <div id="footer">页脚内容区</div>
</div>
</body>
```

图 7-21　DIV 嵌套式代码

在实际应用中，网页结构往往比例 7.1 要复杂得多，设计者可分层次地、由外至内地细化网页结构，如可以在大盒子中添加小盒子，也可以插入表格、图像等，逐步地实现网页细节结构，充实网页内容。只有经过全局的、详细具体的布局规划，才能在后期的制作中减少出错，提高设计效率，获得高质量的网页效果。

7.3　DOM 面板的使用

文档对象模型（Document Object Model，DOM），是 W3C 组织推荐的处理可扩展标志语言的标准编程接口。在网页上，组织页面（或文档）的对象被组织在一个树形结构中，用来表示文档中对象的标准模型就称为 DOM。

Dreamweaver CC 可通过选择“窗口”|“DOM”打开 DOM 面板，如图 7-22 所示。借助 DOM 面板，可以实现以下功能。

（1）快速浏览网页的整体及局部结构。

（2）快速定位网页目标对象：当 DOM 某一结构元素被选中时，其对应的网页对象及代码段也处于选中状态。

（3）移动元素位置，可快速实现网页结构的调整。

（4）网页结构元素的直接复制、移动或删除。

图 7-23 所示为 7.2 节例 7.1 网页的 DOM 面板，若某个结构元素图标为多重标记，如“”，则其有内部元素，鼠标单击它可展开显示。例如单击图 7-23 中 id 为“mainbody”元素，则展开其内部元素，如图 7-24 所示。

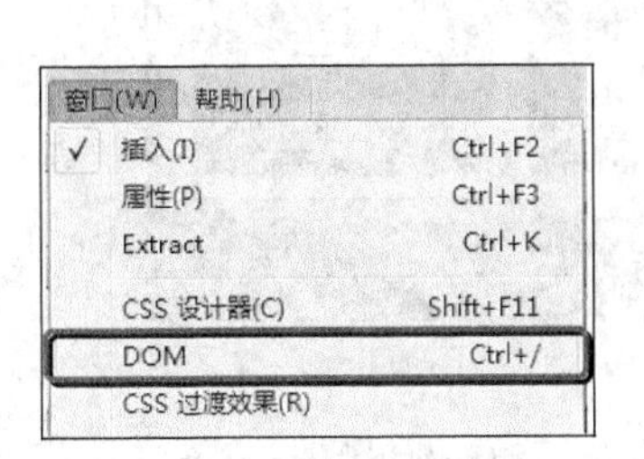

图 7-22　选择“DOM”

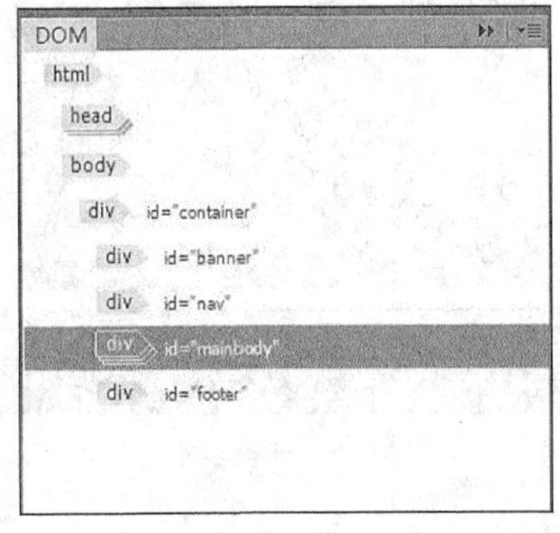

图 7-23　单击“mainbody”元素

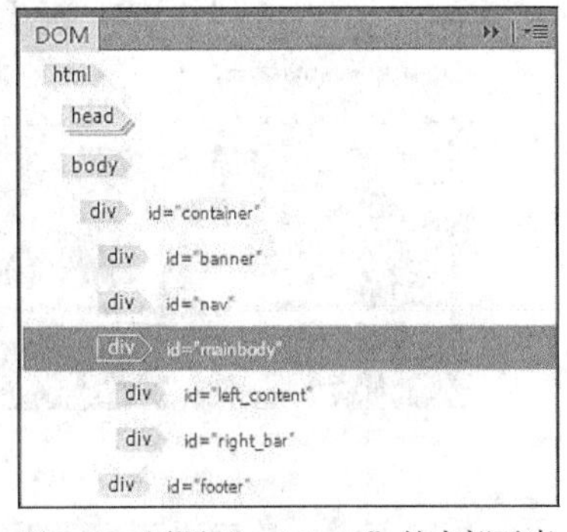

图 7-24　展开“mainbody”的内部元素

从 DOM 面板中拖动 id=“footer”的 div 元素，并重新插入到 id=“banner”的 div 元素之上，

如图 7-25 所示，则网页结构发生改动，网页效果如图 7-26 所示，主导航区移至最上方。

此外，在结构元素上单击鼠标右键，如图 7-27 所示，可实现该元素的删除、复制等功能。

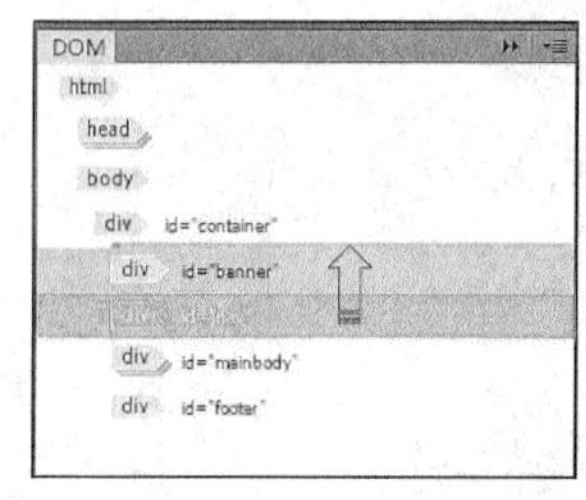

图 7-25　拖动“footer”元素

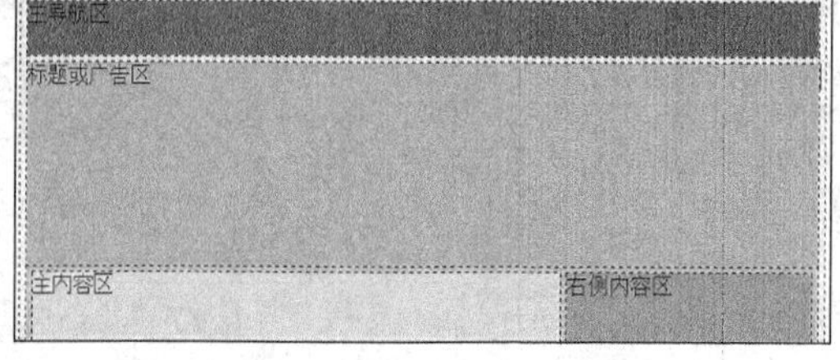

图 7-26　网页结构的改变结果

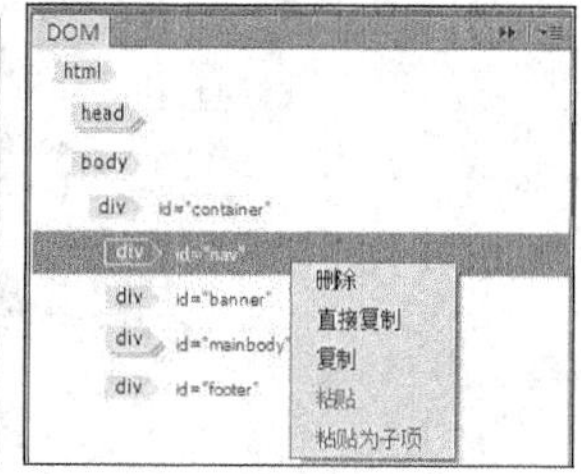

图 7-27　支持网页元素的删除及复制

7.4　DIV+CSS 网页案例设计

例 7.2　使用 DIV+CSS 布局方法，实现如图 7-28 所示的“绿色家园环保网”主页的设计。

图 7-28　“绿色家园环保网”主页

该网页完全使用盒子模式进行布局构建，网页主要由 15 个 DIV 盒子拼接或嵌套而成，其整体结构如图 7-29 所示，除主容器“container”不用设置外，其他盒子的“float”均设为“left”。

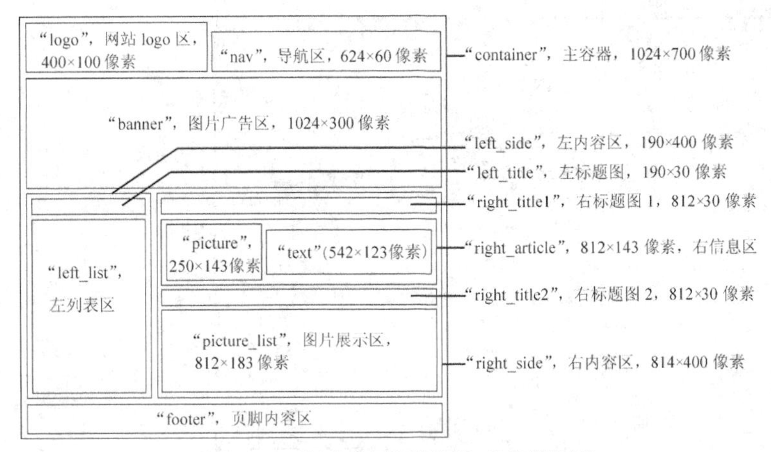

图 7-29　“绿色家园环保网”整体结构图

网页设计者使用 DIV+CSS 方式设计新网页时，也应在草稿纸上绘制出类似的结构图，标明各内容区大小或比例，然后再使用 Dreamweaver 实现网页的总体结构，并逐步完成局部细节内容。DIV+CSS 网页布局方法中，整体结构规划是非常关要的一个步骤，这个步骤做好了就能起到事半功倍的作用。以下将逐步介绍各网页内容区的实现方法。

7.4.1　网站主容器及 logo 区

（1）建立文件夹“绿色家园环保网”，在其中创建“images”子文件夹，将网页所用图片素材拷贝至“images”文件夹中，如图 7-30 所示。在 Dreamweaver CC 中创建一空白 HTML 5 网页，并将该网页的本地网站位置指定为“绿色家园环保网”文件夹。

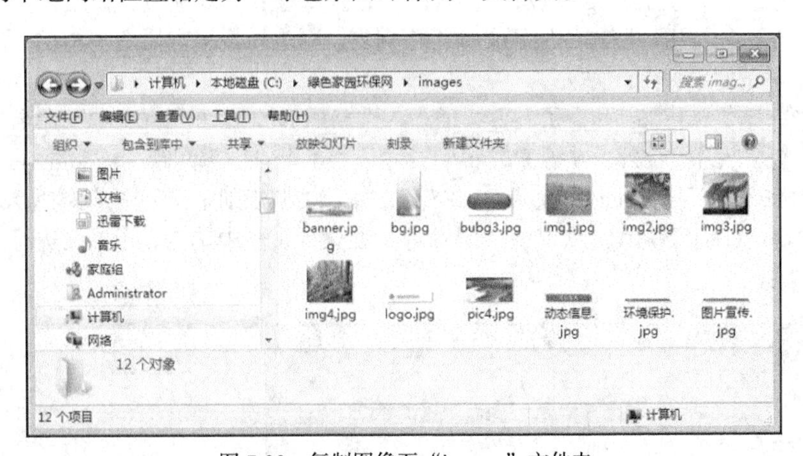

图 7-30　复制图像至“images”文件夹

（2）单击“HTML”工具栏中的“Div”按钮，创建一个 ID 为“container”的盒子作为整个网页的容器，大小为 1024×860 像素，“margin”属性值为“auto”，这样可令整个网页在浏览器窗口中水平居中。“container”盒子的 CSS 规则定义如图 7-31 所示，生成的 CSS 样式代码如图 7-32 所示。

（3）删除“container”盒子中的默认文本，在其内部创建 ID 为“logo”的盒子作为 logo 区，大小为 400×100 像素，“logo”盒子 CSS 样式代码如图 7-33 所示。创建后，该盒子将位于“container”盒子的左上角。删除“logo”盒子中的默认文本，令光标定位于“logo”盒子内部，单击“HTML”工具栏中的“Image”按钮，插入站点“images”文件夹中的图像“logo.jpg”（该图像大小也为 400×100 像素），插入后效果如图 7-34 所示。

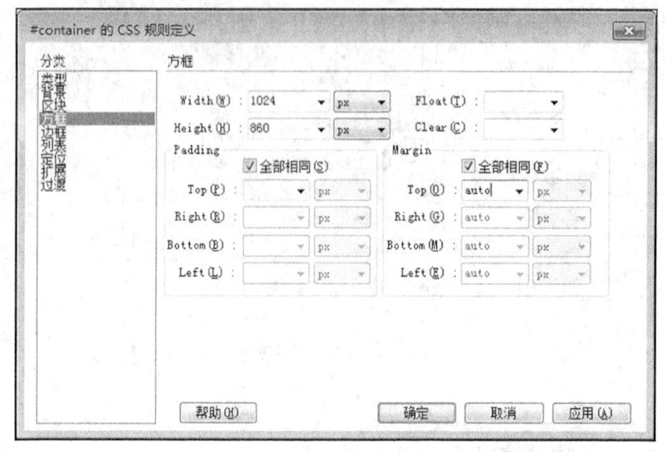

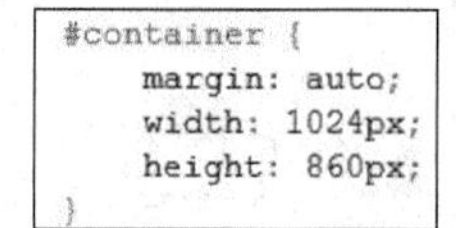

图 7-31 “container”盒子的 CSS“方框”设置

```
#container {
    margin: auto;
    width: 1024px;
    height: 860px;
}
```

图 7-32 CSS 样式代码

```
#logo {
    float: left;
    height: 100px;
    width: 400px;
}
```

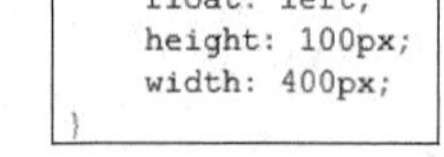

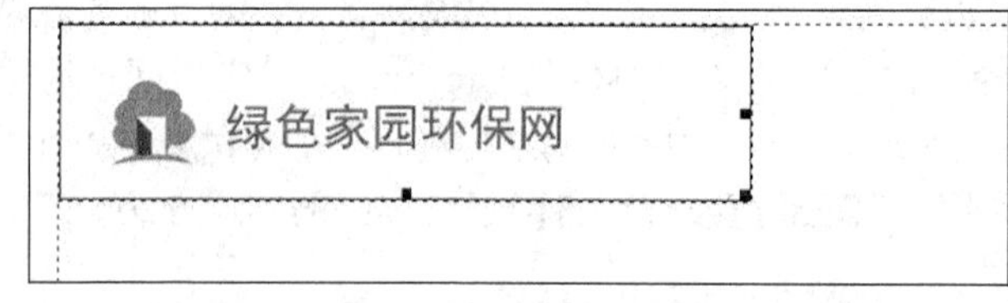

图 7-33 “logo”盒子 CSS 样式代码

图 7-34 插入 Logo 图像

7.4.2 主导航区

本网页的主导航区位于 Logo 区右侧，该区下方有一行 6 个绿色按钮，用于实现网站主要模块的跳转。导航区的按钮组制作使用了文本无序列表、列表项设置背景图来实现，这也是目前网页导航区制作常见的一种设计方法。

（1）将光标定位在“logo”盒子右方，插入一个新的 DIV 盒子，将“ID”命名为“nav”，设置背景色为白色，大小为 624×60 像素，特别设置了盒子上方内部间距“padding-top”为 40，这样能使盒子的编辑区下移。“nav”盒子的 CSS“方框”类型规则定义如图 7-35 所示，其 CSS 样式代码如图 7-36 所示。删除该盒子中的默认文本，在设计视图中单击盒子虚线边缘，盒子的插入效果如图 7-37 所示。

图 7-35 “nav”盒子的 CSS“方框”设置

```
#nav {
    float: left;
    height: 60px;
    width: 624px;
    padding-top: 40px;
    background-color: #FFFFFF;
}
```

图 7-36 CSS 样式代码

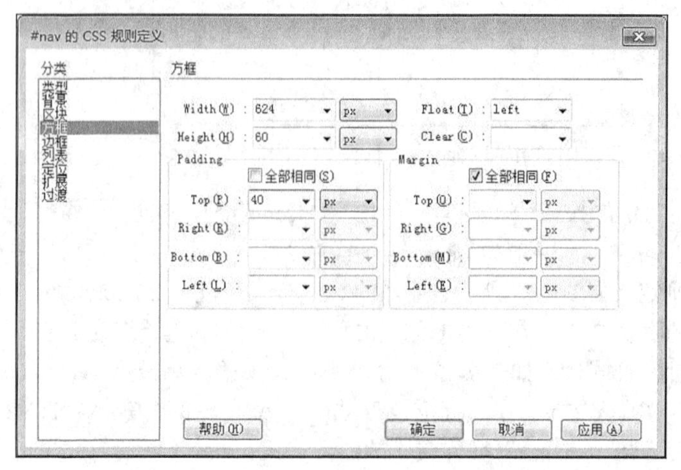

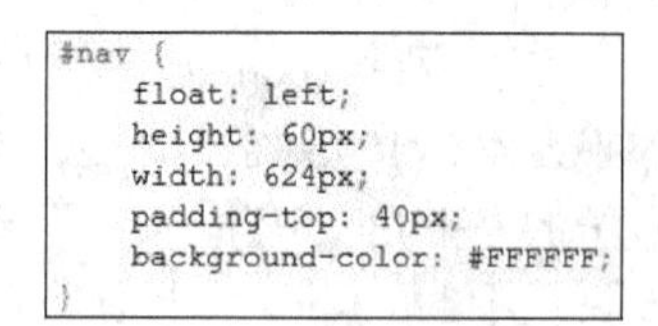

（2）光标定位于“nav”盒子内部，如图 7-38 所示，输入“环保首页”“空气保护”“水源保护”“土壤保护”“能源保护”和“环保产业”等 6 段文本（按回车键实现分段）。全选 6 段文本，单击 HTML 工具栏上的“项目列表”按钮 ul，将 6 段文本转换成一个无序列表，如图 7-38 右侧所示。

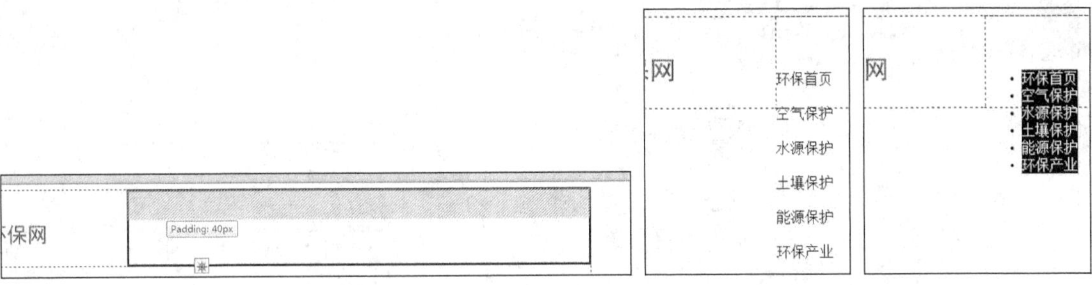

图 7-37　盒子的插入效果　　　　图 7-38　输入 6 段文本

（3）在整个无序列表选中状态下，单击 CSS 属性面板“编辑规则”按钮，弹出如图 7-39 所示的“新建 CSS 规则”对话框，系统自动为所选内容生成选择器名“#container #nav ul li”，该选择器类型属于“复合内容”，即基于所选内容的选择器，这里指“container”/“nav”盒子中 UL 的列表项。为该选择器设置 CSS 样式：白色加粗字体、字高 40 像素，背景图为“buttonbg.jpg”，大小为 100×60 像素、向左浮动、无序列符号，这些设置方法分别如图 7-40～图 7-43 所示，图 7-44 所示为选择器“#container #nav ul li”的 CSS 样式代码，图 7-45 所示为导航按钮效果。由图可见，第一个按钮在“nav”盒子中并没有向左紧靠，而是存在一个间距。这个间距其实是由无序列表组的“ul”选择器盒子默认存在的内外间距造成的。所以，下一步操作是清除“#container #nav ul”盒子的内部间距和外部间距。

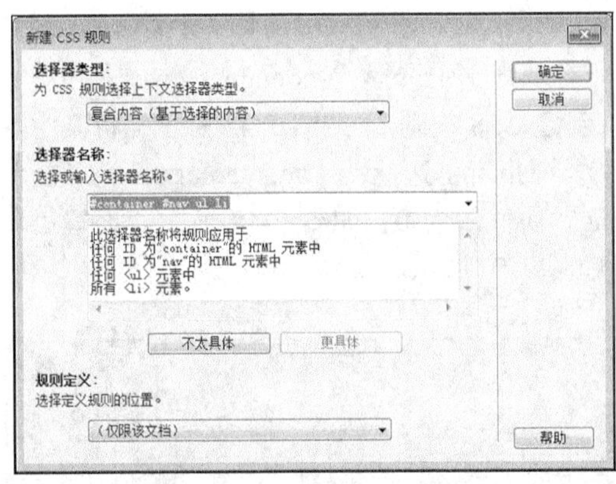

图 7-39　自动指定选择器名为“#container #nav ul li”

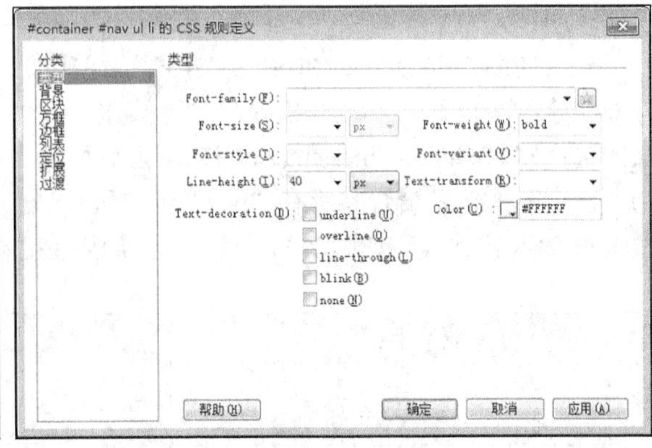

图 7-40　“类型”设置

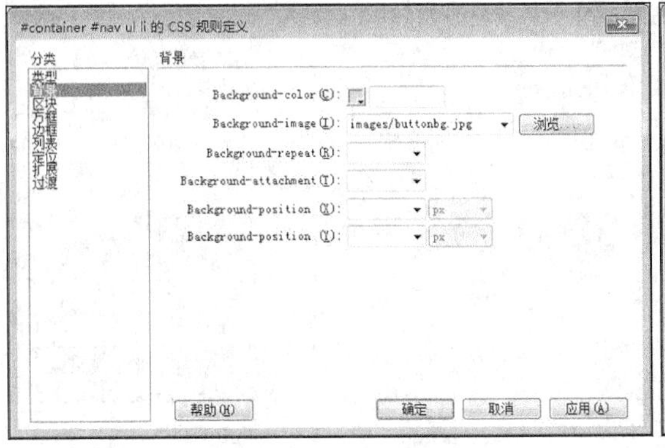

图 7-41　“背景”设置

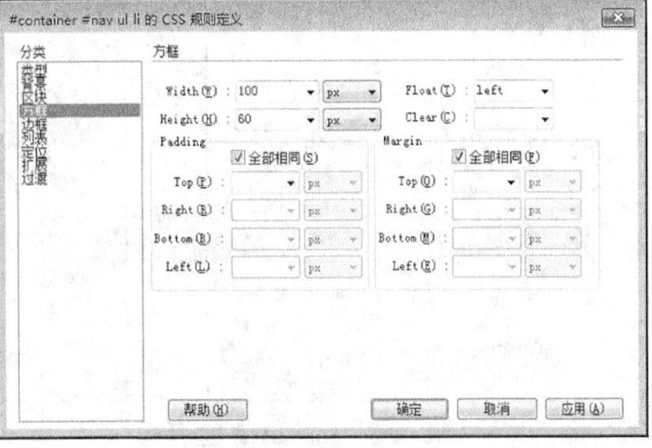

图 7-42　“区块”设置

图 7-43 “列表”设置

```
#container #nav ul li {
    line-height: 60px;
    font-weight: bold;
    color: #FFFFFF;
    background-image: url(images/buttonbg.jpg);
    text-align: center;
    float: left;
    height: 60px;
    width: 100px;
    list-style-type: none;
}
```

图 7-44 “#container #nav ul li”的 CSS 样式代码

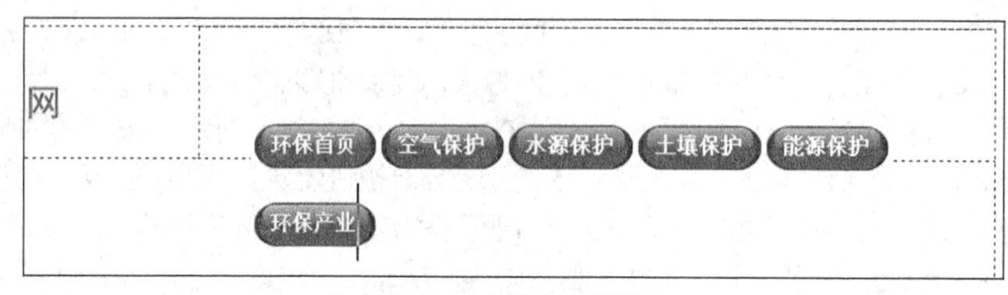

图 7-45 导航按钮效果

（4）如图 7-46 所示，在“CSS 样式”面板的“所有规则”中选择“#container #nav ul li”选择器，单击面板下方“新建 CSS 规则”按钮，弹出“新建 CSS 规则”，如图 7-47 所示，将其中默认的选择器名“#container #nav ul li”删去后面的“li”，即指定了选择器“#container #nav ul”，单击“确定”按钮，设置其所有“padding”和“marging”属性值为 0，如图 7-48 所示。设置后该选择器 CSS 样式代码如图 7-49 所示，导航按钮效果如图 7-50 所示。

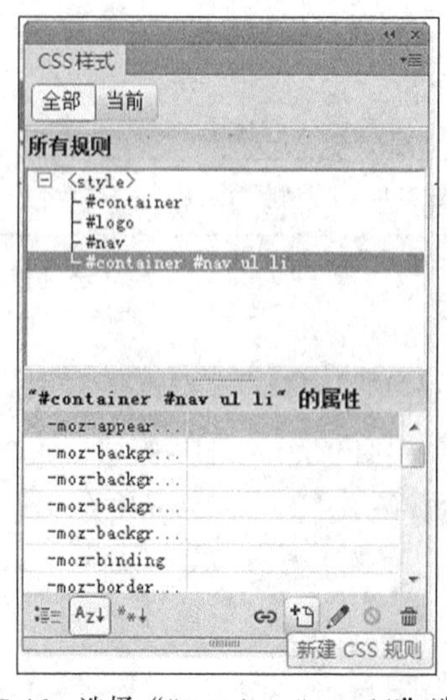

图 7-46 选择“#container #nav ul li”选择器

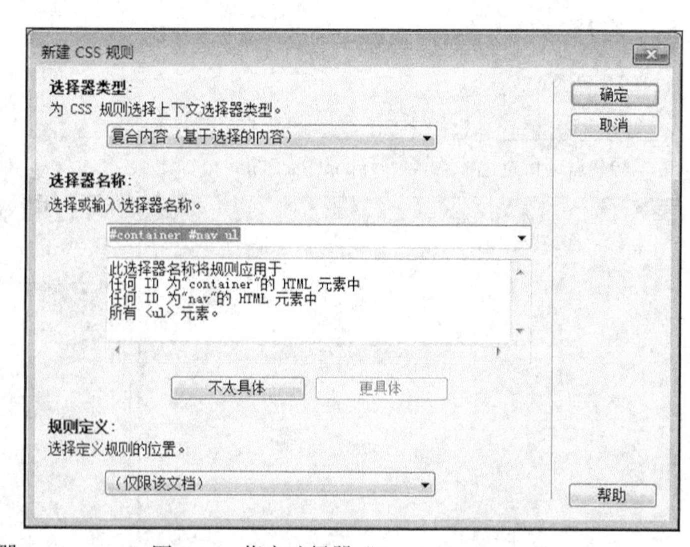

图 7-47 指定选择器“#container #nav ul”

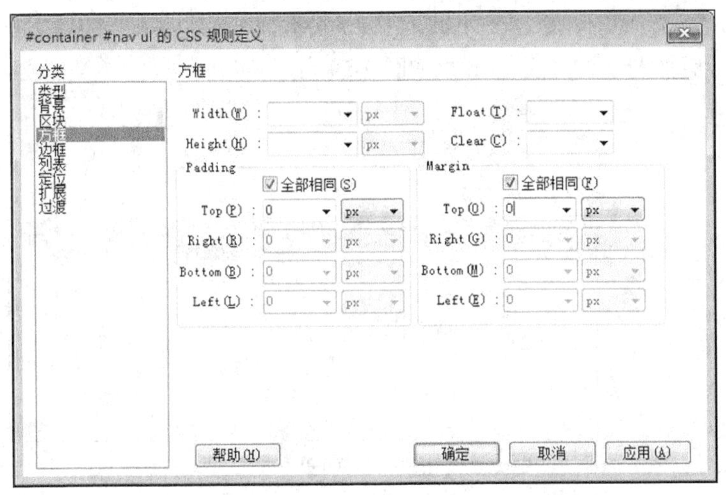

图 7-48　所有“padding”和“marging”属性值设为 0

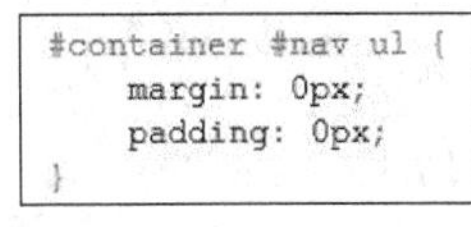

```
#container #nav ul {
    margin: 0px;
    padding: 0px;
}
```

图 7-49　CSS 样式代码

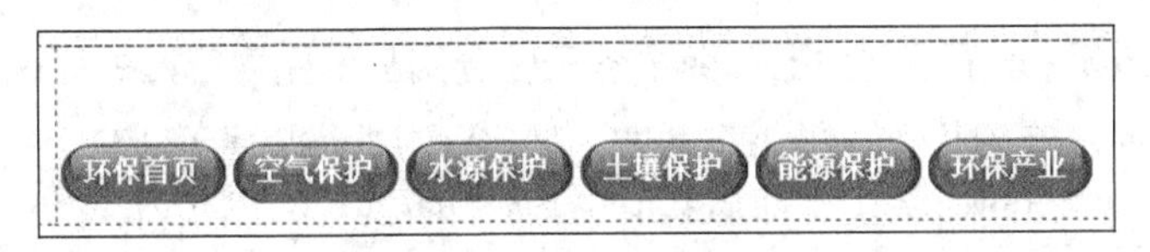

图 7-50　导航按钮效果

7.4.3　网页 banner 区

网页 Logo 及导航区的下方是 banner 区，本例 banner 区是一个为 1024×300 像素的盒子，盒子中插入图像“banner.jpg”，该图像大小也为 1024×300 像素。所以“banner”盒子的创建位置是“container”盒子之内、“nav”盒子的后面，创建及设置的方法都比较简单，这里不再复述，其 CSS 样式代码如图 7-51 所示。插入图像后，网页效果如图 7-52 所示。

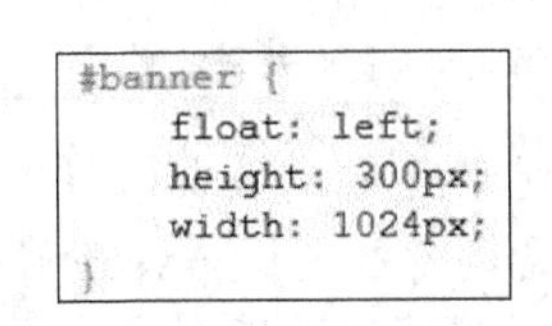

```
#banner {
    float: left;
    height: 300px;
    width: 1024px;
}
```

图 7-51 “banner”盒子 CSS 样式代码

图 7-52　网页的“banner”区效果

7.4.4　网页中心内容区

本例的网页中心内容区首先分为左右两侧，左侧是一个信息列表区，右侧是文本和图片陈列区。设计上可以先创建左右两个盒子，再分别细化各盒子的结构。

（1）令光标定位于“banner”盒子后面（也可以在代码中实现准确定位），插入 ID 名为“left_

side”，大小为 190×400 像素，背景色为白色，“padding”属性值为 5 的盒子，在“left_side”盒子后面再插入 ID 名为“right_side”，大小为 814×400 像素，背景色为白色，“padding”属性值也为 5 的盒子，两盒子的 CSS 样式代码如图 7-53 所示，效果如图 7-54 所示。

```
#left_side {
    background-color: #FFFFFF;
    padding: 5px;
    float: left;
    height: 400px;
    width: 190px;
}
#right_side {
    background-color: #FFFFFF;
    padding: 5px;
    float: left;
    height: 400px;
    width: 814px;
}
```

图 7-53 “left_side”和“right_side”盒子的 CSS 样式代码

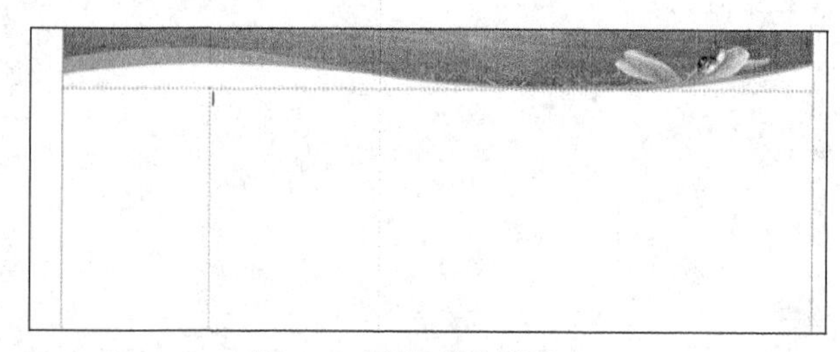

图 7-54 两盒子效果图

（2）在“left_side”盒子中创建上下两个盒子，分别显示左内容区的标题和信息列表：单击“left_side”盒子内部，插入 ID 名为“left_title”，大小为 190×30 像素的盒子，在盒子中插入图像“left_title.jpg”；在“left_title”盒子后面插入 ID 名为“left_list”，大小为 190×365 像素，背景图为“left_bg.jpg”的盒子，完成后两盒子的 CSS 样式表如图 7-55 所示。

```
#left_title {
    float: left;
    height: 30px;
    width: 190px;
}
#left_list {
    background-image: url(images/left_bg.jpg);
    float: left;
    height: 365px;
    width: 190px;
}
```

图 7-55 “left_title”和“left_list”盒子的 CSS 样式代码

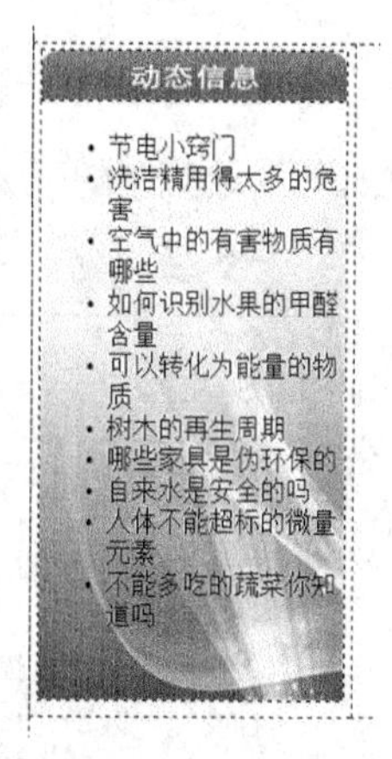

图 7-56 “left_list”盒子列表效果

在“left_list”盒子中输入相关文本内容并设置成一个项目列表（无序列表），效果如图 7-56 所示。该列表文本行距太小且左边距太大，所以这里还要设置“复合内容”选择“#container #left_side #left_list ul”的 CSS 样式。鼠标单击列表任意位置的文本，选择属性面板上方的“ul”标签，如图 7-57 所示，单击 CSS 属性面板的“编辑规则”，弹出如图 7-58 所示的“新建 CSS 规则”对话框，其选择器名称自动默认为“#container #left_side #left_list ul”，为该选择器设置字体 CSS 样式为：大小 14px、加粗，行高 30px，如图 7-59 所示。为使用列表在“left_list”盒子的正中位置，设置其 padding 属性均为 0，上部外边距为 10px，左侧外边距为 20px，如图 7-60 所示。

编辑后“#container #left_side #left_list ul”盒子的 CSS 样式代码如图 7-61 所示，网页效果如图 7-62 所示。

图 7-57　选择“ul”标签

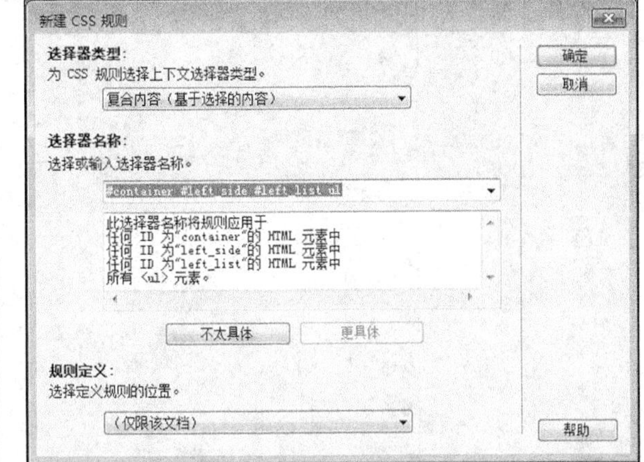

图 7-58　创建“#container #left_side #left_list ul”CSS 规则

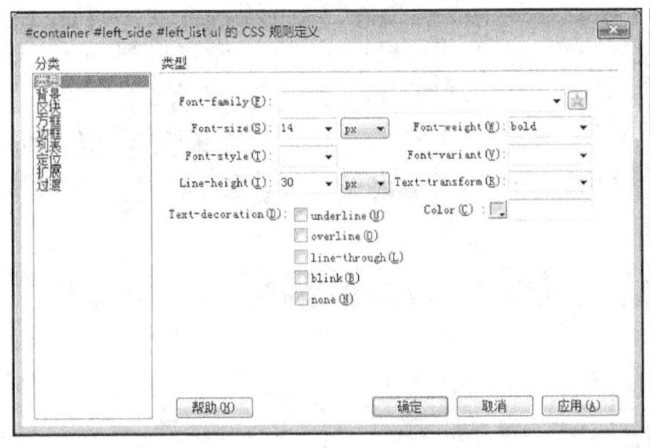

图 7-59　“类型”设置

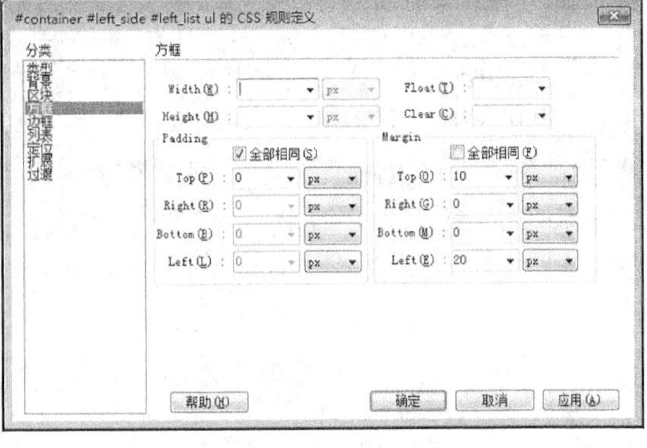

图 7-60　“方框”设置

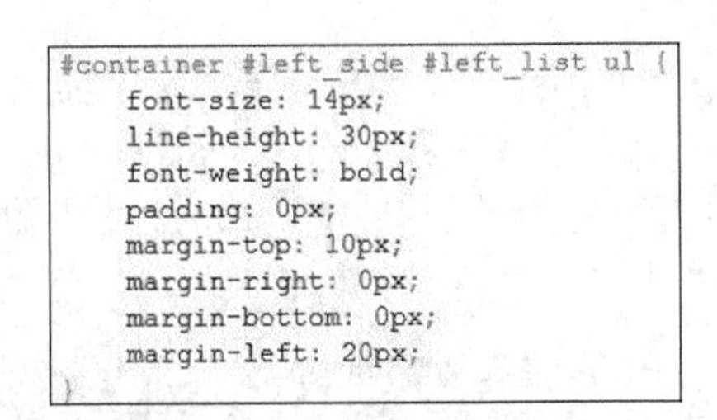

```
#container #left_side #left_list ul {
    font-size: 14px;
    line-height: 30px;
    font-weight: bold;
    padding: 0px;
    margin-top: 10px;
    margin-right: 0px;
    margin-bottom: 0px;
    margin-left: 20px;
}
```

图 7-61　“#container #left_side #left_list ul”盒子的 CSS 样式代码

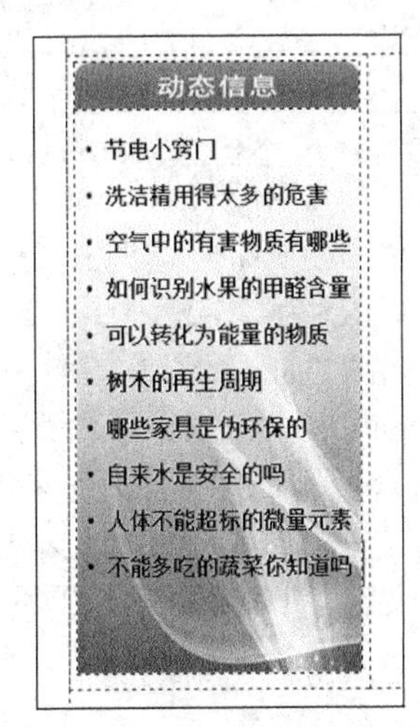

图 7-62　“left_list”盒子更新效果

（3）中心区右侧“right_side”盒子中首先包含 4 个盒子：“right_title1（812×30 像素）”“right_article（812×143）”“right_title2（812×30 像素）”和“picture_list（772×163 像素）”，依次分别插入该 4 个盒子，为获得更好的视觉效果，为“right_article”和“picture_list”盒子设置 1px 宽、绿色（#228628）的外框，其 CSS 边框设置如图 7-63 所示。

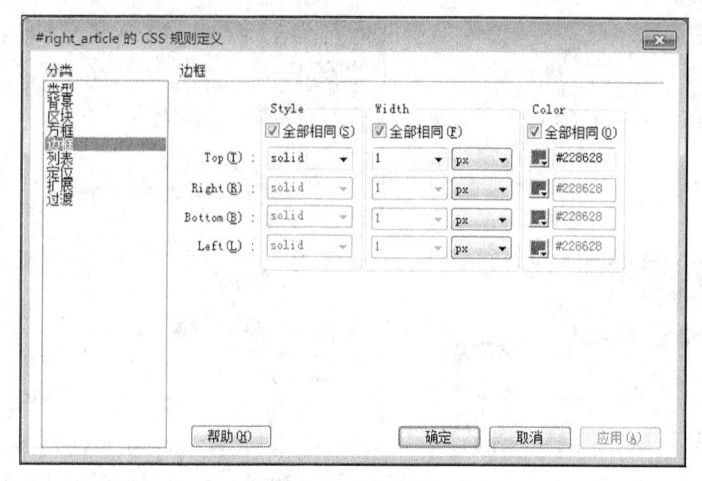

图 7-63 “边框”设置

此外，为与下方盒子空开，“right_article”的下方外边距“margin_buttom”属性值设为 5 个像素；“picture_list”分别设置上、右、下、左的“padding”边距分别为 10px、20px、10px 和 20px，设置 padding 的作用是为了下一步更好的插图排版效果。编辑后 4 个盒子的 CSS 样式代码如图 7-64 所示，在“right_title1”盒子中插入图像“right_title1.jpg”，在“right_title2”盒子中插入图像“right_title2.jpg”，网页效果如图 7-65 所示。

```
#right_title1 {
    float: left;
    height: 30px;
    width: 812px;
}
#right_article {
    float: left;
    height: 143px;
    width: 812px;
    border: 1px solid #228628;
    margin-bottom: 5px;
}
```

```
#right_title2 {
    float: left;
    height: 30px;
    width: 812px;
}
#picture_list {
    float: left;
    height: 163px;
    width: 772px;
    border: 1px solid #228628;
    padding-top: 10px;
    padding-right: 20px;
    padding-bottom: 10px;
    padding-left: 20px;
}
```

图 7-64 4 个盒子的 CSS 样式代码

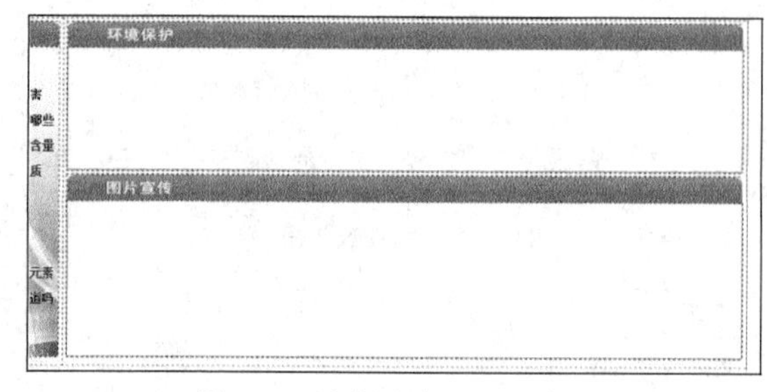

图 7-65 右侧内容区网页效果

（4）在“环境保护”下方“right_article”盒子中依次创建一个 ID 为“right_pic(250×143px)”盒子和一个 ID 为“right_text(542×123px)”盒子，分别用于显示插图和文本信息。两盒子的 CSS 样式代码如图 7-66 所示。

在“right_pic”盒子中插入外部图像“water.jpg”。将图片装进 DIV 盒子来进行排版的目的是：利用 DIV 盒子的 CSS 样式设置来控制图像区浮动方式等排版效果。“right_text”盒子的“padding”属性值设置为 10px 是为了让文本与边框间空开一定距离，使排版更美观，在该盒子中输入环境保护概述的文字，编辑后该区域的网页效果如图 7-67 所示。

```
#right_pic {
    float: left;
    height: 143px;
    width: 250px;
}
#right_text {
    padding: 10px;
    float: left;
    height: 123px;
    width: 542px;
}
```

图 7-66 两盒子的 CSS 样式代码

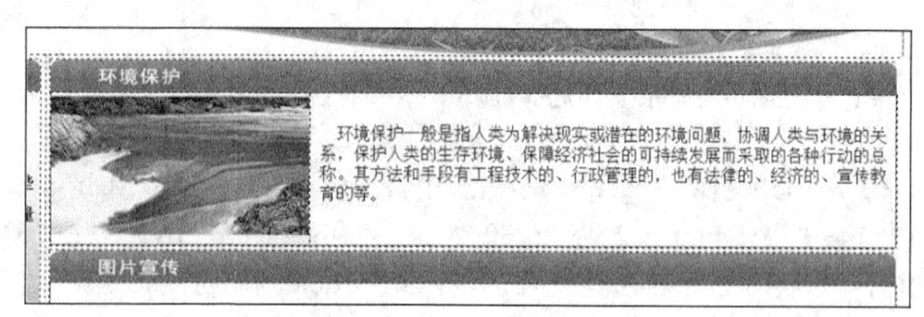

图 7-67 “环境保护”模块网页效果

（5）“图片宣传”下方“picture_list”中依次插入 4 张图像“img1.jpg”“img2.jpg”“img3.jpg”和“img4.jpg”，在两插图间按 2 次“Ctrl+Shift+Space”组合键，即插入 2 个空格。编辑后的图片宣传区效果如图 7-68 所示。

图 7-68　图片宣传区效果

7.4.5　页脚内容区及页面背景颜色

本例的页脚内容区非常简单，在“right_side”盒子后方插入 ID 为“footer”的盒子，大小为 1024×40px，文本居中显示、白色、大小 14px、行高 40px，“footer”的 CSS 样式代码如图 7-69 所示。

在 Dreamweaver CC 菜单栏中选择“修改”|“页面属性”选项，在“页面属性”面板中默认“外观（CSS）”类别，设置背景颜色为绿色（#059411），如图 7-70 所示，单击“确定”按钮，在“footer”盒子中输入文本“Copyright © 2016 - 2020 绿色家园环保网”。页脚区效果如图 7-71 所示。至此，网页完成编辑，保存编辑结果。

```
#footer {
    font-size: 14px;
    line-height: 40px;
    color: #FFFFFF;
    float: left;
    height: 40px;
    width: 1024px;
    text-align: center;
}
```


图 7-69　“footer”的 CSS 样式代码　　　　图 7-70　设置网页背景颜色为绿色

图 7-71　网页页脚区效果

7.5　DIV 的相对定位与绝对定位

6.4.2 小节“CSS 规则的定义”简单地介绍了 CSS 的“定位”属性，在网页设计中，根据需求对 DIV 盒子进行相对定位或绝对定位设置也是一种常用的制作技术，如图 7-72 所示，DIV CSS 定位的“Position”属性包括 4 种属性值：“absolute（绝对的）”“fixed（固定的）”“relative（相对的）”和“static（静态的）”。

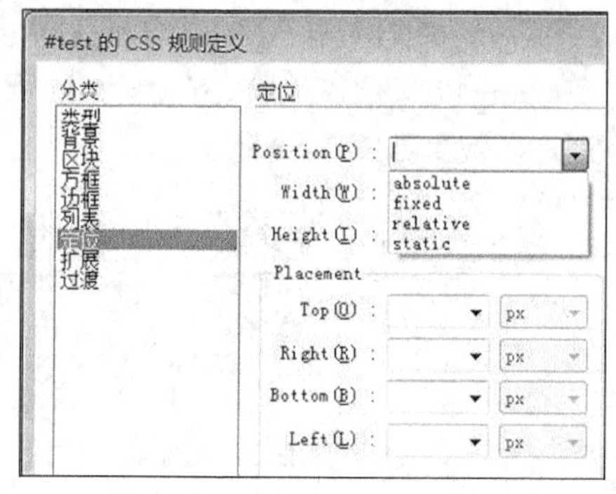

图 7-72　4 种“定位”属性值

在没有设置 DIV 定位属性的情况下，“Position”默认属性值为“static”，即没有定位，这时即使设置了“Placement”的“left”“top”“right”“bottom”偏移值都不会产生效果。“fixed”根据浏览器的窗口来进行元素的定位，其以 body 为定位参照对象，以页面左上角为坐标原点放置内容，当用户滚动页面时，内容将在此位置保持固定。

“relative（相对的）”和“absolute（绝对的）”的定位设置则可以让设计者灵活地控制 DIV 盒子之间的位置关系及嵌套关系，也可以设计重叠的 DIV 层，使网页获得理想的版本效果。

7.5.1　相对定位

使用相对定位“relative”时，就算 DIV 盒子被偏移了，但它仍会占据着它没偏移前的空间，它的偏移量就是相对于它偏移前那个初始位置来设置的，如图 7-73 所示，有三个浮动的 DIV 盒子，第二个是设置了相对定位 position:relative，此时它的位置正常，与前后两个盒子整齐地并排着。

接下来给这个设置了“relative”的 DIV 盒子增加 2 个方向的偏移量：“left:50px;”和“top:30px”，这里第二个盒子效果如图 7-74 所示。此时第二个盒子相对它原来的位置进行了一个偏移，但它原来所占据的那个位置空间依然还在（虚线框标示的地方），即使把偏移量设置得再大一点，令它完全离开原来的位置，其原来位置也不会被第三个盒子浮动过来填补掉。此外，第二个盒子偏移后的位置也不会将后面第三个盒子挤开，而是部分重叠覆盖在了第三个盒子之上。盒子之间的堆叠顺序可以用盒子的“z-index”属性调整。

图 7-73　三个浮动的 DIV 盒子

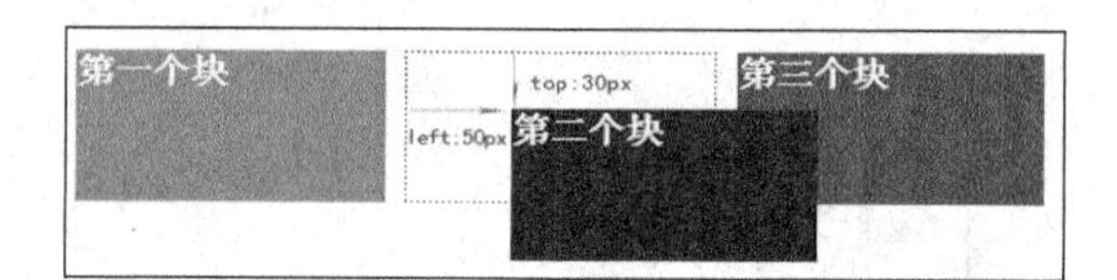

图 7-74　第二块设置了“relative”偏移量的效果

7.5.2　绝对定位

DIV 盒子被设置了绝对定位“absolute”后，它在文档流中是不占空间的，它是完全“浮”了起来，如果它的父元素（父容器）设置了除“static”之外的定位，则其绝对位置设置是以其父元素为参照的，否则将继续向更高层祖先元素进行参照，如果所有祖先元素均没有设置定位，该绝对定位盒子则会以 body 来进行参照定位。当多个绝对定位的盒子在位置上重叠时，可以通过“z-index”属性调整前后关系。

当 DIV 盒子设置为“position:absolute”属性后，该 DIV 盒子也称为绝对定位元素，由于绝对定位元素可以用鼠标灵活地进行移动，因此使用绝对定位元素进行网页排版也是一种常见的处理方法。

若要对绝对定位元素进行操作与编辑，首先得激活或选择该元素。激活是为了编辑该绝对定位元素中的内容，而选择是为了对绝对定位元素的属性进行设置。

（1）激活状态。单击一个绝对定位元素的内部，如图 7-75 所示，该绝对定位元素就处于激活状态（也称编辑状态），其外框为蓝色矩形框，可编辑其内部的内容。

（2）选择状态。鼠标移到绝对定位元素的边缘处并单击，此时若蓝色矩形框出现 8 个控制柄，如图 7-76 所示，则该绝对定位元素处于选择状态，可以通过属性面板等设置该元素属性。

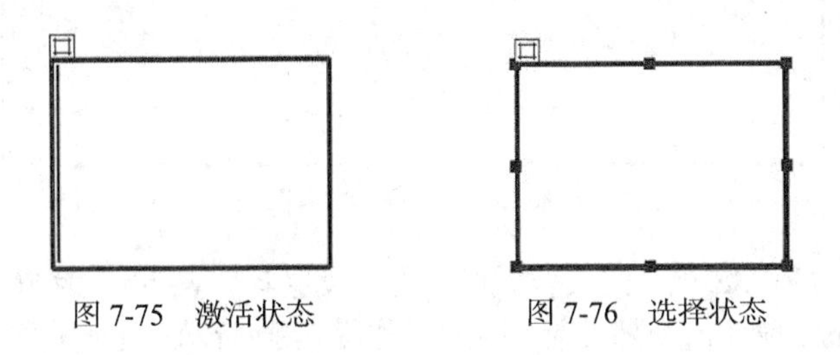

图 7-75　激活状态　　　　图 7-76　选择状态

7.5.3　Dreamweaver 绝对/相对定位案例学习

例 7.3　制作“呼伦贝尔”网页 banner，通过相对定位及绝对定位的 DIV 盒子设置重叠图片盒子的效果，如图 7-77 所示。

图 7-77　网页 banner 区效果

操作步骤如下。

（1）在 Dreamweaver CC 中将包括所用图像文件的文件夹“呼伦贝尔”（见图 7-78）指定为当前网站文件夹。新建一个 HTML 5 空白网页文档，单击“HTML”工具栏中“Div”按钮，插入一个 DIV 盒子，并命其 ID 名称为“main”，如图 7-79 所示。

图 7-78　指定“呼伦贝尔”为当前网站文件夹

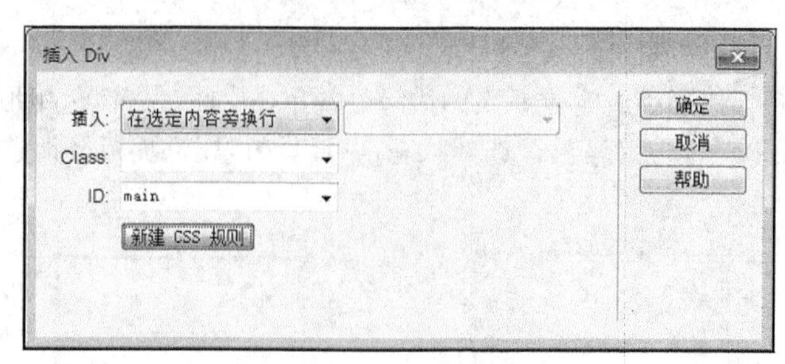

图 7-79　创建第一个 DIV 盒子“main”

（2）在“#main”的 CSS 规则定义“方框”类中设置其“Width”为 800，“Height”为 360，单位均为 px，“Margin”属性值全部设为“auto”，如图 7-80 所示。在“定位”类中设置“Position”的属性值为“relative”，如图 7-81 所示，单击“确定”按钮，在网页中生成水平居中、ID 为“main”的 DIV 盒子，如图 7-82 所示。

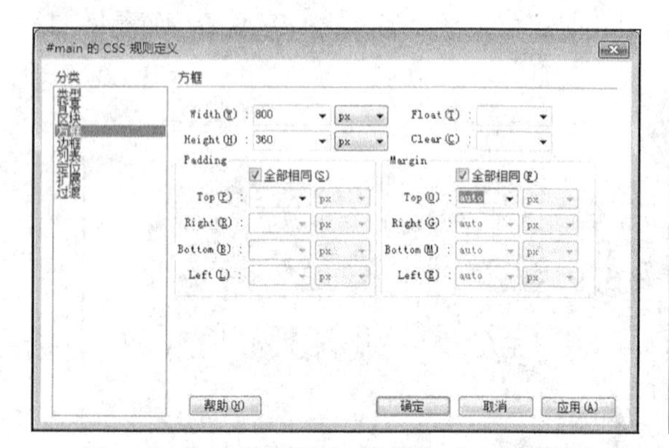

图 7-80　“main”盒子的“方框”CSS 样式设置

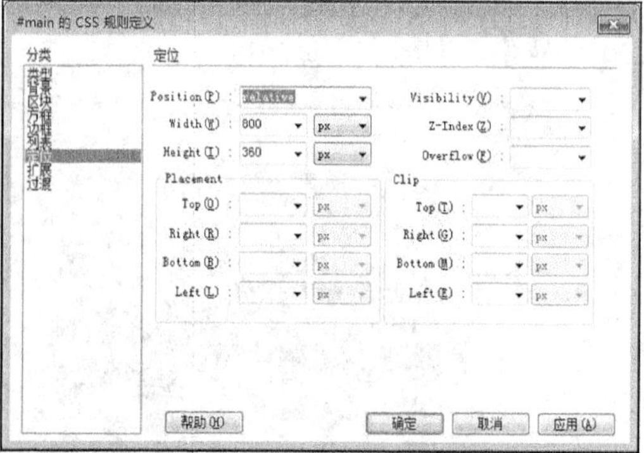

图 7-81　“main”盒子的“定位”CSS 样式设置

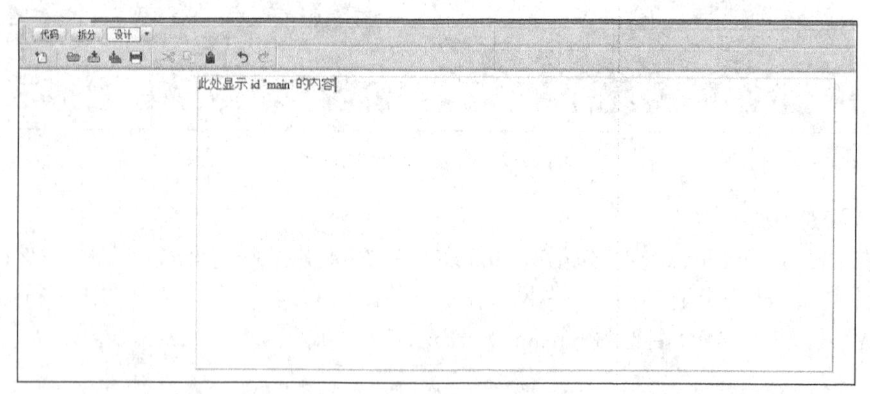

图 7-82　“main”盒子网页效果

（3）删除“main”盒子中的默认文本，在盒子内部单击鼠标确保光标位于其中，单击“HTML”工具栏中的“Div”按钮，插入“main”盒子的内嵌盒子，并命其 ID 名称为“pic1”，如图 7-83 所示，设置该盒子 CSS 规则中的“边框”类，令该盒子具备“实线、3px 线宽、白色”的边框效果。

（4）设置该盒子 CSS 规则中的“定位”类，令“Position”属性值为“absolute”，如图 7-84 所示，盒子宽度为 150px，高度为 110px，并令“Z-Index”属性值为 1。在这里设置的盒子的宽高与在“区块”类中设置的是相同的。“pic1”盒子的定位方式设为“absolute”后，它实现了相对其父容器“main”盒子的绝对定位，当“main”盒子产生位移时，“pic1”盒子将做同样的位移。

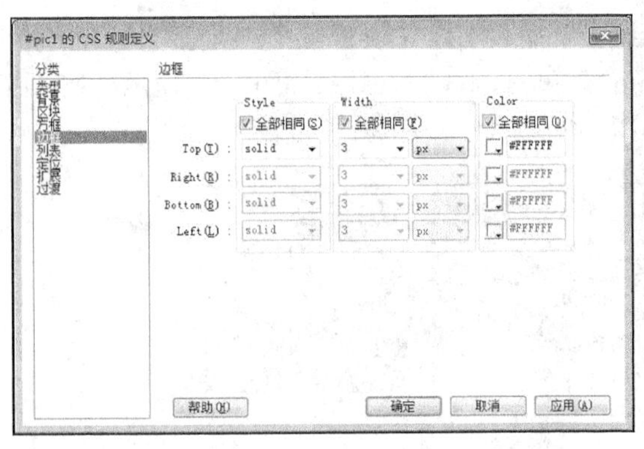

图 7-83　“pic1” 盒子的 “边框” CSS 样式设置

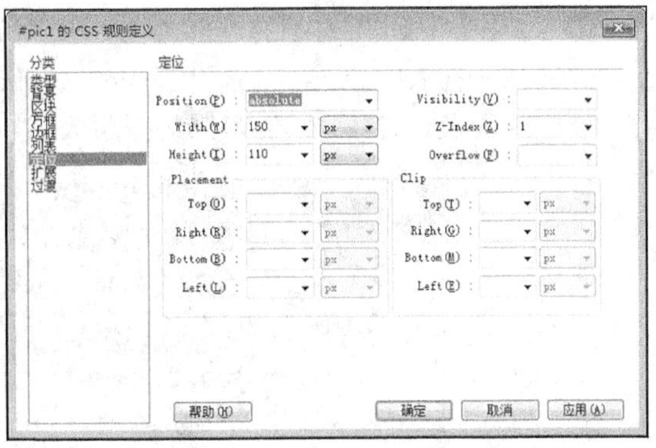

图 7-84　“pic1” 盒子的 “定位” CSS 样式设置

（5）单击 “pic1” 盒外框令其为选择状态，拖曳该盒子外框时，网页 CSS 代码中会设定修正 “left” 和 “top” 两个属性值，如图 7-85 所示，这两个属性分别表示 “pic1” 盒与 “main” 盒子左边缘距离及上边缘距离。两盒子的 CSS 代码如图 7-86 所示。

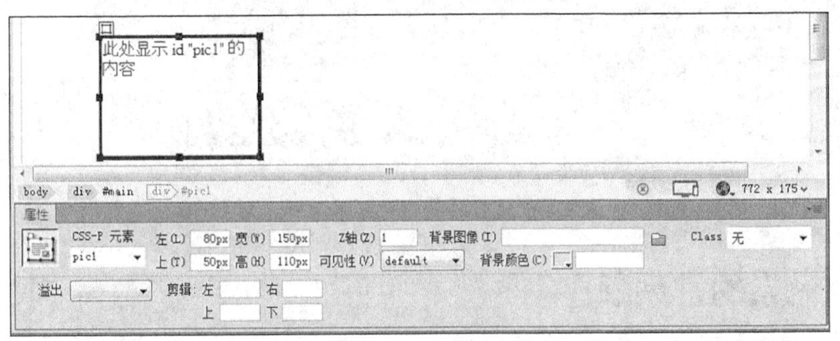

图 7-85　拖曳外框调整 “pic1” 盒子位置

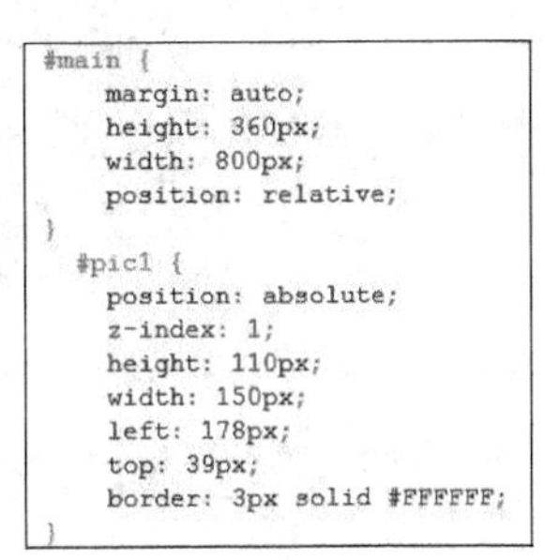

```
#main {
    margin: auto;
    height: 360px;
    width: 800px;
    position: relative;
}
  #pic1 {
    position: absolute;
    z-index: 1;
    height: 110px;
    width: 150px;
    left: 178px;
    top: 39px;
    border: 3px solid #FFFFFF;
}
```

图 7-86　“main” 和 “pic1” 盒子的 CSS 代码

（6）删除 “pic1” 盒子中的默认文本，单击其边框令其为 “选择状态”，按 “Ctrl+C” 组合键复制该盒子，鼠标单击 “main” 盒子的其他空白位置令其为 “激活状态”，连按 3 次 “Ctrl+V” 组合键进行粘贴，这样就复制生成三个与 “pic1” 相同的盒子，此时 Dreamweaver CC 会自动将它们命名为 “pic2”“pic3” 和 “pic4”。新增的盒子完全叠加在 “pic1” 之上不易察觉（用户容易误解为没有新盒子生成），如图 7-87 所示，拖曳盒子外框逐个将各盒子移开，并在属性面板上分别设置新盒子的 “Z 轴”（即 “Z-Index”）属性值为 2、3、4。Z-Index 属性值越大，该盒子层次越高，越不会受到其他盒子的遮挡。

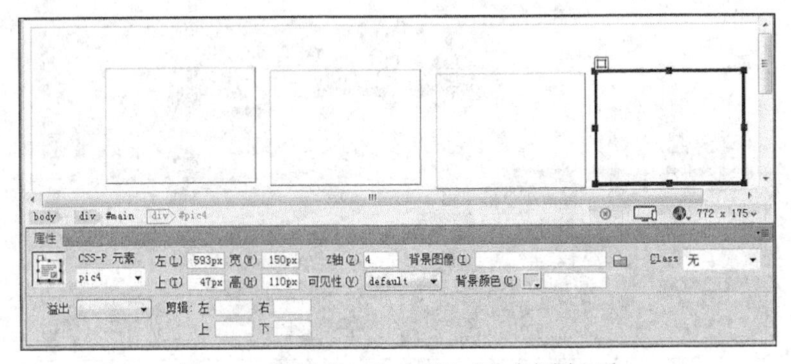

图 7-87　复制 “pic1” 盒子生成 3 个相同盒子

（7）单击“main”盒子的内部，在“激活状态”下插入图像“main.jpg”。用相同的方法分别为 4 个小盒子插入图像“photo1”“photo2”“photo3”和“photo4”，效果如图 7-88 所示。调整各小盒子的位置及重叠效果，令其最终排版效果如图 7-89 所示，保存该网页文件。

图 7-88 各盒子插入图像后的效果

图 7-89 图像盒子的重叠效果

7.5.4 绝对定位元素的排列顺序

Dreamweaver CC 还支持对多个绝对定位元素进行排列顺序的操作，可令多个绝对定位元素实现对齐或统一盒子大小。

将各小盒子移动适合的位置使互不重叠且两两间有一定的间隙，如图 7-90 所示，按住“Shift”键，鼠标依次单击各小盒子边缘可选择多个小盒子。当多个盒子被选中时，最后一个盒子的控制块为实心块，其他的为空心块。选择“修改”|“排列顺序”|“上对齐”，所有盒子均参照实心控制块盒子实现上边缘对齐，对齐后网页效果如图 7-91 所示。

图 7-90 实现各图像盒子的“上对齐”

图 7-91　各图像盒子的“上对齐”效果

7.6　课后实验

实验一：使用 DIV+CSS 网页布局方法，创建如图 7-92 所示的商务网站主页。

实验步骤如下。

（1）建立网站，指定该实验的素材图像文件复制至当前网站的本地文件夹中。

（2）创建空白 HTML 5 网页，在“页面属性”的“外观 CSS”类中将网页背景色设置为深蓝色（#0F3C7D）。

图 7-92　商务网站主页

（3）创建 ID 名为“main”的 DIV 盒子，其 CSS 样式为：大小 800×720 像素、“margin=auto”，即实现该盒子中网页窗口的水平居中。

（4）建立网页的盒子结构，如图 7-93 所示，即在“main”盒子中依次插入“ban”“nav”“news1”“news2”“news3”“photolist”和“footer”盒子，这些盒子均设置为“float=left”，各盒子大小分别如图 7-93 所示。

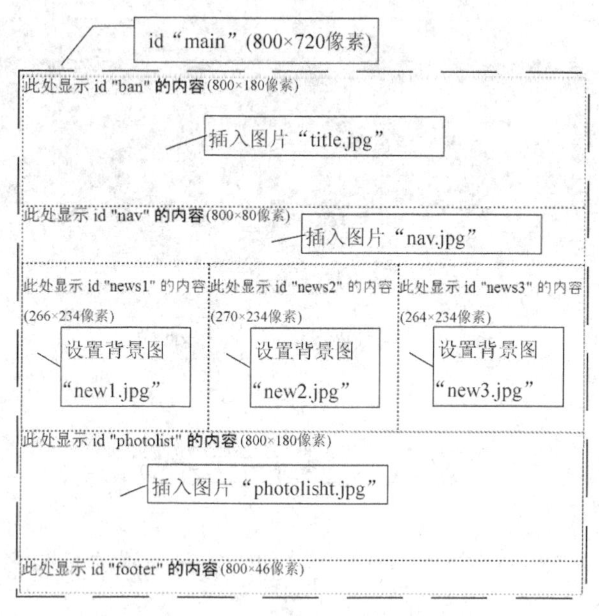

图 7-93　建立网页的盒子结构

（5）除“news1”“news2”“news3”和“footer”盒子外，在其余各盒子中分别插入相应的插图，各盒子所插的图像文件名如图 7-93 所示。对于“news1”“news2”和“news3”盒子，则在 CSS 样式规则中将相应图像设置成盒子背景图。

（6）对于“news1”“news2”和“news3”盒子，则在 CSS 样式规则中将相应图像设置成盒子背景图，再分别在各盒子中插入一个“10 行 1 列”的表格，如图 7-94 所示，调整表格大小，并在表格第 3 至 10 行中插入文本内容。

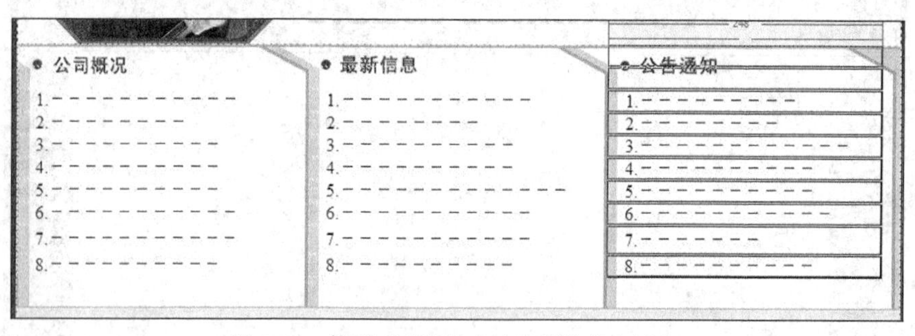

图 7-94　使用“表格”方法实现的文本插入

（7）在“footer”盒子中插入文本“www.gobalweb.com ©2016 环球商务有限公司”，在 CSS 样式规则中将文本设置为“白色、居中”，如图 7-92 所示的脚注。浏览网页效果，保存网页文件。

实验二：使用绝对定位层的方法，在原有网页基础上添加相片盒子，设计如图 7-95 所示的网页左侧的图片叠加效果。

实验步骤如下。

（1）将素材文件夹“dancer”指定为当前网站，并在 Dreamweaver CC 中打开该网站中的“dancer.html”文件。

（2）在网页正中内容中单击鼠标，使光标定位于“dance_all”盒子内部，插入一 ID 为“pitures”，大小为 400×500 像素的盒子，将其定位属性设置为“absolute”，该盒子将作为其他盒子的父容器，将其拖至内容区左侧位置，如图 7-96 所示。

图 7-95　图片叠加的网页效果

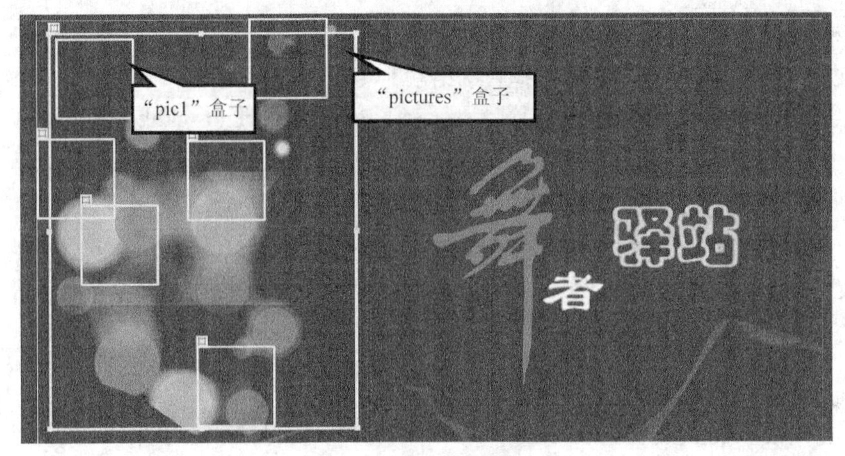

图 7-96　各盒子位置

（3）在"pictures"盒子中建立一 ID 为"pic1"，大小为 100×100 像素，定位属性也为"absolute"的盒子，该盒子将用于插入图像内容。这里只设置宽高为 100 像素的原因是：当插图尺寸大于盒子大小时，盒子的宽高会自动放大至图像宽高度；反之若盒子大而插图小，盒子却不会自动随图像缩小。

（4）参照 7.5.3 小节的方法，复制"pic1"盒子，并在"pictures"盒子内实现 5 次粘贴，即生成"pic2"～"pic6"5 个与"pic1"具有相同属性的盒子，这些盒子也均是嵌套在"pictures"盒子中的，如图 7-96 所示，移动各盒子位置。

（5）在"pic1"～"pic2"盒子中分别插入"pic1.png"～"pic6.png"图像，常用浏览器可以支持".png"图像的背景透明效果，所以插入图像显示为圆形图像，调整各盒子（及插图）大小，盒子间的层叠顺序可通过属性面板的"Z 轴"属性值设置，该值越大，盒子位于越上层。

（6）浏览整体网页效果，当需要整体移动所有图像盒子时，只需移动"pictures"盒子即可实现，保存该实验结果。

7.7　小结

本章介绍 DIV+CSS 的网页布局方法，DIV+CSS 是 Web 设计标准，与传统中通过表格（Table）

布局定位的方式不同，它可以实现网页页面内容与表现相分离。该方法还具有结构简洁、定位灵活和代码效率高等优点。在应用中，网页设计者还可以将DIV盒子的定位属性设置成相对定位和绝对定位，绝对定位的DIV也称绝对定位层，可以实现多层嵌套、重叠等网页效果。灵活运用DIV+CSS布局可令网页设计更个性化，并可获得意想不到的页面效果。

7.8 练习与作业

一、填空题

1. DIV CSS定位的“Position”属性包括4种属性值，分别是：___________、___________、__________和__________。

2. 对绝对定位元素进行操作与编辑时要注意有两种状态：单击一个绝对定位元素的内部时为__________状态；当鼠标移到绝对定位元素的边缘处并单击，此时若蓝色矩形框出现8个控制柄为__________状态。

二、选择题

1. 在CSS中下列哪一项是“右边框”的语法？（　　）
   A. border-top-width:<值>　　B. border-right-width: <值>
   C. border-top:<值>　　D. border-right<值>
2. 下列哪个样式定义后，可以使文字居中？（　　）
   A. display:inline　　B. text-align:center
   C. overflow:hidden　　D. float: center
3. 下面哪个CSS属性是用来更改背景颜色的？（　　）
   A. background-color:　B. bgcolor:　　C. color:　　D. text:
4. 如何去掉文本超级链接的下划线？（　　）
   A. a {text-decoration:no underline}　　B. a {underline:none}
   C. a {decoration:no underline}　　D. a {text-decoration:none}
5. 以下哪一种方法是设置DIV盒子的左侧内边距为10px？（　　）
   A. padding:10px　　B. padding-left:10px　　C. margin:10px　　D. margin-left:10px
6. 下列哪个CSS属性能够设置盒子的内边距为10、20、30、40（顺时针方向）？（　　）
   A. padding:10px 20px 30px 40px　　B. padding:10px 1px
   C. padding:5px 20px 10px　　D. padding:10px
7. 如何能够定义列表的项目符号为实心矩形？（　　）
   A. list-type: square　　B. type: 2
   C. type: square　　D. list-style-type: square
8. 以下哪一个是DIV盒子的默认定位属性值？（　　）。
   A. absolute　　B. fixed　　C. relative　　D. static

第 8 章 模板和库

- 了解模板和库的基本概念
- 掌握模板的创建和属性的编辑
- 掌握资源面板的使用
- 掌握库面板的应用方法

8.1 “资源”面板

“资源”面板用于管理和使用制作网站的各种元素，如图像或视频文件等。选择“窗口”|“资源”命令，弹出“资源”面板，如图 8-1 所示。

图 8-1 “资源”面板

“资源”面板提供了“站点”和“收藏”两种查看资源的方式，“站点”列表显示站点的所有资源，“收藏”列表仅显示用户曾明确选择的资源。在这两个列表中，资源被分成“图像”“颜色”“URLs”“媒体”“脚本”“模板”和“库”7 种类别，显示在“资源”面板的左侧。“图像”列表中只显示 GIF、JPEG 或 PNG 格式的图像文件；“颜色”列表显示站点的文档和样式表中使用的颜色，包括文本颜色、背景颜色和链接颜色；“URLS”列表显示当前站点文档中的外部链接，包括 FTP、HTTP、HTTPS、gopher、电子邮件（mailto）和本地文件（file://）等类型的链接；“媒体”列表显示任意版本的.swf 格式；“模板”列表显示模板文件，方便用户在多个页面上重复使用同一页面布局；“库”列表显示定义的库项目。

在模板列表中，面板底部排列着几个常用的功能按钮，分别是：“插入”按钮，该按钮用于将“资源”面板中选定的元素直接插入到文档中；“刷新站点列表”按钮；“编辑”按钮，用于编辑当前选定的元素；“添加到收藏夹”按钮；“新建模板”按钮；“删除”按钮，用于删除选定的元素。使用“资源”面板的这些功能按钮，用户可以直接操作网站的各种元素，而不必在外部文件夹中进行操作。

8.2 模板概述

8.2.1 什么是模板

模板的功能就是把网页布局和内容分离，在布局设计好之后将其存储为模板，这样相同布局的页面可以通过模板创建，能够极大地提高工作效率。

模板的最大作用就是用来创建有统一风格的网页，省去了重复操作的麻烦，提高工作效率。它是一种特殊类型的文档，文件扩展名为“.dwt”。在设计网页时，可以将网页的公共部分放到模板中。要更新公共部分时，只需要更改模板，所有应用该模板的页面都会随之改变。在模板中可以创建可编辑区域，应用模板的页面只能对可编辑区域内进行编辑，而可编辑区域外的部分只能在模板中编辑。

从图 8-2 中的页面可以看出，对于一个网站来说，布局上往往是大同小异的，只有具体的内容不同，由此，我们可以制作一个如图 8-3 所示的模板，再在该模板上制作网页，就可以很方便地批量制作出网页出来了。

图 8-2　网站页面例子

图 8-3　模板例子

8.2.2　模板的优点

总的来说，在 Dreamweaver CC 中，模板有以下优点。

（1）制作方便，利用模板可以制作具有相同外观结构的网页，提高了制作效率。但要注意模板的设计和制作一定要严谨，以防更改麻烦。

（2）更改方便，更改模板使得整个网站采用相同模板的页面都能得到更新。

（3）模板与基于该模板的网页文件之间保持连接状态，对于相同的内容可保证完全一致。

8.3　创建模板

制作模板和制作一个普通的页面完全相同，只是不需要把页面的所有部分都制作完成，仅仅需要制作出导航条、标题栏等各个页面的公共部分，中间区域用各个页面的具体内容来填充。设计者可以根据需要，直接创建空白的模板，也可以将已有文档转换为模板。要使模板生效，其中至少还要创建一个可编辑区域；否则基于该模板的页面是不可编辑的。当用户创建模板之后，Dreamweaver CC 会自动把模板文件（扩展名为.dwt）存储在站点的本地根目录下的“Templates”文件夹中。如果此文件夹不存在，当存储一个新模板时，Dreamweaver CC 会自动生成此文件夹。

创建模板的常用方法有两种：创建空模板或将现有网页另存为模板。

8.3.1　创建空模板

创建空模板有以下 2 种方法。

（1）选择“文件”|“新建…”菜单命令，如图 8-4 所示，在弹出的“新建文档”对话框的“文件类型”中选择“HTML 模板”，单击右下角“创建”按钮。

（2）在“资源”面板中单击“模板”按钮，此时列表为模板列表，如图 8-5 所示，在面板下方单击“新建模板”按钮；创建空模板，此时新的模板添加到“资源”面板的“模板”列表中，为该模板输入名称，如图 8-5 所示。创建后，在“资源”面板的模板列表中双击新建的模板文件可实现对该模板的编辑。

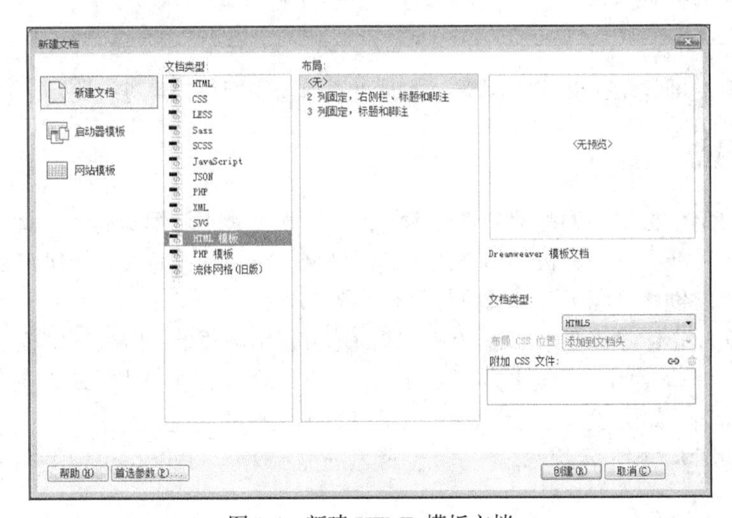

图 8-4　新建 HTML 模板文档

图 8-5　在“资源”面板中创建模板文档

8.3.2 将现有文档存为模板

在 Dreamweaver CC 中打开一个已有的网页，选择“文件”|“另存为模板”命令，如图 8-6 所示，弹出“另存为”对话框，如图 8-7 所示，默认模板主文件名与网页主文件名相同，用户也可以修改模板名称，单击“保存”按钮，则在“Templates”文件夹中生成模板文件，扩展名为.dwt。此时系统弹出“要更新链接吗？”提示窗口，如图 8-8 所示，单击按钮“是”，因为模板文件与源网页文件不在同一目录，如果不更新链接，则模板文件不能显示原有图片，原有的超级链接也不能正常使用。

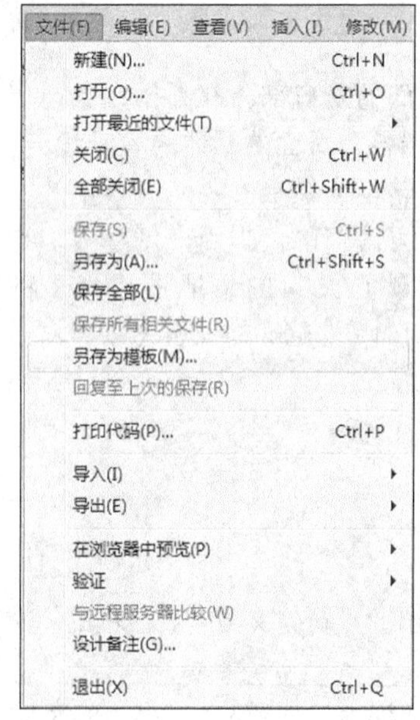

图 8-6 网页保存为模板

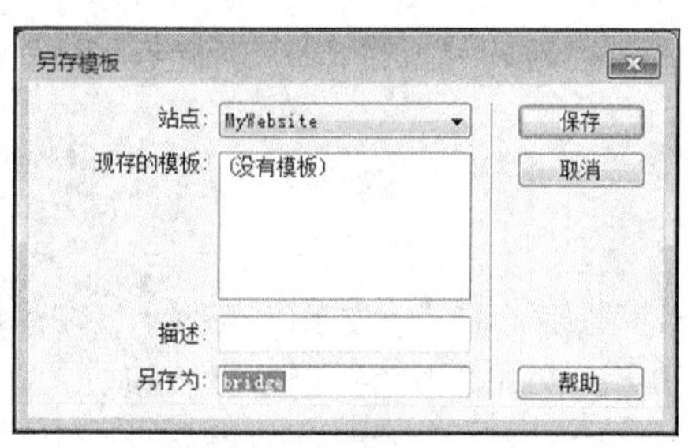

图 8-7 “另存模板”对话框

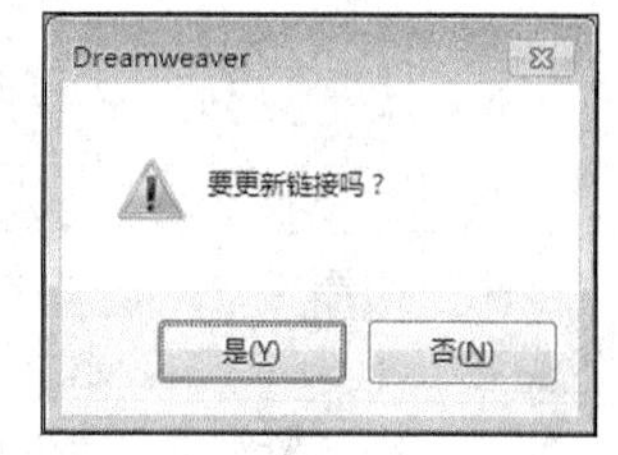

图 8-8 “更新链接”提示窗口

在创建模板之前，必须先建立站点，在“站点”菜单中可管理站点。

保存后，资源面板可能并没有立即显示出新建的面板，此时可以单击刷新按钮进行刷新。

8.3.3 创建可编辑区域

在设计模板时，设计者可以决定模板中的哪些部分是可编辑的，而哪些是不可编辑的，这就要通过创建可编辑区域来实现上述功能。一个模板必须创建可编辑区域，模板才有意义，否则该模板创建的网页都不能进一步编辑。创建可编辑区域的具体操作步骤如下。

首先打开创建好的模板，把鼠标光标停留在想创建可编辑区的地方，单击菜单“插入”|“模板”|“可编辑区域”，如图 8-9 所示，该操作也可通过按“Ctrl+Alt+V”组合键实现快速插入。在弹出的对话框中为该可编辑区域命名，如图 8-10 所示，就完成了可编辑区域的创建。模板文档将在插入位置生成一个可编辑区，如图 8-11 所示，该区上方蓝色背景的提示文本“EditRegion1”在浏览器中将不会被显示。

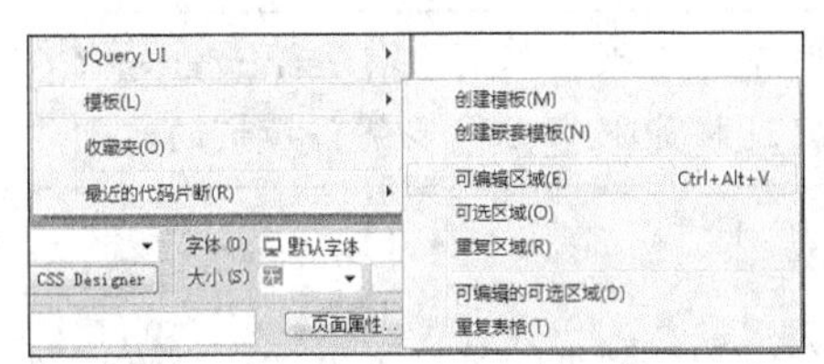

图 8-9　插入“可编辑区域”

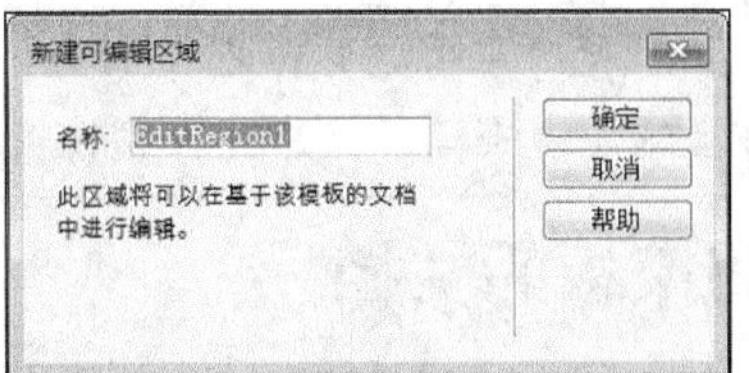

图 8-10　可编辑区域名称确定

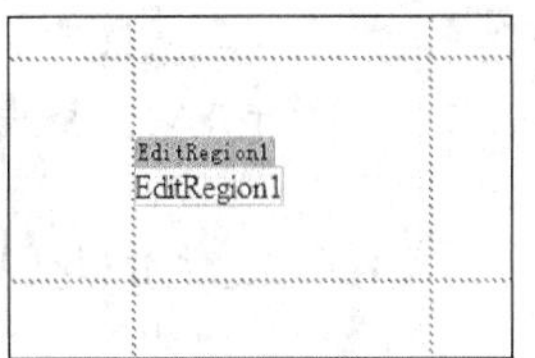

图 8-11　模板的可编辑区效果

8.4　模板的应用

上节学习了创建模板，下面学习如何将创建好的模板应用到页面中。本节主要介绍应用模板创建新文档和将模板应用于现有文档两种应用方式，以及更新应用模板的页面，从模板中分离页面等内容。

8.4.1　应用模板创建新文档

创建好模板并建立好可编辑区域后，就可以使用该模板来创建新的网页了，具体操作步骤如下。

单击菜单“文件”|“新建”，在弹出的对话框中，选择“网站模板”，如图 8-12 所示。可以看到对话框分为 3 列，左边是已经设定好的所有站点，选择一个站点，就可以在中间的列表框中看到这个网站中已经存在的模板了，选中一个模板，最右边可以显示出这个模板的缩略图。

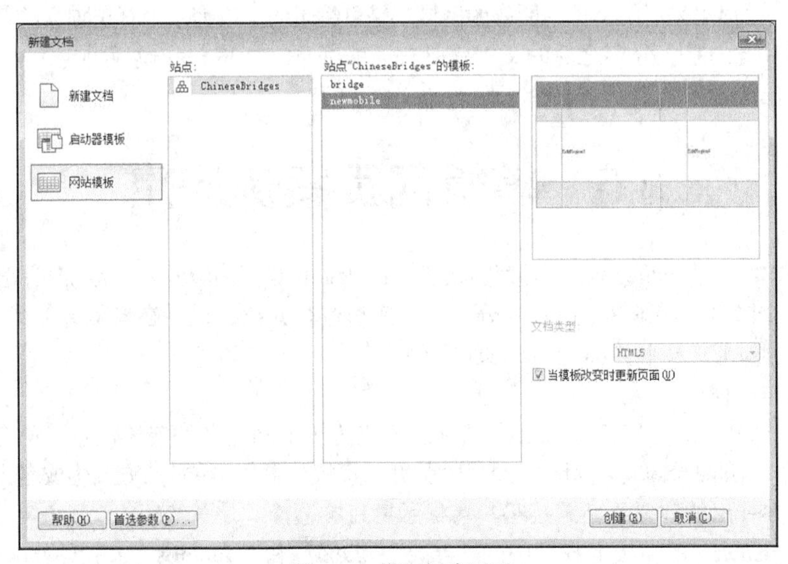

图 8-12　模板创建网页

选择一个模板后，单击“创建”按钮，就新建了一个网页，在新建的网页中可以看到，只有可编辑区域的地方才可以进行编辑，鼠标移动到其他地方，都变成不可编辑的停止状态。同时，打开网页对应的代码发现，只有可编辑区域对应的地方的代码是黑色的，其他大部分代码都变成了灰色的不可编辑的状态。

在可编辑区域输入想显示的内容，保存文档，生成网页文件，这样一个新的网页就做好了。通过这种方法，可以很快地制作出很多布局形式相同而内容不同的网页，大大地提高工作效率。

在网络冲浪时，看到一些优秀的网页，可以先下载下来，然后在 Dreamweaver CC 中打开它，把内容部分清除掉，然后保存成模板，这样能够省去很多制作模板的时间。

8.4.2 更新应用模板的文档

建立网站并不是一件一劳永逸的事，网页的布局可能会更新，网页的风格也可能会修改，网页的栏目等也可能会增加，如果不使用模板，那么当需要改动时，就需要手工逐个改动。对于大型网站动则成千上万个甚至几十万个网页来说，那是一件多么可怕的事。Dreamweaver CC 提供了自动更新使用模板的所有网页的功能，很好地解决了这个问题。当模板中的内容发生改变时，保存模板后会自动弹出更新页面的对话框，如图 8-13 所示。单击更新按钮即可更新所有应用该模板的文档。

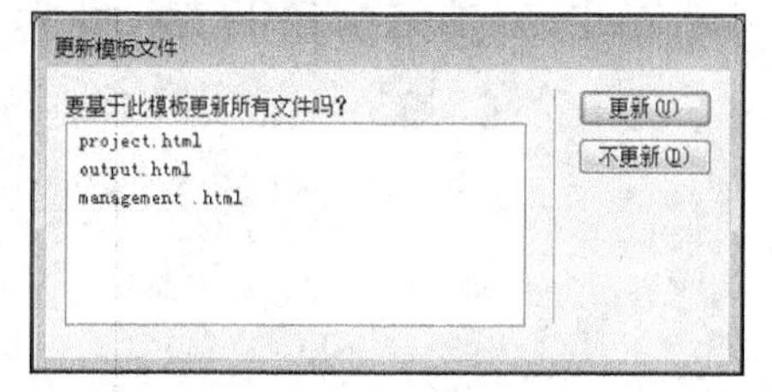

图 8-13　通过模板更新网页

8.4.3 将文档从模板中分离

通过模板建立网页虽然方便快捷，但是所建立的网页会受到模板限制，只能修改模板中可编辑区域的位置的内容，同时模板更新后网页也会随着模板更新。有时候，我们既想从现有的模板中快速创建网页，同时又想灵活地改动而不受模板影响，是否能够达到这样的功能呢？答案是肯定的，Dreamweaver CC 提供了将文档从模板中分离出来的功能，可以先从模板创建页面，然后再从模板中分离出来成为独立的页面，并且保留网页中原内容，具体操作步骤如下。

打开需要分离的页面，然后单击菜单“修改”|“模板”|“从模板中分离”，就可以将文档从模板中分离出来了，分离出来后的文档的所有的区域都是可编辑的，成为一个真正独立的普通文档。

但是需要注意的是，分离之后的文档就是普通的网页文档了，和模板再也没有任何联系，因此，模板再次修改也不会更新这些分离出来的文档了。

8.5 模板网页案例应用

例 8.1　将网页“bridge.html”另存为模板“bridge.dwt”，编辑模板，添加可编辑区域，并运用模板创建 4 个网页，如图 8-2 所示，分别对 4 座桥进行介绍，最后在模板导航条上实现各网面之间的链接，尝试修改模板内容对各网页的影响。

该案例操作过程如下。

（1）新建网站，指定“bridge.html”所在文件夹为当前网站文件夹，站点名称命为“Chinese Bridges”。打开“bridge.html”，选择“文件”|“另存为模板”命令，按默认方式生成名为“bridge.dwt”的模板文件，在弹出的“要更新链接吗？”提示窗口中选择“是”按钮。

（2）“bridge.dwt”的模板上找到中间“#site”“#text”和“#photos”3 个盒子，单击菜单“插入”|“模板”|“可编辑区域”（或按“Ctrl+Alt+V”组合键），在 3 个盒子中分别插入一个可编辑区域，如图 8-14 所示。单击菜单“文件”|“保存”，保存当前模板。

图 8-14　插入 3 个可编辑区域

（3）单击菜单“文件”|“新建”，如图 8-15 所示，在弹出的“新建文档”对话框中，选择“网站模板”，在“站点”栏中选择“ChineseBridges”站点，在“模板”栏中选择“bridge”模板，对话框右上角显示该模板缩略图。由缩略确认模板无误后，单击右下角“创建”按钮，系统自动创建该模板的衍生网页，如图 8-16 所示。该新建网页与模板文档的布局与内容完全一样，不一样的是网页大部分区域是不可编辑的，只有 3 个可编辑区域内部才是可以编辑的。

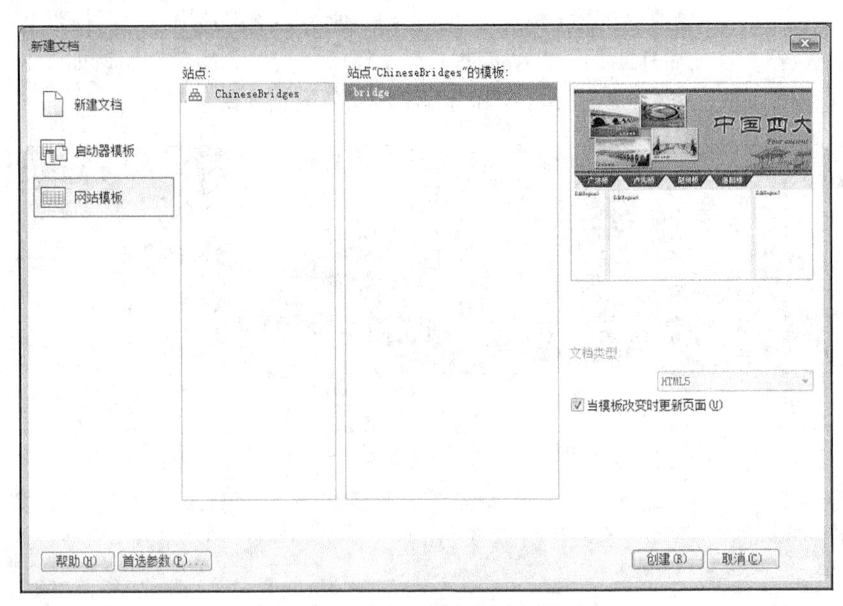

图 8-15　由所选模板创建新网页

图 8-16　由模板创建新网页效果

（4）在“EditRegion3”区域中删除默认文本，插入本地站点“images”子文件夹中的图片“gj.jpg”；在“EditRegion4”区域中删除默认文本，插入关于“广济桥”的介绍文本（该文本可从站点文件“四大古桥.txt”中拷贝）；在“EditRegion5”区域中删除默认文本，插入“images”子文件夹中图片“gjpho.jpg”。选择“文件”|“保存”菜单命令，将该新建网页保存为“gjq.html”文件。

（5）重复使用步骤（3）的方法：通过模板创建新的网页，对其中可编辑区域插入相应文本内容或图片（图像文件均在“images”文件夹中），保存编辑后的网页。其中，卢沟桥网页插图文件为“lg.jpg”和“lgpho.jpg”，保存文件名为“lgq.html”；赵州桥网页插图文件为“zz.jpg”和“zzpho.jpg”，保存文件名为“zzq.html”；洛阳桥网页插图文件为“ly.jpg”和“lypho.jpg”，保存文件名为“lyq.html”。当 4 个网页完成编辑及保存后，它们之间是独立互不链接的。由于当前各网页的导航区是不可编辑的，这里可以直接在模板文档上设置超链接来实现所有网页的导航功能。

（6）关闭所有用模板创建的网页文件（gjq.html、lgq.html、zzq.html 和 lyq.html），因为对打开状态的文件，模板是难以对它们实现更新的。打开模板文件“bridge.dwt”，如图 8-17 所示，在导航区选择“广济桥”按钮图片，在属性面板“链接”项右方拖动“指定文件”按钮“⊕”，指向文件面板上的“gjq.html”文件，链接项文本框中直接生成“../gjq.html”的链接目标文本。用相同的方法，令“卢沟桥”按钮链接“../lgq.html”“赵州桥”按钮链接“../zzq.html”“洛阳桥”按钮链接“../lyq.html”。保存修改后的模板文件，如图 8-18 所示，系统弹出“更新模板文件”对话框，单击“更新”按钮，在随后弹出的“更新页面”对话框中单击“关闭”按钮，如图 8-19 所示，这样就完成对所有网页的导航设置，用户可用浏览器检测各网页间的链接效果。

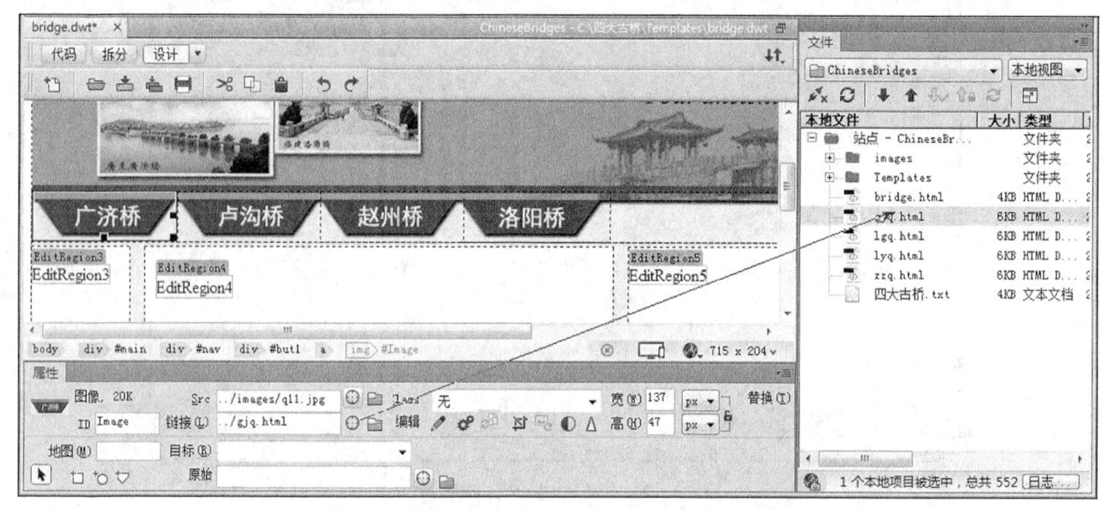

图 8-17　实现模板文档中导航按钮的链接功能

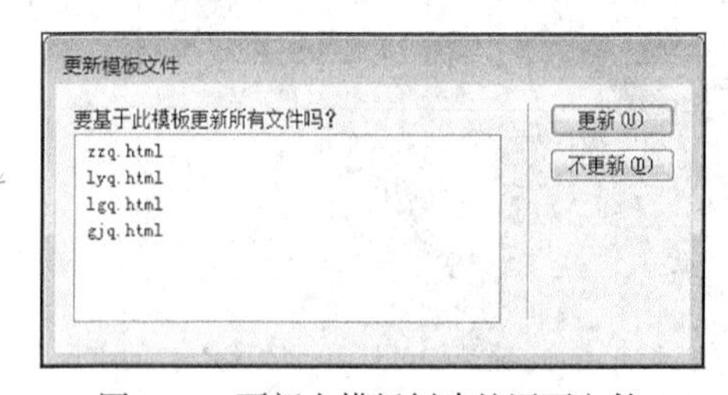

图 8-18　更新由模板创建的网页文件

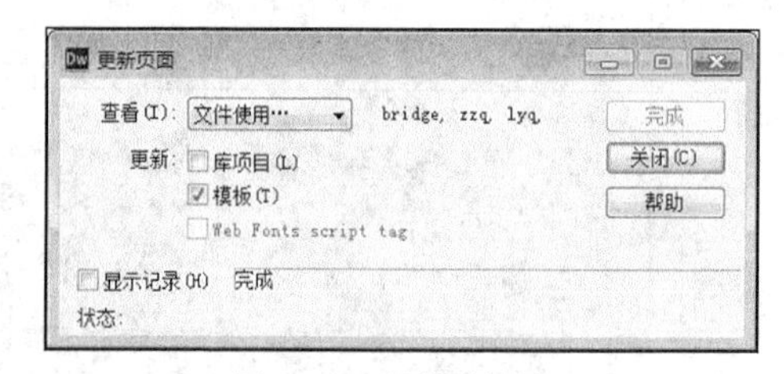

图 8-19　完成更新处理

（7）由于本网站中所有网页均由模板“bridge.dwt”创建，当需要实现网站改版更新时，也只需在模板文件上进行修改编辑即可，如图 8-20 所示，将模板文件中页脚图片由“footer.jpg”更换成“footer2.jpg”，保存更改后的模板文件，并基于此模板更新所有的文件，站内所有网页就马上实现页脚的同步更新，如图 8-21 所示。

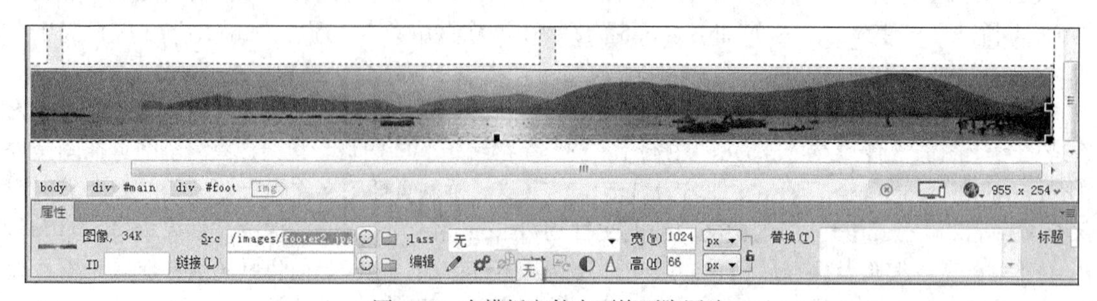

图 8-20　在模板文件中更换页脚图片

图 8-21　所有网页同步更新页脚

8.6　库

库是存储重复使用的页面元素的集合，是 Dreamweaver CC 提供的另外一种网页元素复制使用机制。Dreamweaver CC 允许把网站中需要重复使用或需要经常更新的页面元素（如图像、文本或其他对象）存入库中，存入库中的元素称为“库项目”。

8.6.1　库项目介绍

若与模板比较，模板适用于整个网页布局相同的若干网页，而库项目则适用于某个局部多次出现在不同网页中的情况。

创建库项目后，Dreamweaver CC 会自动将每个库项目生成一个扩展名为“.lbi”的文件，并存放在每个站点的本地根目录下的“Library”文件夹中，“Library”文件夹也由系统自动生成。

网页中需要插入一个库项目时，可以直接在“库”面板中将该库项目拖至网页所需位置，此时 Dreamweaver CC 会在网页中插入该库项目的 HTML 源代码的一份拷贝，并创建一个对部库项目的引用。在“库”面板中双击某一库项目可实现对该库项目的修改编辑，当修改结果保存后，整个网站各页面中之前插入的该库项目将做相同的更新。

8.6.2　库项目创建及引用

例 8.2　在上述“四大古桥”网站案例基础上，将图像“logo.jpg”添加为库项目，并将该项目引用至各网页文本内容的后面。

具体操作如下。

（1）打开“四大古桥”网站的“gjq.html”网页，选择“窗口”|“资源”命令，弹出“资源”面板，单击“资源”面板左侧的“库”按钮使其切换为“库”面板。

（2）在“gjq.html”网页中文本编辑区下方插入“logo.jpg”图片文件，该文件位于网站根目录的“images”文件夹中，如图 8-22 所示。

（3）将上一步所插入的图片由网页拖曳至“库”面板中，生成名为“Untitled”的库项目，如图 8-23 所示，将其改名为“logo”。鼠标移至网页该插图位置，可见该图已变为不可编辑状态，因为创建为库项目后，原图片内容自动转换为该库项目 HTML 源代码的一份拷贝，即是对库项目的一个引用。此时网站结构如图 8-24 所示，系统自动生成“Library”文件夹及“logo.lbi”库项目文件。

（4）打开“lgq.html”“zzq.html”和“lyq.html”文档，如图 8-25 所示，从“库”面板将“logo”库项目拖至各网页文本区后面，即各插入一份库项目的引用。

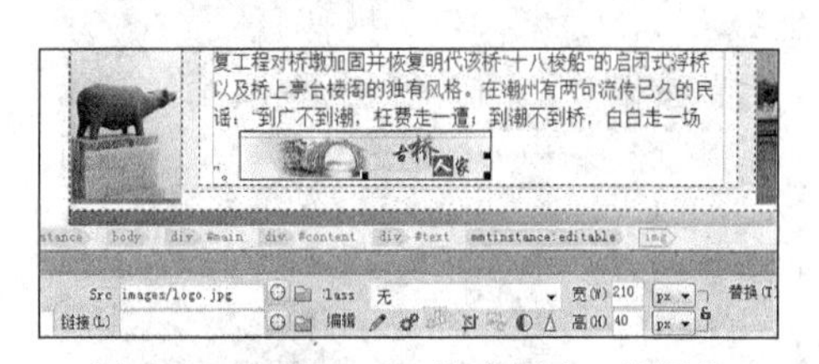

图 8-22　在“gjq.html”中插入一张图片

图 8-23　将图片拖至“库”面板

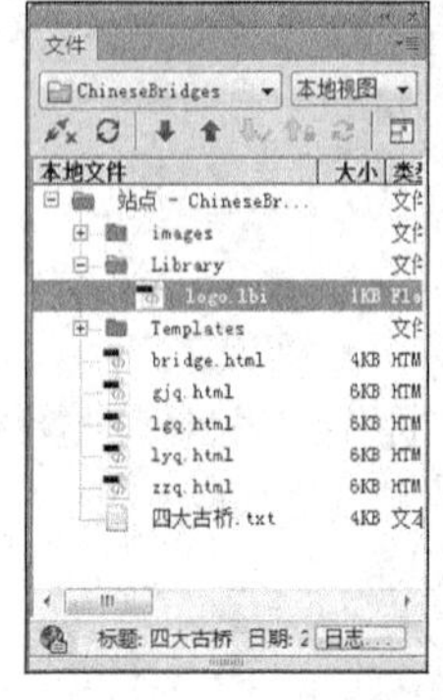

图 8-24　生成“Library”文件夹及“logo.lbi”文件

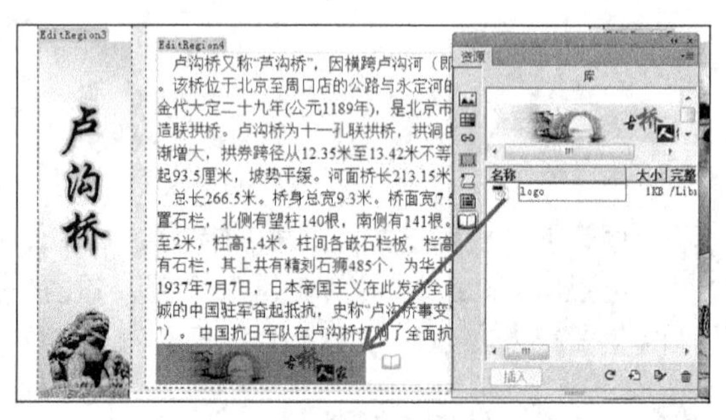

图 8-25　库项目拖进网页中

（5）对以上所有修改编辑的网页进行保存。

8.6.3　库项目的删除与编辑

创建了库项目后，用户可通过“库”面板实现对库项目的常规操作或编辑，具体如下。

（1）删除库项目：选择库项目，在“库”面板下方单击“删除”按钮可删除该库项目。

（2）编辑库项目：选择库项目，在“库”面板下方单击“编辑”按钮（或直接双击该库项目项），将打开.lbi 文档以实现库项目的编辑，如图 8-26 所示。拖动原图控制块修改图像高度后，选择“文件”|“保存”命令保存修改结果时，系统弹出“更新库项目”对话框，如图 8-27 所示，单击“更新”按钮，则对该库项目的修改结果将更新至各引用网页中。

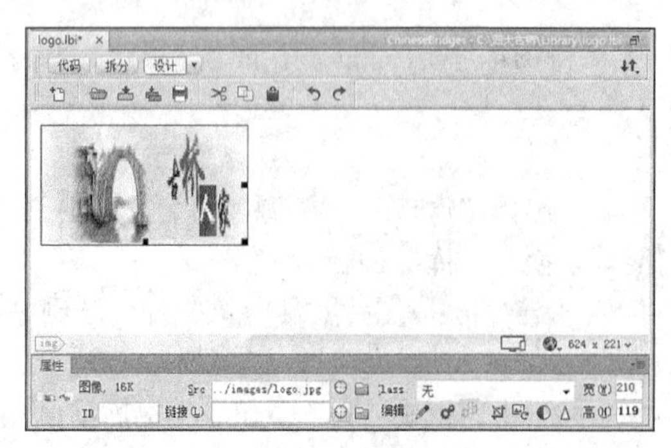

图 8-26　编辑库项目

图 8-27　更新库项目提示

8.6.4　网页库项目与源文件分离

如果想将网页中插入的库项目从源文件中分离出来，则选择该库项目对象，如图 8-28 所示，在属性面板上单击“从源文件中分离”按钮，系统弹出警告信息提示，如图 8-29 所示，在该对话框中选择“确定”按钮，则该网页库项目对象转换为可编辑普通网页元素，当库项目源文件被修改时，该网页元素将不再会自动更新。

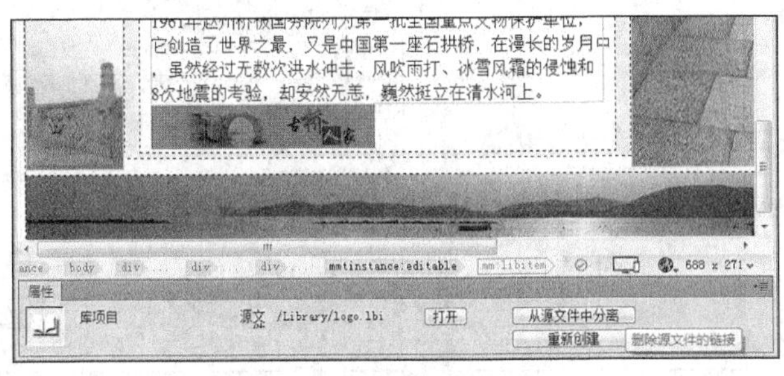

图 8-28　库项目从源文件中分离

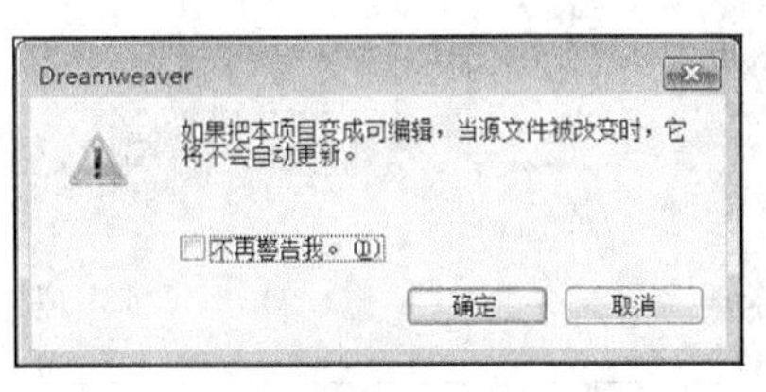

图 8-29　警告信息提示

8.7　课后实验

文件夹网页“color.html”的基础上，用模板的方法，实现“颜色的含义”网站的建设，网站中各网页效果如图 8-30 所示。

图 8-30　网站中各网页效果

实验要求：

（1）设置本地站点文件夹为“color.html”网页所在文件夹。

（2）打开“color.html”文件，用“文件”|“另存为模板”命令将其转成模板文件“color.dwt”。

（3）在模板文件 6 个 AP 层中各插入一个可编辑区域，如图 8-31 所示。

（4）将其中需要输入本文的 3 个可编辑区域字体设置为 20px，如图 8-32 所示，保存模板。

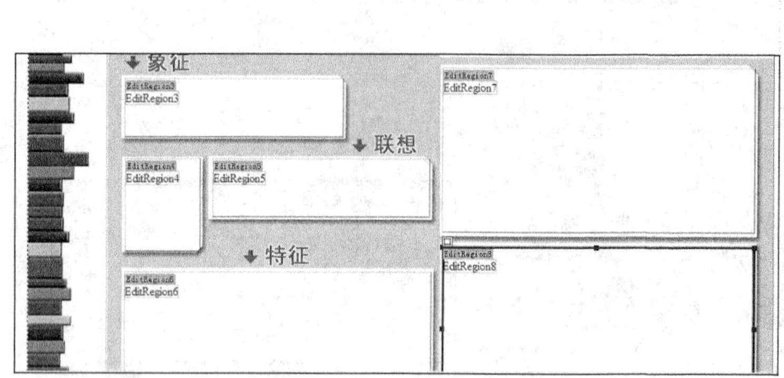

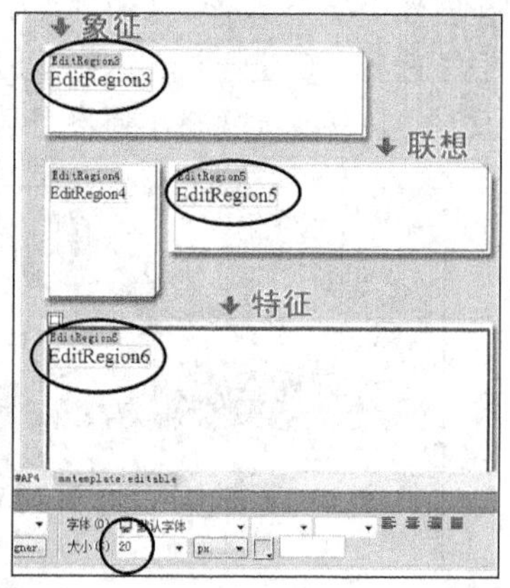

图 8-31　插入 6 个可编辑区　　　　图 8-32　文本可编辑区字体设为 20px

（5）应用模板创建新文件的方法创建新网页，如图 8-33 所示，分别在各可编辑区域中插入图片或文本。因为“红色”网页也是网站主页，将其保存为“index.html”。用相同方法制作其他颜色的网页，并按颜色名保存网页，如图 8-34 所示。

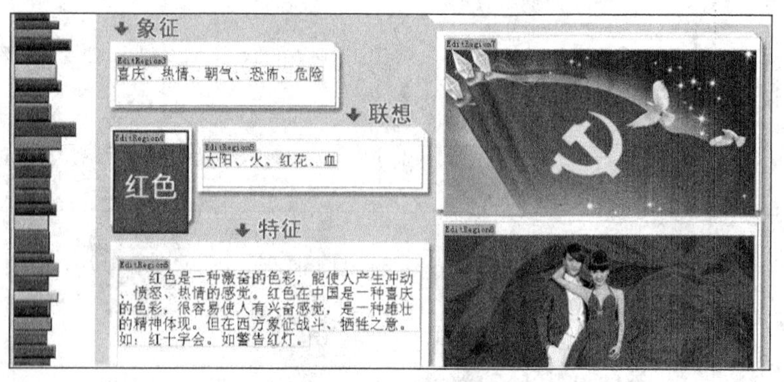

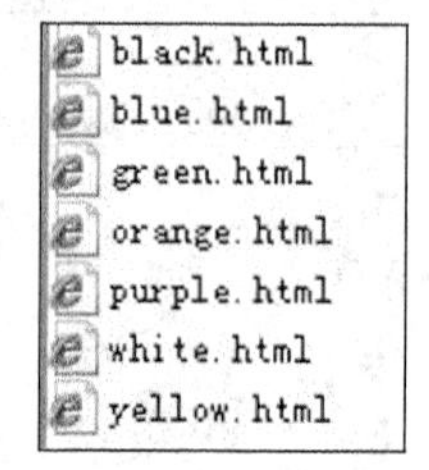

图 8-33　添加各编辑区内容　　　　图 8-34　按颜色名保存网页

（6）关闭所有网页，打开模板文件“color.dwt”，在下面导航区图片中绘制热点区域，并为各热点区域设置超级链接，如图 8-35 所示。

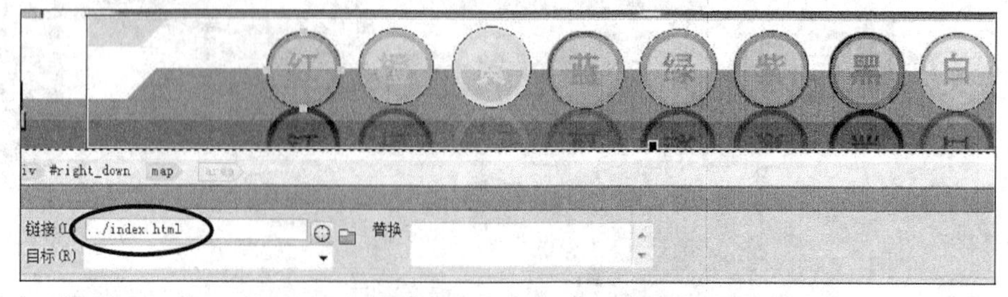

图 8-35　实现模板文档中导航区的链接功能

（7）再次保存模板文件，实现对该模板创建的所有网页的功能更新。打开主页，检测导航功能。

8.8　小结

每个网站通常都是由多个整齐、规范、流畅的网页组成的。为了保持站点中网页风格的统一，需要在每个网页中制作一些相同的内容，如相同栏目下的导航条、各类图标等，因此网站制作者需要花费大量的时间和精力在重复性工作上。为了减轻网页制作者的工作量，提高工作效率，Dreamweaver CC 提供了模板和库功能。本章介绍了模板及库的基本概念，学习如何有效地运用模板及库的功能制作网页，为设计中、大型网站打下基础。

8.9　练习与作业

一、填空题

1. 模板文件的扩展名为______________，库项目文件的扩展名为____________。

2. 模板文件保存在网站根目录下的______________文件夹内，库项目文件保存在网站根目录下的______________文件夹内。

3. 模板中的______________是指可以创建包含重复行的表格格式的可编辑区域。

二、选择题

1. 对模板的管理主要是通过（　　）。

　A. “资源”面板　　B. “文件”面板　　C. “层”面板　　D. “行为”面板

2. 关于模板的说法错误的是（　　）。

　A. 可以通过“新建文档”对话框创建模板　B. 可以通过“资源”面板创建模板

　C. 可以通过“资源”面板重命名模板　　D. 可以通过“资源”面板将网页与模板分离

3. 以下关于库项目的说法，哪一个是正确（　　）。

　A. 库项目必须在模板文件上使用

　B. 网页中引用了库项目后还可以继续在网页中编辑该库项目

　C. 网页中的库项目与源文件分离后，源文件被改变时仍会影响该网页库项目

　D. 在 Dreamweaver CC 的“库”面板中，一个库项目对应一个“.lbi”文件

4. 模板的创建有两种方式，分别是（　　）。

　A. 新建模板，已有网页保存为模板　　B. 新建网页，保存网页

　C. 新建模板，保存层　　　　　　　　D. 新建层，保存模板

5. 下面说法错误的是（　　）。

　A. 模板必须创建可编辑区域，否则在使用模板时无法达到预期效果

　B. 为了达到最佳的网页兼容性可编辑区的命名应用中文

　C. 在模板中，蓝色为可编辑区黄色是非编辑区

　D. 模板是一种特殊的网页

6. 模板的（　　）指的是在某个特定条件下该区域可编辑。

　A. 重复区域　　B. 重区域　　C. 可选区　　D. 库

三、操作题

1. 建立一个名为“网上书店”的模板，然后利用模板建立 3 个介绍教材的网页，其中包括教材的名称、封面图像和文字介绍。

2. 上机操作，创建一个模板，并将它应用于网页。然后修改模板，并更新网页。如果要想在修改模板后不影响使用该模板的网页，应如何操作？

第9章 行为

- 了解行为的概念及应用
- 掌握行为面板的使用
- 掌握动作面板的使用
- 掌握各动作命令的应用

9.1 行为概述

“行为”是 Dreamweaver CC 中最具特色的功能之一，通过使用“行为”，用户可以不用编写 JavaScript 代码而直接制作出几十甚至几百行代码才能完成的功能。Dreamweaver CC 中的“行为”实际上就是一些预设好的 JavaScript 程序，目的是设定用户与网页间的交互方式，实现用户与网页间的交互功能。一般来说，一个“行为”由一个“事件”和一个“动作”两部分组成。

9.1.1 动作

“动作”是系统预先定义好的、具有指定任务的 JavaScript 程序代码。这些预设好的任务包括弹出信息窗口、检查浏览器、交换图像、检查插件等。在 Dreamweaver CC 中内置了若干默认的动作（见图 9-1），用户可以直接使用提供的动作而不需编写代码。

9.1.2 事件

“事件”用于指明网页访问者在网页上执行了何种操作。最常见的事件主要有 onMouseOver、onMouseOut、onClick、onDblClick 和 onDrag 等，它们分别是指当鼠标指针放在上方、当鼠标指针移开、单击、双击和拖曳这些操作。除了鼠标操作外，其他的一些操作也能起到触发动作的作用，这些事件如 onKeyPress（键盘按键操作），又如 onLoad（页面加载）等。

9.1.3 “行为”面板

当需要为网页添加“行为”时，用户可以使用“行为”面板为网页元素指定动作和事件。选择“窗口”|“行为”命令（或按“Shift+F4”组合键），弹出“行为”面板，如图 9-2 所示。

“行为”面板常通过以下几个按钮实现“行为”操作。

（1）“添加行为”按钮 +.：单击该按钮，弹出动作菜单，如图 9-1 所示，在动作菜单中选择一个行为。在“行为”面板上插入动作的同时，Dreamweaver CC 会指定一个常用的事件与动作相配合，用户也可以在事件下拉菜单中另外设置该行为的事件，如图 9-3 所示。

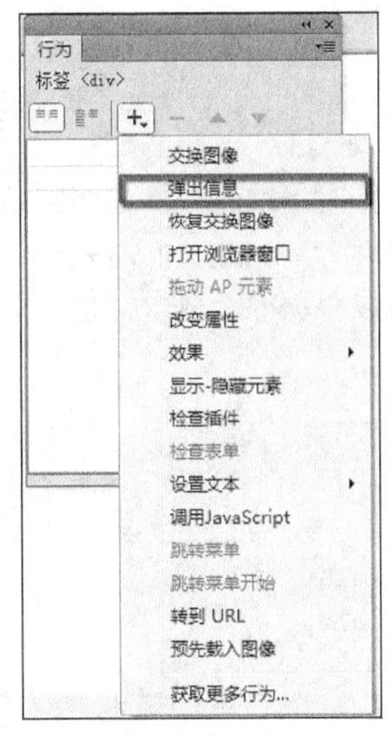

图 9-1　动作菜单

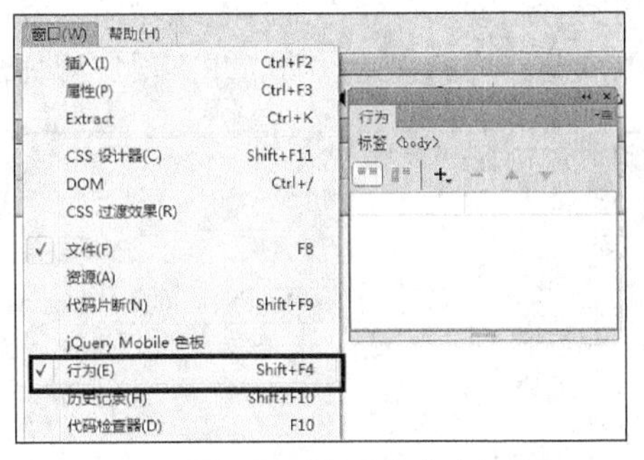

图 9-2　“行为”命令

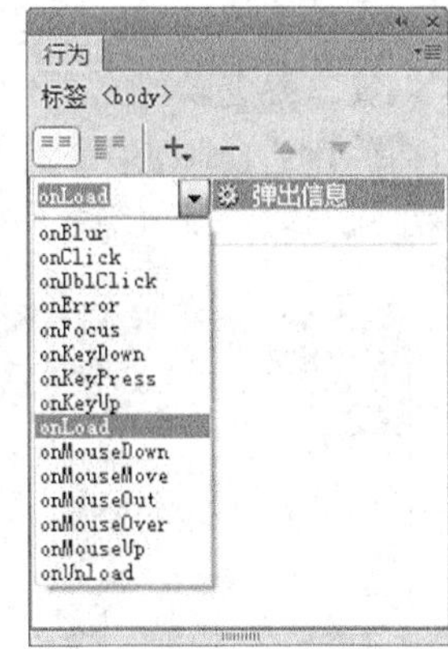

图 9-3　事件菜单

（2）“删除事件”按钮 ━：在面板中删除所选的事件和动作。

（3）“增加事件值”按钮 ▲、“降低事件值”按钮 ▼：在面板中通过控制当前行为的上、下移动来调整各行为的程序运行顺序。

本章后面的内容将具体讲解 Dreamweaver CC 中一些常用的“行为”使用方法。

9.2　弹出信息

网站设计时，有时希望访问者一进入首页就看到一些最新消息，可以弹出一个消息框，或显示一些文本，如图 9-4 所示。

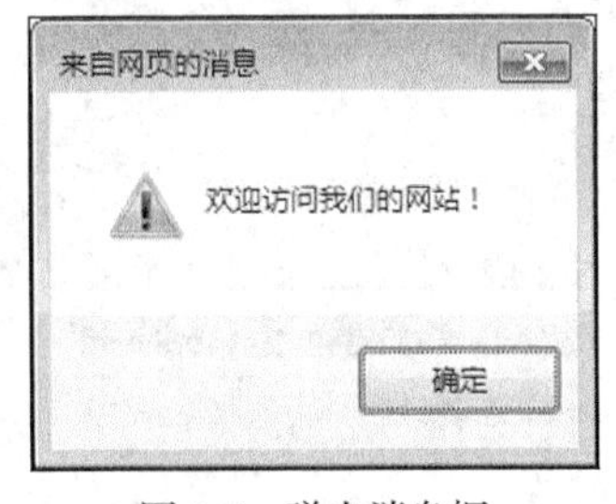

图 9-4　弹出消息框

图 9-5　在“消息”文本框中输入文本

“弹出信息”行为的操作方法如下。

（1）打开网站的首页，单击文档窗口左下角的<body>标签，选择“窗口”|“行为”命令，打开“行为”面板，单击其中的“添加行为”按钮 +，在弹出的菜单中选择“弹出信息”命令，打开“弹出信息”对话框。

（2）在“消息”文本框中输入希望显示的文本，如图 9-5 所示，如“欢迎访问我们的网站!”，单击“确定”按钮，此时的“行为”面板如图 9-6 所示。按“F12”键，在浏览器中预览网页，首页加载完成后就会弹出如图 9-4 所示的消息框。

9.3 转到 URL

这个行为可以使浏览器装载新的页面，而不必等访问者单击了链接时才跳转。例如当网站更换了地址，就可以把原地址的首页制作成如图 9-7 所示的页面，当访问者浏览此页面时就会从这个页面跳转到新地址。如果访问者用的浏览器不支持这项功能，就可以根据提示单击链接，手动跳转至新地址。目前绝大多数浏览器均能支持该功能并实现自动跳转。

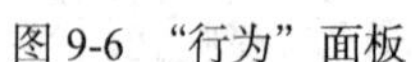

图 9-6 "行为"面板

图 9-7 网页自动跳转 URL 的网页

网页自动跳转 URL 的操作方法如下。

（1）先制作好如图 9-7 所示的网页，选择"窗口"|"行为"菜单命令，打开"行为"面板，单击"添加行为"按钮 +，在弹出的菜单中选择"转到 URL"命令，打开"转到 URL"对话框。

（2）在"转到 URL"对话框中输入要跳转的新地址，单击"确定"按钮，如图 9-8 所示。此时的"行为"面板如图 9-9 所示，默认事件"onLoad"不需要更改。

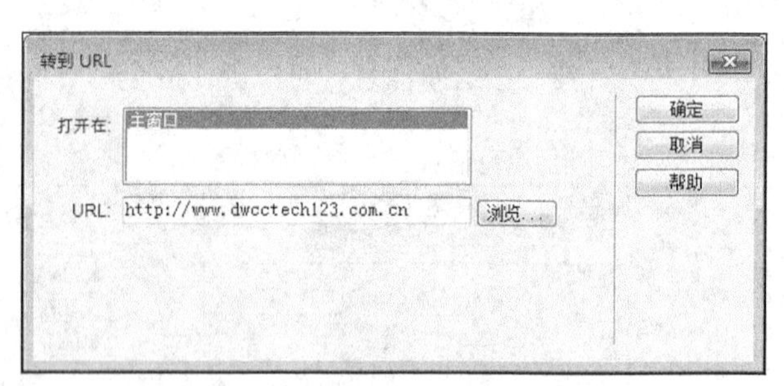

图 9-8 输入要跳转的 URL

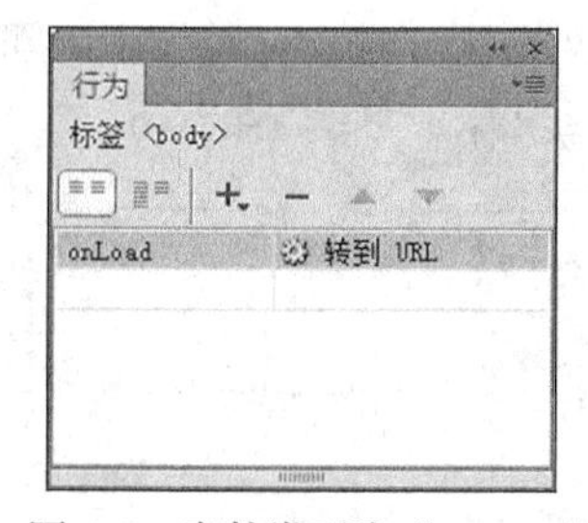

图 9-9 事件类型为"onLoad"

9.4 调用 JavaScript

使用"调用 JavaScript"行为，可以为文档或者文档中的元素对象添加一个 JavaScript 程序段，当特定事件发生时，该 JavaScript 程序段将会得到执行。

下面以单击网页文本"单击此处关闭窗口"实现窗口关闭为案例，讲解调用 JavaScript 的制作方法，操作步骤如下。

（1）打开需调用 JavaScript 的网页文档（或新建一空白网页）。

（2）在文档中输入说明文本"单击此处关闭窗口"，选择该文本。

（3）打开“行为”面板，如图 9-10 所示，单击“添加行为”按钮 +，在弹出的菜单中选择“调用 JavaScript”命令，打开“调用 JavaScript”对话框。

（4）在“调用 JavaScript”对话框的输入框中输入“window.close()”，如图 9-11 所示。单击“确定”按钮，完成设置。

（5）在“行为”面板中，打开事件所在的列，如图 9-12 所示，在下拉菜单中选择“onClick”事件，这样就会在单击鼠标时执行动作的内容。

（6）保存网页文档，在浏览器中预览页面效果，当鼠标单击“单击此处关闭窗口”文本时，网页窗口被关闭。

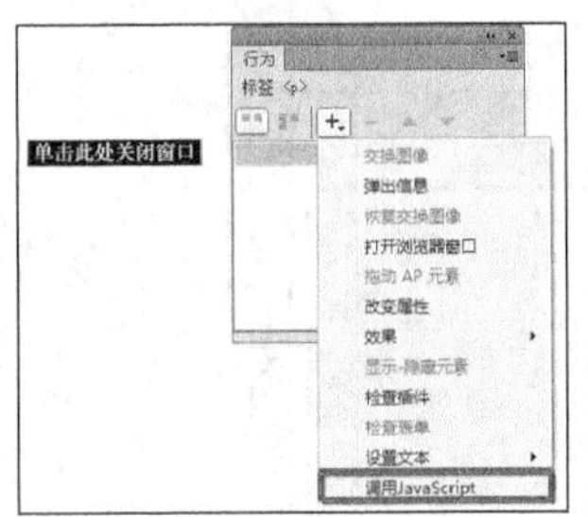

图 9-10 调用 JavaScript

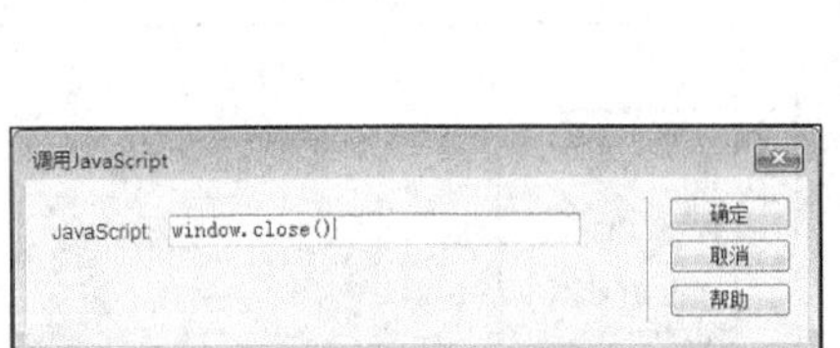

图 9-11 输入“window.close()”

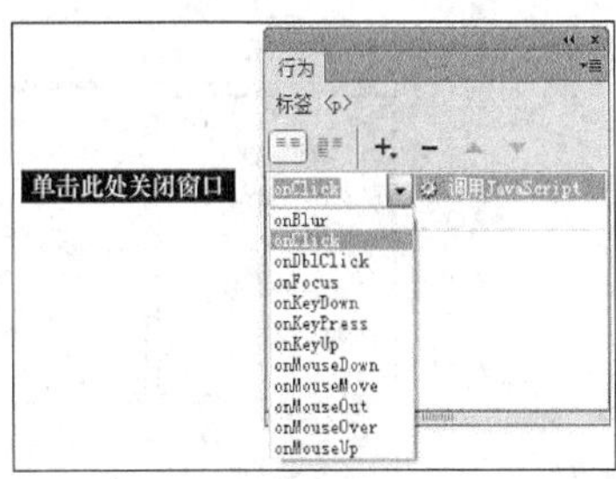

图 9-12 选择“onClick”事件

9.5 显示-隐藏元素

使用“显示－隐藏元素”行为，可以令指定的一个或多个 DIV 元素为显示或隐藏状态。当特定的事件发生时，这些 DIV 元素将切换成指定的状态。下面以一个家居网页为案例，通过在绝对定位元素（定位属性为“absolute”的 DIV 元素）上添加“显示-隐藏元素”行为来实现互动的网页功能。

例 9.1 设计图 9-13 所示家居展示网页，用 AP 层（绝对定位的 DIV 元素）实现网页行为：当鼠标经过网页下方 3 个小图时，大图区将切换成与小图相关的内容。

图 9-13 家居展示网页

网页具体设计方法如下。

（1）创建新网站，将网站所需的 6 个图像文件（3 幅大图——p1.jpg、p2.jpg、p3.jpg 及 3 幅小图——sp1.jpg、sp2.jpg、sp3.jpg）拷贝至本地站点文件夹中，在新建空白网页中设置网页背景颜色为灰色“#D1D3D1”，创建 ID 为“all”的 DIV 盒子：背景色为白色，大小为 960×550 像素，margin 属性设为“auto”（使盒子水平居中），position 属性设为“relative”，如图 9-14 所示。

（2）在“all”盒子中创建 ID 为“p1”的盒子：大小为 800×400 像素、position 属性设为“relative”，即“p1”为绝对定位的 DIV 元素。复制“p1”盒子并在“all”盒子粘贴 2 次，生成“p2”“p3”两个大小与“p1”一样的盒子，这两个盒子也是绝对定位 DIV 元素且嵌套于“all”盒子中，如图 9-14 所示。

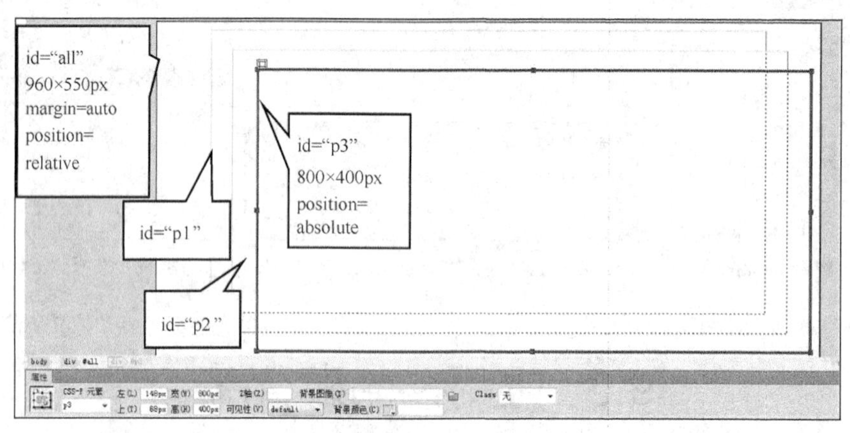

图 9-14　创建 4 个盒子

（3）在“p1”“p2”及“p3”盒子中分别插入图像“p1.jpg”“p2.jpg”及“p3.jpg”，如图 9-15 所示，按住“Shift”键，依次分别单击“p1”“p2”及“p3”盒子外框，使 3 个盒子均为选择状态，选择“修改”|“排列顺序”|“左对齐”菜单命令，实现 3 个盒子向“p1”盒子左边缘对齐，再选择“修改”|“排列顺序”|“上对齐”菜单命令，实现 3 个盒子向“p1”盒子上边缘对齐。

图 9-15　在各盒子中插入图像并对齐

（4）在“all”盒子中再插入一个大小为 120×120 像素的绝对定位元素“sp1”盒子，设置其为 1 黑色像素外框，用步骤（3）相同的方法复制生成另外两个相同盒子“sp2”和“sp3”，如图 9-16 所示，将 3 个新建小盒子移动至大盒子右下位置。

图 9-16　创建 3 个小盒子

（5）在“sp1”“sp2”和“sp3”盒子中分别插入图像“sp1.jpg”“sp2.jpg”和“sp3.jpg”图像，单击“sp1”盒子外框使其为选择状态。打开“行为”面板，如图 9-17 所示，为其添加“显示-隐藏元素”动作命令，如图 9-18 所示，在弹出的“显示-隐藏元素”对话框中设置“p1”元素为“显示”“p2”和“p3”元素为“隐藏”，其他元素不用设置。在“行为”面板上将设置该行为的事件为“onMouseOver”，如图 9-19 所示。即当鼠标移动至“sp1”盒子上方时，大图区显示“p1”盒子内容，而隐藏“p2”“p3”盒子内容。

图 9-17　添加“显示-隐藏元素”动作命令

图 9-18　设置大盒子的显示或隐藏属性

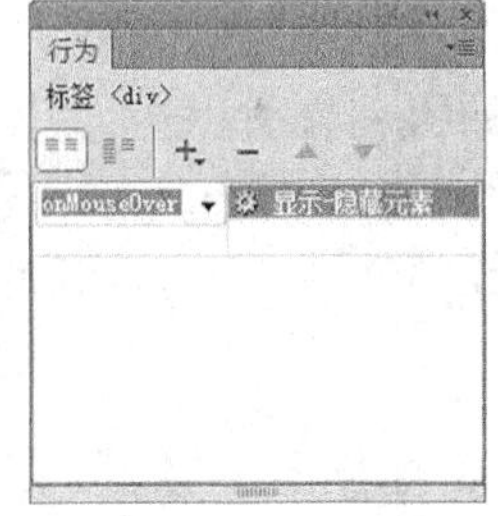

图 9-19　事件类型为“onMouseOver”

（6）继续为“p2”添加“显示-隐藏元素”行为，其设置如图 9-20 所示，为“p3”添加“显示-隐藏元素”行为，其设置如图 9-21 所示，将该两个行为的事件也设置为“onMouseOver”。

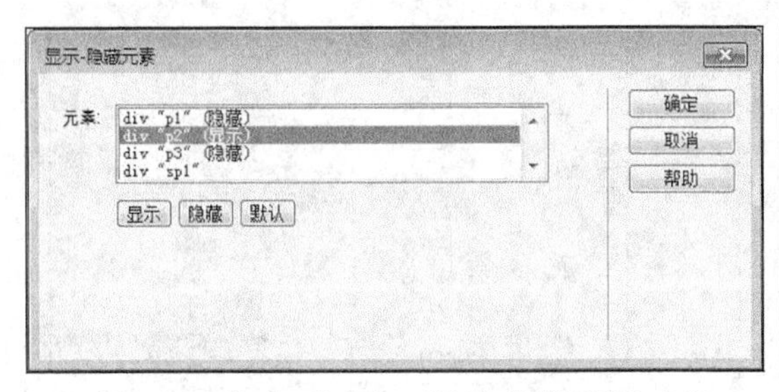

图 9-20　为“p2”添加“显示-隐藏元素”行为

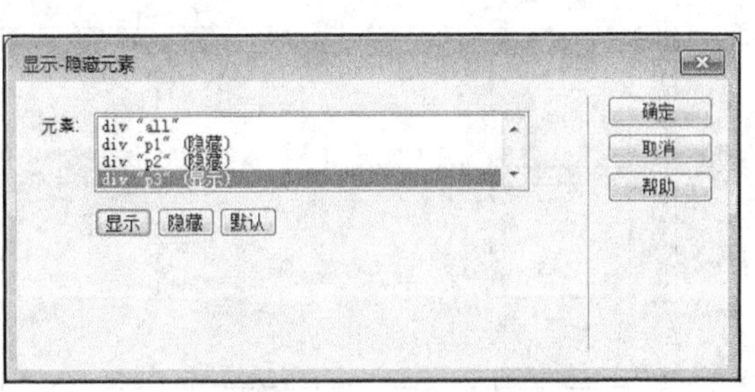

图 9-21　为“p3”添加“显示-隐藏元素”行为

（7）保存上述网页编辑结果，按“F12”键浏览网页效果并检测行为功能。

9.6 课后实验

设计如图 9-22 所示网页的行为效果，当鼠标置于任意一小图上方时，该图片左右晃动。（实验图像素材见本书配套素材“实验素材/第 9 章”）

图 9-22 图片左右晃动的网页效果

实验步骤如下。

（1）建立网站，拷贝图像，新建空白网页。

（2）插入一个 1024×500 像素的大盒子，position 属性设为“relative”，在其中插入 3 个 200×156 像素的小盒子，如图 9-23 所示，position 属性设为“absolute”，分别在 4 个盒子中插入相应图像，如图 9-22 所示。

（3）图 9-24 所示为各小盒子添加晃动的动作。在“行为”面板中添加“效果”|“shake”动作，在弹出的“shake”对话框中不修改参数，单击“确定”按钮，如图 9-25 所示。

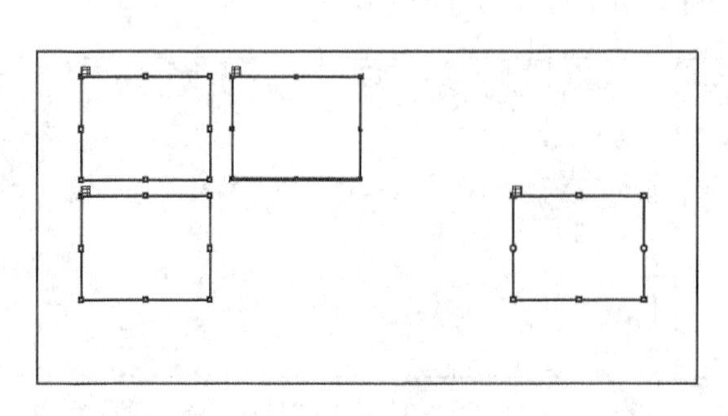

图 9-23 创建 5 个盒子

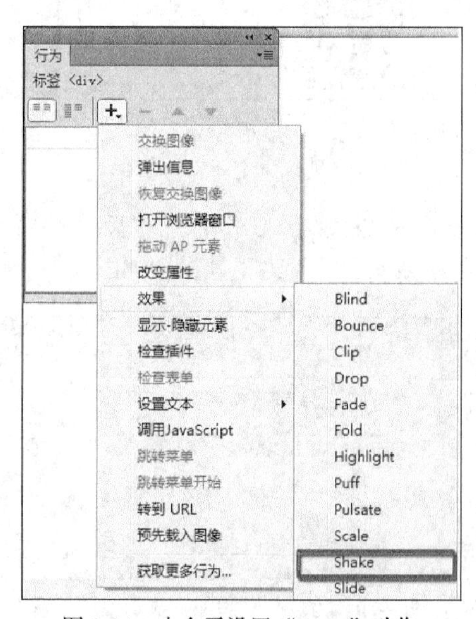

图 9-24 小盒子设置“shake”动作

（4）设置各小盒子的动作事件类型均为“onMouseOver”，如图 9-26 所示。

（5）保存网页，浏览网页效果并检测行为功能。

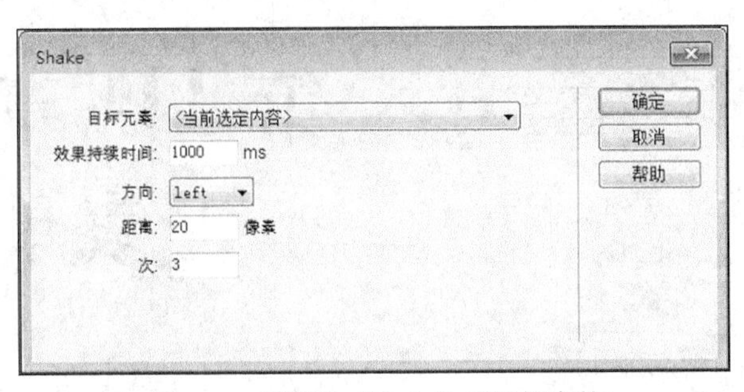

图 9-25　不修改“shake”对话框参数

图 9-26　设置事件类型为“onMouseOver”

9.7　小结

行为是 Dreamweaver CC 预置的 JavaScript 程序库，每个行为包括一个动作和一个事件。任何一个动作都需要一个事件激活，两者缺一不可。动作是一段已编好的 JavaScript 代码，这些代码在特定事件被激发时执行。本章讲解了行为和动作的各种应用方法，学会这些方法，设计者就可以在网页中灵活地运用行为和动作，使网页更加生动精彩。

9.8　练习与作业

一、填空题

1. Deamweaver CC 中的“行为”，实际上就是一些预设好的________程序。一般来说，一个“行为”由一个__________和一个_________两部分组成。

2. _______行为可以使浏览器装载新的页面，而不必等访问者单击了链接时才跳转。

二、选择题

1. 按住（　　）不放，就可以同时编辑多个图层。

A. Shift 键　　B. Shift+Alt 组合键　　C. Shift+Ctrl 组合键　　D. Ctrl+Alt 组合键

2. 利用 AP 元素不能制作的是（　　）。

A. 可拖动的图片　　B. 相对浏览器静止的文字或图片

C. 在页面上漂浮的图片　　D. 计时器

3. 可通过（　　）调整 AP 元素的大小。

A. 手工调整　　B. 属性面板　　C. 控制面板　　D. 以上都对

4. 一个 AP DIV 被隐藏了，如果需要显示其子 AP DIV，需要将子 AP DIV 的可见性设置为（　　）。

A. default　　B. inherit　　C. visible　　D. hidden

第 10 章 表单

- 了解表单的作用
- 掌握表单常见控件的特点、创建和属性设置
- 知道表单域的含义；熟练掌握各种表单栏目的插入与设置

10.1 关于表单

表单是用来收集站点访问者信息的域集，它为网站管理者提供了接收用户数据的平台，如注册会员表、网上订购单、检索页等。因此表单也是 Web 管理者和用户之间进行信息沟通的桥梁。

简单地说，表单就是用户可以在网页中填写信息的表格，其作用是接收用户信息并将其提交给 Web 服务器上特定的程序进行处理。一个表单内部可以有多种与用户进行交互的表单元素，如文本框、单选框、复选框、提交按钮等元素，图 10-1 所示的邮箱用户注册表单就是一个表单的应用例子。

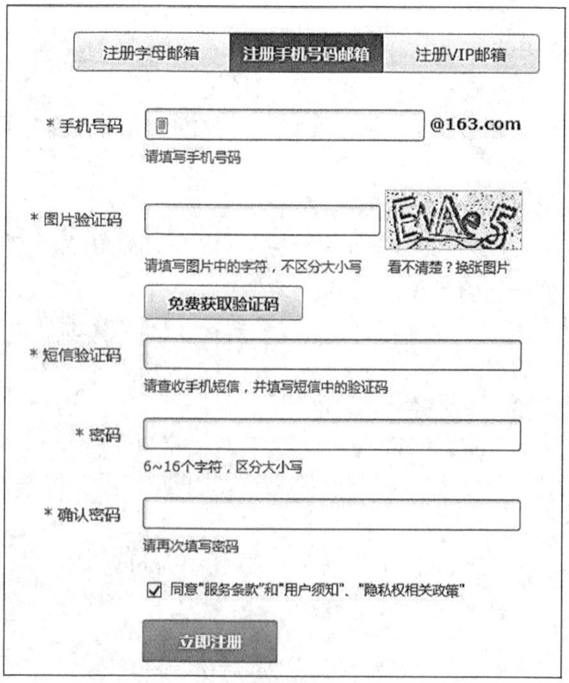

图 10-1　邮箱用户注册表单

通常情况下，表单应和后台处理程序相结合，常见后台处理程序通常有 CGI（Common Gete Way Interface）、JSP（Javaserver Page）或 ASP（Active Server Page）等。对于更进一步的后台程序的相关知识，有兴趣的读者可自行学习动态网页设计的相关知识。

使用 Dreamweaver CC 可以创建各种表单元素，包括文本框、滚动文本框、单选框、复选框、按钮、下拉菜单等。Dreamweaver CC 为了适应 HTML 5 的发展新增了许多全新的 HTML 5 表单元素。

插入表单元素的方法是：（1）在菜单栏的“插入”|“表单”选项中选择需要的表单元素，如图 10-2 所示；（2）直接在“表单”工具栏（见图 10-3）上选择表单元素按钮。

图 10-2　菜单中的表单元素

图 10-3　“表单”工具栏

10.2　表单元素

10.2.1　插入表单

表单域，也称表单控件，是表单上的基本组成元素，用户通过表单中的表单域输入信息或选择项目。在建立表单网页之前，首先就要建立一个表单域。表单域可通过“插入表单”功能实现。

将光标放在“编辑区”中要插入表单的位置；然后在“表单”工具栏中单击“表单”按钮（或选择“插入”|“表单”|“表单”选项）；此时一个红色的虚线框出现在页面中，表示一个空表单，如图 10-4 所示。

图 10-4　空表单

插入一个“表单”后，代码视图中增加了以下 HTML 代码：

```
<form name="form1" method="post" action=""></form>
```

<form>为表单表记。

单击红色虚线，选中表单；在“属性面板”中可以设置表单的各种属性，如图 10-5 所示。

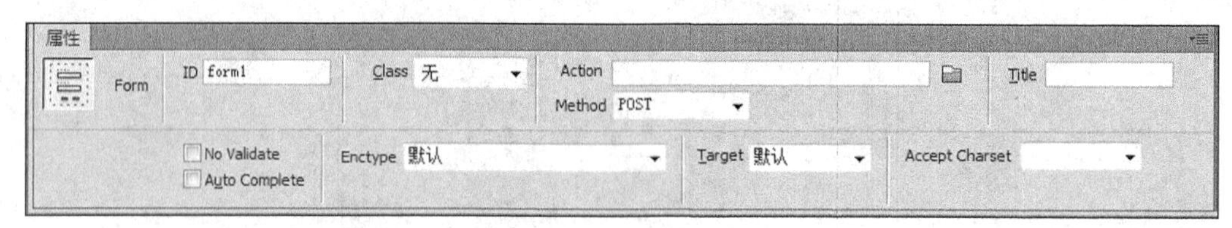

图 10-5　“表单”的属性面板

其中：

➢ ID：表单名称，为表单命名，名称是表单的唯一标识，以便脚本语言 JavaScript 通过名称对表单进行控制。

➢ Class：类，选择应用于表单的 CSS 规则。

➢ Action：动作，对表单信息进行处理的后台程序的文件名。

➢ Method：方法，选择处理表单数据的传输方法，有以下 3 种选项。

“默认”：使用浏览器的默认设置将表单数据发送到服务器；

“POST”：将值附加到请求该页的 URL 中传送给服务器；

“GET”：将在 HTTP 请求中嵌入表单数据传送给服务器。

➢ “Title”：标题，用来设置表单域的标题名称。

➢ “No Validate”：不验证，该属性为 HTML 5 新增的表单属性，选中该复选项表示当前表单不对表单中的内容进行验证。

➢ “AutoComplete”：自动完成，HTML 5 新增的表单属性，选中该复选项表示启用表单的自动完成功能。

➢ “Enctype”：封装，用来设置发送数据的编码类型，有以下 2 种选项。

“application/x-www-form-urlencoded”：默认类型，通常和 POST 方法协同使用；

“multi/form-data”：当表单中包含文件上传域时使用本类型。

➢ “Target”：目标，指定一个窗口，在该窗口中显示调用程序所返回的数据。

➢ “Accept Charset”：接受的字符集，该选项用于设置服务器表单数据所接受的字符集，有“默认”“UTF-8”和“ISO-8859-1”3 个选项。

10.2.2　插入文本域

文本域是表单中常用的元素之一，主要用于提供文本的输入框以接收用户数据。文本域有很多类型，主要包括单行文本域、文本区域（多行文本域）、密码域、电子邮件域、URL 域、Tel 域、搜索域和数字域等。一般情况下，当用户输入的信息较少时，可使用单行文本域进行接收；当用户输入的信息较多时，可使用文本区域进行接收；当用户输入的信息需要保密时，可使用密码域进行接收；当用户输入电子邮箱地址时，可使用电子邮件域进行接收。

1. 单行文本域

单击“表单”工具栏中的“文本”按钮（或选择“插入”|“表单”|“文本”选项）插入单行文本域；在表单域中插入一个单行文本域后，设计视图显示如图 10-6 所示。

Text Field:

图 10-6　插入文本区域

插入一个单行文本域后，代码视图中增加了以下 HTML 代码：

```
<label for="textfield">Text Field:</label>
<input type="text" name="textfield" id="textfield">
```

选择所建的单行文本域，用户可根据需要在属性面板上设置该单行文本域的各项属性，如图 10-7 所示。

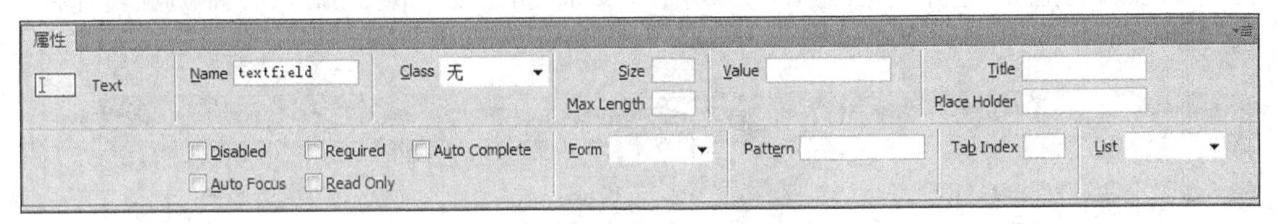

图 10-7　“单行文本域”属性面板

其中：

- “Name”：设置文本域的名称，单行文本域默认为“textfield”；
- “Class”：选择文本域应用的 CSS 规则；
- “Size”：设置文本域中最大显示的字符数；
- “Max Length”：设置文本域中最大输入的字符数；
- “Value”：输入提示性文本；
- “Title”：设置文本域的提示标题文字；
- “Place”：HTML 5 新增的表单属性，设置文本域预期值的提示信息，该信息会在文本域为空时显示，并在文本域获得焦点时消失；
- “Disabled”：选中该复选项表示禁用该文本域，被禁用的文本域既不可用，也不可以单击；
- “Auto Focus”：HTML 5 新增的表单属性，选中该复选项，当网页被加载时，该文本域会自动获得焦点；
- “Required”：HTML 5 新增的表单属性，选中该复选项，则在提交表单之前必须填写所选文本域；
- “Read Only”：选中该复选项表示所选文本域为只读属性，不能对该文本域的内容进行修改；
- “Auto Complete”：HTML 5 新增的表单属性，选中该复选项，表示所选文本域启用自动完成功能；
- “Form”：设置表单元素相关的表单标签的 ID，可以在该选项的下拉列表中选择网页中已存在的表单域标签；

- “Pattern”：HTML 5 新增的表单属性，设置文本域的模式或格式；
- “Tab index”：Tab 键索引，设置表单元素的 Tab 键控制次序；
- “List”：HTML 5 新增的表单属性，设置引用数据列表，其中包含文本域的预定义选项。

2. 密码域

密码域其实是一种特殊类型的文本域，当用户输入时，所输入的文本被替换成星号或其他符号，以保护输入信息不被看到。

单击“表单”工具栏中的“密码”按钮“**”（或选择“插入”|“表单”|“密码”选项）可实现密码域的插入；插入一个密码域后，设计视图显示如图 10-8 所示，浏览器显示效果如图 10-9 所示，在输入框中输入信息时，显示为点号。

Password:

图 10-8　插入密码域

Password: ••••••

图 10-9　密码域在浏览器中的显示效果

插入一个密码域后，代码视图中增加了以下 HTML 代码：

```
<label for="password">Password:</label>
<input type="password" name="password" id="password">
```

密码域的属性面板如图 10-10 所示，其中，“Name”的值为“password”，其他选项均与单行文本域相同。

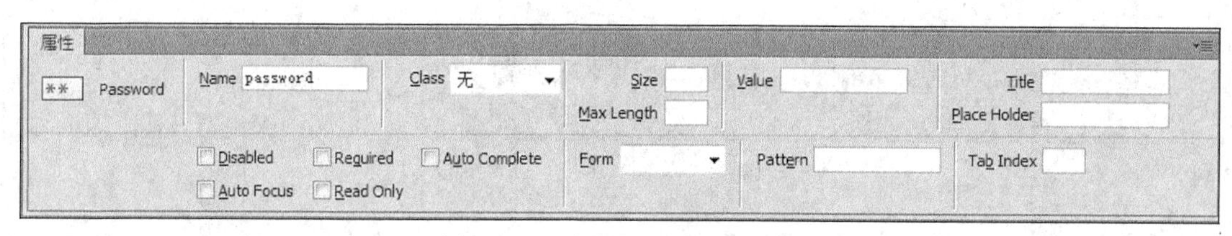

图 10-10　“密码域”的属性面板

3. 文本区域

表单中有时需要用户输入多行文字，这时可以使用文本区域。文本区域为用户提供一个较大的输入区域，当输入文本较多时在文字框的右侧会出现滚动条。

单击“表单”工具栏中的“文本区域”按钮“□”（或选择“插入”|“表单”|“文本区域”选项）可实现文本区域的插入；插入一个文本区域后，设计视图显示如图 10-11 所示。

图 10-11　插入文本区域

插入一个文本区域后，代码视图中增加了以下 HTML 代码：

```
<label for="textarea">Text Area:</label>
<textarea name="textarea" id="textarea"></textarea>
```

文本区域的属性面板如图 10-12 所示，其中，“Name”的值为“textarea”，其他特别的属性如下。

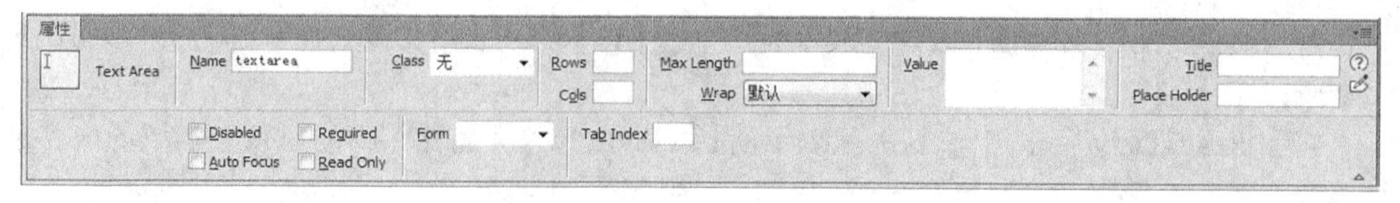

图 10-12　“文本区域”的属性面板

- “Rows”：设置文本区域的可见高度，以行计数。
- “Cols”：设置文本区域的字符宽度。
- “Wrap”：通常情况下，当用户在文本区域中输入文本后，浏览器会将它们按照输入时的状态发送给服务器，只有在用户按下回车键后才会生成换行。如果希望启动换行功能，可以将 Wrap 属性设置为“virtual”或“physical”，这样当用户输入一行文本超过文本区域的宽度时，浏览器会自动将多余的文字移动到下一行显示。

➢ “Value”：设置文本区域的初始值。

4. 电子邮件域

电子邮件域是一种全新的 HTML 5 表单元素，是专门为输入邮箱地址而定义的文本框，主要是为了验证输入的文本是否符合 E-mail 地址的格式，并会提示验证错误。

单击“表单”工具栏中的“电子邮件域”按钮“@”（或选择“插入”|“表单”|“电子邮件域”选项）可实现电子邮件域的插入；插入一个电子邮件域后，设计视图显示如图 10-13 所示。浏览器显示效果如图 10-14 所示，当在文本框中输入一个错误的 E-mail 地址后，浏览器自动提示出错。

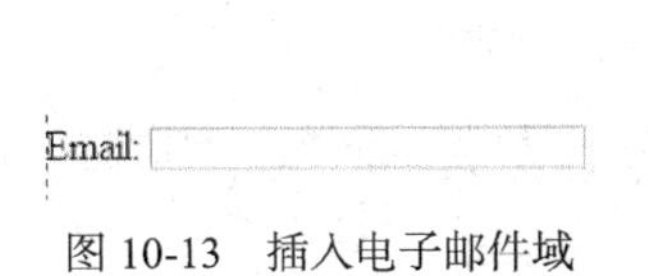

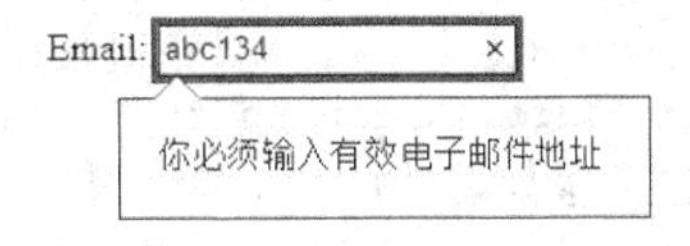

图 10-13　插入电子邮件域　　　图 10-14　电子邮件域在浏览器中的显示效果

插入一个电子邮件域后，代码视图中增加了以下 HTML 代码：

```
<label for="email">Email:</label>
<input type="email" name="email" id="email">
```

电了邮件域的属性面板如图 10-15 所示，其中，“Name”的值为“email”“Multiple”复选项允许在该文本框中输入一串以逗号分割的 E-mail 地址。

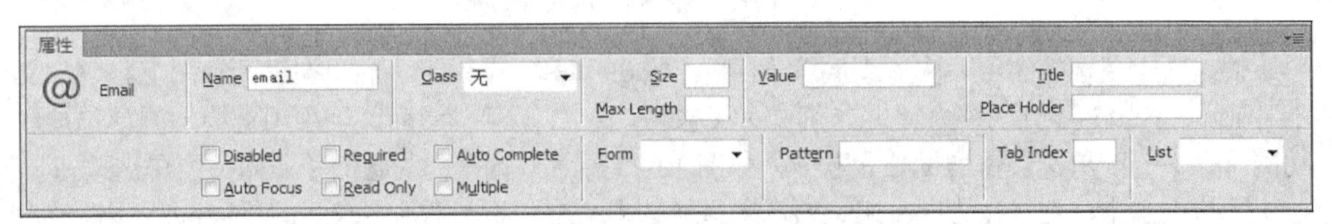

图 10-15　“电了邮件域”的属性面板

5. 其他文本域

在 Dreamweaver CC“表单工具栏”中，还提供了另外多种特定功能的文本域，用于输入指定格式的文本。这些文本域的插入、属性面板设置、应用方法等与上述文本域相似，以下只做简单介绍。

（1）URL 域：插入按钮为，是用以输入 URL 地址的文本框，如图 10-16 所示，当输入的内容不符合 URL 地址的格式则会提示验证错误。

（2）Tel 域：插入按钮为，是用以输入电话号码的文本框，如图 10-17 所示，没有特殊的验证规则。

图 10-16　URL 域　　　图 10-17　Tel 域

（3）搜索域：插入按钮为，是用以输入搜索引擎关键词的文本框，如图 10-18 所示，没有特殊的验证规则。

（4）数字域：插入按钮为“”，是用以输入特定的数字的文本框，如图 10-19 所示，有 min（最小值）、max（最大值）和 step（步长）等属性，允许设置数字范围及调整步长。

Search:　　　　　　Number:

图 10-18　搜索域　　　　　图 10-19　数字域

10.2.3　插入单选按钮和复选框

1. 单选按钮

单选按钮是在一组选项中，只允许选择其中一个选择项。例如性别（男、女）、文化程度（小学、中学、大学、研究生）等的选项。

单击“表单”工具栏中的“单选按钮”按钮“◉”（或选择“插入”|“表单”|“单选按钮”选项）可实现单选按钮的插入；插入一个单选按钮后，设计视图显示如图 10-20 所示。

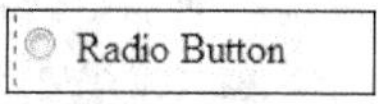

Radio Button

图 10-20　单选按钮

插入一个单选按钮后，代码视图中增加了以下 HTML 代码：

```
<input type="radio" name="radio" id="radio" value="radio">
<label for="radio">Radio Button </label>
```

单选按钮属性面板如图 10-21 所示，其中，“Checked”复选框的作用是：设置该单选按钮的初始状态为选中状态。

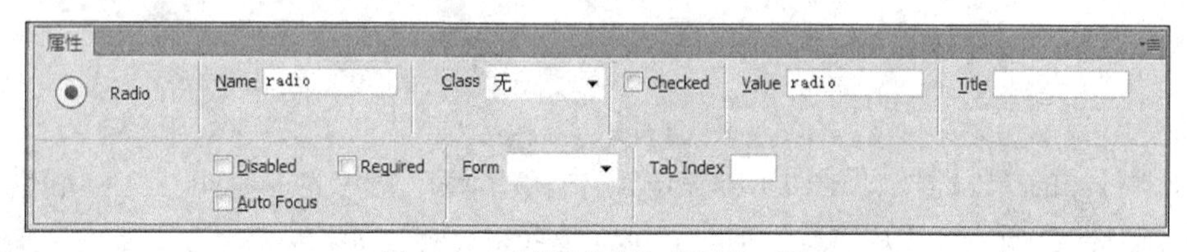

图 10-21　“单选按钮”的属性面板

插入 2 个单选按钮（默认“Name”分别为“radio”和“radio2”）后，在设计视图上将附加文本“Radio Button”分别改为“男”和“女”，如图 10-22 所示。然而，当用浏览器检测单选按钮功能时，该 2 个单选按钮均可独立选中，如图 10-23 所示，这是因为它们并非同一组单选按钮。

若想令多个单选按钮为同一组，即每次只能选中其中一项，则需将它们的“Name”属性值设为相同。用户也可以直接使用“单选按钮组”快速建立单选按钮组。

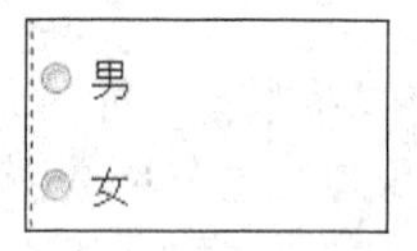

图 10-22　插入 2 个单选按钮

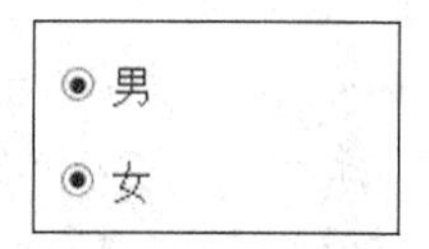

图 10-23　2 个单选按钮均可选中

2. 单选按钮组

插入单选按钮组的方法如下。

（1）单击“表单”工具栏中的“单选按钮组”按钮（或选择“插入”|“表单”|“单选按钮组”选项），弹出“单选按钮组”对话框。

（2）为该单选按钮组设置“名称”和各选项的“标签”或“值”，如图 10-24 所示。

其中：

“名称”：单选按钮的名称，用于标识一个单选按钮组；

“标签”：设置单选按钮右侧的提示信息；

“值”：设置此单选按钮代表的值，一般为字符型数据，当用户选定该单选按钮项时，表单处理程序将获得该值；

“加号”“减号”按钮 **+ −**：用于向单选按钮组内添加或删除单选按钮项；

“向上”“向下”按钮：用于重新排序单选按钮组；

“换行符”或“表格”：使用换行符或表格来设置这些按钮的布局方式。

如插入一个名称为“学位”，具有 4 个项“专科”“本科”“硕士”“博士”的单选按钮组后，浏览器查看效果如图 10-25 所示，对于单选按钮组，4 个选项中只能选中一项。

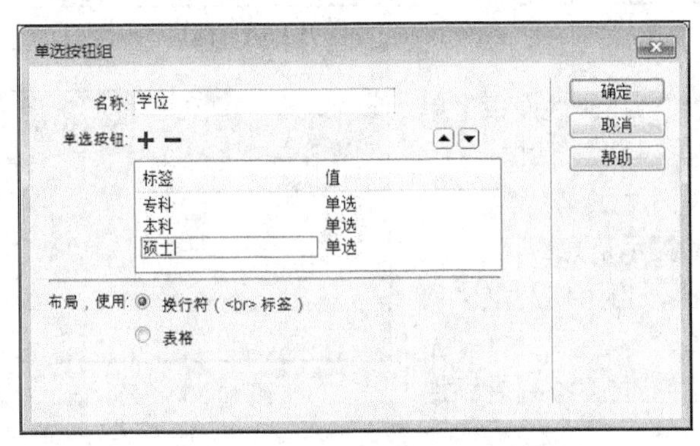

图 10-24　“单选按钮组”对话框

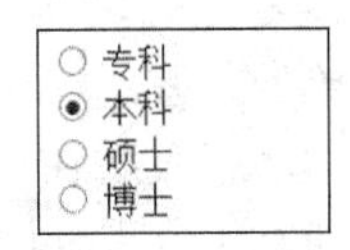

图 10-25　单选按钮组

3. 复选框

复选框是在一组选项中，允许用户选中其中的多个选项。复选框是一种允许用户选择对勾的小方框，用户选中某一项，与其对应的小方框就会出现一个对勾。再单击鼠标，小对勾将消失，表示此项已被取消。

单击“表单”工具栏中的“复选框”按钮（或选择“插入”|“表单”|“复选框”选项）可实现复选框的插入；插入一个复选框后，设计视图显示如图 10-26 所示。

插入一个复选项后，代码视图中增加了以下 HTML 代码：

```
<input type="checkbox" name="checkbox" id="checkbox">
<label for="checkbox">Checkbox </label>
```

复选项属性面板中默认“名称”为“radio”，其他与单选按钮属性面板相同。

4. 复选框组

单击“表单”工具栏中的“复选框组”按钮（或选择“插入”|“表单”|“复选框组”选项）可实现复选框组的快捷建立。如建立一个名称为“兴趣”、具有 4 个项“绘画”“音乐”“书法”“舞蹈”的多选按钮组后，浏览器查看效果如图 10-27 所示，对于复选框组，4 个选项中可选择多个。复选框组的操作基本与单选组的类似，这里不再复述。

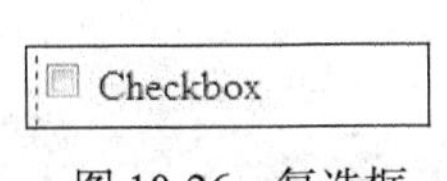

图 10-26　复选框

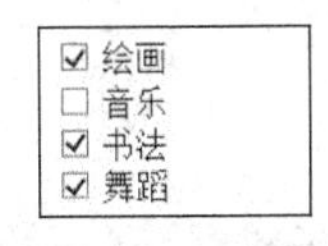

图 10-27　复选框组

10.2.4　插入下拉列表

下拉列表也是表单中常用的元素之一，单击它可以弹出菜单显示多个选项，用户可以通过下拉列表提供的多个选项来进行选择。图 10-28 就是一个简单的下拉列表例子。

插入下拉列表的方法如下。

（1）单击“表单”工具栏中的“选择”按钮（或选择“插入”|“表单”|“选择”选项），插入一个下拉列表，如图 10-29 所示。

图 10-28　下拉列表

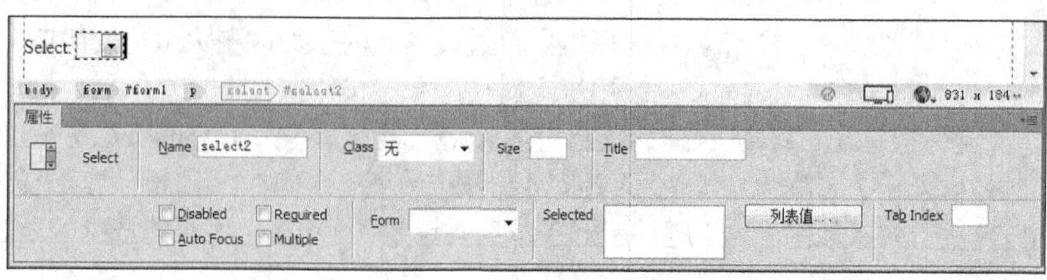

图 10-29　下拉列表及其属性面板

（2）单击所插入的"下拉列表"，在属性面板上单击"列表值"按钮，弹出如图 10-30 所示对话框。

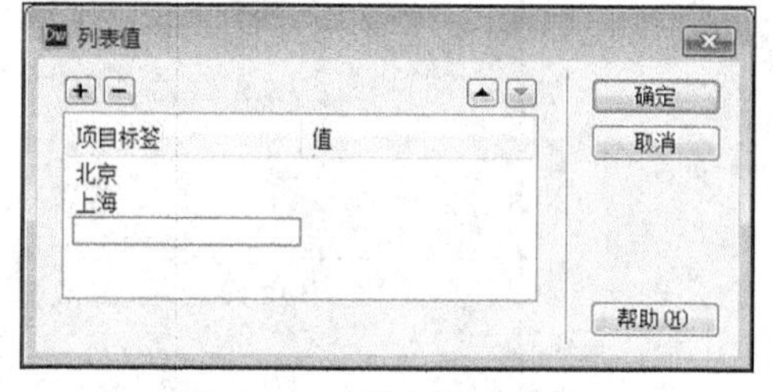

图 10-30　"列表值"对话框

其中：

"项目标签"：设置各列表项的提示信息；

"值"：设置此列表项代表的值，当用户选定该列表项时，表单处理程序将获得该值；

"加号""减号"按钮 + −：用于向下拉列表添加或删除列表项；

"向上""向下"按钮 ▲▼：用于重新排序各列表项；

如设置一个具有 5 个列表项"北京""上海""广州""深圳"和"杭州"的下拉菜单后，在设计视图上将下拉列表标签"Select"更换成"所在城市"，浏览器查看效果如图 10-28 所示，对于该下拉列表，多个选项中一次只能选中一项。

10.2.5　插入表单按钮

在表单中，按钮用来控制表单的操作。使用按钮可以将表单数据传送给服务器，或者重新设置表单中的内容。Dreamweaver CC 中与按钮相关的表单控件有：普通按钮、提交按钮、重置按钮、文件浏览按钮和图像按钮。以下简单介绍各种按钮的插入和应用方法。

1. 按钮

单击"表单"工具栏中的"按钮"按钮（或选择"插入"|"表单"|"按钮"选项）可实现普通按钮的插入；插入一个变通按钮后，设计视图显示如图 10-31 所示。在"按钮"的属性面板中，"Value"属性值为按钮上的显示文本，设计者可根据按钮的实际功能重新修改该属性值。

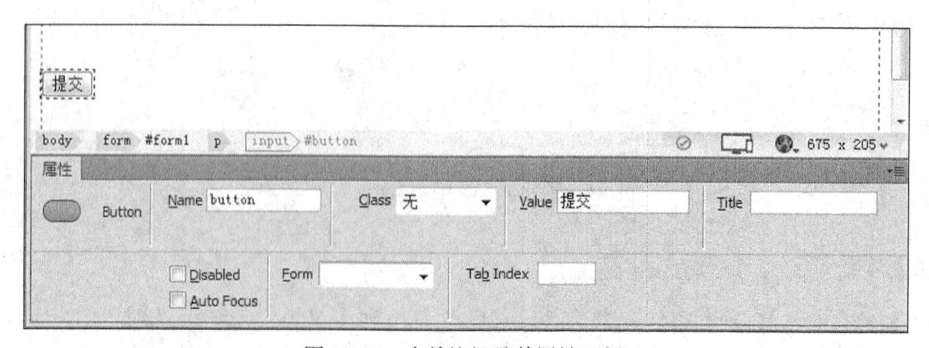

图 10-31　表单按钮及其属性面板

2. 提交按钮

在表单工具栏中其插入按钮为，提交按钮的作用是：当用户单击该按钮时，将表单数据内容提交到表单域的 Action 属性中指定的处理程序中进行处理。

3. 重置按钮

在表单工具栏中其插入按钮为，重置按钮的作用是：当用户单击该按钮时，将清除表单中所做的设置并恢复为默认的内容。

4. 文件域

在表单工具栏中其插入按钮为，文件域的作用是：在网页中实现上传文件的功能。文件域的外观与其他文本域相似，只是文件域还包含一个"浏览"按钮。

5. 图像按钮

在表单工具栏中其插入按钮为。由于系统默认的按钮外观朴实普通，有时为了美化设计的要求，设计者可以使用图像来代替按钮实现表单处理功能。图像按钮实现就是在表单中插入一幅图像并令其具有按钮的功能。

提交按钮、重置按钮、文件域和图像按钮等控件在浏览器中的显示效果如图 10-32 所示。

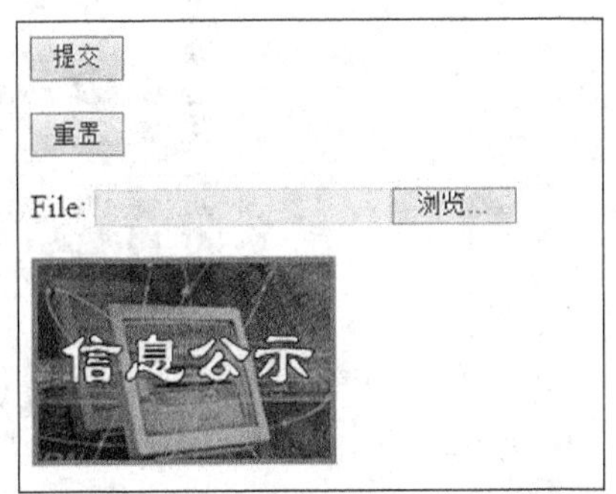

图 10-32 提交按钮、重置按钮、文件域和图像按钮

10.2.6 插入其他表单控件

1. 隐藏域

隐藏域用来收集或发送信息的不可见元素，对于网页的访问者来说，隐藏域是看不见的。当表单被提交时，隐藏域就会将信息用设置时定义的名称和值发送到服务器上。

在表单工具栏中插入按钮实现隐藏域的插入，如图 10-33 所示，在"隐藏域"属性面板中，"Value"就是专门是用于存放隐藏文本信息的属性。

2. 范围域

范围域在浏览器中显示为一条滑动条，其作用是作为某一特定范围内的数值选择器。

在表单工具栏中插入按钮实现范围域的插入，其浏览器显示效果如图 10-34 所示。

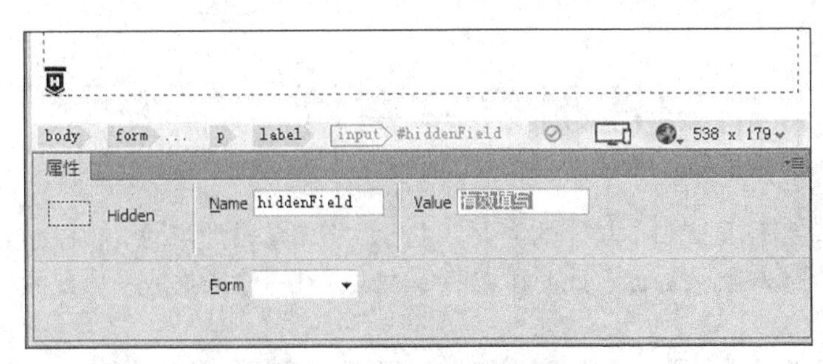

图 10-33 隐藏域及其属性面板

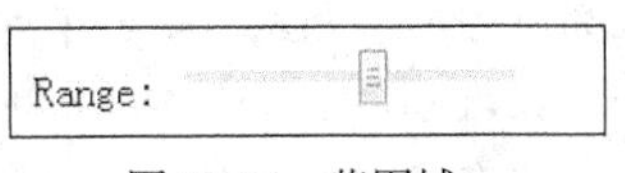

图 10-34 范围域

3. 颜色域

颜色域为使用者提供快速选择颜色的方法。颜色域应用于网页时显示一个黑色色块，鼠标单击该色块时会弹出默认调色板以便用户选择颜色，如图 10-35 所示。

4. 时间表单控件

Dreamweaver CC 提供的表单时间控件包括了月选择器、周选择器、日期选择器、时间选择器、日期时间选择器和当地日期时间选择器。在表单中插入各类时间选择器后，浏览器显示效果如图 10-36 所示。各种日期/时间选择器为用户提供快速选择时间的方式，单击“月选择器”右侧文本框时，系统会弹出月历表以便用户确定月份和日期，如图 10 37 所示。

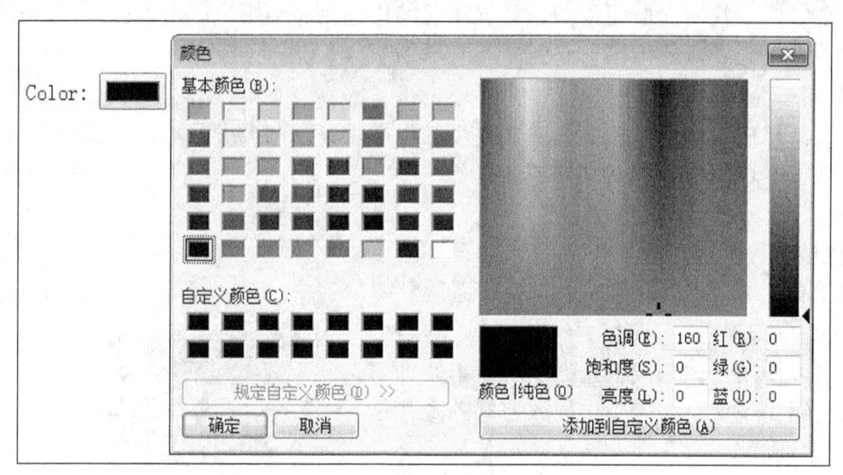

图 10-35　颜色域的颜色设置

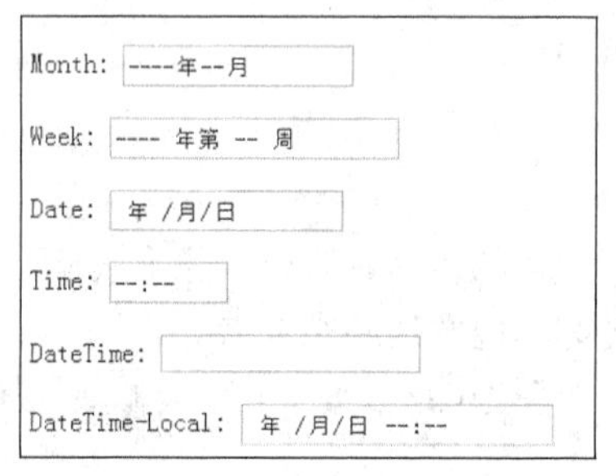

图 10-36　各类时间选择器

图 10-37　月选择器

虽然 Dreamweaver CC 提供了比以往版本更多更详细的表单功能，但目前 HTML 表单元素仍存在兼容性问题，不是所有的浏览器均能支持各种表单控件的功能。

10.3　用户注册表单实例

在网页设计中，用户可以独立制作只有表单功能的网页，也可以将表单设计与网页布局结合起来制作更具网站风格或个性化的表单网页界面，此时可以将单表设计在一个表格或一个单元格中，还可以在一个 DIV 盒子中。

在许多网站上都可以看到“用户注册”页面，要求用户填写。下面综合运用表单的各种元素，学习在 DIV 盒子中制作用户注册表单的方法。

例 10.1　在 DIV 布局网页“ann.html”（见文本套配素材“教学素材/第 10 章”）中 id=“side21”的 DIV 盒子中设计一个会员注册表单，表单网页最终效果如图 10-38 所示。

具体操作步骤如下。

（1）建立表单：打开“ant.html”网页，该网页使用 DIV+CSS 布局，在网页上选择右侧“此处显示 id"side21"的内容”盒子，如图 10-39 所示。将其中的文本删除，并单击“表单工具栏”上的“表单”按钮，在该 DIV 盒子中插入一个空表单。

图 10-38　用户注册表单例子

图 10-39　删除“side21”盒子中的文本

（2）插入单行文本域：单击鼠标令光标定位于表单内，选择“表单”工具栏中的“文本”按钮插入一个单行文本域，将文本域上的标签“Text Field:”修改为“用户名:”，如图 10-40 所示。

（3）插入密码域：在用户名文本框后面单击鼠标并按“Enter”键另起一段，选择“表单”工具栏中的“密码”按钮插入一个密码域，修改其标签“Password:”为“密码:”，如图 10-41 所示。

（4）插入单选按钮：在密码文本框后单击鼠标并按“Enter”键，在新段中输入“性别:”，单击“表单”工具栏中的“单选按钮”按钮，插入一个单选按钮，删除其标签文本“Radio Button”，并在该位置上插入一个男孩头像图像“boy.jpg”，效果如图 10-42 所示。选择该单选按钮，在属性面板上将“Name”属性值“radio”更改为“sex”，并勾选“checked”选项，如图 10-43 所示。

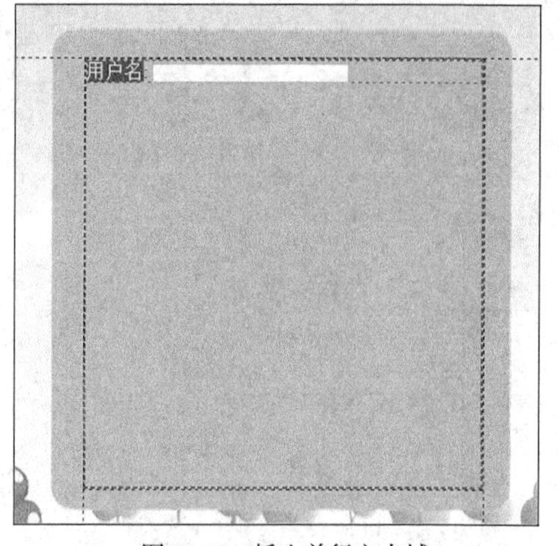

图 10-40　插入单行文本域

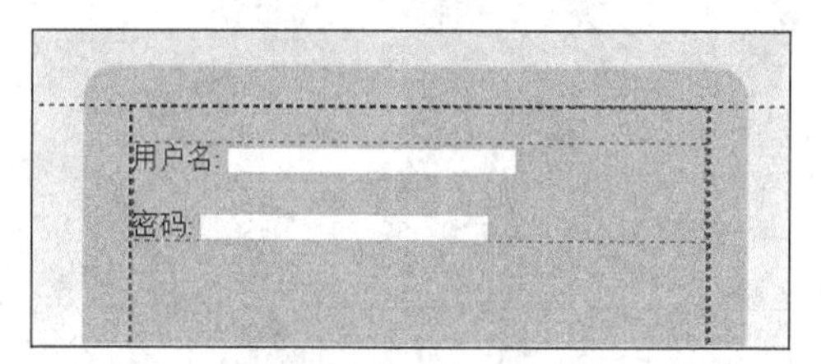

图 10-41　插入密码域

图 10-42　插入单选按钮及男孩头像

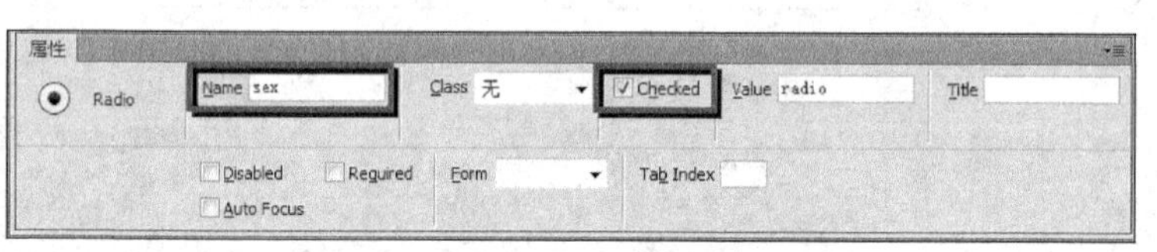

图 10-43　修改单选按钮属性值

（5）参照上一步的方法在男孩头像后面插入一个单选按钮，将其标签删除并插入一女孩头像"girl.jpg"，如图 10-44 所示。单击该单选按钮，在属性面板上将其"Name"属性值"radio2"更改为"sex"。这样，两个单选按钮就被设置为同一个组，因为它们具有相同的"Name"属性，当使用浏览器查看网页时，该两个单选按钮每次能选中一个，即选某一个时，另一个的选中状态自动被撤销。

（6）插入复选框：另起一新段，在段首输入"爱好:"，然后单击"表单"工具栏中的"复选框"按钮☑，分别插入 4 个复选框，将 4 个复选框的标签分别更改为"读书""上网""运动""其他"。效果如图 10-45 所示。

图 10-44　插入女孩头像

图 10-45　插入 4 个复选框

（7）插入下拉列表：另起一新段，单击"表单"工具栏中的"选择"按钮▤插入一个下拉列表，如图 10-46 所示。将其标签"Select:"更改为"年龄（岁）:"，单击选择框，在属性面板上单击"列值表"按钮，在弹出的"列表值"对话框中增加各种年龄的项目标签，如图 10-47 所示。单击"确定"按钮，下拉列表的效果如图 10-48 所示。

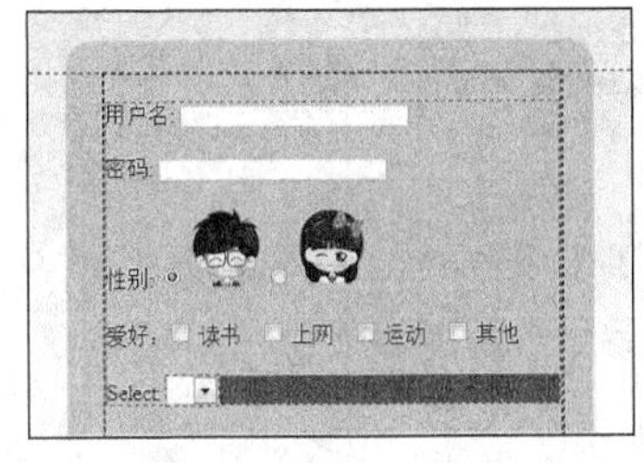

图 10-46　插入下拉列表

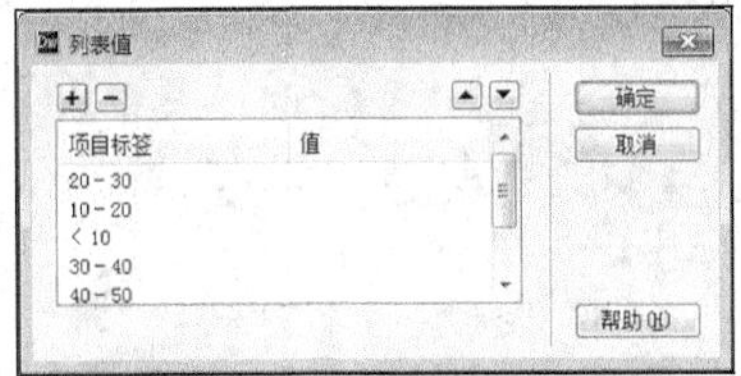

图 10-47　列表值的设置

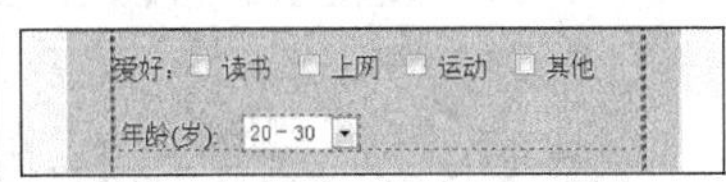

图 10-48　下拉列表效果

（8）插入文本区域：另起一个新段，单击“表单”工具栏中的“文本区域”按钮，在表单中插入一个文本区域，将其标签“Text Area:”更改为“”，单击右侧文本框，在属性面板中设置“Rows”属性为“3”，如图 10-49 所示，表单中文本区域效果如图 10-50 所示。

（9）插入“提交”及“重置”按钮：另起一新段，单击“表单”工具栏中的“提交按钮”按钮和“重置按钮”按钮，分别插入一个提交按钮和一个重置按钮，插入后表单效果如图 10-51 所示。

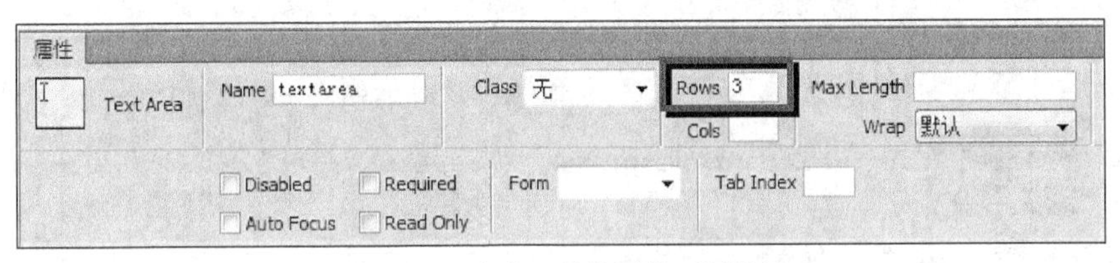

图 10-49　文本区域的属性面板设置

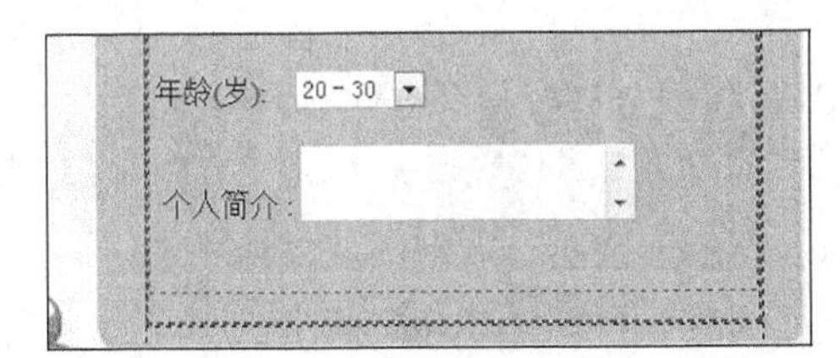

图 10-50　文本区域效果

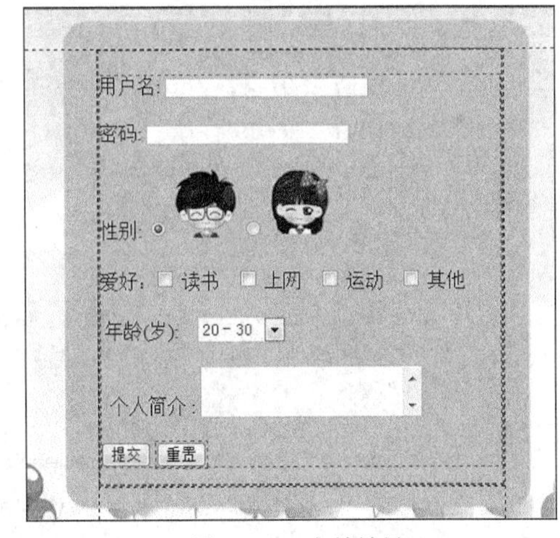

图 10-51　表单效果

（10）在各表单元素中按“Ctrl+Shift+Space”组合键输入不换行空格，使各文本框左侧对齐，调整后表单网页的浏览效果如图 10-38 所示。对网页存档以保存以上操作结果。

图 10-51 表单的 HTML 代码如下：

```
<div id="side21">
    <form id="form1" name="form1" method="post">
      <p>
        <label for="textfield">用户名:</label>
        <input type="text" name="textfield" id="textfield">
      </p>
```

```
        <p>
          <label for="password">密码:</label>
          <input type="password" name="password" id="password">
        </p>
        <p>性别:
          <input name="sex" type="radio" id="radio" value="radio" checked>
        <img src="boy.jpg" width="50" height="56" alt=""/>
        <input type="radio" name="sex" id="radio2" value="radio2">
        <img src="girl.jpg" width="50" height="56" alt=""/>
        </p>
        <p>爱好:
          <input type="checkbox" name="checkbox" id="checkbox">
          <label for="checkbox">读书</label>
          <input type="checkbox2" name="checkbox" id="checkbox">
          <label for="checkbox2">上网</label>
          <input type="checkbox3" name="checkbox" id="checkbox">
          <label for="checkbox3">运动</label>
          <input type="checkbox" name="checkbox" id="checkbox4">
          <label for="checkbox4">其他</label>
        </p>
        <p>
          <label for="select"> 年龄(岁): </label>
          
         <select name="select" id="select">
         <option>20 - 30</option>
         <option>10 - 20</option>
         <option>&lt; 10</option>
         <option>30 - 40</option>
         <option>40 - 50</option>
         <option>&gt; 50</option>
</select>
        </p>
        <p>  个人简介
          <label for="textarea">:</label>
          <textarea name="textarea" rows="3" id="textarea"></textarea>
        </p>
        <p>
          <input type="submit" name="submit" id="submit" value="提交">
          <input type="reset" name="reset" id="reset" value="重置">
        </p>
      </form>
    </div>
```

10.4 课后实验

参照图 10-52，制作“邮箱注册”的表单网页。

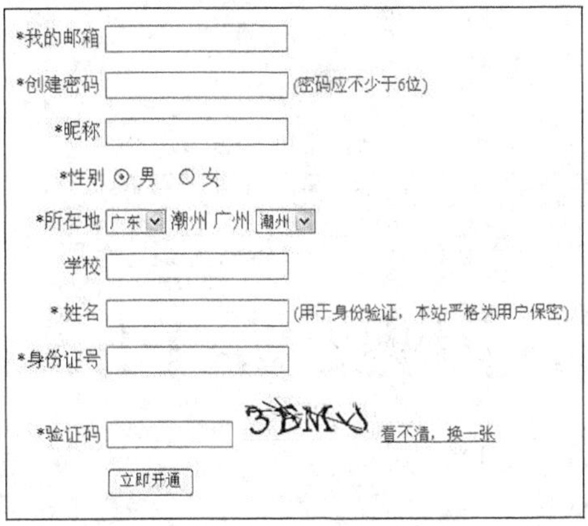

图 10-52 “邮箱注册”表单

10.5　小结

表单为网站设计者提供了通过网络接收用户数据的平台，如注册会员页、网上订购页、检索页等，都是通过表单来收集用户信息。本章对表单的基本知识和各种常见表单控件如文本域、单选按钮、复选框、下拉列表等做了系统的讲解，并通过具体实例的操作叙述了表单在 Dreamweaver CC 中的制作和使用方法。

10.6　练习与作业

一、选择题

1. 以下有关表单的说明中，错误的是（　　）。
   A. 表单通常用于搜集用户信息
   B. 在 form 标记符中使用 action 属性指定表单处理程序的位置
   C. 表单中只能包含表单控件，而不能包含其他诸如图片之类的内容
   D. 在 form 标记符中使用 method 属性指定提交表单数据的方法
2. 要在表单里创建一个普通文本框，以下写法中正确的是（　　）。
   A. <input type="text">　　B. <input type="password">
   C. <input type="checkbox">　　D. <input type="radio">
3. 指定单选框时，只有将（　　）属性的值指定为相同，才能使它们成为一组。
   A. type　　B. name　　C. value　　D. checked
4. 以下表单控件中，不是由 input 标记符创建的为（　　）。
   A. 单选框　　B. 口令框　　C. 选项菜单　　D. 提交按钮
5. 以下有关按钮的说法中，错误的是（　　）。
   A. 可以用图像作为提交按钮　　B. 可以用图像作为重置按钮
   C. 可以控制提交按钮上的显示文字　　D. 可以控制重置按钮上的显示文字
6. 创建选项菜单应使用以下标记符（　　）。
   A. select 和 option　　B. input 和 label　　C. input　　D. input 和 option

二、问答题

1. 什么是表单？
2. 表单对象应插入在什么地方，有哪些表单对象，其作用分别是什么？

第 11 章 图像处理工具 Photoshop CC

- 认识图形、图像等概念，了解位图与矢量图在存储格式上的区别
- 了解像素与图像的相互关系
- 掌握 Photoshop CC 中创建、编辑图像的基本方法
- 掌握 Photoshop CC 中工具箱各种工具的操作方法
- 掌握用 Photoshop CC 设计制作网页特效字、网页按钮的方法
- 理解 Photoshop CC 图层的用途，掌握运用图层将多幅图片合并处理的方法

11.1 图形、图像基本概念

图案是网页设计中一个不可缺少的元素，恰当的图案装饰将令网页增色不少。计算机中对图的表示方式分成两种：位图和矢量图。理解位图和矢量图的不同存储原理，掌握其各自的编辑处理方法，才能更好地让图片为网页添光增彩。

11.1.1 位图与矢量图

1. 位图

位图（bitmap）也叫点阵图，简称图像（image），是指由像素阵列构成的图。像素是位图的最小单位，每个像素都有自己的颜色信息，并由其排列来显示图像内容。在对位图进行编辑时，其操作对象是每个像素，通过改变像素的位置、颜色值或数量来改变图像的显示效果。

位图的特点是色彩变化丰富，可表达信息量丰富的真实自然景物。图像文件的大小由像素阵列及像素颜色位数决定，所以，未经压缩的位图文件通常占据较大的存储空间。此外，对图像进行缩放处理容易出现失真现象，如将图像放大到一定程度，图像中的轮廓线条出现锯齿状或变得模糊。而对图像缩小到一定程度，由于某些像素的丢失，图像中轮廓线条变得不连贯或模糊。图 11-1 所示为位图及其放大 25 倍的局部图。

2. 矢量图

矢量图（vector）也叫向量图，简称图形（graph）。矢量图使用线段和曲线描述图像，所以称为矢量，同时图形也包含了色彩和位置信息。

由于矢量图形可通过公式计算获得，所以矢量图形文件体积一般较小。矢量图形与分辨率无关，因此其最大的优点是无论放大、缩小或旋转等都不会失真，图 11-2 所示为矢量图及其放大 25 倍的局部图，其最大的缺点是难以表现色彩层次丰富的逼真图像效果。

常用的矢量图绘制软件有 Adobe Illustrator、CorelDRAW、Flash 等。

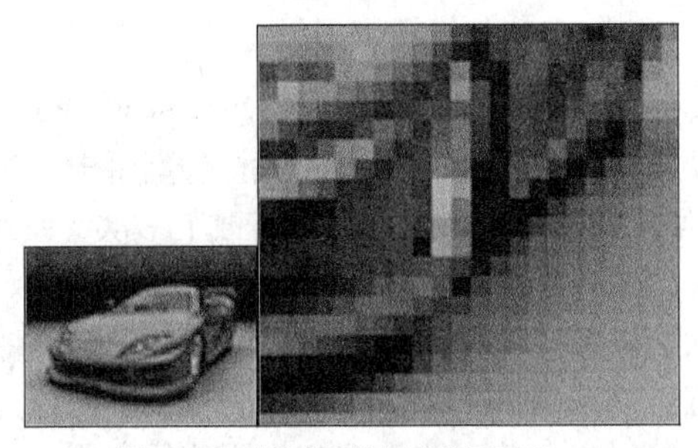

图 11-1　位图及其局部放大图

图 11-2　矢量图及其局部放大图

矢量图可以很容易地转化成位图，但位图转化成矢量图却不简单，往往需要大量复杂的运算。在应用上，矢量图的位图通常相互结合使用，如平面设计中，文字及简单对象可设计成矢量图便于编辑修改，而背景则可用位图贴图以实现逼真的视觉效果。

11.1.2　常用图形、图像格式

目前常用的图形、图像文件格式有以下几种。

1. BMP 格式

BMP 是英文 Bitmap（位图）的简写，它是 Windows 操作系统中的标准图像文件格式，能够被多种应用程序所支持，应用广泛。BMP 图像信息丰富，通常不进行压缩，所以占用的磁盘空间也较大。

2. GIF 格式

GIF 是英文 Graphics Interchange Format（图形交换格式）的缩写。其特点是压缩比高，磁盘空间占用较少，且可以同时存储若干幅静止图像进而形成连续的动画，目前在 Internet 上得到广泛的应用。GIF 格式只能保存最大 8 位色深的数码图像，所以它最多只能用 256 色来表现色彩。

3. JPEG 格式

JPEG 由联合照片专家组（Joint Photographic Experts Group）开发并以此命名。JPEG 文件的扩展名为.jpg 或.jpeg，其压缩技术十分先进，采用有损压缩方式去除冗余的图像和彩色数据，获取极高的压缩率的同时能展现十分丰富生动的图像。

JPEG 还是一种很灵活的格式，具有调节图像质量或压缩的功能，允许不同的压缩比例对这种文件压缩，如最高可以把 1.37MB 的 BMP 位图文件压缩 20.3KB。由于 JPEG 格式画质良好，文件尺寸小，下载速度快，使得 Web 页有可能以较短的下载时间提供大量美观的图像，JPEG 同时也就顺理成章地成为网络上最受欢迎的图像格式。

4. JPEG 2000 格式

JPEG 2000 同样是由 JPEG 组织负责制定的，扩展名为 JP2。与 JPEG 相比，它具备更高压缩率（比 JPEG 高约 30%）以及更多新功能的新一代静态影像压缩技术。在高压缩比的情形下，JPEG 2000 图像失真程度一般会比传统的 JPEG 图像要小。

JPEG 2000 同时支持有损和无损压缩；能实现渐进传输，即先传输图像的轮廓，然后逐步传输数据，不断提高图像质量，让图像由朦胧到清晰显示；此外，支持所谓的“感兴趣区域”特性，可以任意指定影像上感兴趣区域的压缩质量，还可以选择指定的部分先解压缩。

5. PNG 格式

PNG（Portable Network Graphics）是一种新兴的网络图像格式。PNG 是目前保证最不失真的格式，它汲取了 GIF 和 JPG 二者的优点，存储形式丰富，压缩率高，兼有多种色彩模式并支持透明图像背景，越来越多的软件开始支持这一格式，而且在网络上也越来越流行。Fireworks 软件的默认格式就是 PNG。

6. PSD 格式

这是著名的 Adobe 公司的图像处理软件 Photoshop 的专用格式 Photoshop Document（PSD）。Photoshop 中，PSD 格式可以比其他格式更快速地打开，它相当于平面设计的一张“草稿图”，里面包含有各种图层、通道、蒙版等多种设计的样稿，以便于下次打开文件时可以修改上一次的设计。

7. TIFF 格式

TIFF（Tag Image File Format）由 Aldus 和微软联合开发，最初是出于跨平台存储扫描图像的需要而设计的。格式有压缩和非压缩二种形式，其特点是图像格式复杂、存储信息多。正因为它存储的图像细微层次的信息非常多，图像的质量也得以提高，故而非常有利于原稿的复制。

8. CDR 格式

CDR 是著名图形软件 CorelDraw 的专用图形文件格式。CDR 可以记录文件的属性、位置和分页等，但它属专用文件，必须使用 corelDRAW 软件打开及编辑。

9. WMF 格式

WMF 简称图元文件，是 Mircosoft 公司定义的一种矢量图形格式。WMF 是一种清晰简洁的文件格式，Word 中内部存储的剪贴画就属于这种格式。

10. EPS 格式

该格式是 Adobe 公司矢量绘图软件 Illustrator 本身的向量图格式，EPS 格式常用于位图与矢量图之间交换文件。

11.2 Photoshop CC 基础知识

Photoshop 是专业的图像处理软件，它功能强大，操作界面友好，广泛应用于照片处理、彩色出版、平面设计及多媒体设计等众多领域，也是网页设计中必不可少的图像处理软件。

11.2.1 图像基本概念

1. 图像分辨率

图像中每单位打印长度上显示的像素数目通常用像素/英寸（ppi）表示。在 Photoshop 中，图像的分辨率可以自行设定，如对用于屏幕显示的图像，分辨率一般设置为 72ppi，而对用于印刷的图像，通常要求分辨率至少要达到 300ppi。

2. 图像颜色

图像文件按像素的颜色数可分为以下几种。

（1）单色图：又称二值图，每像素存储位数为 1bit。

（2）16 色图：每像素存储位数为 4bit。

（3）8 位灰度图：非彩色图像，每像素存储位数为 8bit（即 1 个字节）。

（4）8 位索引图：256 色图，每像素存储位数为 8bit。

（5）24 位真彩图：每像素存储位数为 24bit，其中 R、G、B 三分量各占 8bit。

24 位真彩图能显示 2^{24}=16777216 种色彩，但由于人的眼睛通常无法辨别这么多种颜色，加上图像的像素阵列本身存在很大的压缩空间，因此许多图像文件格式通常会对原始图做压缩处理。

11.2.2 Photoshop CC 概述

Photoshop 是美国 Adobe 公司在 1990 年首次推出的一款功能强大的图像处理软件。自推出以来，Photoshop 广泛应用于平面设计和彩色印刷等行业，成为 Windows 计算机及 Mac 苹果机上运用最为广泛的图像编辑应用程序。随着 Adobe 公司的不断发展，Photoshop 版本也不断升级，功能不断完善，在计算机图像处理及平面设计领域中一直占据领先地位。

从 1990 年 2 月 Photoshop 1.0.7 正式发行以来，Photoshop 不断地创新及增强其算法功能，一直占据图像处理技术的主导地位，目前其最高版本是 Photoshop CC，相比之前的版本，它新增了相机防抖动功能、Camera RAW 功能改进、图像提升采样、属性面板改进、Behance 集成等功能，以及 Creative Cloud（云功能）等。Photoshop CC 中拥有大量可以自行设置的创新工具，提供了一组丰富的图形工具，可用于数字摄影、印刷器制作、Web 设计和视频制作。用户可以根据个人的不同需求设置符合自己所需的工具，可提高工作效率，制作出适用于打印、Web 和其他用途的最佳品质的专业图像。

11.2.3　Photoshop CC 工作界面介绍

Photoshop CC 安装完成后，执行 Windows 任务栏里的“开始”中“Photoshop CC”菜单命令，或双击桌面上“ ”图标，即可启动 Photoshop CC，进入其工作界面。

Photoshop CC 的工作界面主要由标题栏、菜单栏、工具选项栏、工具箱、图像编辑窗口和组合面板等几部分组成，如图 11-3 所示。

图 11-3　Photoshop CC 工作界面

1. 菜单栏

Photoshop CC 的菜单栏包含了完成图像处理所需的各种命令和设置，也提供本窗口的最小化、最大化/还原和关闭按钮。菜单栏上各菜单的主要作用如下。

“文件”菜单：用于对图像文件进行操作，包括文件的新建、保存和打开等。

“编辑”菜单：用于对图像进行编辑操作，包括剪切、复制、粘贴和定义画笔等。

“图像”菜单：用于调整图像的色彩模式、色调和色彩，以及图像和画布大小等。

“图层”菜单：用于对图像中的图层进行编辑操作。

“类型”菜单：和文字编辑有关的命令都在这个菜单中，如创建路径、转换为形状等。

“选择”菜单：用于创建图像选择区域和对选区进行编辑。

“滤镜”菜单：用于对图像进行扭曲、模糊、渲染等特殊效果的制作和处理。

“3D”菜单：用于对 3D 图像的编辑和设置，如渲染设置、合成 3D 图层等。

“视图”菜单：用于缩小或放大图像显示比例、显示或隐藏标尺和网格等。

“窗口”菜单：用于对 Photoshop CC 工作界面的各个面板进行显示和隐藏。

“帮助”菜单：用于为用户提供使用 Photoshop CC 的帮助信息。

2. 工具箱

工具箱中提供了图像绘制和编辑的各个工具。要使用工具箱上的某个工具时，则单击工具箱相应工具按钮。图 11-4 列出了工具箱各主要工具的名称、用途及相关工具组功能。某些按钮右下角附带小三角形“■”，按住该按钮可弹出其相关的二级工具组，提供同类功能的工具，如按住“索套工具”按钮不放，如图 11-5 所示，将弹出 3 个同类工具。

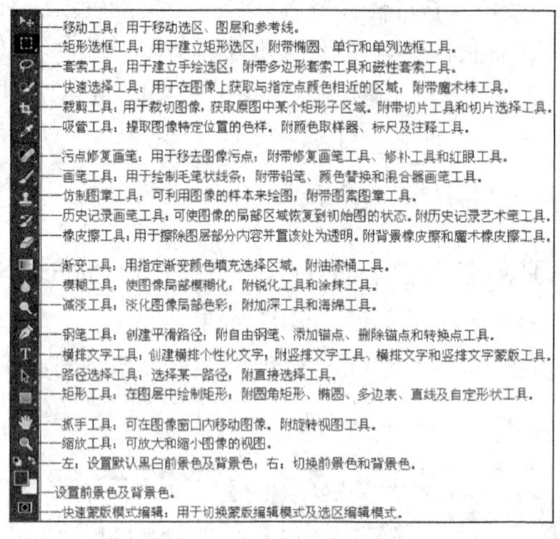

图 11-4　工具箱工具介绍

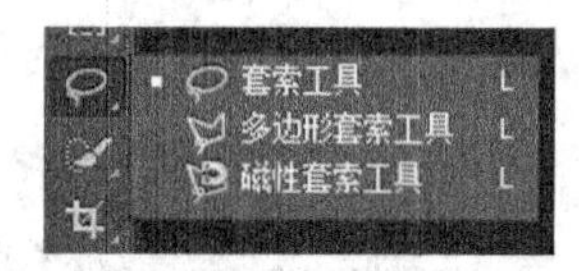

图 11-5　二级工具组

3. 工具属性栏

工具属性栏用于对当前所选工具进行参数设置，从工具箱中选择了某个工具后，工具属性栏将显示出该工具相应的参数设置选项。

4. 控制面板

控制面板默认显示在工作界面的右侧，也称为“浮动面板”，其作用是设置和修改图像的各种选项，如图 11-6 所示。Photoshop CC 根据各种功能的分类提供了如颜色面板、色板面板、样式面板、调整面板、导航器等 22 种面板。

Photoshop CC 的控制面板使用非常灵活，用户可以根据需要进行伸展、收缩、组合或拆分。

对于图标状态的面板，单击该面板图标或图标顶部的“展开面板”按钮▶▶，可以将该面板的功能全部展示出来。

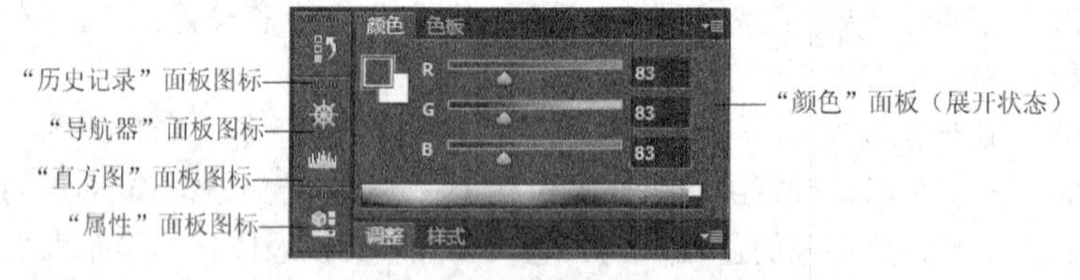

图 11-6　控制面板介绍

（1）对于已展开的面板，单击其顶部的“叠折为图标”按钮◀◀，则可将该面板收缩为图标状态。

（2）若要单独拆分面板，可以直接按住鼠标左键选中对应的图标或面板窗口，然后将其拖至工作区中的空白位置。

（3）若要重新组合面板，则按鼠标左键将面板图标或面板窗口拖至所需位置，直至该位置出现蓝色光边时释放鼠标左键，即可完成面板的组合操作。

最常用面板是“导航器”“历史记录”“图层”和“颜色”面板，下面介绍它们的功能及作用。

①“导航器”面板：用于查看图像显示区域和缩放显示图像，该面板下方提供了“缩小”“放

大”按钮及缩放滑块。

②“历史记录”面板：用于记录用户所做的每一步操作，通过单击历史记录的某一项，可将当前操作恢复到该操作时的状态。

③“图层”面板：用于对图层的编辑和管理操作。

④“颜色”面板：用于设置前景颜色的 R、G、B 三颜色分量的值。

5. 图像编辑窗口

图像编辑窗口相当于 Photoshop CC 的工作区，新建空白画布或打开已有图片后，所有的图像处理操作都是在该窗口中进行的。

11.2.4　Photoshop CC 操作特点

1. 基于图层的图像编辑模式

Photoshop CC 中，图层类似投影胶片，一幅效果图通常由多张图层合并构成。“图层”控制面板上直接提供了对图层的选定、位置调整、新建、复制、删除和图层特效等操作方法。

2. 以选区及图层为主要编辑对象

当前图层上有设置选区时，编辑对象通常为该选区内的图像内容，Photoshop CC 拥有多种选区工具，极大地方便了用户的不同要求，多种选区工具还可以结合起来选择较为复杂的图像。图层上没有选区时，操作对象通常为当前图层全部内容。

3. 编辑操作步骤可视化及可控化

Photoshop CC 中对每一步操作都记作一个记录，并显示于“历史记录”控制面板中，用户如不满意当前操作结果，可随时恢复到整个操作过程中的任一位置进行重新操作。

4. 丰富的特效处理及大量的快捷键操作

Photoshop CC 提供大量精彩的色彩调整及滤镜特效功能，学习者只有通过各种图像编辑练习才能领会各种效果的用途。同时系统提供了大量的操作快捷键，熟练使用快捷键可大大提高编辑效率。

11.3　Photoshop CC 基本操作

Photoshop 最常用的操作对象之一是图层，最常用的操作工具之一是套索工具，最常用的效果处理之一是羽化处理，本节通过图像羽化、图层组合及图像融合实例认识 Photoshop CC 的最基本操作方法。

11.3.1　图像羽化

创建选区时设置了“羽化”，可使图像选区的外周产生颜色渐退的艺术效果，它是图像处理中一种常用的编辑方法。

例 11.1　梦幻海城

该例为蓝色海域中隐现的城市楼群设计一个“羽化”边缘，既突出图像中心内容，又产生一种梦幻的意境。该例的素材图如图 11-7 所示，其效果图如图 11-8 所示。

操作步骤如下。

（1）单击“文件”菜单下的“打开”对话框，选择素材目录“Photoshop/例 1 图像羽化”下的“海景.jpg”图像文件。

（2）单击“导航器”控制面板下方的“缩放按钮”，将图像窗口缩放成 66.7%的显示比例，如图 11-9 所示。

（3）在工具箱中选择“椭圆选框工具”，在工具属性栏中设置“羽化”量为 25px，如图 11-10 所示，再在图像窗口中拖曳出一椭圆选区，如图 11-11 所示。

图 11-7　海景原始图

图 11-8　羽化效果图

图 11-9 “导航器”的“缩小”操作

图 11-10　工具属性栏“羽化”值设置

图 11-11　拖曳一椭圆选区

（4）按下“Shift”键，再在该椭圆周围添加几个椭圆选区，如图 11-12 所示，相连接的选区会合并成一个。

（5）单击“选择”菜单下“反向”命令（快捷键 Ctrl+Shift+I），反选上一步所得选区，如图 11-13 所示。再按“Delete”键删除当前选区的图像内容，使之呈现白色背景色，效果如图 11-14 所示。

图 11-12　多个椭圆选区合并

图 11-13　反选当前选区

图 11-14　删除选区中的图像内容

（6）单击图像窗口以取消选区（快捷键 Ctrl+D），选择“文件”菜单下的“存储为”对话框保存当前效果图。

① 在创建一个选区后，按住“Shift”键再绘一选区时可得到两选区的合并区；按住“Alt”键则可得到两选区的减区；同时按住“Shift”和“Alt”键则可得到两选区的交叉区。该组操作也可通过单击工具属性栏的按钮实现。

② 创建选区羽化效果时，应先设置选框工具的羽化值再绘制选区，羽化值越大，选区边缘过渡越平缓。

11.3.2　图层组合

例 11.2　汉堡超人

该例通过“汉堡”图片及相关素材图组合成一个生动可爱的“汉堡超人”形象，如图 11-15 所示。操作步骤如下。

（1）依次打开“Photoshop/例 2 图层组合”下的“附件.jpg”文件和“汉堡包.jpg”图像文件。

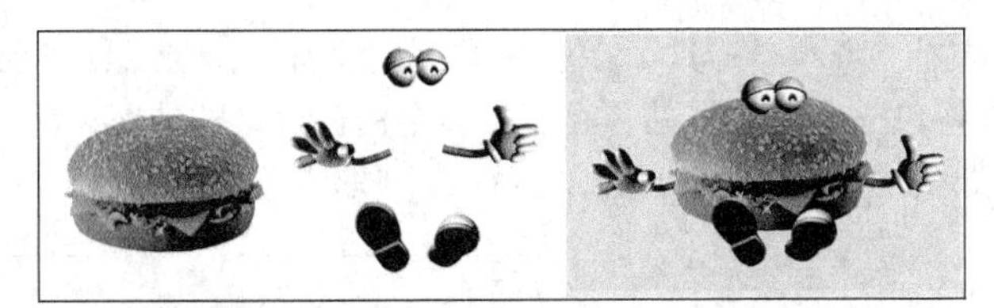

图 11-15　“汉堡超人”素材图及效果图

（2）选择“文件”|“新建”命令（快捷键“Ctrl+N”），弹出“新建”对话框，如图 11-16 所示，设置“宽度”和“高度”分别为 640 像素和 420 像素（像素单位在数值后面选择），单击右上“确定”按钮新建一空白图像，依次向下拖动各图像的编辑窗口标签 附件.jpg @ 100%(RGB/8) ×　汉堡包.jpg @ 100%(RGB/8) ×　未标题-1 @ 66.7%(RGB/8) ×，令各图像窗口相互独立，如图 11-17 所示。

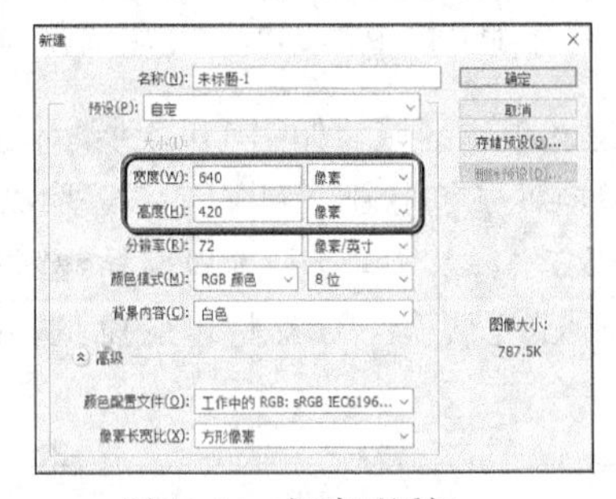

图 11-16　新建对话框

图 11-17　新建空白图窗

（3）单击“颜色控制面板”，调动其中的“滑动块”，设置前景色为一淡红色，R、G、B 颜色值分别为 255、215、255，如图 11-18 所示，在工具箱中选择“油漆桶工具”，如图 11-19 所示，单击新建图像窗口空白区将其填充为淡红色背景，如图 11-20 所示。

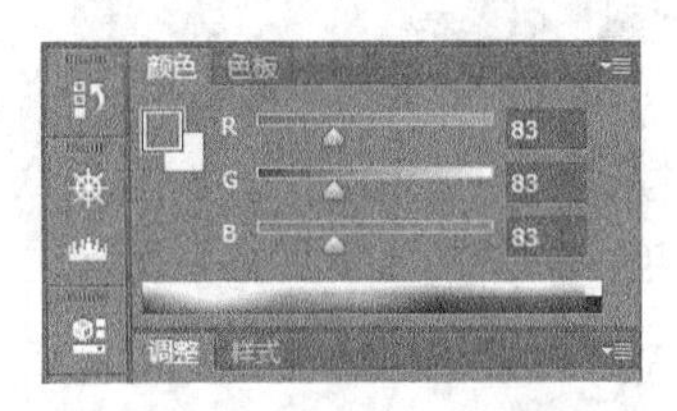

图 11-18　“颜色”控制面板

图 11-19　“油漆桶工具”选择

图 11-20　填充图窗背景色

（4）单击“汉堡包”图像窗口，将其设为当前窗口，在工具箱中选择“移动工具”，拖曳“汉堡图”图像内容至新建窗口中再松开鼠标，如图 11-21 所示，“汉堡图”被复制到新建图窗中并作为一个新的图层（由“图层控制面板”可显示，如图 11-22 所示）。鼠标再拖曳该新层图像将“汉堡包”位置调整至图窗中央。

图 11-21　使用“移动工具”添加“汉堡”新图层

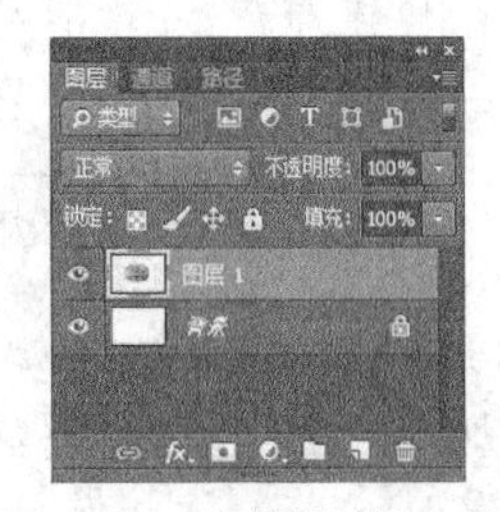

图 11-22　“图层”控制面板

（5）在工具箱中选择“魔术棒工具”，如图 11-23 所示，在工具属性栏中设置“容差”值为 7，单击“汉堡包”白色背景处，将获得整个白色背景的选区，再按“Delete”键删除选区内容使其变透明，如图 11-24 所示。单击“选择”|“取消选择”（或按“Ctrl+D”）取消选框。

图 11-23 “魔术棒”选择

图 11-24 删除“汉堡”白色背景

（6）在“附件.jpg”图窗中用“矩形选框”框选眼睛区域，如图 11-25 所示。选择“移动工具”，拖曳眼睛选区至新建窗口松开，移动眼睛至汉堡包上方，如图 11-26 所示。仿照上一步方法去除白色背景，依次将“附件”中的“左手”“右手”及“鞋子”拖曳至新建窗口并除去白色背景，如图 11-27 所示，将魔术棒的“容差”值调整成较小值 7，这样可避免左、右手边角上的白色区域被识别成白色背景而误删。

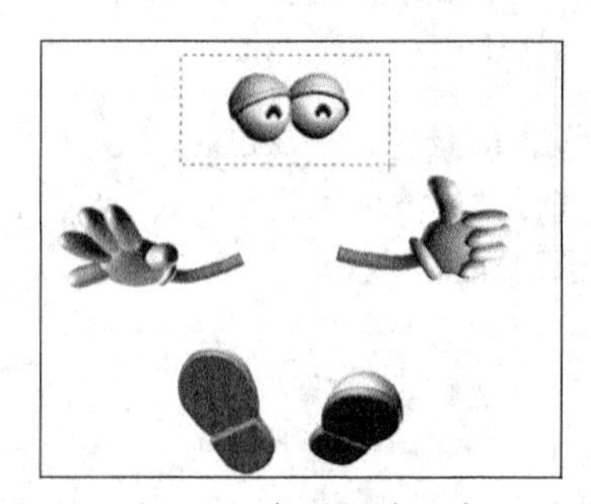

图 11-25 框选眼睛区域

图 11-26 移动复制“眼睛”

图 11-27 移动复制其他附件

（7）在“图层控制面板”上，拖曳图层 4（“右手”图层）至图层 1（“汉堡”图层）下方后松手，如图 11-28 所示，使右手置于“汉堡”层后方，同样，拖曳图层 3（“左手”图层）至图层 1 下方，如图 11-29 所示，“汉堡超人”至此完成，效果如图 11-30 所示。

图 11-28　下移“图层 4”

图 11-29　下移“图层 3”

图 11-30　完成效果图

（8）保存所作效果图。

11.3.3　图像融合

例 11.3　神舟焕彩

该例将神舟火箭及发射塔架的素材图与红色的云彩图进行图像融合，从而产生一种霞光焕彩的环境氛围，更加突出神舟火箭雄伟气魄。相关素材图如图 11-31 和图 11-32 所示，效果如图 11-33 所示。

图 11-31　神舟火箭图

图 11-32　云彩图

操作步骤如下。

（1）打开“Photoshop/例 3 图像融合”下的“神舟.jpg”和“云彩.jpg”图像文件。

（2）在“云彩”图框中用“矩形选框工具”框选天空区域，如图 11-34 所示。

图 11-33　融合效果图

图 11-34　框选天空区域

（3）用“移动工具”将该选区拖曳至“神舟”图窗上，选择“编辑”|“自由变换”（或按快捷键“Ctrl+T”），图块周围出现 8 个空心控制方块，如图 11-35 所示。

（4）拖动四边或四角的控制块，放大图块至覆盖整个窗口，如图 11-36 所示，双击块内区域确定编辑结果。

图 11-35 “自由编辑”图块

图 11-36 放大图块

（5）在“图层控制面板”中拖曳“图层 1”至面板右下角上松手，如图 11-37 所示，生成“图层 1 副本”图层，即复制了图层 1。

（6）选择“图层 1”，在面板上的“不透明度”项右方单击小三角形按钮并调动滑动块至“20%”，如图 11-38 所示。

图 11-37 复制“图层 1”

图 11-38 设置透明度

（7）选择“图层 1 拷贝”，如图 11-39 所示，在工具箱中选择“多边形套索工具”，在工具属性栏中设置“羽化”值为 100，在当前图窗上单击绘制一个“爆炸状”多边形，如图 11-40 所示。当多边形首尾相接时，选框形状变为椭圆形，如图 11-41 所示。

（8）按“Delete”键 2 或 3 次，即重复删除选框内容，效果如图 11-42 所示。

（9）对所得效果图进行另存处理。

设置自由变换时，调整控制空白方块可缩放变换对象，当鼠标置于四边角处控制方块外侧时，鼠标形状变为“⤴”，此时移动鼠标可旋转变换对象。

图 11-39　选择“图层 1 拷贝”图层

图 11-40　绘制“爆炸状”多边形

图 11-41　选区形状变椭圆形

图 11-42　删除选框内容

11.4　Photoshop CC 人物处理

人物图像的修整和修饰处理是常用的一类图像处理，Photoshop CC 在该方面体现了非常强大功能，具体体现在其对色彩、明暗度等灵活的可调控性和工具箱的一些便利的修饰工具上。本节通过相片常规处理、人物面部美化、人物服饰和人物抠图等方面认识 Photoshop 在人物图像处理上的操作方法。

11.4.1　相片常规处理

1. 相片补光及色彩调整

拍照时，由于相机的性能限制或曝光不足通常会使一些相片显得色彩暗淡，对此，Photoshop CC 提供了简便的相片色彩调整功能，调整后的图像色彩更丰富，细节更清楚，更适合相片冲洗或网页应用。

例 11.4　相片补光及色彩调整

该例的相片原图补光及色彩调整前后对比如图 11-43 所示。

操作步骤如下。

（1）打开“Photoshop/例 4 相片补光及色彩调整”下的“boy.jpg”图像文件，如图 11-43 左图所示。

图 11-43　相片原图补光及色彩调整前后对比

（2）选择“图像”|“调整”|“曲线”命令（快捷键“Ctrl+M”），如图 11-44 所示，在弹出的“曲线”对话框中将曲线调整为如图 11-45 所示的效果，单击“确定”按钮，完成相片补光工作，相片图像变得明亮且细节更加清晰。

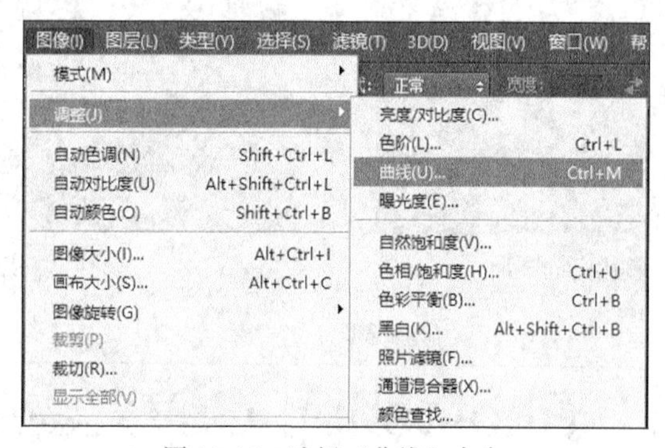

图 11-44　选择“曲线”命令

（3）选择“图像”|“调整”|“色相饱和度”命令（快捷键“Ctrl+U”），在弹出的“色相饱和度”对话框中调整饱和度为“+22”，如图 11-46 所示，单击“确定”按钮，完成相片色彩调整，相片色彩更变得鲜艳更自然。

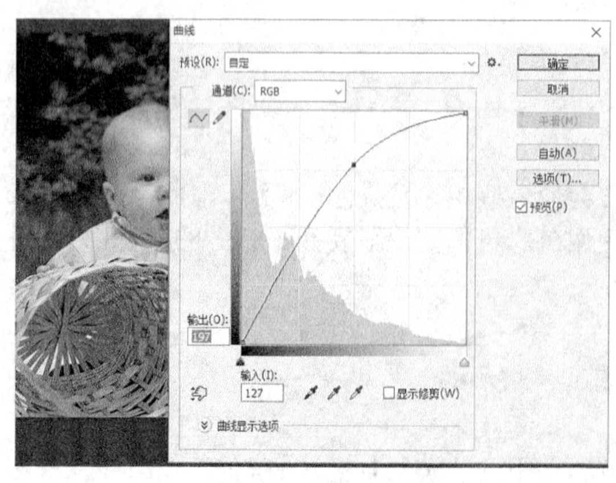

图 11-45　相片补光

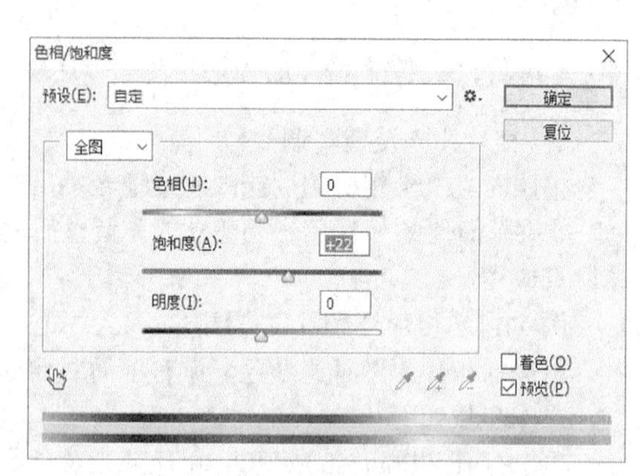

图 11-46　增加色相饱和度

（4）对调整后相片进行存盘。

2. 彩色相片黑白化

Photoshop CC 中，黑白调整命令比以前的版本更灵活，可以调整出不同层次变化的黑白图像，使图像的颜色分布更匀称自然。

例 11.5　彩色相片黑白化

该例实现将彩色相片转换成黑白相片，转换后相片图像清晰，对比分明，层次感强。人物彩照原图及黑白化效果如图 11-47 所示。

图 11-47　人物彩照及其黑白化效果

操作步骤如下。

（1）打开“Photoshop/例 5 相片去色”下的“长今.jpg”图像文件，如图 11-47 左图所示。

（2）选择“图像”|“调整”|“黑白”命令（快捷键“Alt+Shift+Ctrl+B”），在弹出的“黑白”对话框中适当调整 6 种颜色值使黑白分布达到满意效果，如图 11-48 所示。由于该图默认的黑白转换效果较“暗淡”，增加了“青色”颜色值，可使人物衣服更鲜明一些。

（3）对所得黑白相片进行存盘。

图 11-48　“黑白”对话框

3. 黑白相片上彩

在 Photoshop 中，为黑白相片上彩的最简单方法是：依次选择各调色区域，并分别调整各区域的色彩值以获得彩色效果。

例 11.6　黑白相片上彩

该例实现将黑白相片上彩成色彩相片，处理后相片色彩自然，人物鲜活。人物黑白照原图及上彩后效果如图 11-49 所示。

图 11-49　黑白相片及其上彩效果

操作步骤如下。

（1）打开“Photoshop/ 例 6 相片上彩”下的“girl1.jpg”图像文件，如图 11-49 左图所示。在“导航器控制面板”上设置将图像窗口放大成 200%的显示比例。

（2）选择工具箱的“套索工具组的”的“磁性套索工具”，在女孩帽子边缘上单击然后沿帽子边缘移动，即自动生成选择路径，对边缘不清晰的地方则单击鼠标以确定经过位置，如图 11-50 所示。

（3）按“Shift”键，用以上方法在图中增加选择“裙子”选择区域，注意小手夹缝中仍有部分衣服区要选中，如图 11-51 所示。

图 11-50　磁性套索工具选择帽子

图 11-51　加选裙子区域

（4）选择“图像”|“调整”|“色彩平衡”命令（快捷键“Ctrl+B”），在弹出的“色彩平衡”对话框中适当调整颜色分量值使“帽子”及“裙子”添加某种色彩，调整方案如图 11-52 所示，

色阶为“-16、-34、100”，可使“帽子”及“裙子”呈粉蓝色。

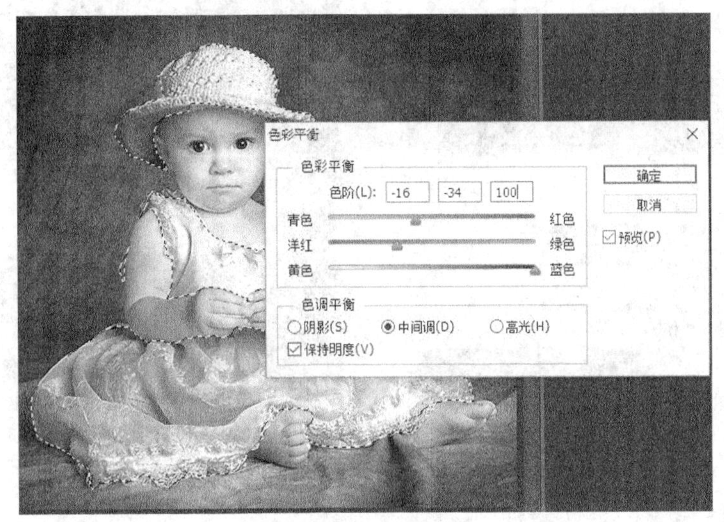

图 11-52　为裙子上彩

（5）取消已有选区，用磁性套索工具选择女孩“脸部”及“肩部”区域，按下“Shift”键，依次选择“手臂”及“脚丫”区域，按下“Alt”键，在“手臂”区域中除去小手夹缝中的衣服区域，选择“色彩平衡”命令，调整色彩平衡如图 11-53 所示，色阶为“+64、0、-22”，使选区呈自然肤色。

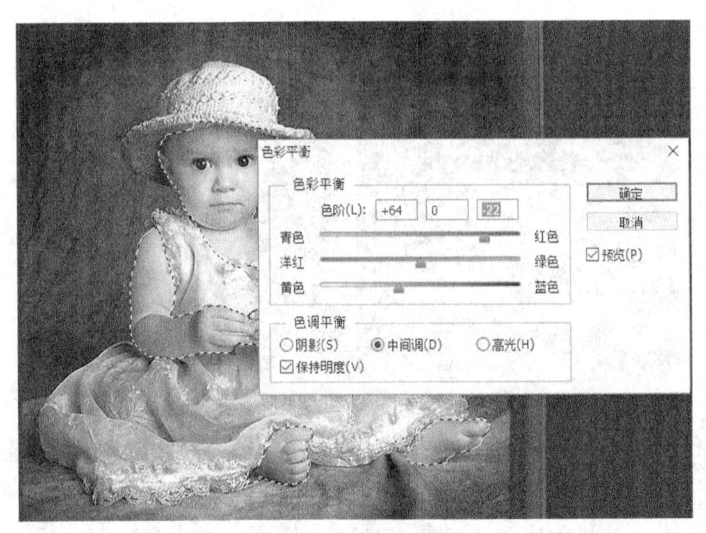

图 11-53　添加肤色

（6）单击“导航器”控制面板下方的“缩放按钮”，将图像窗口缩放成 200%的显示比例，用“多边线套索”工具选择“嘴唇”区域，选择“图像”|“调整”|“色彩平衡”命令，如图 11-54 所示，设置色阶为“+76、-36、0”，为嘴唇添加红润色泽。

（7）在“导航器”控制面板中恢复 100%的图像显示比例，用“磁性套索工具”选择女孩整个轮廓，单击“选择”|“反向”命令（快捷键“Ctrl+Shift+I”），使选区为除人物外围区域，选择“色彩平衡”命令，如图 11-55 所示，设置色阶为“-20、+60、0”“地毯”变成墨绿色。

（8）对所得彩色相片进行存盘。

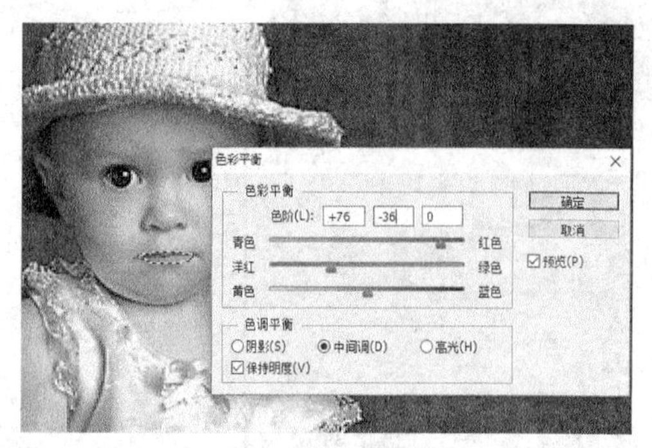

图 11-54　添加唇色

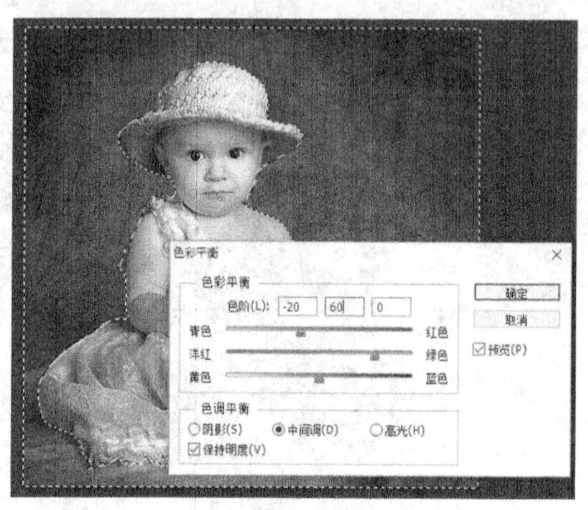

图 11-55　添加“地毯”颜色

11.4.2　人物面部美化

1. 斑点去除

Photoshop CC 中，对图像中存在的个别污点或人物面部明显斑点可用“污点修复画笔工具”快速去除。

例 11.7　斑点去除

该例用“污点修复画笔工具”实现小女孩脸部的斑点去除，面部斑点处理前后效果如图 11-56 所示。

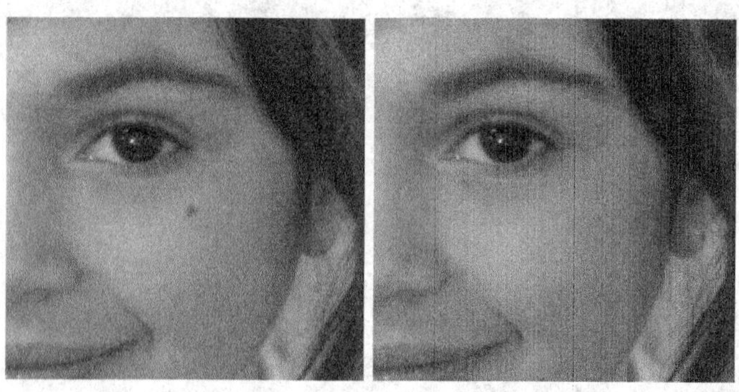

图 11-56　面部斑点去除前后效果

操作步骤如下所示。

（1）打开“Photoshop/例 7 斑点去除”下的“Girl2.jpg”图像文件，在“导航器控制面板”上将图像窗口设置成 200%的显示比例，如图 11-56 左图所示。

（2）在“工具箱”中选择“污点修复画笔工具”，如图 11-57 所示，在工具属性栏中设置“画笔直径”为 11，使画笔笔触大于斑点大小，如图 11-58 所示。鼠标在人物面部斑点处单击一下或画上一笔，斑点即可去除，该处呈自然肤色，效果如图 11-56 右图所示。

（3）对修复效果图像进行存盘。

2. 面部美化

“污点修复画笔工具”能快速除去人物面部的个别斑点，但当相片人物面部存在大量斑点或皱纹时，用“污点修复画笔工具”就显得力不从心了。此时 Photoshop CC 的“高斯模糊”功能及“历史笔工具”在面部除斑及光滑化上则显示出其神奇的功能。

图 11-57　设置画笔直径

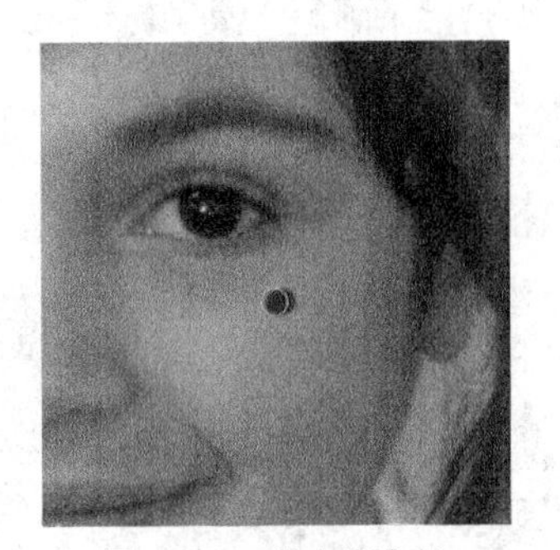

图 11-58　单击斑点处

例 11.8　面部美化

该例的原始图及效果图如图 11-59 所示。

操作步骤如下。

（1）打开“Photoshop/例 8 面部美化”下的“Girl3.jpg”图像文件。

（2）选择“滤镜”|“模糊”|“高斯模糊”命令，在弹出的“高斯模糊”对话框中设置“半径”为 10.0 像素，单击右上方的“确定”按钮，如图 11-60 所示。

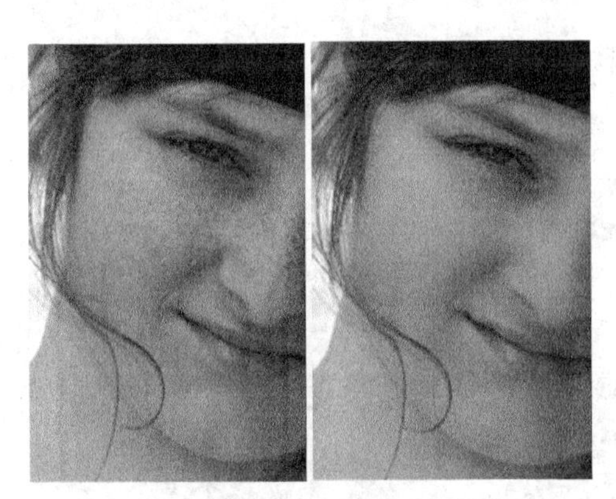

图 11-59　“面部美化”原始图及效果图

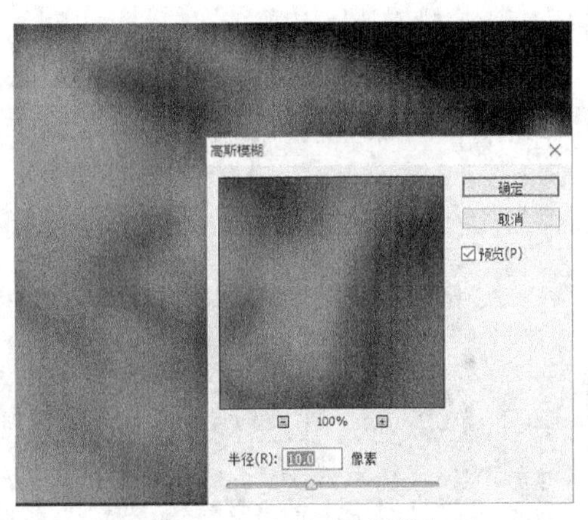

图 11-60　设置高斯模糊

（3）在“历史记录控制面板”上单击下方的“快照”按钮，建立新快照 1，如图 11-61 所示，单击“快照 1”图像左边方块，设其为历史记录画笔的源，如图 11-62 所示。单击历史记录“打开”，将图像恢复到打开状态，如图 11-63 所示。

图 11-61　单击“历史记录快照”按钮

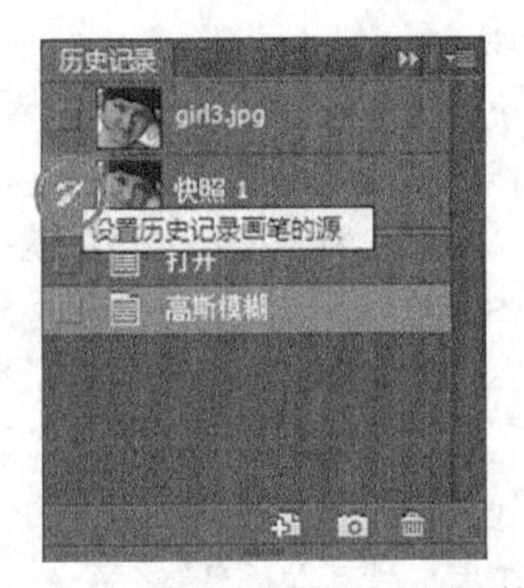

图 11-62　设置“快照 1”为历史记录画笔的源

（4）选中“历史记录画笔工具”，在工具属性栏中设置“画笔直径”为 35，不透明度为 50%，如。在女孩面部的皮肤区域进行涂抹，眼睛、嘴唇等五官及轮廓区域则不用涂抹。可以看到，经历史画笔涂抹处，斑点和皱纹消失，皮肤变得光洁起来，如图 11-64 所示。图 11-65 所示为“面部美化”最终效果图。

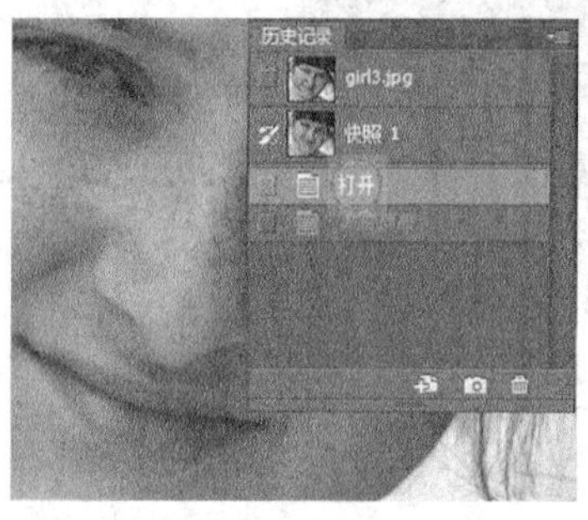

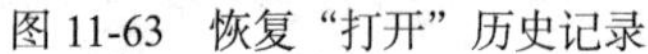
图 11-63　恢复“打开”历史记录

图 11-64　历史笔涂抹面部

图 11-65　“面部美化”效果图

（5）对修复效果图像进行存盘。

11.4.3　更换人物服饰

例 11.9　更换服饰

该例运用 Photoshop 的“正片叠底”功能实现模特服饰图案的叠加，该功能也常用于三维造型设计后期的表面纹理叠加。例子中的素材图如图 11-66 所示，服饰更换效果如图 11-67 所示。

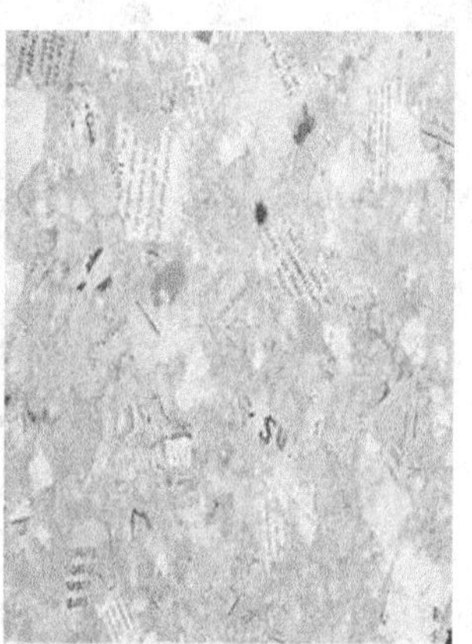
图 11-66　服饰原图与叠加纹理图

图 11-67　纹理叠加效果

操作步骤如下。

（1）依次打开“Photoshop/例 9 更换服饰”下的“模特.jpg”和“纹理.jpg”图像文件。

（2）选择“磁性套索工具”，在“模特.jpg”图窗上选择“衣服”区域，如图 11-68 所示。

（3）在“套索工具”按钮选中的状态下，用鼠标拖曳“衣服”区域到“纹理.jpg”图窗上，图窗上出现相同的选区，如图 11-69 所示。

（4）按“Ctrl+C”组合键复制“纹理”选区内容，选择“模特”图窗，按“Ctrl+V”组合键，生成“纹理”选区的新图层（图层 2），如图 11-70 所示。

（5）选择“图层控制面板”中“图层 2”，在“图层”面板“混合模式”选项上单击弹出下拉菜单，选择“正片叠底”项，如图 11-71 所示，模特衣服纹理效果如图 11-67 所示。

（6）对效果图像进行存盘。

图 11-68　选择“衣服”区域

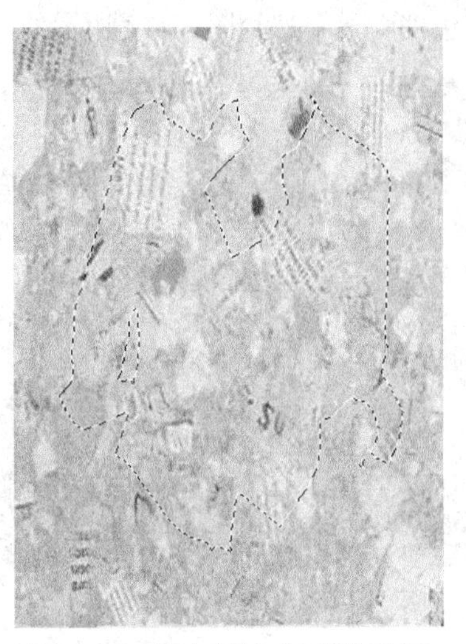

图 11-69　拖曳复制“衣服”选区

图 11-70　复制“纹理”区域图

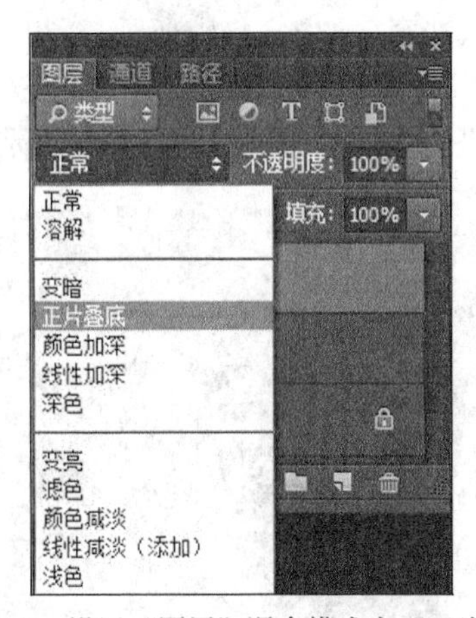

图 11-71　设置“图层”混合模式为“正片叠底”

11.4.4　更换人物背景

为相片人物更换背景也称“人物抠图”或“人物抽出”，在 Photoshop CC 中，人物更换背景有很多方法，最常用的方法是：用“套索工具”尤其是“磁性套索工具”将人物对象圈选出，并用“移动工具”将选区拖移复制到背景图窗上即可。但“套索工具”的选择功能在处理人物毛发上却难以施展，尤其是散乱的一丝一缕的头发，存在许多漏空或半透明的小区域，手工套索难度很大且效果不佳。Photoshop CC 通过“调整边缘”功能实现人物抽出，该方法简便易用，还可以修正白边以及使边缘平滑化，使人物抽出效果更自然。

图 11-72　人物图

例 11.10　人物抠图

该例对图 11-72 所示的人物头像进行抠图，将抽出的头像（即移除了原来灰色的背景）移至图 11-73 所示的海边背景图上，效果如图 11-74 所示。

图 11-73　背景图

图 11-74　人物与背景的合并效果

操作步骤如下。

（1）依次打开“Photoshop/例 10 人物抠图”下的“人物.jpg”和“背景.jpg”图像文件。

（2）选择“人物.jpg”图窗为当前窗口，使用“快速选择工具” “涂画”灰色背景，可将连续的灰色背景区选择为选区，如图 11-75 所示。用相同方法“涂画”其他背景区，可将其他背景区并入选区，如图 11-76 所示，此时工具属性栏中工具状态为 。

（3）按“Ctrl+Shift+I”组合键反选选区，此时人物头相为当前选区，继续用“快速选择工具” 将一些头发、衣袖等细节区域并入选区，如图 11-77 所示。

图 11-75　选择背景

图 11-76　合并背景选区

图 11-77　精确选区细节

（4）在工具属性栏中单击“调整边缘” 按钮，在弹出的对话框中将边缘检测的“半径”设置为 2.8，如图 11-78 所示。鼠标移至图片边缘检测工具笔触，用该笔触“涂抹”或单击人物外围镂空发丝部位，发丝将自然“抽出”。抽出后效果如图 11-79 所示。

（5）用相同方法处理整个人物图的镂空发丝部位，整图抽出效果如图 11-80 所示，单击“调整边缘”对话框右下角“确定”按钮，完成人物图背景移除。

（6）用“移动工具” 将抽出的“人物图”拖移至“背景图”，合并效果如图 11-74 所示，其局部的镂空发丝效果如图 11-81 所示，可见抽出后人物的发丝仍保留自然状态，能与背景图很好地融合起来。

（7）对所作效果图像进行存盘。

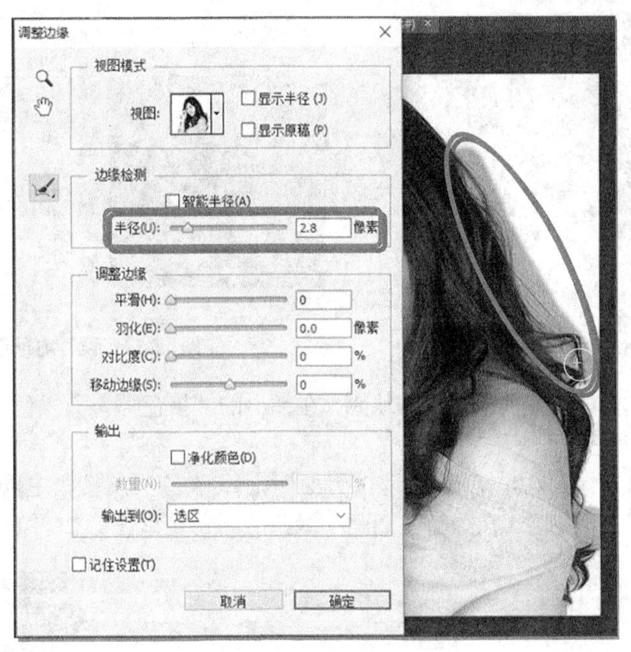

图 11-78　边缘调整

图 11-79　发丝抽出

图 11-80　人物抽出

图 11-81　合并图局部效果

11.5　Photoshop CC 按钮、特效字制作

在网页设计上，统一协调的按钮、别具风格的特效字让人赏心悦目，大大地提升了网站的品位。本节介绍在 Photoshop CC 中制作网页常见的元素——按钮和特效字。

例 11.11　造型按钮制作

该例的素材图及效果图如图 11-82 所示。

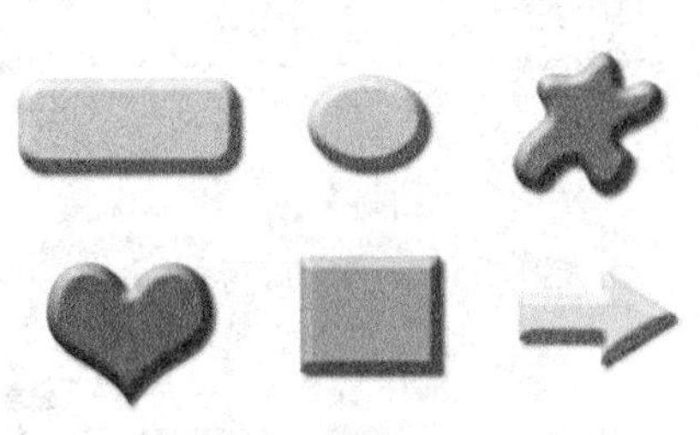

图 11-82　按钮效果图

操作步骤如下。

（1）选择“文件”|“新建”命令（快捷键“Ctrl+N”），新建一个“宽度”为 800 像素，“高度”为 600 像素，RGB 颜色模式的空白图窗。

（2）在“图层控制面板”上单击右下“创建新图层”按钮，如图 11-83 所示，生成透明的“图层 1”。

图 11-83　新建图层

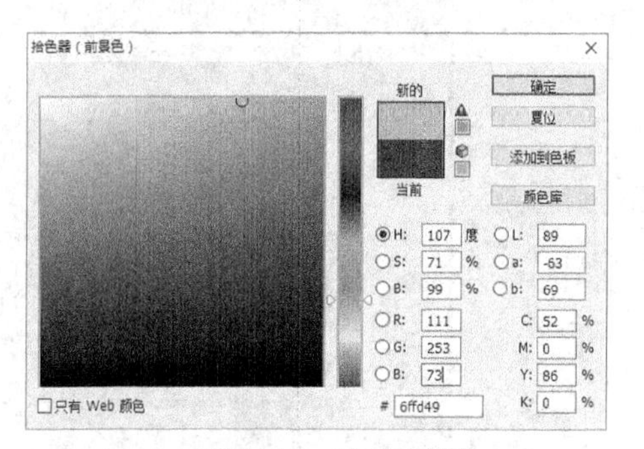

图 11-84　设置前景色

（3）在工具箱下方单击“前景色”方块，在弹出的“拾色器（前景色）”对话框中选择一种绿颜色，如图 11-84 所示。

（4）在工具箱上选择“圆角矩形工具”，在工具属性栏中选择“像素”模式，矩形圆角半径设置为“20 像素”。在图窗上圈画一绿色的圆角矩形区，如图 11-85 所示。

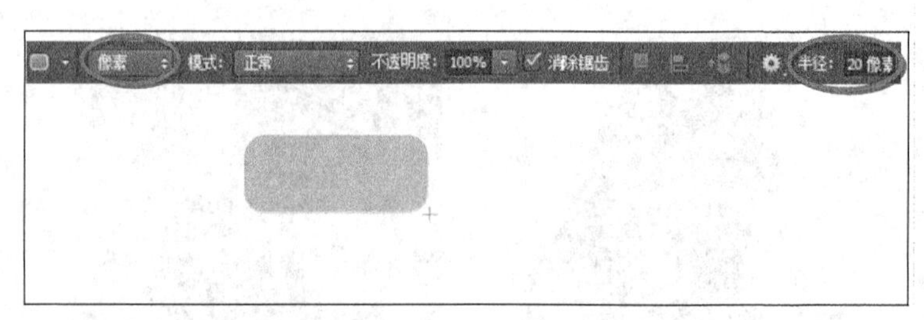

图 11-85　框画圆角矩形

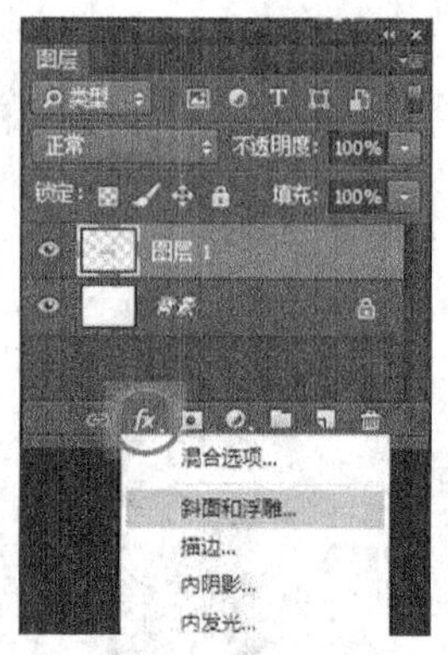

图 11-86　图层“斜面和浮雕”命令

（5）在“图层 1”为当前图层状态下，如图 11-86 所示，单击“图层”控制面板下方的“添加图层样式”，在弹出的菜单中选择“斜面和浮雕”命令，如图 11-87 所示，在“图层样式”对话框中进行参数设置（该操作也可以通过直接在“图层”面板上双击“图层 1”，弹出“图层样式”对话框实现），并勾选右上“样式”下的“投影”选项。圆角矩形按钮效果如图 11-88 所示。

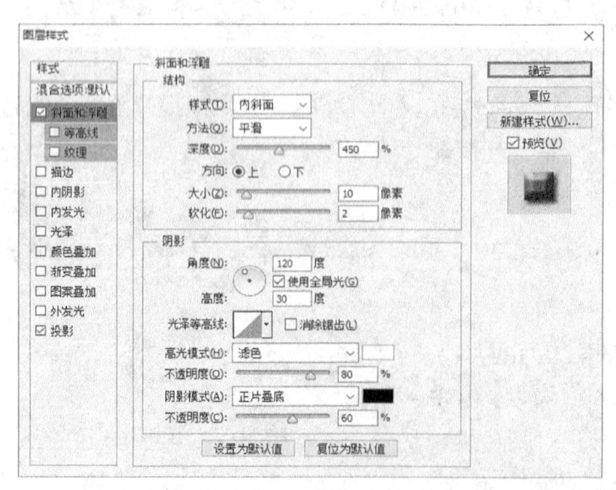

图 11-87　设置“斜面和浮雕”参数

图 11-88　圆角矩形按钮效果

（6）在工具属性栏中选择“椭圆工具”，在上一步所得按钮旁框画一椭圆，如图 11-89 所示，立刻生成相同样式的椭圆按钮，如图 11-90 所示。

图 11-89　框画椭圆　　　　图 11-90　生成椭圆按钮

（7）重新设置前景色为粉红色，在工具属性栏中选择“自定义形状工具”，如图 11-91 所示，单击弹出“形状”拾色器，选择一自由形状，即可框画如图 11-92 所示的形状按钮。

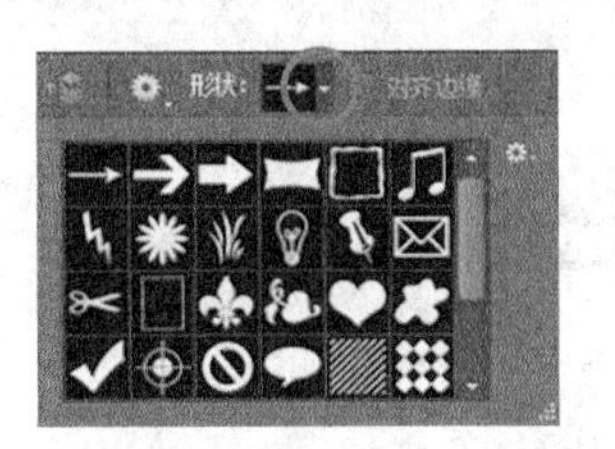

图 11-91　选择自由形状

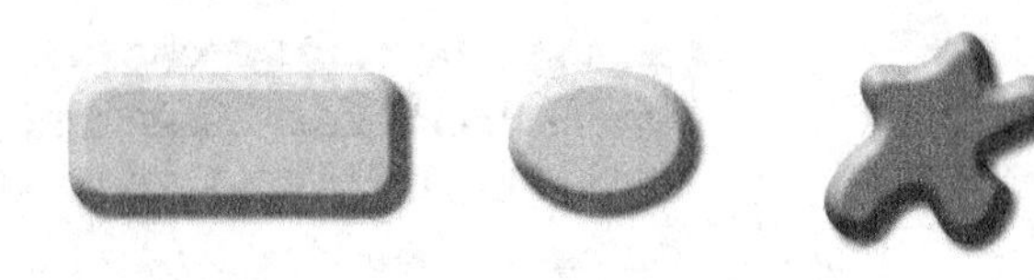

图 11-92　生成自由形状按钮

（8）通过选择不同前景色，用不同形状工具在该图层上进行框画，即可生成不同形状的按钮造型，如图 11-93 所示。

（9）对所做按钮图进行存盘。

例 11.12　水晶按钮制作

该例水晶按钮效果如图 11-94 所示。

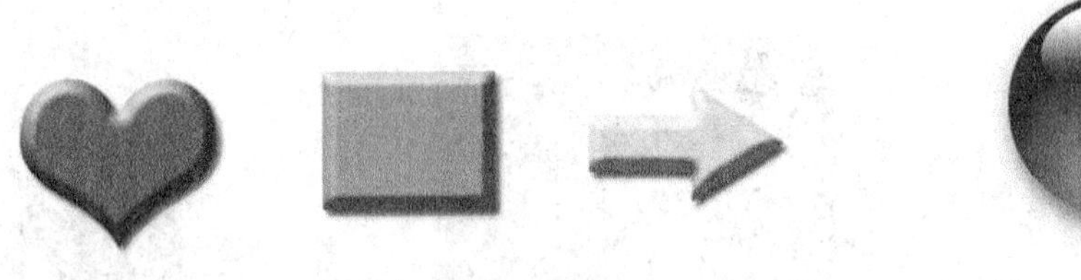

图 11-93　不同颜色及形状的按钮　　　　图 11-94　按钮效果

操作步骤如下。

（1）新建一个 400×400 像素的空白图窗，在“图层控制面板”上单击右下“创建新图层”按钮，生成透明的“图层 1”。

（2）单击工具箱下方前景色方块，在弹出的“拾色器（前景色）”对话框中选择一种浅蓝色，如图 11-95 所示。单击背景色方块，在弹出的“拾色器（背景色）”对话框中选择一种深蓝色，如图 11-96 所示。

（3）选择“椭圆选框工具”，按下“Ctrl”键，在“图层 1”上画一正圆选框，选择“渐变工具”，在工具属性栏中选择径向渐变模式，如图 11-97 所示。在选框内自下向上拖曳出一直线以进行径向渐变填充，如图 11-98 所示，填充效果如图 11-99 所示。

（4）按“Ctrl+D”组合键取消选框，再用“椭圆选框工具”在上述填充圆上方画一椭圆，如图 11-100 所示，设置前景色为白色，选择“渐变工具”，在工具属性栏中选择“线性渐变”模式，如图 11-101 所示，单击“填充样式”弹出“渐变”拾色器，选择第二项“前景色到透明渐变”样式。

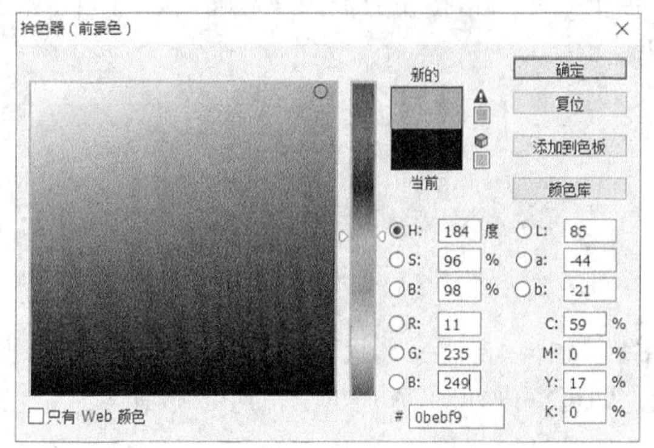

图 11-95　设置“浅蓝色”前景色

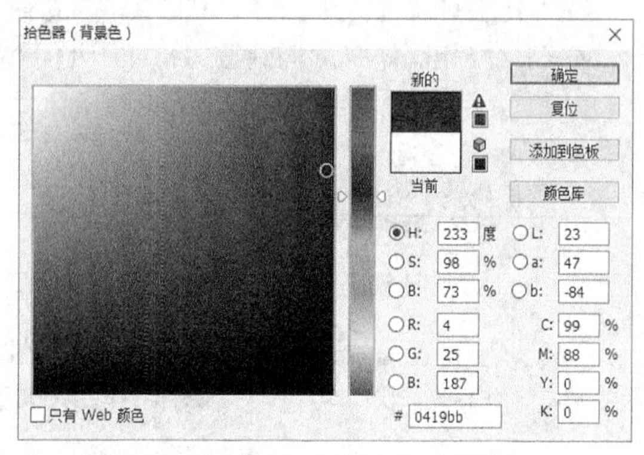

图 11-96　设置“深蓝色”背景色

图 11-97　选择“径向渐变”模式

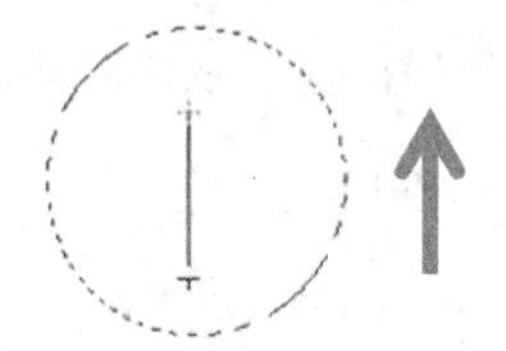

图 11-98　径向渐变填充

图 11-99　径向渐变效果

（5）如图 11-100 所示，选框内自顶向下拖曳出一直线以进行“前景到透明”渐变填充，效果如图 11-102 所示。

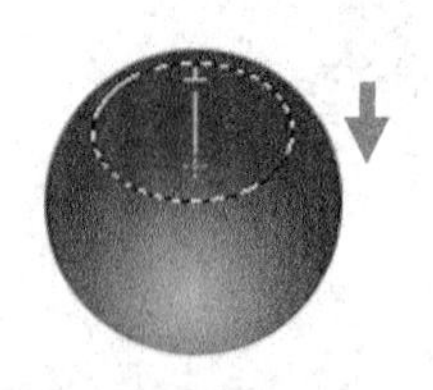

图 11-100　线性渐变填充

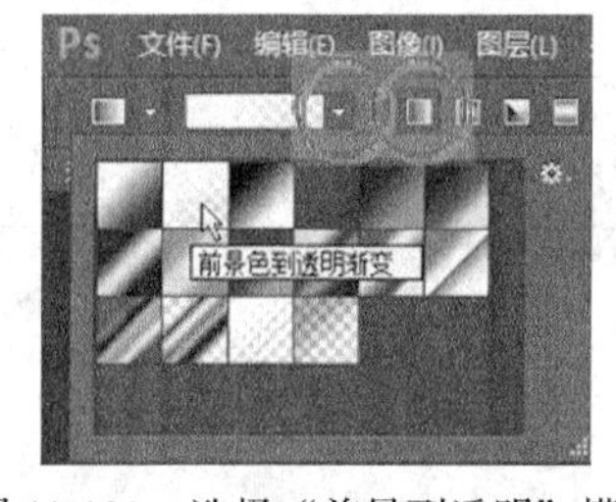

图 11-101　选择“前景到透明”模式

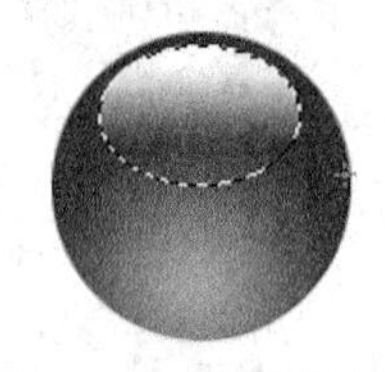

图 11-102　线性渐变效果

（6）单击“图层控制面板”下方的“添加图层样式”（或直接双击“图层 1”），选择“投影”，在弹出的图层样式对话框上进行“投影”参数设置，如图 11-103 所示，为“图层 1”的水晶按钮添加阴影，效果如图 11-104 所示。

（7）设置前景色为红色，在工具箱上选择“文字工具”，在工具属性栏上选择“字体类型”及“字体大小”，在按钮上输入相关文字，如图 11-105 所示，用“移动工具”调整文字，使之处于按钮中心。

（8）在“图层控制面板”上调整文字图层透明度为 40%，按钮最终效果如图 11-106 所示。

（9）对所得水晶按钮进行存盘处理。

例 11.13　描边字

该例描边字效果如图 11-107 所示。

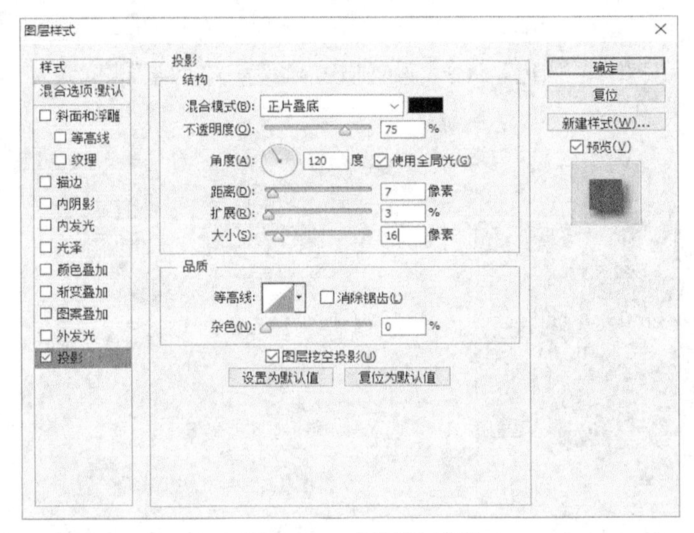

图 11-103　“投影”设置

图 11-104　加阴影效果

图 11-105　加文字效果

图 11-106　文字半透明效果

图 11-107　描边字

操作步骤如下。

（1）新建一个大小为 400×200 像素、RGB 颜色模式的空白图窗。

（2）设置前景色为浅蓝色，填充该图窗作为背景色，单击“图层控制面板”上的按钮，新建一个空白图层。

（3）在工具箱中选择“横排文字蒙版工具”，在工具属性栏中设置字体为“黑体”，字号为“50 点”，单击“字符和段落调板”按钮，如图 11-108 所示，设置字体为“粗体”和“倾斜”格式。

（4）单击图窗左端，并输入文字“网页设计”，如图 11-109 所示。

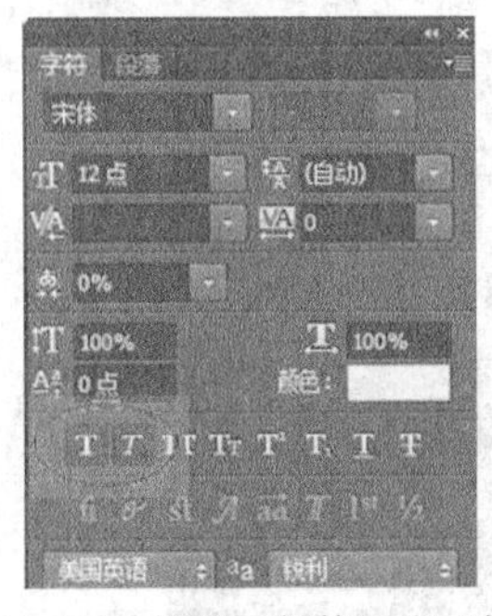

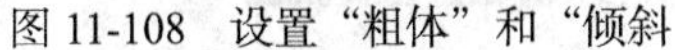

图 11-108　设置“粗体”和“倾斜

图 11-109　输入文字

（5）单击工具箱的其他工具，文字变成选区，设置前景色为深蓝色，按“Alt+Delete”组合键为文字选区填色，如图 11-110 所示。

（6）设置前景色为白色，选择“编辑”|“描边”命令，设置描边宽度为“2 像素”，位置为“居外”，如图 11-111 所示。

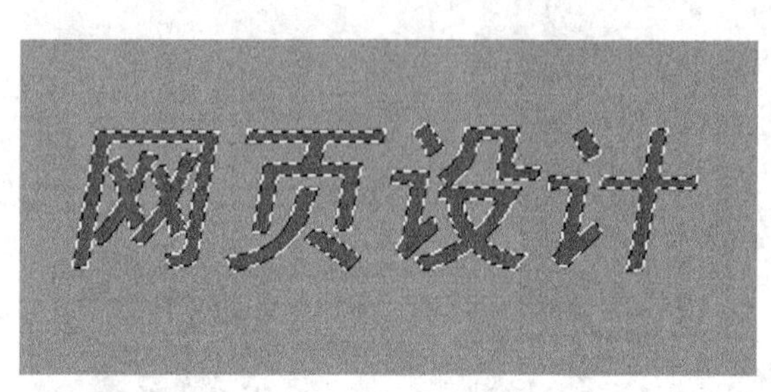

图 11-110　文字填色

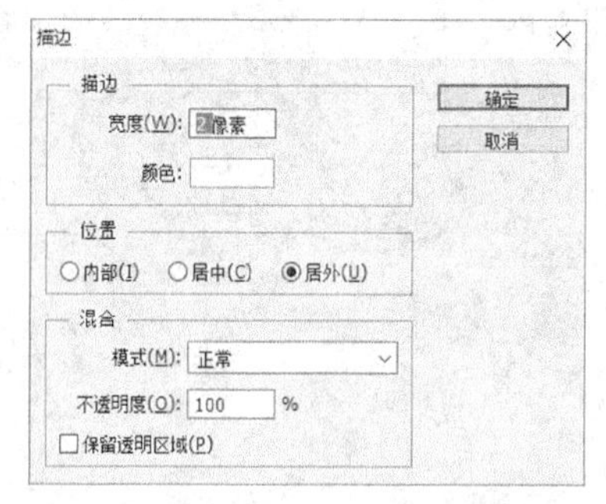

图 11-111　描边设置

（7）按“Ctrl+D”组合键，描边效果如图 11-112 所示，单击“图层控制面板”上的 fx 按钮，选择“投影”命令为文字层加上阴影效果，投影后描边字效果如图 11-107 所示。

（8）对描边字效果图进行存盘。

例 11.14　图案浮雕字

该特效字既具有图像纹理特点，又具有浮雕立体特点，其效果如图 11-113 所示。

图 11-112　文字描边

图 11-113　图案浮雕字

操作步骤如下。

（1）打开“Photoshop/例 14 图案浮雕字”下的“nature.jpg”图像文件。

（2）选择“横排文字蒙版工具”，在工具属性栏中设置字体为“Cooper Black”，字号为“100 点”：Cooper Black　Regular　100 点，在“nature.jpg”图窗上输入文本“Flower”，单击其他工具获取文本选区，如图 11-114 所示，按“Ctrl+C”组合键复制该选区图案内容。

图 11-114　获取文本选区

（3）新建一大小为 600×200 像素、RGB 颜色模式的空白图窗，按“Ctrl+V”组合键将文本选区图案复制过来，如图 11-115 所示。

图 11-115　复制文本选区内容

（4）单击“图层控制面板”上的按钮，选择“斜面和浮雕”命令，如图 11-116 所示，设置参数，为文字层加上浮雕及投影效果。

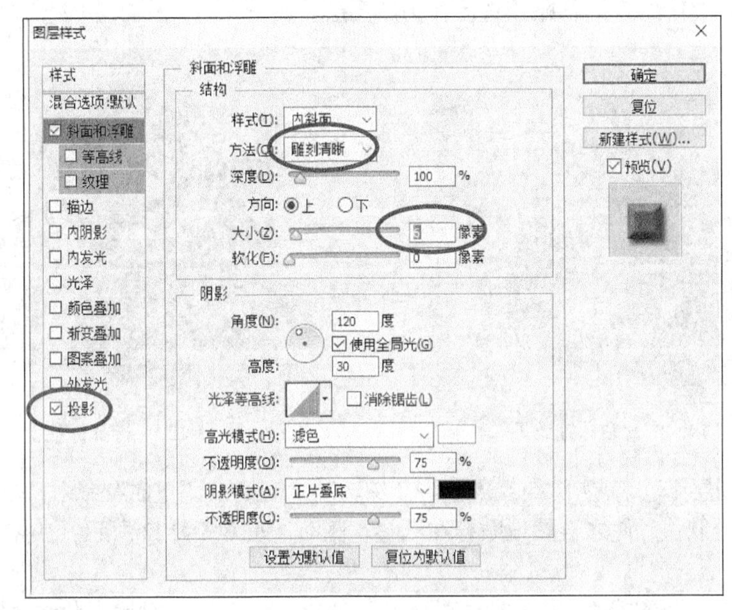

图 11-116　“斜面和浮雕设置”

（5）保存所得浮雕字效果。

11.6　Photoshop CC 综合处理

Photoshop CC 集图像合成、广告设计、艺术创作等综合处理于一体，为美工设计者提供了广阔的创意空间。本节通过纸盒贴标签、艺术相框制作和电影海报设计认识 Photoshop CC 的综合处理方法。

11.6.1　图像变形处理

例 11.15　纸盒贴标签

该例的素材图及效果图如图 11-117、图 11-118 和图 11-119 所示。

操作步骤如下。

（1）打开“Photoshop/例 15 纸盒贴标签”下的“box.jpg”和“标签.jpg”图像文件。

（2）用“移动工具”将“标签”图拖曳到纸盒图窗上作为图层 1，用“魔术棒工具”选择“标签”层白色背景区，按“Delete”键删除背景区，按“Ctrl+D”组合键取消选区。

图 11-117 “box”图

图 11-118 “标签”图

（3）用“矩形框选工具”框选标签的上半区，按“Ctrl+X”组合键剪切该选区，如图 11-120 所示，再按“Ctrl+V”组合键粘贴该选区作为新图层。

图 11-119 纸盒贴标签效果

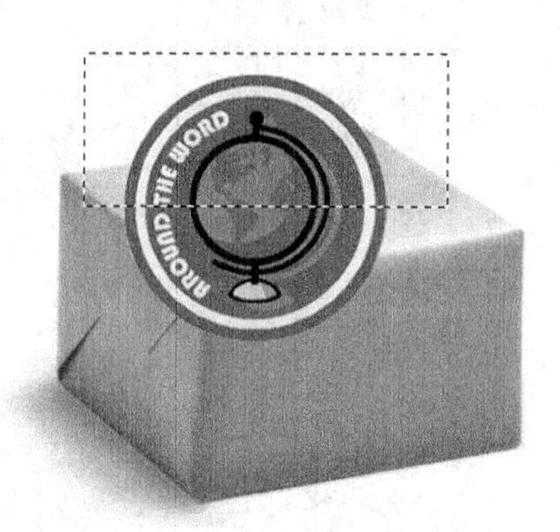

图 11-120 选择标签上半区

（4）选择“图层 1”（标签下半区），选择“编辑”|“变换”|“扭曲”命令，如图 11-121 所示，调整标签周围的控制块，使之自然地贴合在纸盒左侧面，如图 11-122 所示，在控制框双击鼠标确定修改形状。

（5）选择“图像”|“调整”|“亮度/对比度”命令，在“亮度/对比度”对话框中将亮度值设为“-60”，即减少亮度值，使该半个标签变暗，如图 11-123 所示。

图 11-121 选择“图层 1”

图 11-122 调整标签形状

图 11-123 减少亮度值

（6）选择“图层 2”，参照第（4）步方法进行扭曲变换，并增加该层亮度，亮度值设为“30”，使之效果如图 11-124 所示。

（7）选择“图层”|“向下合并”命令（或按快捷键“Ctrl+E”），用“多边形套索工具”框选上下标签连接区域，选择“滤镜”|“模糊”|“高斯模糊”命令，模糊半径设为 1 个像素，效果如图 11-125 所示。

图 11-124　编辑标签上半区

图 11-125　模糊上下标签连接区

（8）按“Ctrl+D”组合键取消选区，另存该效果图。

11.6.2　图像艺术效果

例 11.16　手绘素描效果

本例将学习如何快速地把彩色相片转化成逼真的素描效果的图片，其素材图如图 11-126 所示，素描效果图如图 11-127 所示。

图 11-126　“dog”原图

图 11-127　“dog”素描效果图

操作步骤如下。

（1）“Photoshp/例 16 手绘素描效果”下的“dog.jpg”，选择“图像”|“调整”|“去色”菜单命令（或按快捷键“Ctrl+Shift+U”），把它转换成黑白灰度颜色。

（2）在“图层”面板中复制背景图层，得到一个副本图层，在副本图层为选择中的状态下，选择“图像”|“调整”|“反相”菜单命令（或按快捷键“Ctrl+I”），将副本图层转换成负片效果，如图 11-128 所示。

（3）在“图层”面板“混合模式”选项 正常 上单击弹出下拉菜单，选择“颜色减淡”项，如图 11-129 所示，这时该图层内容变白，几乎什么也看不见。

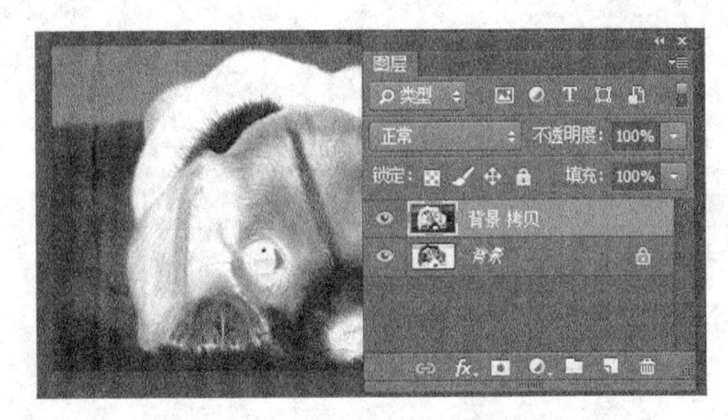

图 11-128　副本图层转换成负片效果

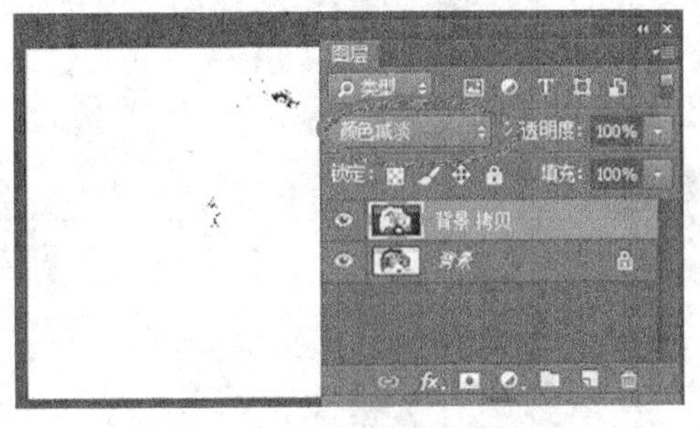

图 11-129　“颜色减淡”处理

（4）选择“滤镜”|“其他”|“最小值”，不修改默认半径（即 1 像素），如图 11-130 所示，单击“确定”按钮，此时图像显示初始的铅笔素描效果，该素描效果能“描绘出”原图的大多数轮廓线或纹理，但原图部分暗区，如眼睛、深色皮毛等，转化效果图后被淡化了，显得灰度不足。

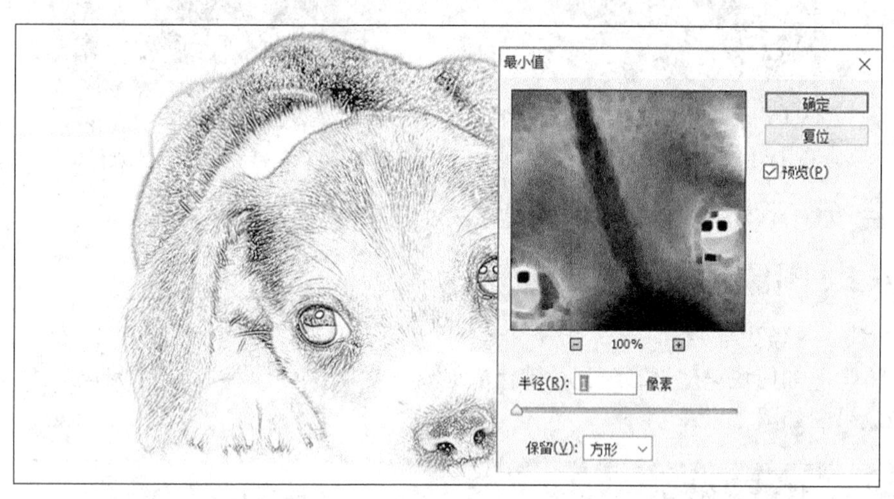

图 11-130 “最小值”处理

（5）如不满意该初步效果，想增强素描效果的灰度层次，则可以通过修改图层样式“混合选项”的“混合颜色带”来实现，在“图层”控制面板中双击“背景 拷贝”层，弹出“图层样式”对话框，按住键盘的“Alt”键，如图 11-131 所示，用鼠标拖动“下一图层”的黑色滑块对的右半块（如没按住“Alt”键，则两黑色滑块一齐被拖动），观察图片的效果变化，当图片调整至理想素描效果时，单击对话框中的“确定”按钮。

（6）保存所得效果图。

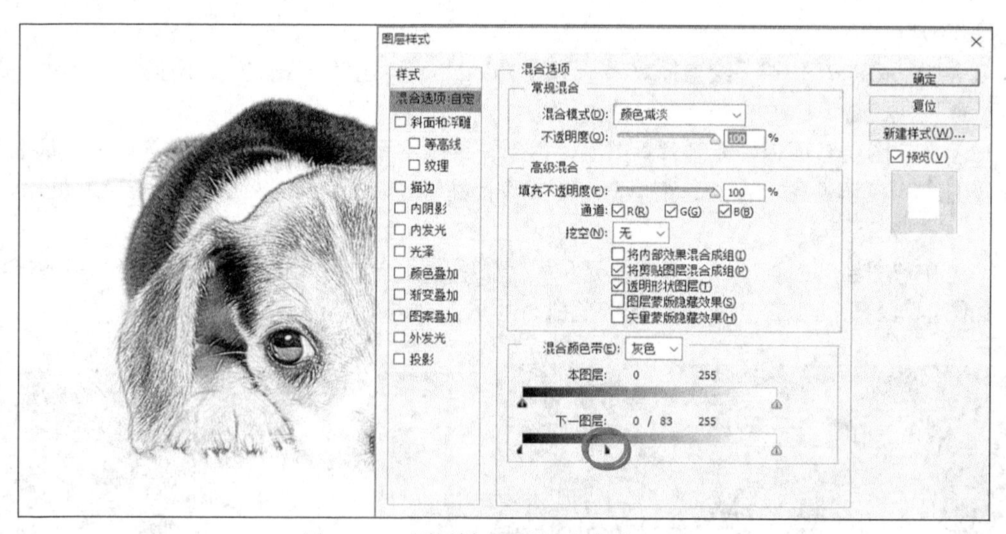

图 11-131 图层样式“混合颜色带”处理

11.6.3 电影海报设计

例 11.17 电影海报设计

电影《哈利・波特》以其神秘而新奇的故事情节受到众多观众的青睐，这里以几个主要景物、人物图片为例，为该电影制作一宣传海报，其效果图如图 11-132 所示。

操作步骤如下。

（1）依次打开“Photoshp/例 17 电影海报设计”下的“sky.jpg”和“castle.jpg”图像文件制作背景图。

（2）选择“魔术棒工具”，在工具属性栏中设置“容差”值为 30，按下“Ctrl”键，用魔术棒工具单击“castle”图窗中的“天空”区域，直到选取所有“天空”区域。按“Ctrl+Shift+I”组合键反选为景物区域，如图 11-133 所示。

（3）用“移动工具”将该选区拖曳至“sky”图窗口下方，按下“Ctrl+T”组合键，调整景物大小，选择“图像”|“调整”|“亮度/对比度”命令，减少亮度值使景物变暗，使其效果如图 11-134 所示。

图 11-132 《哈利・波特》海报效果

图 11-133　选择“castle”景物区

图 11-134　调整“castle”景区

（4）打开人物图“01.jpg”～“05.jpg”及“bird.jpg”。对其中的“01.jpg”人物图像，选择“多边形套索工具”，设置“羽化”值为 10px，沿头相边缘内侧单击框选头像，如图 11-135 所示，用“移动工具”拖曳至背景图，按下“Ctrl+T”组合键，调整头相大小及角度，如图 11-136 所示。

（5）用相同方法处理其他图像，注意对于“bird.jpg”图，由于景物较小，“羽化”值设为 5px。在“图层控制面板”上调整各图层显示顺序，效果如图 11-137 所示。

（6）在“图层控制面板”上单击“背景”及“图层 1”（城堡）层前面的“眼睛”，使之不可见，如图 11-138 所示。

（7）选择“图层”|“合并可见层”（快捷键“Ctrl+Shift+E”）使人物及“bird”图层合并为一层，单击，选择“外发光”并在“图层样式”对话框中设置“图素/大小”参数为 90，如图 11-139 所示。再次单击“背景”及“图层 1”（城堡）层前面的“眼睛”处，使之恢复可见，整体效果如图 11-140 所示。

图 11-135 选择人物头像

图 11-136 调整人物头像

图 11-137 调整各图层显示顺序

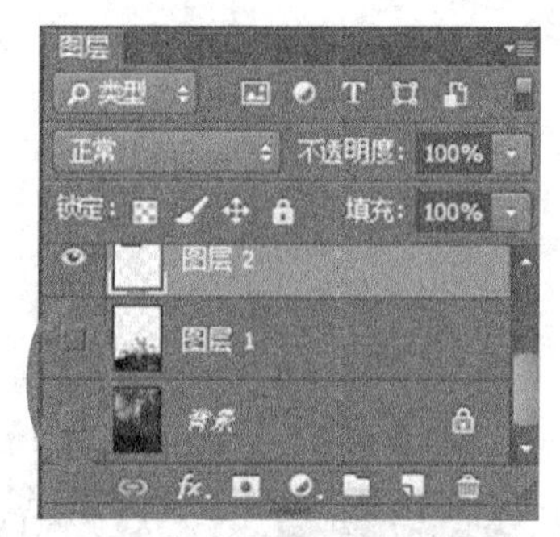

图 11-138 设置图层不可见

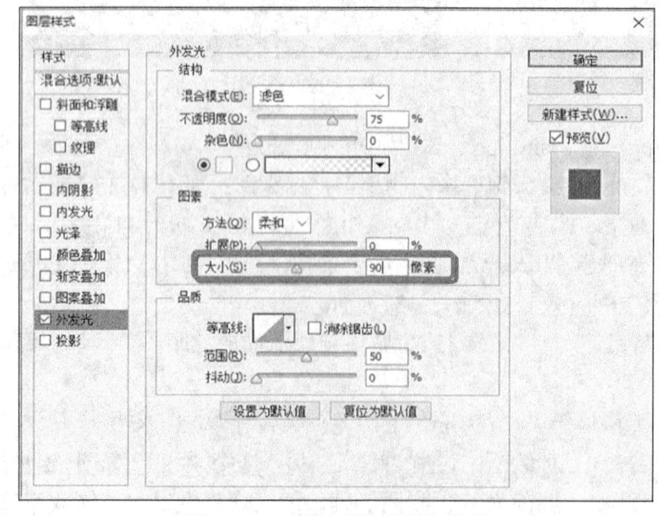

图 11-139 设置“外发光”参数

图 11-140 “外发光”效果

（8）打开“title.jpg”图像文件，用“魔术棒工具” 选择蓝色背景区，选择“选择”|“选取相似”命令获得所有背景区域，再按“Ctrl+Shift+I”键反选为文字区域，如图 11-141 所示。用“移动工具” 将文字拖曳至海报图上，用上一步方法为文字添加“外发光”效果，如图 11-142 所示。

图 11-141　选择“文字”

图 11-142　文字标题效果

（9）选择“文字工具” ，设置字体大小为“15 点”，设置前景色为白色，在“海报”下方区域框出一文本框，如图 11-143 所示，输入剧情介绍文字。

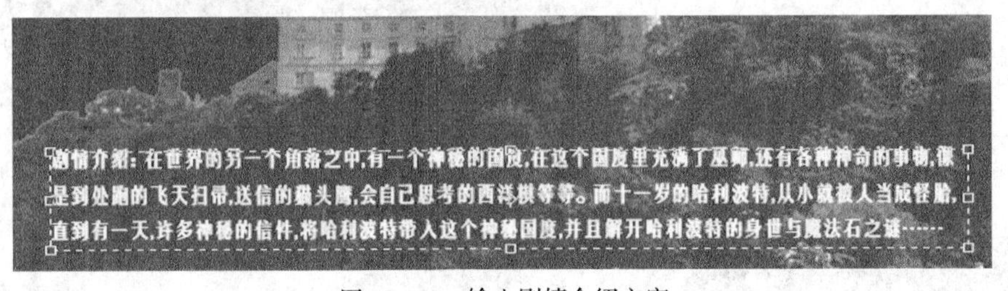

图 11-143　输入剧情介绍文字

（10）对所得海报效果图进行存盘。

11.6.4　图像切片及网页导出

切片是 Photoshop 用于网页制作中不可缺少的工具。网页打开的速度受图片大小的影响很大，因为插图太大时浏览器下载会耗费较长的时间，为避免这种情况，可将较大的图像分割成多幅较小图像再拼接在网页中。Photoshop CC 中的切片工具就是用于将大分辨率的图像切割成多张小图，切片之后，还可以将所有切片图直接优化导出生成表格布局的拼图式网页。

在网站开发应用上，想设计优雅又专业的网页，可以先使用 Photoshop 做出网页的基本设计图，然后切图生成小图片或 HTML 网页，再使用 Dreamweaver 进行合理排版或布局优化，最后进行后台编程实现网站功能。下面的案例介绍 Photoshop CC 的切片及网页导出功能。

例 11.18 网页设计图切片

对图 11-144 所示的网页设计图按标题区、导航区（切割每个导航按钮）、内容区、页脚区功能进行切片，切片文件如图 11-145 所示，将切片结果导出生成网页文件。

图 11-144 网页设计图

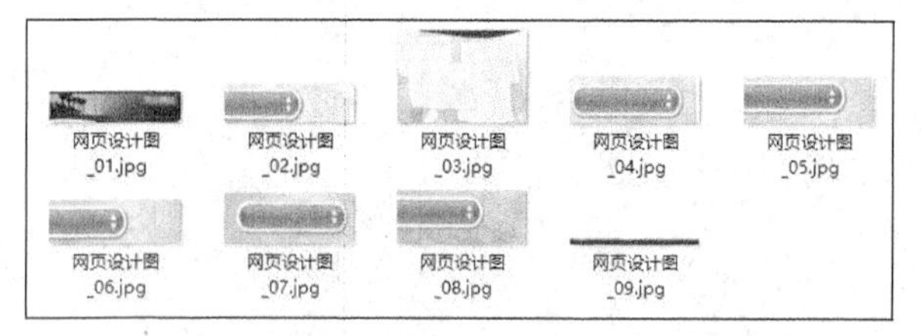

图 11-145 网页设计图的各切片文件

操作步骤如下。

（1）打开素材目录“Photoshop/例 18 网页设计图切片”下的“网页设计图.jpg”图像文件，在“导航”面板上调整其显示比例为 50%。在工具栏“裁剪”工具组中选择“切片工具”，如图 11-146 所示，此时鼠标的图标变成“切刀”造型。

（2）在图像窗口中适当位置单击并拖曳鼠标实现图像切割，切割时，Photoshop CC 会依据切割位置自动划分切片并生成切片序号，如图 11-147 所示，按需求将图像内容切割成多张切片。

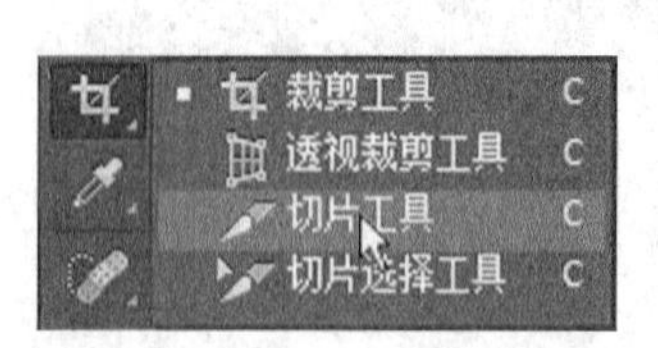

图 11-146 选择“切片工具”

图 11-147 切割图像

（3）完成切片操作后，选择“文件”|“存储为 Web 所用格式”菜单命令，如图 11-148 所示，弹出“存储为 Web 所用格式”对话框。

（4）在“存储为 Web 所用格式”对话框左下角设置预览的显示比例为 50%，如图 11-149 所示，选择左上角“切片选择工具”，框选整图，使所有切片为选中状态（未选中的切片呈白色模糊，选中后变清晰），在右上角设置切片存储类型为“JPEG”，品质为 80。品质决定图像质量，一般来说，品质越高，图像文件越大，越会影响网页的打开速度。因此制作网页插图时，图像质量与图像大小的优化衡量往往是通过品质来设置的，图 11-149 所示“存储为 Web 所用格式”对话框上方提供了“双联”及“四联”视图，设计者可以由这两种视图观察原图与各品质图的质量及大小比较，并以此决定一个优化方案。

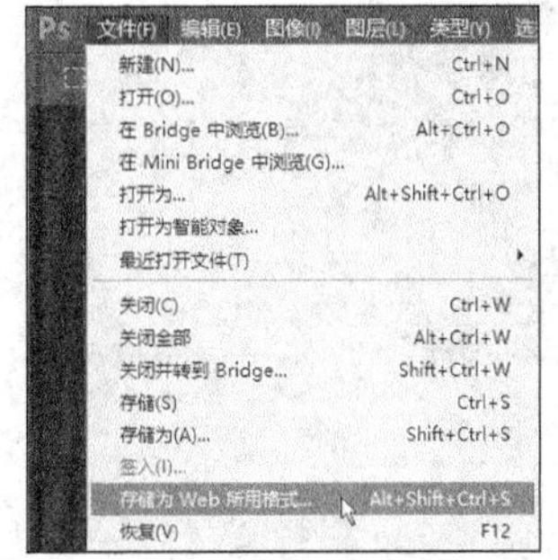

图 11-148　存储为 Web 所用格式

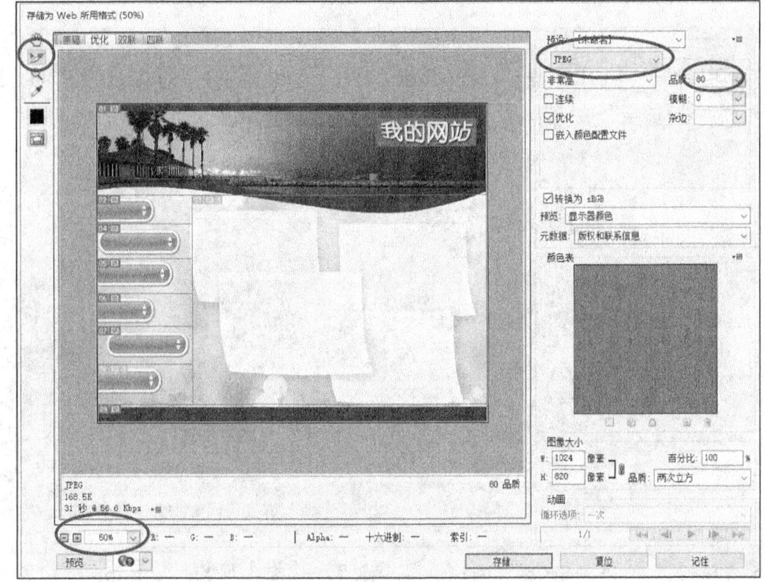

图 11-149　设置切片图像的格式

（5）当确认以上设置时，单击对话框右下角“存储”按钮，弹出“将优化结果存储为”对话框，如图 11-150 所示，选择切片及网页的存储位置，单击对话框下方的“格式”下拉菜单，选择“HTML 和图像”项，单击“保存”按钮，生成 HTML 网页文件及一个 images 文件夹，如图 11-151 所示。其中，images 文件夹用于存放各切片图，如图 11-145 所示。

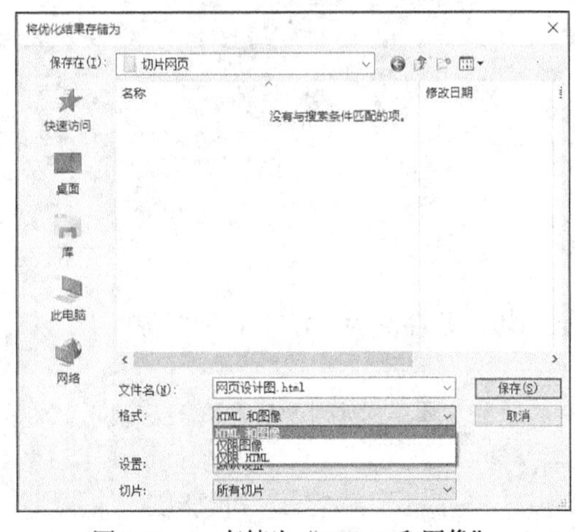

图 11-150　存储为“HTML 和图像”

图 11-151　存储结果

（6）由网页代码可知，该网页是一个表格布局的网页，Photoshop CC 依据切片数量及位置自动生成一个包含所有切片的表格，切片图像是作为插图方式存放于各个表项中的。如果想继续编辑该网页、添加文本或其他信息，可以用 Dreamweaver CC 打开该网页进行修改编辑。用户也可以另外引用 images 文件夹中的各切片图，用 DIV+CSS 布局的方法重新制作网页或开发网站。

11.7 课后实验

实验一：打开光盘“Photoshop/课后习题”下的“START01.JPG”图像文件，参照实例 2 方法，将其编辑成一个“蔬果先生”，如图 11-152 所示。

图 11-152 蔬果先生素材及效果

实验二：打开光盘“Photoshop/课后习题”下的“cup.jpg”和“标签 2.jpg”图像文件，使用图像“自由变换”方法及图层“正片叠底”方法（参照本章例 11.9），如图 11-153 所示，将标签加到杯子上。

图 11-153 杯子贴标签素材及效果

实验三：设计一张商业网站主页的设计图，对该图切片并存储为“HTML 和图像”。

实验要求如下。

（1）该商业网站主页能体现导航区，导航区具有“返回主页”“新闻公告”“信息查询”“业务类型”和“联系我们”等导航按钮图。

（2）用“切刀”工具将设计图切割成“标题”“导航”“内容 1”“内容 2”和“脚注”5 张切片。

（3）设置切片存储类型为“JPEG”，品质为 70，将切片结果存储为“HTML 和图像”。

11.8 小结

Photoshop CC 是迄今为止功能最强大的图像处理软件，它为美工设计人员提供了广阔的创意空间和不受限制的图像编辑功能，只有想不到的，没有 Photoshop 做不到的。在网页制作上，

Photoshop 主要用于制作精美的按钮、插图和背景图，为网页增色添彩。本章主要介绍了 Photoshop CC 的操作特点和常用工具的操作方法，重点讲解了人物处理、按钮/特效字制作和多图层图像综合处理方法。

11.9　练习与作业

一、选择题

1. 下列哪个是 Photoshop 图像最基本的组成单元（　　）。

A. 节点　　B. 色彩空间　　C. 像素　　D. 路径

2. 在 Photoshop 中使用变换（Transform）命令中的缩放（Scale）命令时，按住（　　）键可以保证等比例缩放。

A. Alt　　B. Ctrl　　C. Shift　　D. Ctrl+Shift

3. 在 Photoshop 中使用仿制图章工具按住（　　）并单击可以确定取样点。

A. Alt 键　　B. Ctrl 键　　C. Shift 键　　D. Alt+Shift 键

4. Photoshop 中要暂时隐藏路径在图像中的形状，执行以下的哪一种操作？（　　）

A. 在路径控制面板中单击当前路径栏左侧的眼睛图标

B. 在路径控制面板中按 Ctrl 键单击当前路径栏

C. 在路径控制面板中按 Alt 键单击当前路径栏

D. 单击路径控制面板中的空白区域

5. 在 Photoshop 中利用渐变工具创建从黑色至白色的渐变效果，如果想使两种颜色的过渡非常平缓，下面操作有效的是哪一项？（　　）

A. 使用渐变工具做拖动操作，距离尽可能拉长

B. 将利用渐变工具拖动时的线条尽可能拉短

C. 将利用渐变工具拖动时的线条绘制为斜线

D. 将渐变工具的不透明度降低

6. Photoshop 中利用单行或单列选框工具选中的是（　　）。

A. 拖动区域中的对象　　B. 图像行向或竖向的像素

C. 一行或一列像素　　D. 当前图层中的像素

7. Photoshop 中利用橡皮擦工具擦除背景层中的对象，被擦除区域填充什么颜色？（　　）

A. 黑色　　B. 白色　　C. 透明　　D. 背景色

二、问答题

1. 简述位图及矢量图存储和显示图像信息的原理，比较两者的优缺点。

2. Photoshop CC 中，“魔术棒工具”有什么作用？其在用法上与“快速选择工具”有什么区别？

3. “横排文字蒙版工具”又有什么作用？其在用法上与“横排文字工具”有什么区别？

第 12 章 动画制作工具 Flash CC

- 认识 Flash CC 的操作界面
- 了解 Flash CC 的操作方法
- 掌握 Flash CC 作品的发布过程
- 掌握几种 Flash CC 图形工具的操作
- 掌握 Flash CC 动画制作过程

12.1 中文 Flash CC 的工作界面

Adobe Flash CC Professional 是 Adobe 公司推出的功能强大、性能稳定的矢量动画制作与特效制作最优秀的软件，是网页动画、游戏动画、电影电视动画和手机动画的主要制作工具之一。

12.1.1 动画与 Flash CC

动画是由一帧帧的静态图片在短时间内连续播放而造成的视觉效果，是表现动态过程、阐明抽象原理的一种重要媒体。

Flash CC 软件制作出的动画尺寸要比位图动画文件（如 GIF 动画）尺寸小得多，特别适用于创建通过 Internet 传播的内容，用户不但可以在动画中加入声音、视频和位图图像，还可以制作交互式的影片或者具有完备功能的网站；利用 Flash CC 软件可以实现多种动画特效，尤其在多媒体 CAI 课件中，使用设计合理的动画，不仅有助于学科知识的表达和传播，使学习者加深对所学知识的理解，提高学习兴趣和教学效率，同时也能为课件增加生动的艺术效果，特别是对于以抽象教学内容为主的课程更具有特殊的应用意义。

播放 Flash 动画必须安装 Flash Player 插件，目前 Flash Player 已经进入了多种设备，不仅仅在台式机、笔记本上，现在的上网本、平板电脑、智能手机以及数字电视等，都安装有 Flash Player，因而为 Flash 动画的播放提供了广阔的平台。

12.1.2 运行 Flash CC

运行 Flash CC，首先显示 Flash CC 的初始用户界面，如图 12-1 所示。

下拉“编辑”|“首选参数”菜单命令，弹出“首选参数”对话框，在“常规”选项中，设置“用户界面”为“浅”，改变界面风格，如图 12-2 所示。

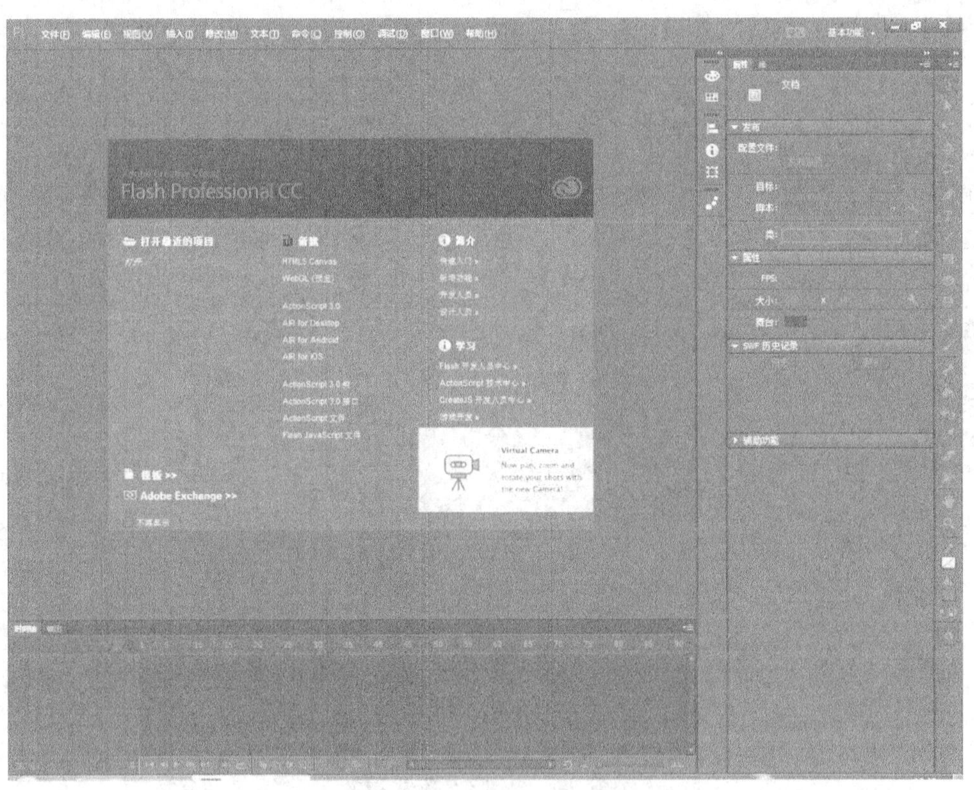

图 12-1　Flash CC 初始用户界面

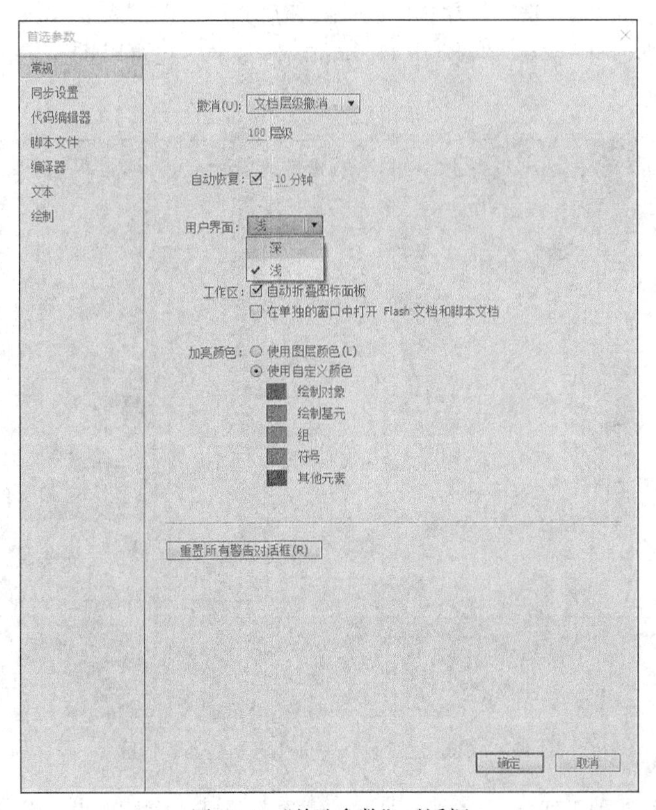

图 12-2　“首选参数”对话框

下拉“文件”|“新建”菜单命令，弹出“新建文档”对话框，如图 12-3 所示。

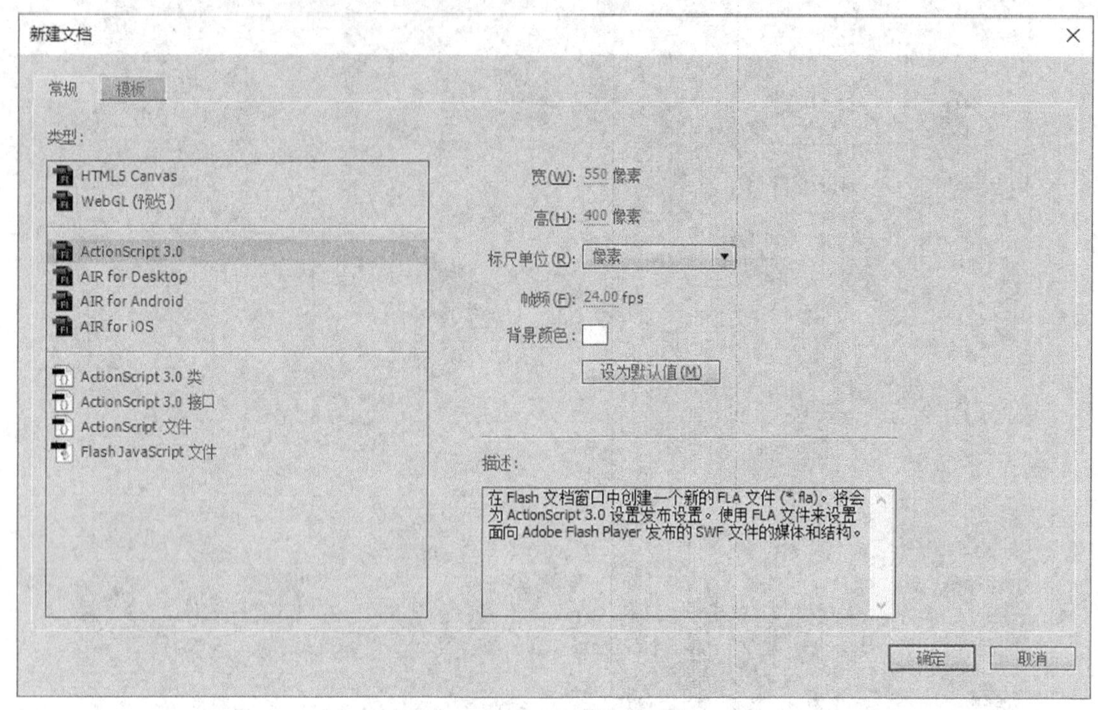

图 12-3　Flash CC 新建文档

单击“ActionScript 3.0”选项。单击确定按钮后，就可以进入 Flash CC 的操作界面；或者在图 12-1 初始用户界面中选择“新建”|“ActionScript 3.0”，也可以进入 Flash CC 的操作界面，如图 12-4 所示。

图 12-4　Flash CC 操作界面（基本功能工作区）

Flash CC 预设有七种工作区，分别是动画、传统、调试、设计人员、开发人员、基本功能和小屏幕，分别把各种元素（如面板、栏以及窗口）排列以创建和处理文档和文件，适合各类软件使用人员的工作方式。可以通过工作区切换器切换到合适的操作界面，图 12-5 所示为切换到传统工作区的操作界面，该界面采用了一系列浮动的可组合面板，用户可以按照自己的需要来调整其状态，使用非常简便。

菜单栏
时间轴
工具箱
场景和舞台
工作区切换器
浮动面板

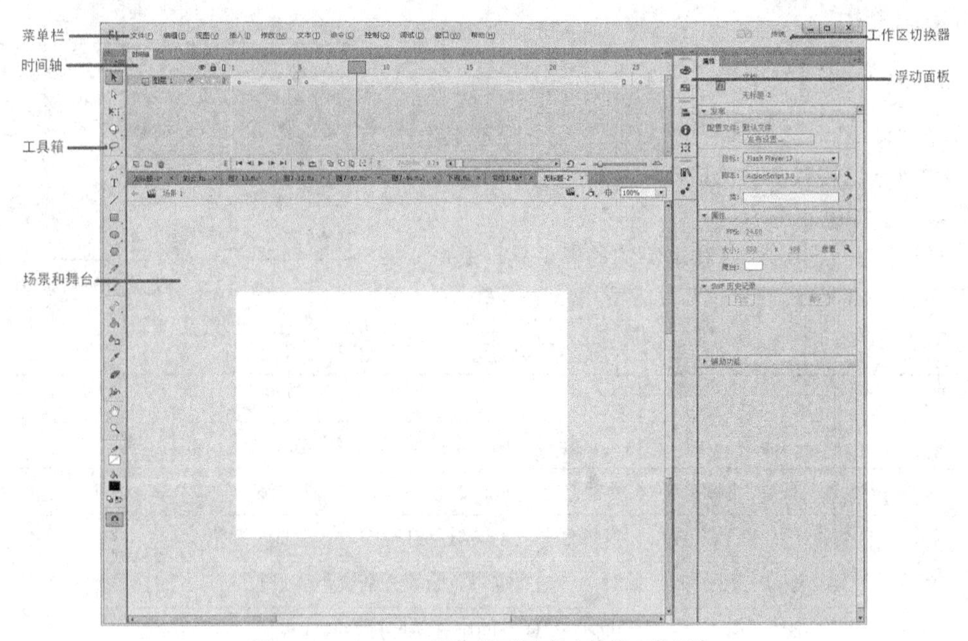

图 12-5 Flash CC 操作界面组成（传统工作区）

Flash CC 的操作界面主要由以下几个部分组成：菜单栏、工具箱、场景和舞台、时间轴以及属性面板和浮动面板等。下面对各部分的功能进行简要介绍，其具体应用方法将在后续章节详细介绍。

12.1.3 菜单栏

菜单栏如图 12-6 所示，主要包括“文件”“编辑”“视图”“插入”“修改”“文本”“命令”“控制”“调试”“窗口”“帮助”菜单，每个菜单中又都包含了若干菜单项，它们提供了包括文件操作、编辑、视窗选择、动画帧添加、动画调整、字体设置、动画调试、打开浮动面板等一系列命令。

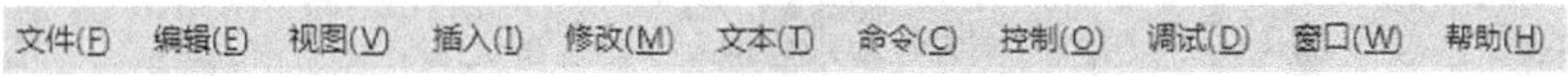

文件(F) 编辑(E) 视图(V) 插入(I) 修改(M) 文本(T) 命令(C) 控制(O) 调试(D) 窗口(W) 帮助(H)

图 12-6 Flash CC 菜单栏

“文件”菜单：主要功能是创建、打开、保存、打印、输出动画，以及导入外部图形、图像、声音、动画文件，以便在当前动画中进行使用。

“编辑”菜单：主要功能是对舞台上的对象以及帧进行选择、复制、粘贴，以及自定义面板、设置参数等。

“视图”菜单：主要功能是进行环境设置。

“插入”菜单：主要功能是向动画中插入对象。

“修改”菜单：主要功能是修改动画中的对象。

“文本”菜单：主要功能是修改文字的外观、对齐以及对文字进行拼写检查等。

“命令”菜单：主要功能是保存、查找、运行命令。

“控制”菜单：主要功能是测试播放动画。

“调试”菜单：主要功能是对动画进行调试。

“窗口”菜单：主要功能是控制各功能面板是否显示以及面板的布局设置。

“帮助”菜单：主要功能是提供 Flash CC 在线帮助信息和支持站点的信息，包括教程和 ActionScript 帮助。

12.1.4　工具箱

选择“窗口”|“工具”命令，可以显示或隐藏工具箱，如图 12-7 所示。注意工具箱最后一栏为选项栏，选择各种工具时会显示相应的选项。

工具箱提供了图形绘制和编辑的各种工具，主要工具的功能如表 12-1 所示。各种工具的使用见后面章节。

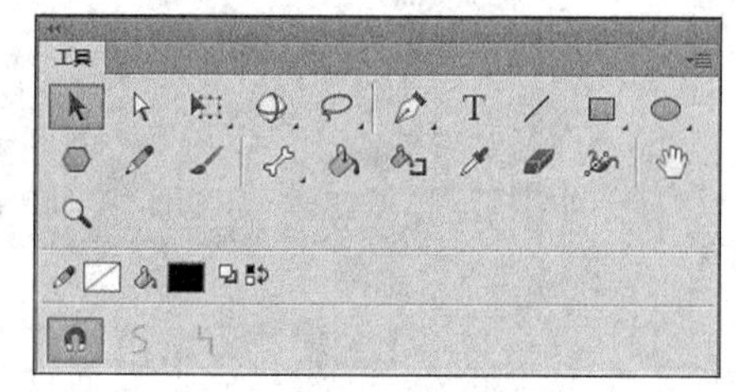

图 12-7　Flash CC 工具箱

表 12-1　工具箱中的工具及其功能

图标	名称	功能
	选择工具	选择和移动舞台上的对象，改变对象的大小和开头等
	部分选取工具	用来抓取、选择、移动和改变形状路径
	任意变形工具	对舞台上选定的对象进行缩放、扭曲、旋转变形
	渐变变形工具	对舞台上选定对象的填充渐变色变形
	3D 旋转工具	可以在 3D 空间中旋转影片剪辑实例
	3D 平移工具	可以在 3D 空间中移动影片剪辑实例
	套索工具	在舞台上选择不规则的区域或多个对象
	钢笔工具	绘制直线和光滑的曲线，调整直线长度、角度及曲线曲率等
T	文本工具	创建、编辑字符对象和文本窗体
	线条工具	绘制直线段
	矩形工具	绘制矩形向量色块或图形
	椭圆工具	绘制椭圆形、圆形向量色块或图形
	基本矩形工具	绘制基本矩形
	基本椭圆工具	绘制基本椭圆形
	多角星形工具	绘制等比例的多边形
	铅笔工具	绘制任意形状的向量图形
	刷子工具	绘制任意形状的色块向量图形
	喷涂刷工具	可以一次性地将形状图案“刷”到舞台上
	Deco 工具	可以对舞台上的选定对象应用效果
	骨骼工具	可以向影片剪辑、图形和按钮实例添加 IK 骨骼
	绑定工具	可以编辑单个骨骼和形状控制点之间的连接
	颜料桶工具	改变色块的色彩
	墨水瓶工具	改变向量线段、曲线、图形边框线的色彩

续表

图标	名称	功能
	吸管工具	将舞台图形的属性赋予当前绘图工具
	橡皮擦工具	擦除舞台上的图形
	手形工具	移动舞台画面以便更好地观察
	缩放工具	改变舞台画面的显示比例
	笔触颜色工具	选择图形边框和线条的颜色
	填充色工具	选择图形要填充区域的颜色
	黑白工具	系统默认的颜色
	交换颜色工具	可将笔触颜色和填充色进行交换

12.1.5　场景和舞台

在当前编辑的动画窗口中，我们把动画内容编辑的整个区域叫作场景。在 Flash 动画中，为了设计的需要，可以更换不同的场景，且每个场景都有不同的名称，用户可以在整个场景内进行图形的绘制和编辑工作。在场景中白色（也可能会是其他颜色，这是由动画属性设置的）区域显示动画的内容，我们就把这个区域称为舞台。而舞台之外的灰色区域称为后台区，如图 12-8 所示。

图 12-8　场景与舞台

舞台是绘制和编辑动画内容的矩形区域，在其中显示的图形内容包括矢量图形、文本框、按钮、导入的位图图形或视频剪辑等。动画在播放时仅显示舞台上的内容，对于舞台之外的内容是不显示的。

12.1.6　时间轴

时间轴用于组织和控制文档内容在一定时间内播放的层数和帧数，就像剧本决定了各个场景的切换以及演员的出场、表演的时间顺序一样。

“时间轴”面板有时又被称为“时间轴”窗口，其主要组件是层、帧和播放头，还包括一些信息指示器，如图 12-9 所示。“时间轴”窗口可以伸缩，一般位于动画文档窗口内，可以通过鼠标拖动使它独立出来。按其功能来看，“时间轴”面板可以分为左右两个部分：层控制区和帧控制区。时间轴显示文档中哪些地方有动画，包括逐帧动画、补间动画和运动路径，可以在时间轴中插入、删除、选择和移动帧，也可以将帧拖到同一层中的不同位置，或是拖到不同的层中。

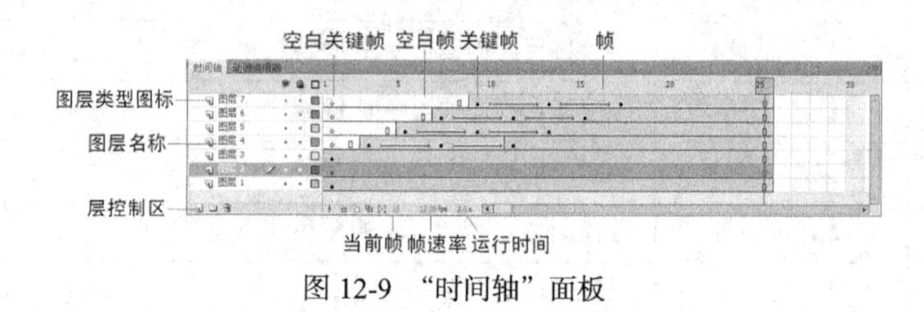

图 12-9 “时间轴”面板

帧是进行动画创作的基本时间单元，关键帧是对内容进行了编辑的帧，或包含修改文档的“帧动作”的帧。Flash 可以在关键帧之间补间或填充帧，从而生成流畅的动画。

层就像透明的投影片一样，一层层地向上叠加。用户可以利用层组织文档中的插图，也可以在层上绘制和编辑对象，而不会影响其他层上的对象。如果一个层上没有内容，那么就可以透过它看到下面的层。当创建了一个新的 Flash 文档之后，它就包含一个层。用户可以添加更多的层，以便在文档中组织插图、动画和其他元素。可以创建的层数只受计算机内存的限制，而且层不会增加发布的 SWF 文件的大小。

12.1.7 面板

Flash 利用面板的方式对常用工具进行组织，如图 12-5 和图 12-10 所示，以方便用户查看、组织和更改文档中的元素。对于一些不能在属性面板中显示的功能面板，Flash CC 将它们组合到一起并置于操作界面的右侧。用户可以同时打开多个面板，也可以将暂时不用的面板关闭或缩小为图标。

1. “属性”面板

使用“属性”面板可以很方便地查看舞台或时间轴上当前选定的文档、文本、元件、位图、帧或工具等的信息和设置。当选定了两个或多个不同类型的对象时，它会显示选定对象的总数。“属性”面板会根据用户选择对象的不同而变化，以反映当前对象的各种属性。

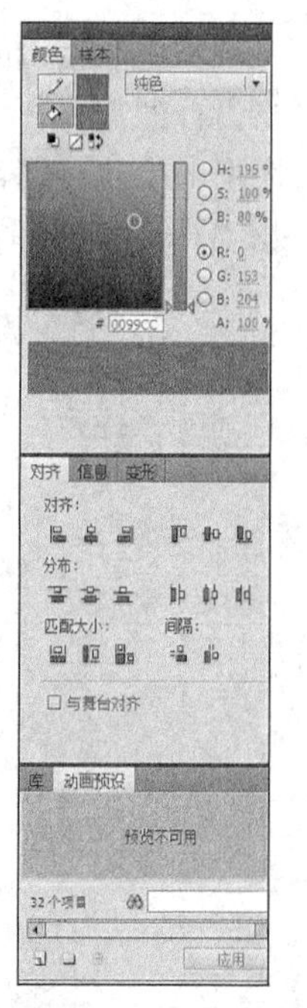

图 12-10 功能面板

2. “库”面板

“库”面板用于存储和组织在 Flash 中创建的各种元件以及导入的文件，包括位图图形、声音文件、视频剪辑等。“库”面板可以组织文件夹中的库项目，查看项目在文档中使用的频率，并按类型对项目排序。

3. “动作”面板

“动作”面板用于创建和编辑对象或帧的动作脚本。选择“窗口”|“动作”菜单命令，可以打开“动作”面板，如图 12-11 所示，选择帧、按钮或影片剪辑实例可以激活“动作”面板。根据所选内容的不同，“动作”面板标题也会变为“动作 – 按钮”“动作 – 影片剪辑”，或“动作-帧”。

4. “历史记录”面板

“历史记录”面板显示自文档创建或打开某个文档以来在该活动文档中执行的操作，按步骤的执行顺序来记录操作步骤。可以使用“历史记录”面板撤销或重做多个操作步骤。

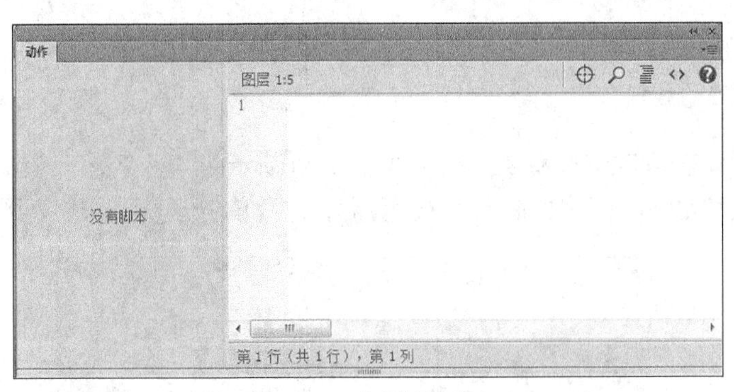

图 12-11　“动作”面板

Flash CC 中还有许多其他面板，这些面板都可以通过“窗口”菜单中的子菜单来打开和关闭。面板可以根据用户的需要进行拖动和组合，一般拖动到另一面板的临近位置，它们就会自动停靠在一起；若拖动到靠近右侧的边界，面板就会折叠为相应的图标。

12.2　中文 Flash CC 的基本操作

Flash CC 的基本操作包括文件操作和对象操作，熟练掌握基本操作方法是快速完成各种设计任务的基础，下面对 Flash CC 的基本操作进行介绍。

12.2.1　文件操作

文档编辑完成后，就应当进行保存。另外，即使是在编辑的过程中，也应当及时保存文档，以免由于某种意外情况而导致文档的丢失和破坏。

文档未被保存以前，在文档选项卡标题栏显示的是默认的文件名，且在文件名后有一个数字编号，如 无标题-2* ×。下面简要介绍文档的保存与打开操作。

1. 打开文件

选择“文件”|“打开”菜单命令，打开“打开”对话框，选择需要打开的文件夹，如图 12-12 所示，其中列出了当前文件夹下的文件。

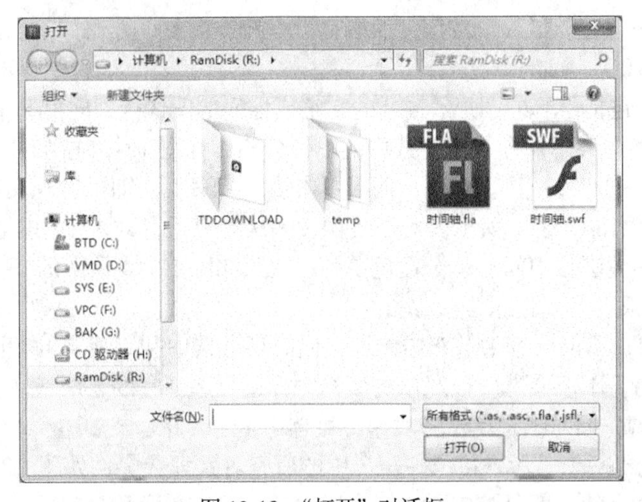

图 12-12　“打开”对话框

在该对话框中，选择需要打开的文件，如“时间轴.fla”，然后单击「打开(O)」按钮，则该文件被调入 Flash CC 中，以便对其进行编辑。

2. 保存文件

选择“文件”|“保存”菜单命令，打开如图 12-13 所示的“另存为”对话框。选择文件的保存位置，如文件夹“MyFlash”，再输入一个文件名，然后单击「保存(S)」按钮，则当前文件被保存。

图 12-13 “另存为”对话框

Flash CC 支持中文文件名，因此，为了使文件便于理解和使用，最好使用中文文件名。文件被保存后，在文档标题栏显示的就是保存时输入的文件名，且在文件名后没有了数字编号。

3. 关闭文件

选择“文件”|“关闭”菜单命令，可以关闭当前文档。

12.2.2 对象操作

对象的操作包括对象的选取操作和对象的调整操作，灵活掌握对象的操作方法，可以加快设计任务的进程。

1. 选取对象

（1）使用“选择工具”按钮选取对象。

单击工具箱内的“选择工具”按钮，然后就可以选择对象，方法如下。

① 选取一个对象。

单击一个对象，包括绘制的图形、输入的文字或导入的图像等，即可选中该对象。对于文字，选择“修改”|“分离”菜单命令，可将选中的图像分离，如图 12-14 中的“一次分离的文字”所示，此时选中的文字被蓝色矩形所包围；两次单击该菜单命令，即可实现文字的再次分离，如图 12-14 中的“二次分离的文字”所示。对于图像，一次分离后，对象上面蒙上了一层白点；二次分离后，对象被矩形包围且中间有一个白色小圆，效果如图 12-14 下面的蜻蜓图像所示。

② 选取多个对象。

➢ 双击一条线，不但会选中被双击的线，同时还会选中与它相连的相同属性的线。双击一个轮廓线内的填充物，不但会选中被双击的填充物，还会选中它的轮廓线。

➢ 按住 Shift 键，同时依次单击各对象，可选中多个对象。

➢ 用鼠标拖曳出一个矩形，可以将矩形中的所有对象都选中，如图 12-15 所示。当某个图形和打碎的图像及文字的一部分被包围在矩形框中时，这个图形和打碎的图像及文字会被分割为几个独立部分，处于矩形框中的部分被选中，如图 12-16 所示。

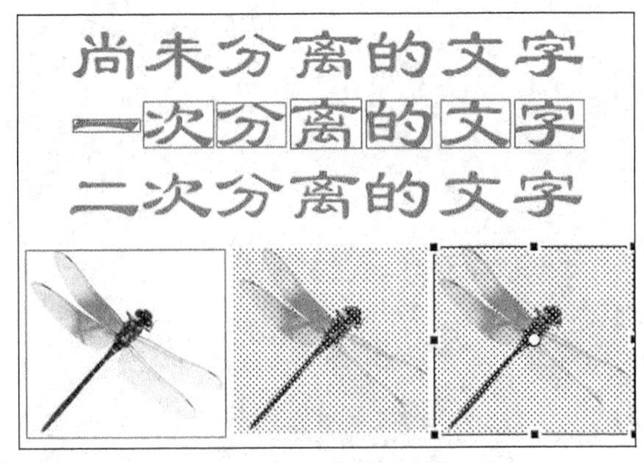

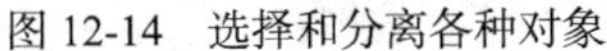
图 12-14　选择和分离各种对象

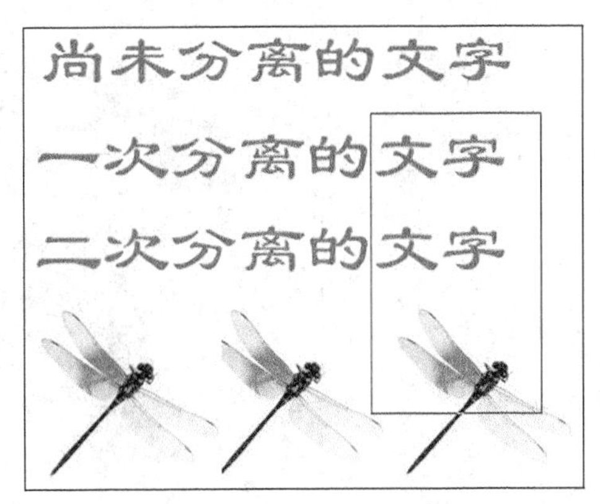

图 12-15　用鼠标拖曳出一个矩形

（2）使用套索工具选取对象。

① 套索工具的使用方法

使用工具箱内的套索工具，可以在舞台中选择不规则区域和多个对象。

单击工具箱中的“套索工具”按钮，在舞台工作区内拖曳鼠标，会沿鼠标运动轨迹产生一条不规则的细黑线，如图 12-17 所示。

释放鼠标左键后，被围在圈中的图形就被选中了，如图 12-18 所示。

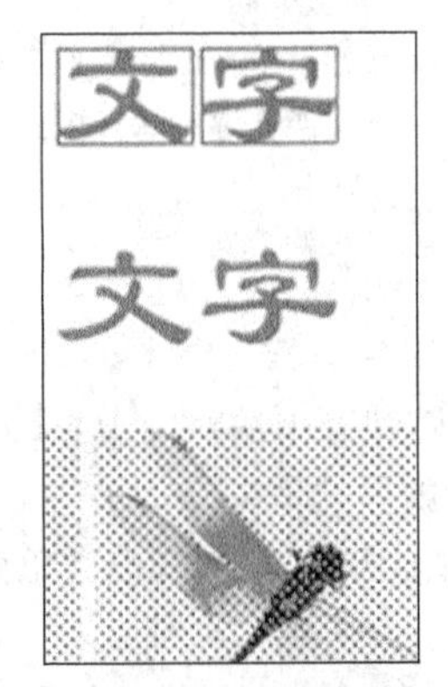

图 12-16　选中矩形框中的所有对象

图 12-17　使用套索工具选取

图 12-18　选取对象部分内容

用鼠标拖曳这些选取的图形，可以将选中的图形与未被选中的图形分开，成为独立的图形，如图 12-19 所示。

用套索工具拖曳出的线可以不封闭。当线没有封闭时，会自动以直线连接首尾，使其形成封闭曲线。

② 套索工具的选取模式。

单击工具箱中的“套索工具”按钮，会显示出 3 个按钮，如图 12-20 所示。

套索工具的 3 个按钮用来改变套索工具的选择，3 个按钮的作用如下。

➢ “套索工具”按钮：单击该按钮后，可以利用鼠标拖动画出封闭的不规则区域，用来选择对象。

➢ “多边形工具”按钮：单击该按钮后，可以形成封闭的多边形区域，用来选择对象。此时封闭的多边形区域的产生方法为：用鼠标在多边形的各个顶点处单击一下，在最后一个顶点处双击鼠标左键，即可画出一个多边形直细线框，它包围的图形都会被选中。

图 12-19 分离对象

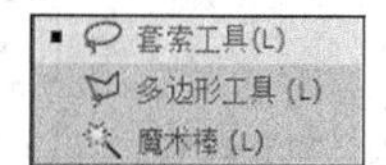

图 12-20 套索工具

➢ “魔术棒”按钮：单击该按钮后，可以在如图 12-21 所示“魔术棒”属性设置面板，设置魔术棒工具的属性。魔术棒工具的属性主要是用来设置临近色的相似程度。将鼠标指针移到对象的某种颜色处，当鼠标指针呈魔术棒形状时，单击鼠标左键，即可将该颜色和与该颜色相接近的颜色图形选中。如果再单击选择工具按钮，用鼠标拖曳选中的图形，即可将它们拖曳出来。将鼠标指针移到其他地方，当鼠标指针不呈魔术棒形状时，单击鼠标左键，即可取消选取。

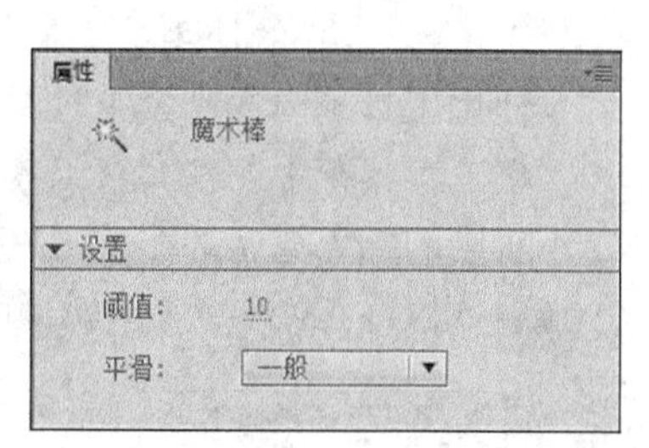

图 12-21 “魔术棒”属性设置面板

2. 移动、复制、删除和调整对象

（1）移动对象

移动对象的操作如下。

① 使用工具箱中的选择工具选中一个或多个对象，将鼠标指针移到选中的对象上（此时鼠标指针应变为在它的右下方增加两个垂直交叉的双箭头），拖曳鼠标即可移动对象。

② 如果按住 Shift 键，同时用鼠标拖曳选中的对象，可以将选中的对象沿 45° 的整数倍角度（如 45° 、90° 、180° 、270° ）移动对象。

③ 按光标移动键，可以微调选中对象的位置，每按一次按键，可以移动一个像素。按住 Shift 键的同时，再按光标移动键，可以一次移动 8 个像素。

移动对象效果如图 12-22 所示。

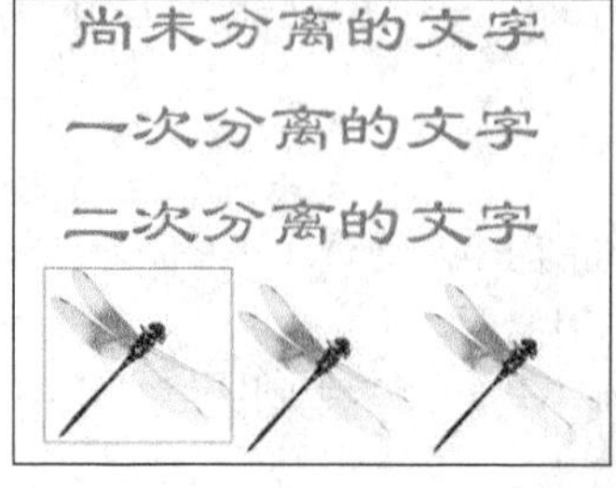

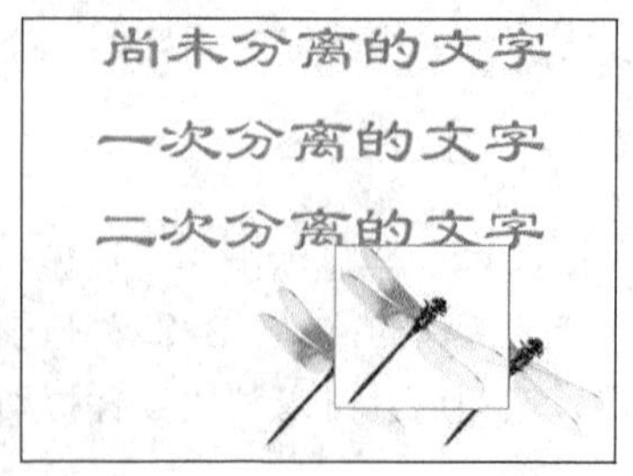

原图拖曳后

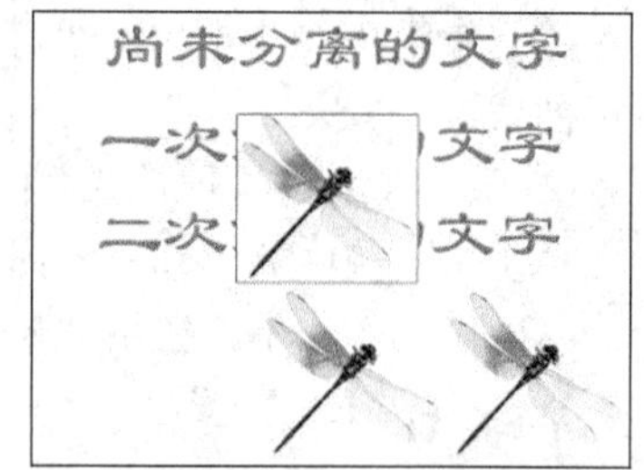

Shift 键拖曳后

图 12-22 移动对象

（2）复制对象

复制对象可采用以下方法之一。

➢　按住 Ctrl 键或 Alt 键，同时用鼠标拖曳选中的对象，可以复制选中的对象。

➢　按住 Shift 键和 Alt 键（或 Ctrl 键），同时拖曳对象，可沿 45° 的整数倍角度方向复制对象。

➢　选择“窗口”|“变形”菜单命令，调出“变形”面板，如图 12-23 所示。选中要复制的对象，再单击“变形”面板右下角的“复制并应用变形”按钮 ，即可在选中对象处复制一个新对象。单击“选择工具”按钮，再拖曳移出复制的对象。

➢　此外，利用剪贴板的剪切、复制和粘贴功能，也可以移动和复制对象，如图 12-24 所示。

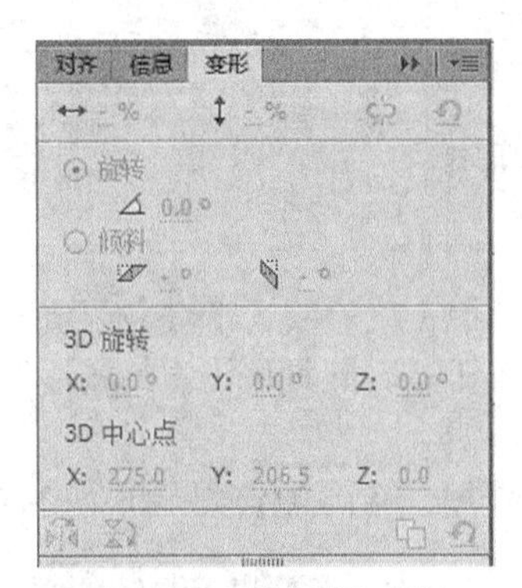

图 12-23　“变形”面板

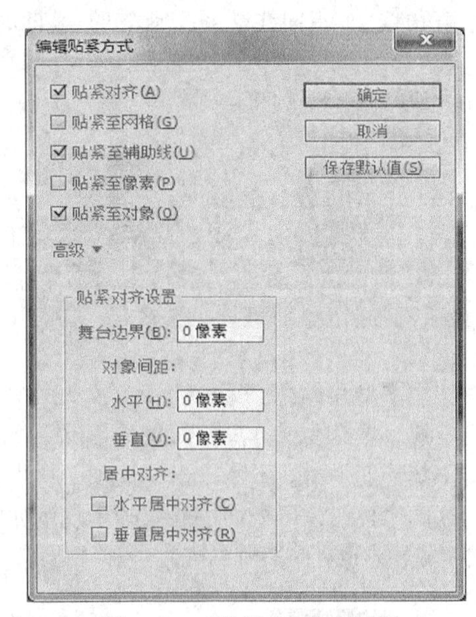

图 12-24　“贴紧对齐”对话框

（3）删除对象

删除对象可采用以下方法之一。

➢　选中要删除的对象，然后按 Delete 键，即可删除选中的对象。

➢　选中要删除的对象，再选择“编辑”|“清除”或“编辑”|“剪切”菜单命令，也可以删除选中的对象。

（4）对齐对象

在对齐状态下，用鼠标拖曳移动对象并靠近其他对象、网格或辅助线时，被移动的对象会自动对齐其他对象、网格或辅助线。进入各种对齐状态的方法如下。

➢　选择“视图”|“贴紧”下相应的命令，使菜单命令左边出现对勾，也可以单击“对齐对象”按钮 。如果要退出对齐状态，可执行上边所述的相应的菜单命令，取消菜单命令左边的对勾。

➢　选择“视图”|“贴紧”|“编辑贴紧对齐方式”菜单命令，弹出“贴紧对齐”对话框。利用该对话框可以设置对齐属性。

（5）使用任意变形工具调整对象的位置与大小

使用任意变形工具调整对象的位置与大小操作如下。

➢　单击工具箱中的“任意变形工具”按钮 ，单击对象，对象四周会出现一个黑色矩形框和 8 个黑色的控制柄。此时，用鼠标拖曳对象，也可以移动对象。

➢ 单击工具箱中的“任意变形工具”按钮，再单击工具箱中“选项”栏内的“缩放”按钮，用鼠标拖曳黑色的小正方形控制柄，可以调整图像的大小。

3. 改变对象的形状

（1）使用选择工具

使用选择工具改变对象的形状操作如下。

➢ 使用工具箱中的选择工具，单击图形对象外的舞台工作区处，不选中要改变形状与大小的对象（包括图形、打碎的文字和图像，不包括群组对象、文字和位图图像）。

➢ 将鼠标指针移到对象边缘处，会发现鼠标指针右下角出现一个小弧线（指向线边处时）或小直角线（指向线端或折点处时）。此时用鼠标拖曳，即可看到被拖曳的对象形状发生了变化。

操作效果如图 12-25 所示。

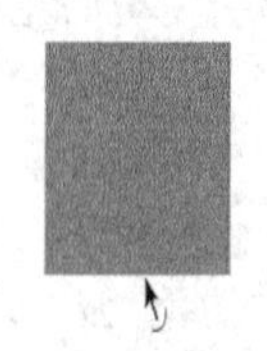

图 12-25 使用选择工具改变对象形状

（2）使用平滑和伸直工具

在选中线、填充物或分离的对象的情况下，不断单击“选项”栏内的“平滑”按钮，即可将不平滑的图形变平滑。不断单击“选项”栏内的“伸直”按钮，即可将不直的图形变直。可见，利用这两个按钮，可把徒手绘制的不规则曲线变为规则曲线。

主要工具栏内也有“平滑”按钮和“伸直”按钮，其作用一样，操作效果如图 12-26 所示。

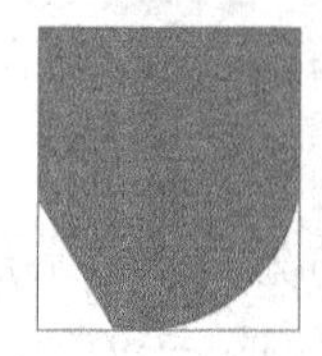

原图使用效果使用效果

图 12-26 平滑和伸直工具效果

（3）使用切割工具

可以切割的对象有图形、打碎的位图和打碎的文字，不含群组对象。切割对象可以采用下述方法。

➢ 单击工具箱中的“选择工具”按钮，再在舞台工作区内拖曳鼠标，如图 12-27 左图所示，选中图形的一部分。用鼠标拖曳图形中选中的部分，即可将选中的部分分离，如图 12-27 右图所示。

➢ 在要切割的图形对象上边绘制一条细线，如图 12-28 左图所示。再使用选择工具选中被细线分割的一部分图形，用鼠标拖曳移开，如图 12-28 右图所示。最后将细线删除。

➢ 在要切割的图形对象上边绘制一个图形（如在圆形图形之上绘制一个矩形），再使用选择工具选中新绘制的图形，并将它移出，如图 12-29 所示。

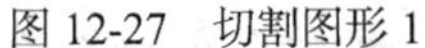

图 12-27　切割图形 1

图 12-28　切割图形 2

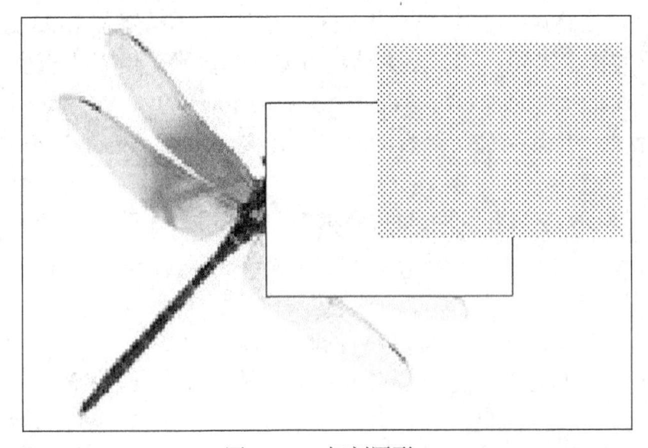

图 12-29　切割图形 3

12.2.3　声音处理

一般来说，音频文件音质越高容量越大，但是 MP3 声音数据经过了压缩，比 WAV 或 AIFF 声音数据量小。通常，当使用 WAV 或 AIFF 文件时，最好使用 16bit 22kHz 单声，但是 Flash CC 只能导入采样率为 11kHz、22kHz 或 44kHz，8bit 或 16bit 的声音。在导出时，Flash CC 会把声音转换成采样比率较低的声音。

1. 音频的基本概念

在实际制作过程中，用户要根据具体作品的需要，有选择地引用 8bit 或 16bit 的 11kHz、22kHz 或 44kHz 的音频数据。关于音频的基本概念介绍如下。

➢ 采样率：简单地说，就是通过波形采样的方法记录 1s 长度的声音需要多少个数据。原则上采样率越高，声音的质量越好。

➢ 压缩率：通常指音乐文件压缩前后的大小比值，用来简单描述数字声音的压缩效率。

➢ 比特率：是另一种数字音乐压缩比率的参考性指标，表示记录音频数据每秒钟所需要的平均比特值，通常使用 kbit/s 作为单位。CD 中的数字音乐比特率为 1 411.2kbit/s（也就是记录 1s 的 CD 音乐，需要 1 411.2 × 1024 比特的数据），近乎于 CD 音质的 MP3 数字音乐需要的比特率是 112～128kbit/s。

➢ 量化级：简单地说就是描述声音波形的数据是多少位的二进制数据，通常以 bit 为单位，如 16bit、24bit。16bit 量化级记录声音的数据是用 16bit 的二进制数，因此，量化级也是数字声音质量的重要指标。

根据作品的需要调整数字音频压缩率，对减小作品的容量有很大的作用。结合上述有关数字音频的基础知识，有选择地调整各项设置，以达到适合自己作品的标准。

2. 音频的数据格式

音频数据因其用途、要求等因素的影响，拥有不同的数据格式，常见的格式主要包括 WAV、MP3、AIFF 和 AU。适合 Flash CC 引用的 4 种音频格式介绍如下。

➢ WAV 格式：Wave Audio Files（WAV）是 Microsoft 公司和 IBM 公司共同开发的 PC 标准声音格式。WAV 格式直接保存对声音波形的采样数据，数据没有经过压缩，所以音质很好。但 WAV 有一个致命的缺陷，因为对数据采样时没有压缩，所以体积臃肿不堪，所占磁盘空间很大。其他很多音乐格式可以说就是在改造 WAV 格式缺陷的基础上发展起来的。

➢ MP3 格式：Motion Picture Experts Layer-3（MP3）是一种数字音频格式。相同长度的音乐文件用“*.mp3”格式来储存，一般只有“*.wav”文件的 1/10。虽然 MP3 是一种破坏性的压缩，但是因为取样与编码的技术优异，其音质大体接近 CD 的水平。由于体积小、传输方便、拥有较好的声音质量，所以现在大量的音乐都是以 MP3 的形式出现的。

➢ AIF/AIFF 格式：是苹果公司开发的一种声音文件格式，支持 MAC 平台，支持 16bit、44.1kHz 立体声。

➢ AU 格式：由 SUN 公司开发的 AU 压缩声音文件格式，只支持 8bit 的声音，是互联网上常用到的声音文件格式，多由 SUN 工作站创建。

3. 事件声音和音频流

Flash CC 包括两种类型的声音：事件声音和音频流。其中，事件声音必须完全下载后才能开始播放，除非停止，否则它将一直连续播放；音频流可以在前几帧下载了足够的数据后就开始播放。

在音频“属性”面板中提供了指定音频素材、音调调整、控制声音同步、设置循环次数等功能。利用循环音乐的方式，可导入较为短小的音频文件循环播放，以减少文件的容量。

音频“属性”面板中的“效果”选项主要用于设置不同的音频变化效果，如图 12-30 所示。

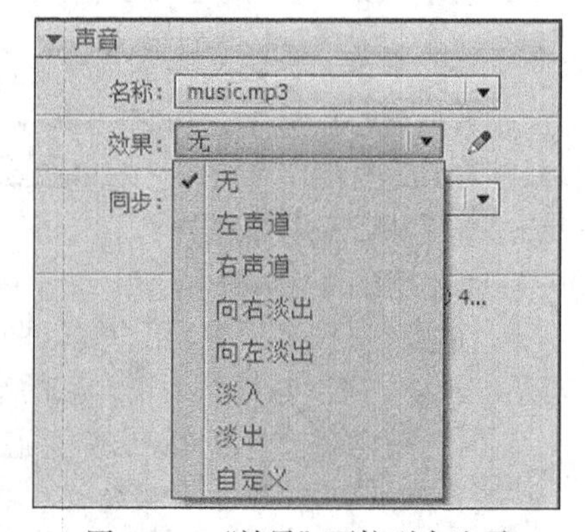

图 12-30 “效果”下拉列表选项

“效果”下拉列表中各选项的作用如下。

➢ “无”：不选择任何效果。

➢ “左声道”：只有左声道播放声音。

➢ “右声道”：只有右声道播放声音。

➢ “从左到右淡出”：可以产生从左声道向右声道渐变的效果。

➢ “从右到左淡出”：可以产生从右声道向左声道渐变的效果。

➢ “淡入”：用于制造声音开始时逐渐提升音量的效果。

➢ “淡出”：用于制造声音结束时逐渐降低音量的效果。

➢ “自定义”：让用户根据实际情况随机调整声音，和单击 按钮的作用相同。

音频“属性”面板中“同步”选项用于设置不同声音的播放形式，如图 12-31 所示。“同步”下拉列表中各选项的作用如下。

➢ “事件”：这是软件默认的选项，此项的控制播放方式是当动画运行到导入声音的帧时，声音将被打开，并且不受时间轴的限制继续播放，直到单个声音播放完毕，或是按照用户在“循环”中设定的循环播放次数反复播放。

➢ “开始”：是用于声音开始位置的开关。当动画运动到该声音导入帧时，声音开始播放，但在播放过程中如果再次遇到导入同一声音的帧时，将继续播放该声音，而不播放再次导入的声音。“事件”项却可以两个声音同时播放。

➢ “停止”：用于结束声音的播放。

➢ “数据流”：可以根据动画播放的周期控制声音的播放，即当动画开始时导入并播放声音，当动画结束时声音也随之终止。

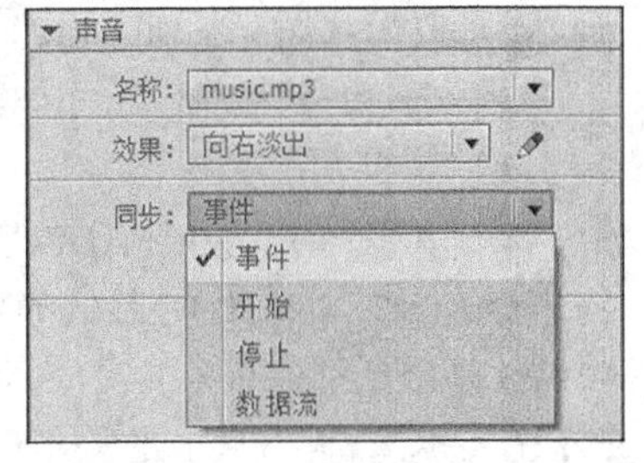

图 12-31　“同步”下拉列表选项

4. 声音的压缩选项

通过选择压缩选项可以控制导出的 SWF 影片文件中声音的品质和大小。使用“声音属性”对话框可为单个声音设置压缩选项，而在影片的“发布设置”对话框中可定义所有声音的压缩设置。

可以设置单个事件声音的压缩选项，然后用这些设置导出声音，也可以给单个音频流选择压缩选项。但是，影片中的所有音频流都将导出为单个的流文件，而且所用的设置是所有应用于单个音频流的设置中的最高级别，这其中也包括视频对象中的音频流。

（1）“ADPCM”（自适应音频脉冲编码）压缩选项用于设置 8bit 或 16bit 声音数据的压缩设置，如图 12-32 所示。

其中的 3 个选项作用如下。

➢ “预处理”：选择“将立体声转换为单声”会将混合立体声转换为单声（非立体声），用于选择以单声道还是双声道输出声音文件，做这种选择的目的是为了减少文件的容量。如果原文件是双声道立体声，选择此项可以合并为单声道的声音。但如果已是单声道的声音做这种选择则没有什么意义。

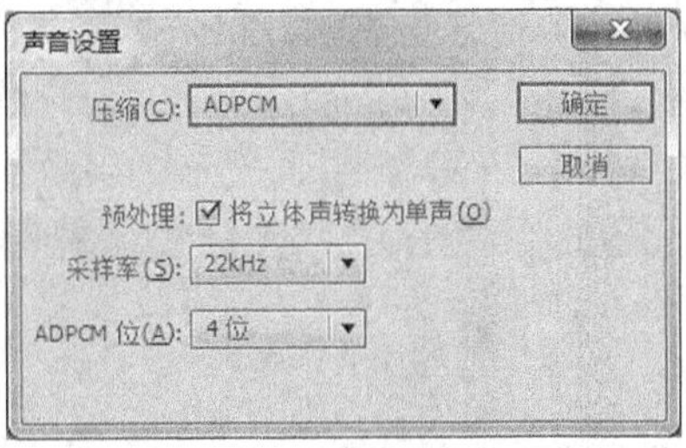

图 12-32　“ADPCM”选项设置栏

➢ “采样率”：用于选择声音的采样率。选择一个选项以控制声音的保真度和文件大小。较低的采样比率可以减小文件大小，但也降低了声音的品质。一般来说，CD 音质每秒的采样率为 44.1kHz，调频广播音质是 22.5kHz，电话音质是 11.025kHz。如果作品要求的质量很高，要达到 CD 音乐标准，则必须使用 16bit、44.1kHz 的立体声方式，其每 1min 长度的声音约占 10MB 的磁盘空间，容量是相当大的，因此，既要保持较高的质量，又要减少文件的容量，常规的做法是选择 22kHz 的音频质量。

➢ “ADPCM 位”（位数转换）：用于设定声音输出时的位数转换。在此提供了 4 种选项，用户可以均衡质量和容量的关系，做出合适的选择。

（2）“MP3”压缩选项可以用 MP3 压缩格式导出声音，如图 12-33 所示。

相关选项的作用如下。

➢ “预处理”：和“ADPCM”压缩选项中同名选项的作用一致。

➢ “比特率”：设置输出声音文件的数据采集率。其参数越大，音频的容量和质量就越高。一般情况下将它设为大于或等于 16kbit/s 效果最好。

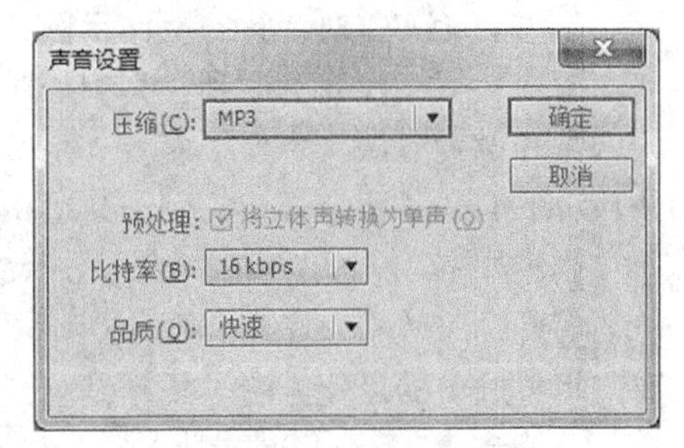

图 12-33　“MP3”选项设置栏

➢ “品质”：用于设置音频输出时的压缩速度和声音品质，共有“快速”“中”和“最佳”3 个选项。

（3）选择“原始”压缩选项导出声音时不进行压缩，如图 12-34 所示。其相关选项作用如下。

➢ “预处理”：和“ADPCM”压缩选项中同名选项的作用一致。

➢ “采样率”：和“ADPCM”压缩选项作用基本一致。对于语音来说，5kHz 是最低的可接受标准。对于音乐短片，11kHz 是最低的建议声音品质，而这只是标准 CD 比率的 1/4。22kHz 是用于 Web 回放的常用选择，这是标准 CD 比率的 1/2。44kHz 是标准的 CD 音频比率。

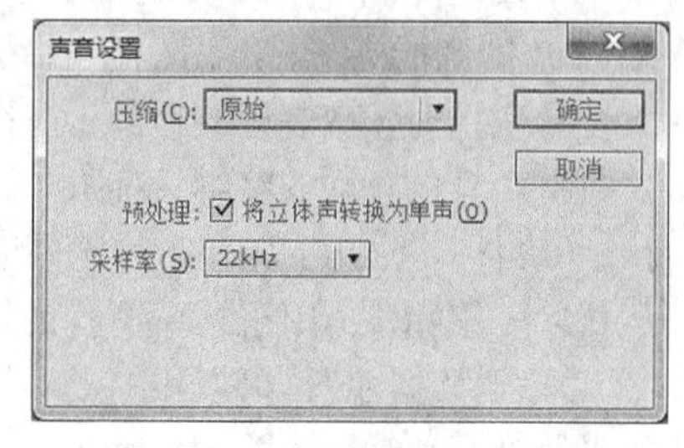

图 12-34 “原始”选项设置栏

“声音属性”对话框如图 12-35 所示。

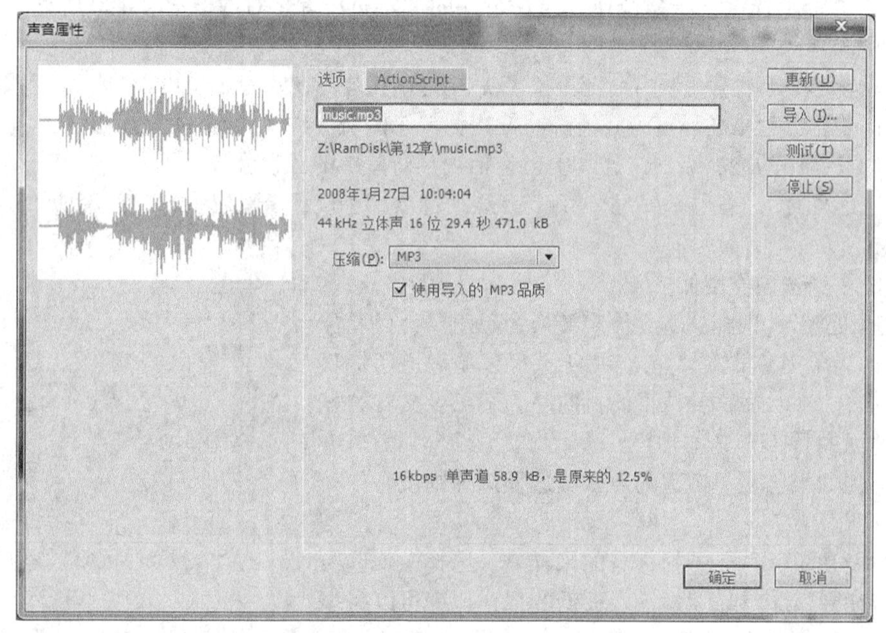

图 12-35 “声音属性”对话框

➢ 更新(U)：单击此按钮后可以方便及时地更新音频文件，如利用其他软件对原有的音频文件调整后，可以通过此按钮及时更新。

➢ 导入(I)...：单击此按钮后另外选择一个音频文件替换当前文件。

➢ 测试(T)：单击此按钮后测试声音效果。

➢ 停止(S)：单击此按钮后终止当前声音的播放。

5. Flash CC 对音频的操作示例

导入声音文件并应用到作品中是对音频知识的基本应用，在此基础上用户还应熟悉一些简单的调整和设置方法。声音压缩方式是减小文件容量的有效途径，在创作作品时也应该了解相应的技巧，下面通过两个具体的例子介绍相关的技巧。

创建如图 12-36 所示的效果，引入并调整声音属性。

实现这一效果，首先是要掌握音频“属性”面板多个设置选项的用法，还要熟悉“编辑封套”窗口相关选项的设置方法，关键是掌握不同声调效果的调整以及裁切声音的方法。

（1）新建一个 Flash 文档。选择“文件”|“导入”|“导入到舞台”菜单命令，在“导入”窗口中选择一个图片，如“picture.jpg”文件，单击 打开(O) 按钮。

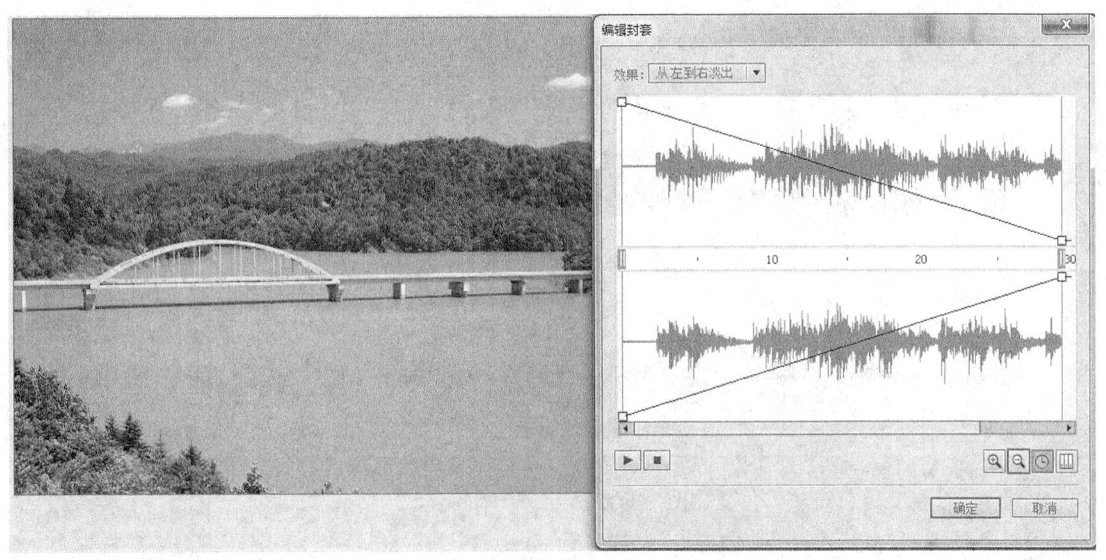

图 12-36　声音效果

（2）选择“文件”|“导入”|“导入到舞台”菜单命令，导入音乐，如“music.mp3”文件，然后单击打开(O)按钮导入音频。

（3）在“时间轴”窗口单击“图层 1”层中的第 1 帧，选择“窗口”|“属性”菜单命令，打开“属性”面板，该面板的右侧区域为音频设置栏。

（4）在“名称”下拉列表中选择“music.mp3”选项，将音频文件应用到作品中，如图 12-37 所示。

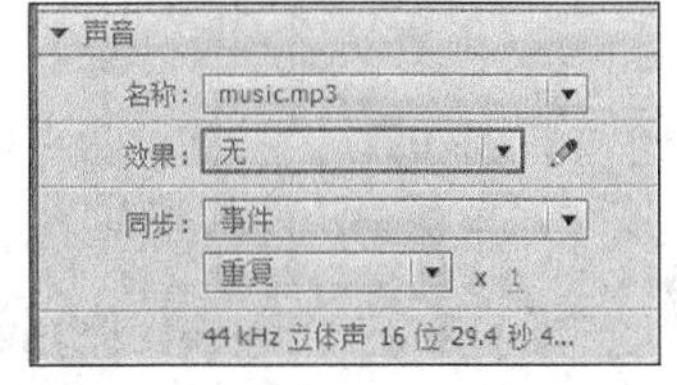

图 12-37　声音“属性”面板

（5）单击“效果”选项，在弹出的下拉列表中选择“向右淡出”选项，如图 12-38 所示。

（6）单击“同步”选项，在弹出的下拉列表中选择“事件”选项，如图 12-39 所示。

（7）单击按钮，打开“编辑封套”对话框，如图 12-40 所示。

（8）在窗口波形图中，调整开始点的位置裁切声音，如图 12-41 所示，去除前面一段很短的空白。

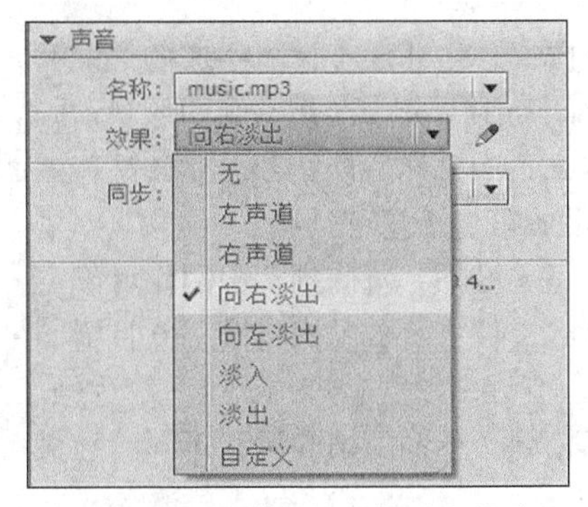

图 12-38　“效果”下拉列表选项

图 12-39　“同步”下拉列表选项

由于波形图编辑区的观看区域有限，使导入的音频波形图无法完全展示时，读者可以拖动下方的滑动条，或是运用放大工具和缩小工具来辅助完成调整工作。

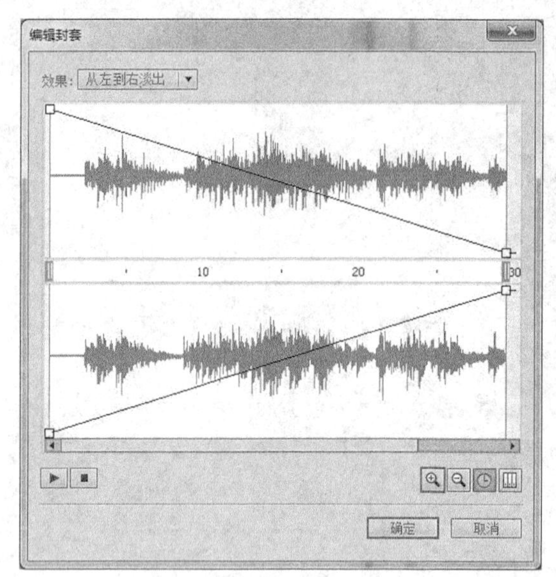

图 12-40 “编辑封套”对话框

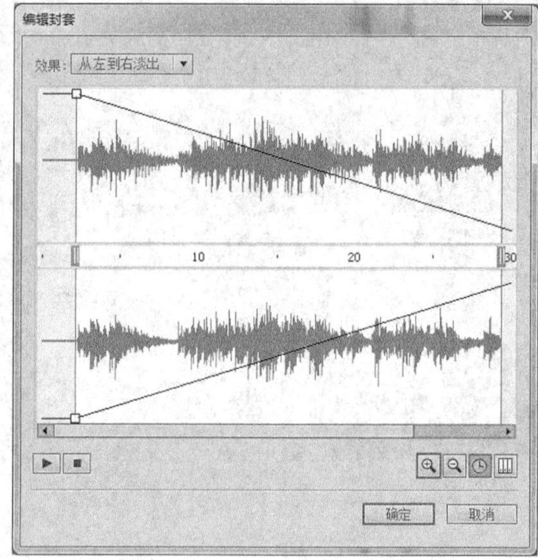

图 12-41 剪辑音频素材

（9）编辑完成后，单击播放按钮▶测试音效，再单击停止按钮■终止声音播放，单击 确定 按钮，退出“编辑封套”对话框。

12.3 Flash 动画制作基础

Flash 的主要功能就是可以制作非常丰富的动画效果，掌握动画制作的基本方法是实现制作快速、强大动画功能的基础。

12.3.1 Flash 动画的种类

Flash 动画分为补间动画和帧帧动画，这两种动画可以分别实现不同的动画效果，在实际的设计工作中都会频繁地应用。

1. Flash 动画的种类

（1）补间动画：也叫过渡动画。制作若干关键帧画面，由 Flash 计算生成各关键帧之间的各个帧，使画面从一个关键帧过渡到另一个关键帧。补间动画又分为动作动画和形状动画。

（2）帧帧动画：制作好每一帧画面，每一帧内容都不同，然后连续依次播放这些画面，即可生成动画效果。这是最容易掌握的动画，Gif 格式的动画就属于这种动画。

帧帧动画适用于制作非常复杂的动画，每一帧都是关键帧，每一帧都由制作者确定，而不是由 Flash 通过计算得到。与过渡动画相比，帧帧动画的文件字节数要大得多，并且不同种类帧的表示方法也不同。时间轴窗口如图 12-42 所示，其中，有许多图层和帧单元格（简称帧），每一行表示一个图层，每一列表示一帧。各个帧的内容会不相同，不同的帧表示了不同的含义。

图 12-42 中所示的时间轴各部分名称如下。

2. 不同帧的含义

➢ 关键帧●：表示它是关键的一帧。如果帧单元格内有一个实心的圆圈，则表示它是一个有内容的关键帧。关键帧的内容可以进行编辑。常用的插入关键帧的方法是：单击选中某一帧单元格，再按 F6 键。

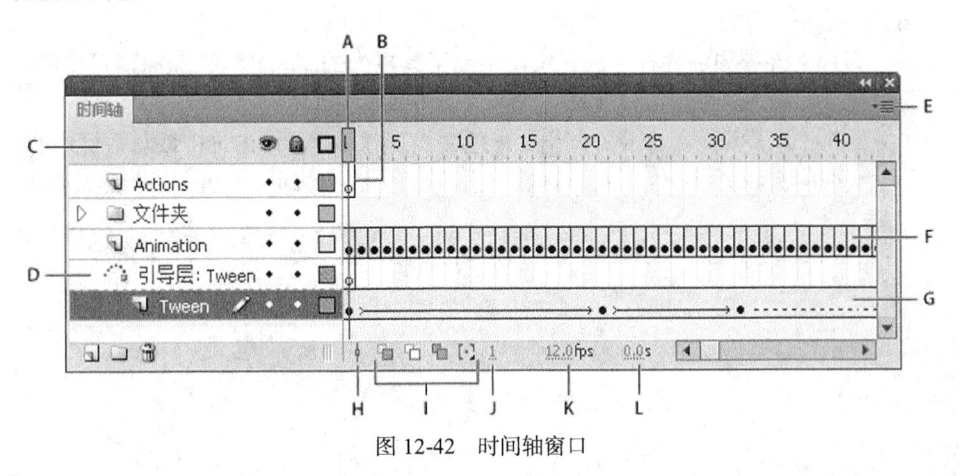

图 12-42　时间轴窗口

A：播放头，B：空关键帧，C：时间轴标题，D：引导层图标，E：“帧视图”弹出菜单，F：逐帧动画，G：补间动画，H：“帧居中”按钮，I：“绘图纸”按钮，J：当前帧指示器，K：帧频指示器，L：运行时间指示器。

➢ 普通帧：在关键帧的右边的浅灰色背景帧单元格是普通帧，表示它的内容与左边的关键帧内容一样。常采用的插入普通帧的方法是：单击选中某一个帧单元格，再按 F5 键，则从关键帧到选中的帧之间的所有帧均变成普通帧。

➢ 空白关键帧：也叫白色关键帧。帧单元格内有一个空心的圆圈，表示它是一个没有内容的关键帧。空白关键帧内可以创建内容。如果新建一个 Flash 文件，则会在第 1 帧自动创建一个空白关键帧。

➢ 空白帧：也叫帧。该帧其内是空的。单击选中某一个空白帧单元格，再按 F7 键，即可将它转换为空白关键帧。

➢ 动作帧：该帧本身也是一个关键帧，其中有一个字母“a”，表示这一帧中分配有动作（Action），当影片播放到这一帧时会执行相应的动作脚本程序。要加入动作需调出“动作-帧”面板。

➢ 过渡帧：是两个关键帧之间，创建补间动画后由 Flash 计算生成的帧，它的底色为浅蓝色或浅绿色。不可以对过渡帧进行编辑。

3. 创建各种帧的其他方法

➢ 单击选中某一个帧单元格，再选择“插入” | “时间轴”下相应的命令。

➢ 将鼠标指针移到要插入关键帧的帧单元格处，单击鼠标右键，调出快捷菜单。再单击快捷菜单中相应的菜单命令。

4. 不同种类动画的表示方法

➢ 动作动画：在关键帧之间有一条水平指向右边的黑色箭头，帧单元格为浅蓝色背景。

➢ 形状动画：在关键帧之间也有一条水平指向右边的黑色箭头，但帧单元格为浅绿色背景。

➢ 虚线：表示在创建过渡动画中存在错误，无法正确完成动画的制作。

12.3.2　Flash 影片的制作过程概述

下面介绍 Flash 影片的制作过程。

1. 新建一个影片文件并设置影片的基本属性

（1）新建一个影片文件

新建一个影片文件有如下两种方法，单击主要工具栏内的“新建”按钮，即可创建一个新影片舞台，也就创建了一个 Flash 影片文件。

选择“文件”|“新建”菜单命令，调出“新建文档”对话框，单击选中该对话框中的“Action Script 3.0”类型选项，如图 12-43 所示。然后单击确定按钮，即可创建一个新影片舞台。

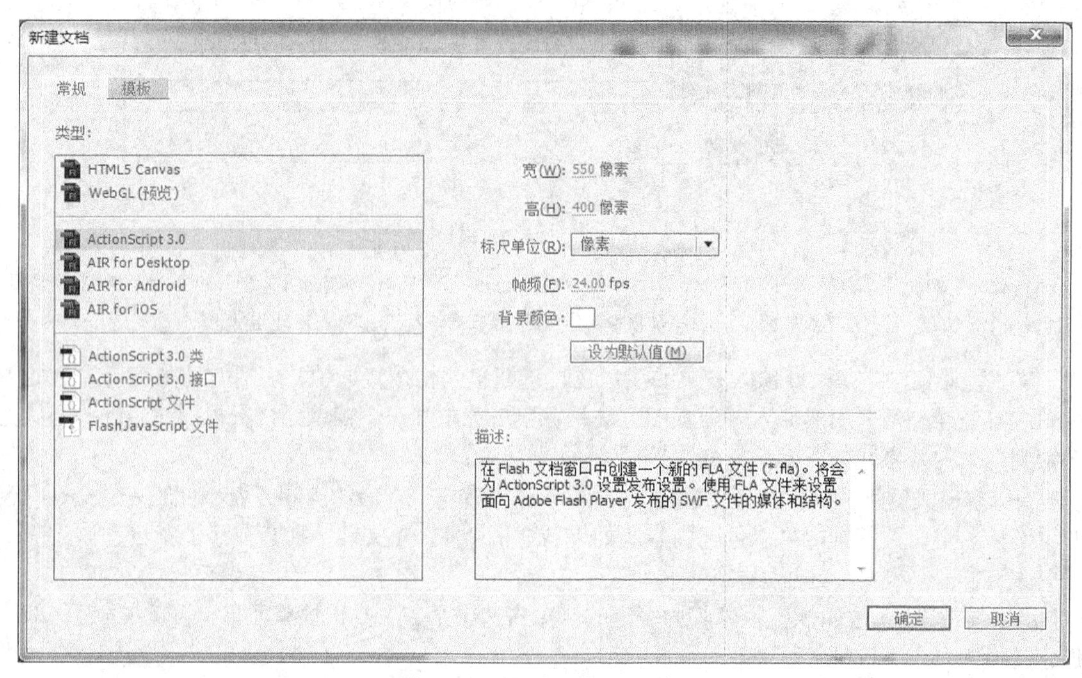

图 12-43 “新建文档”对话框

（2）设置影片的基本属性

选择“修改”|“文档”菜单命令，打开“文档属性”对话框，利用该对话框，设置影片的尺寸为宽 400px、高 200px，背景色值为“#00CCFF”。完成设置后单击确定按钮，退出“文档属性”对话框。

2. 输入文字

输入文字的操作如下。

（1）单击工具箱内的“文本工具”按钮 T，再单击舞台工作区的中间位置，调出“文本工具”的“属性”面板。

（2）在该“属性”面板内的“系列”下拉列表框 系列: 微软雅黑 中，设置字体为“微软雅黑”；在“字体大小”文本框 大小: 24.0 磅 中，设置字体大小为“24 磅”；下拉“样式”列表框 样式: Bold，设置文字为加粗。

（3）单击“属性”面板中的颜色板。在不松开鼠标左键的同时，将鼠标指针（此时为吸管状）移到红色色块处，然后松开鼠标左键，即可设定文字的颜色为红色。此时的“属性”面板如图 12-44 所示。

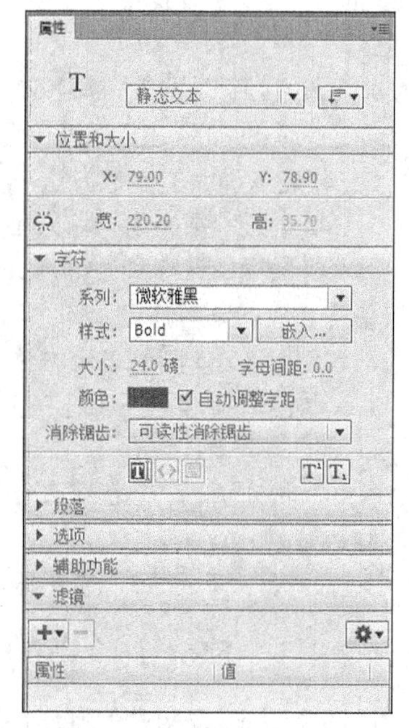

图 12-44 “文本工具”的“属性”面板

（4）在舞台工作区内输入“勤教力学，为人师表”文字。此时，时间轴的“图层 1”图层的第 1 帧变为关键帧，第 1 帧单元格内出现一个实心的圆圈，如图 12-45 所示。

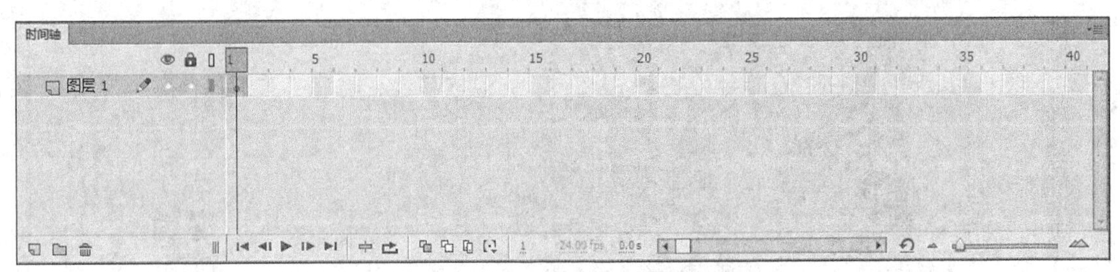

图 12-45　创建文字关键帧

（5）单击工具箱内的“选择工具”按钮，再单击选中刚刚输入的文字。然后，用鼠标拖曳它，使它移到舞台工作区的正中间。

3. 创建文字由小到大逐渐扩展的动画

创建文字由小到大逐渐扩展的动画操作如下。

（1）用鼠标右键单击“图层 1”图层的第 1 帧，弹出一个帧快捷菜单，再单击该菜单中的“创建补间动画”命令。此时，该帧具有了移动动画的属性，“属性”面板也会随之发生变化。

（2）在时间轴内，将鼠标指针移到第 60 帧单元格处，单击选中该单元格，再按 F6 键，即可创建第 1～60 帧的移动动画。此时，第 60 帧单元格内出现一个实心的圆圈，表示该单元格为关键帧；第 1～60 帧的单元格内会出现一条水平指向右边的箭头，表示动画制作成功。

（3）单击工具箱内的“选择工具”按钮，再单击第 1 帧，同时也选中了舞台工作区内的文字。单击工具箱中的“任意变形工具”按钮。此时，文字对象四周会出现一个黑色矩形框和 8 个黑色的小正方形控制柄，如图 12-46 所示。此时，用鼠标拖曳右下方的控制柄，使文字缩小。

图 12-46　文字对象变形

（4）单击工具箱内的“选择工具”按钮，单击第 60 帧，再将文字调大。至此，文字由小到大逐渐扩展的动画就制作完毕了。选择“控制”|“播放”菜单命令，可以看到动画效果。

4. 增加图层和绘制立体球图形

（1）增加图层。单击时间轴“图层控制区”内的“图层 1”图层，再单击时间轴左下角的“插入图层”按钮，即可在选定图层（即“图层 1”图层）之上增加一个新的图层（名字自动定为“图层 2”）。

（2）绘制立体球图形。单击“图层 2”图层的第 1 帧单元格。单击工具箱内的“椭圆工具”按钮，在“填充和笔触”属性面板中，选中“笔触颜色”图标，单击“颜色”栏内的“没有颜色”图标，使绘制的圆形图形没有轮廓线。再单击工具箱中“颜色”栏内的“填充色”按钮，打开如图 12-47 所示的颜色板。然后，单击该颜色板左下角第 3 个按钮。

将鼠标指针移到舞台的左上角，按住 Shift 键，用鼠标拖曳绘制一个红色的立体球，如图 12-48 所示。

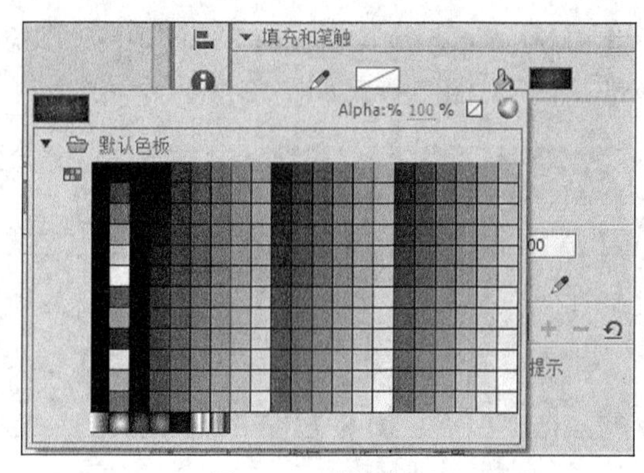

图 12-47　颜色板

图 12-48　绘制一个红色的立体球

5. 创建红色立体球从左上角向右上角曲线移动的动画

创建红色立体球从左上角向右上角曲线移动的动画操作如下。

（1）用鼠标右键单击时间轴“图层 2”图层内的第 1 帧单元格，弹出一个帧快捷菜单，再单击该菜单中的“创建补间动画”菜单命令，此时弹出“将所选的内容转换为元件以进行补间”的对话框，如图 12-49 所示，单击 确定 按钮。

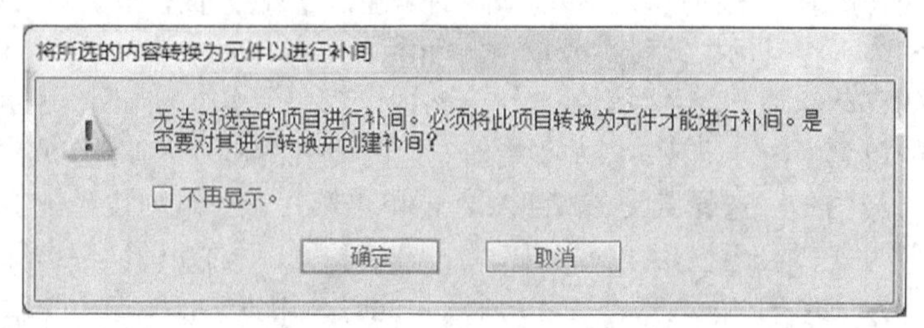

图 12-49　转换元件以进行补间对话框

（2）鼠标指向补间帧（默认为第 24 帧）边缘处，鼠标变为双向箭头状时，拖动到第 60 帧单元格，表示补间动画到第 60 帧。

（3）单击选中时间轴中的第 60 帧单元格，然后，将立体球拖曳到舞台的右上方处，再将它调大；单击“选择工具”，指向补间运动路径，再向下拖动图标，改变路径，使之出现如图 12-50 所示的效果。

图 12-50　红色立体球从左上角向右上角曲线移动路径

至此，创建红色立体球从左上角向右上角曲线移动的动画就制作完毕了。

6. 创建云图图像从右向左移动的动画

创建云图图像从右向左移动的动画的操作如下。

（1）单击“图层 1”图层，再单击时间轴左下角的“新建图层”按钮，即可在选定图层（即“图层 1”图层）之上增加一个新的图层（名字自动定为“图层 3”）。

（2）用鼠标向下拖曳时间轴“图层控制区”内的“图层 3”图层，将它移到“图层 1”图层之下。其目的是使“图层 3”图层内的图像在“图层 1”图层内文字下边，形成背景效果。

（3）导入云图图像：单击“图层 3”图层的第 1 帧，再单击“文件”|“导入”|“导入到舞台”菜单命令，打开“导入”对话框。利用该对话框，选择一云图图像文件“云.png”。然后，单击打开(O)按钮。

（4）用鼠标将导入的风景图像拖曳到舞台的右边。按照前面所述方法，创建出图像从右边向左边移动的动画。“图层 3”图层第 60 帧的图像应移到舞台工作区中。

至此，云图图像从右边向左边移动的动画就制作完毕，整个动画也制作完毕。最后设计效果如图 12-51 所示。

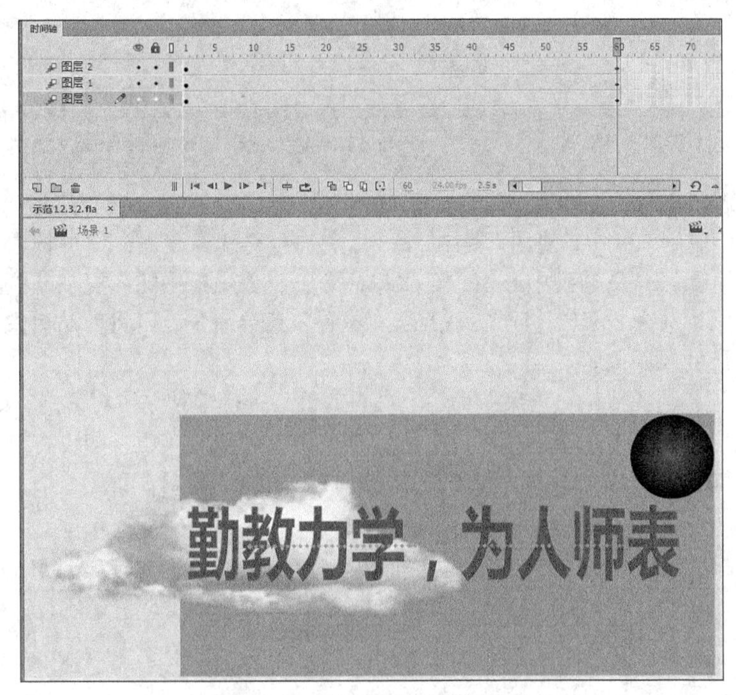

图 12-51　示例动画最后设计结果

12.4　导入、导出和素材处理

制作一个复杂的动画时，需要在动画中使用一些素材，这在 Flash 中称为“导入”。当制作好一幅动画后，需要将动画发布出去，这在 Flash 中称为“导出”。

12.4.1　导入外部素材

将外部素材导入动画的方法有以下 3 种。

1. 导入到舞台工作区

选择“文件”|“导入”|“导入到舞台”菜单命令，打开“导入”对话框。利用该对话框，选择文件。单击打开(O)按钮，即可将选定的素材导入到舞台工作区和“库”面板中。可以导入的外部素材有矢量图形、位图、视频影片、声音素材等，文件的格式很多，如图 12-52 所示。

如果一个导入的文件有多个图层，则 Flash 会自动创建新层以适应导入的图像。

2. 导入视频

Flash CC 支持 FLV、F4V 和 H.264 格式的视频，如果导入的是 AVI 格式的视频文件，则会提示 Adobe Flash Player 不支持所选文件，如图 12-53 所示。我们可以使用 Adobe Media Encoder 把 AVI 格式视频文件转换为 FLV 或 F4V 视频。

图 12-52 “文件类型”下拉列表

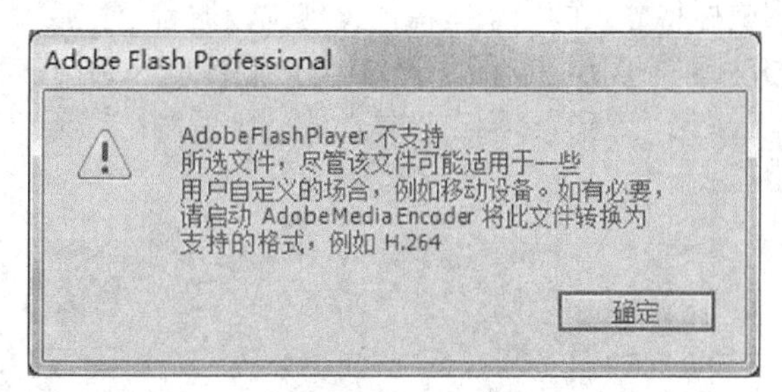

图 12-53 “导入视频”不支持视频格式文件

3. 利用剪贴板导入

首先，在其他应用软件中，使用“复制”命令，将图形等对象复制到剪贴板中。然后，在 Flash CC 中，选择“编辑”|“粘贴到中心位置”菜单命令，将剪贴板中的内容粘贴到舞台工作区的中心与“库”面板中。选择“编辑”|“粘贴到当前位置”菜单命令，可将剪贴板中的内容粘贴到舞台工作区中该图像的原始位置。

选择“编辑”|“选择性粘贴”菜单命令，即可打开“选择性粘贴”对话框，如图 12-54 所示。在“作为”列表框内，单击选中一个软件名称，再单击“确定”按钮，即可将选定的内容粘贴到舞台工作区中。同时，还建立了导入对象与选定软件之间的链接。

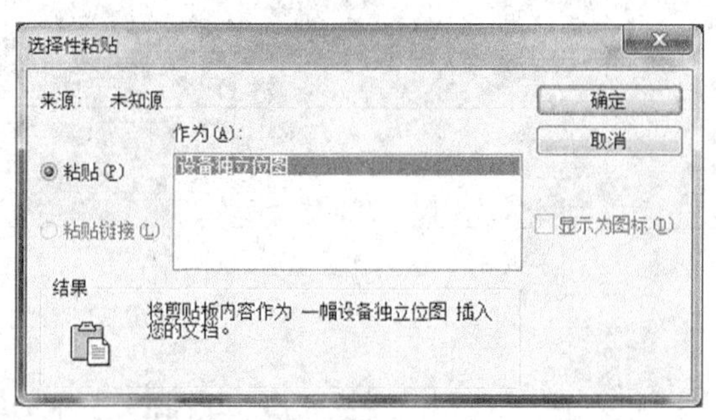

图 12-54 “选择性粘贴”对话框

4. 导入到“库”面板

选择“文件”|“导入”|“导入到库”菜单命令，打开“导入”对话框。利用该对话框，选择文件，单击“打开”按钮，即可将选定的素材导入“库”面板。

12.4.2 作品的导出与发布

利用 Flash CC 的导出命令，可以将作品导出为影片或图像。例如，可以将整个影片导出为 Flash 影片、一系列位图图像、单一的帧或图像文件以及不同格式的活动图像、静止图像等，包括 GIF、JPEG、PNG、BMP、PICT、QuickTime、AVI、MOV 等格式。

1. 作品的导出

下面利用“彩云.fla”文件举例说明如何导出动画作品。

（1）打开“彩云.fla”文件。

（2）从菜单栏中选择“文件”|“导出”|“导出影片”菜单命令，打开“导出影片”对话框，如图 12-55 所示，要求用户选择导出文件的名称、类型及保存位置。

（3）首先选择一种保存类型，如“*.swf”，再输入一个文件名，然后单击 保存(S) 按钮，弹出一个导出进度条，作品很快就被导出为一个独立的 Flash 动画文件了。

图 12-55　“导出影片”对话框

（4）导出文件之前，用户可对导出文件的参数进行设置。从菜单栏中选择“文件”|“发布设置”菜单命令，打开“发布设置”对话框，如图 12-56 所示。

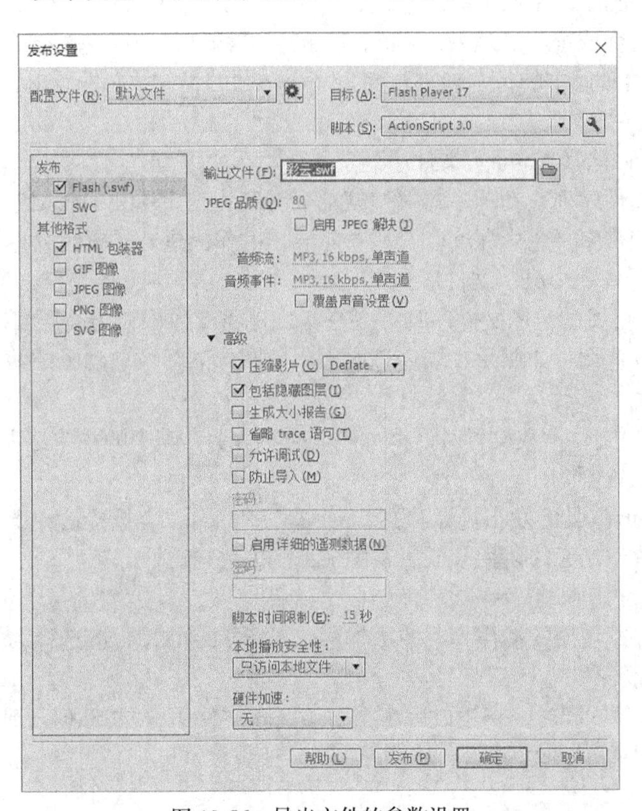

图 12-56　导出文件的参数设置

（5）关闭 Flash CC 软件。在“我的电脑”中找到刚才导出的文件，双击该文件，即可播放这个动画。这说明动画文件已经可以脱离 Flash CC 编辑环境而独立运行了。

要播放 SWF 文件，用户的计算机中需要安装 Flash Player（播放器）。Flash Player 有多个版本，随 Flash CC 安装的是 Flash Player 16。

Flash CC 能够将作品导出为多种不同的格式，其中“导出影片”命令将作品导出为完整的动画，而“导出图像”命令将导出一个只包含当前帧内容的单个或序列图像文件。

一般来说，利用 Flash CC 的导出功能，可以导出以下类型的文件。

➢ Flash 影片（*.swf）文件

这是 Flash CC 默认的作品导出格式，这种格式不但可以播放出所有在编辑时设计的动画效果和交互功能，而且文件容量小，还可以设置保护。

➢ Windows AVI（*.avi）文件

此格式会将影片导出为 Windows 视频，但是导出的这种格式会丢失所有的交互性。Windows AVI 是标准 Windows 影片格式，它是在视频编辑应用程序中打开 Flash 动画的非常好的格式。由于 AVI 是基于位图的格式，因此影片的数据量会非常大。

➢ Animated GIF（*.gif）文件

导出含有多个连续画面的 GIF 动画文件，在 Flash 动画时间轴上的每一帧都会变成 GIF 动画中的一幅图片。

➢ WAV Audio（*.wav）文件

将当前影片中的声音文件导出生成为一个独立的 WAV 文件。

➢ WMF Sequence（*.wmf）文件序列

WMF 文件是标准的 Windows 图形格式，大多数的 Windows 应用程序都支持此格式。此格式对导入和导出文件会生成很好的效果，Windows 的剪贴画就是使用这种格式。它没有可定义的导出选项，Flash 可以将动画中的每一帧都转变为一个单独的 WMF 文件导出，并使整个动画导出为 WMF 格式的图片文件序列。

➢ Bitmap Sequence（*.bmp）文件序列

导出一个位图文件序列，动画中的每一帧都会转变为一个单独的 BMP 文件，其导出设置主要包括图片尺寸、分辨率、色彩深度以及是否对导出的作品进行抗锯齿处理。

➢ JPEG Sequence（*.jpg）文件序列

导出一个 JPEG 格式的位图文件序列，JPEG 格式可将图像保存为高压缩比的 24 位位图。JPEG 更适合显示包含连续色调（如照片、渐变色或嵌入位图）的图像。动画中的每一帧都会转变为一个单独的 JPEG 文件。

Flash 影片的导出文件参数设置对话框如图 12-56 所示，其中的主要选项介绍如下。

➢ “目标”

设置导出的 Flash 作品的发布目标。在 Flash CC 中，可以有选择地导出各版本的作品。如果设置版本较高，则该作品无法使用较低版本的 Flash Player 播放。

➢ “ActionScript 版本”

选择导出的影片所使用的动作脚本的版本号。对于 Flash CC，应选择 ActionScript 3.0。

➢ “生成大小报告”

在导出 Flash 作品的同时，将生成一个报告（文本文件），按文件列出最终的 Flash 影片的数据量。该文件与导出的作品文件同名。

➢ “防止导入”

可防止其他人导入 Flash 影片并将它转换回 Flash 文档（.fla）。可使用密码来保护 Flash SWF

文件。

➢ “省略 Trace 动作”

使 Flash 忽略发布文件中的 Trace 语句。选择该复选框，则“跟踪动作”的信息就不会显示在“输出”面板中。

➢ “允许调试”

激活调试器并允许远程调试 Flash 影片。如果选择该复选框，可以选择用密码保护 Flash 影片。

➢ “压缩影片”

可以压缩 Flash 影片，从而减小文件大小，缩短下载时间。当文件有大量的文本或动作脚本时，默认情况下会启用此复选框。

➢ “导出隐藏的图层”

导出 Flash 文档中所有隐藏的图层。取消对该复选框的选择，将阻止把文档中标记为隐藏的图层（包括嵌套在影片剪辑内的图层）导出。

➢ “导出 SWC”

导出.SWC 文件，该文件用于分发组件。.SWC 文件包含一个编译剪辑、组件的 ActionScript 类文件以及描述组件的其他文件。

➢ “JPEG 品质”

若要控制位图压缩，可以调整“JPEG 品质”滑块或输入一个值。图像品质越低（高），生成的文件就越小（大）。可以尝试不同的设置，以便确定在文件大小和图像品质之间的最佳平衡点；值为 100 时图像品质最佳，压缩比最小。

➢ “音频流”|“音频事件”

设定作品中音频素材的压缩格式和参数。在 Flash 中对于不同的音频引用可以指定不同的压缩方式。要为影片中的所有音频流或事件声音设置采样率和压缩，可以单击“音频流”或“音频事件”旁边的按钮，然后在“声音设置”对话框中选择“压缩”“比特率”和“品质”选项。注意，只要下载的前几帧有足够的数据，音频流就会开始播放，它与时间轴同步。事件声音必须完全下载完毕才能开始播放，除非明确停止，它将一直连续播放。

➢ “覆盖声音设置”

勾选此项，则本对话框中的音频压缩设置将对作品中所有的音频对象起作用。如果不勾选此项，则上面的设置只对在属性对话框中没有设置音频压缩（“压缩”项中选择“默认”）的音频素材起作用。勾选“覆盖声音设置”复选框将使用选定的设置来覆盖在“属性”面板的“声音”部分中为各个声音设置的参数。如果要创建一个较小的低保真度版本的影片，则需要选择此选项。

2. 作品的发布

“发布”命令可以创建 SWF 文件，并将其插入浏览器窗口中的 HTML 文档，也可以以其他文件格式（如 GIF、JPEG、PNG 和 QuickTime 格式）发布 FLA 文件。

选择“文件”|“发布设置”菜单命令，打开“发布设置”对话框，如图 12-57 所示，在其中选择发布文件的名称及类型。

在“发布设置”对话框中，可以选择在发布时要导出的作品格式，被选中的作品格式会在对话框中出现相应的参数设置，可以根据需要选择其中的一种或几种格式。

在“输出文件”文本框中显示输出的文件名称，输出目录默认为当前文件所在的目录。单击按钮，即可选择不同的目录和名称，当然也可以直接在文本框中输入目录和名称。

设置完毕后，如果单击 确定 按钮，则保存设置，关闭“发布设置”对话框，但并不发布文件。只有单击 发布 按钮，Flash CC 才按照设定的文件类型发布作品。

Flash CC 能够发布 7 种格式的文件，当选择要发布的格式后，相应格式文件的参数就会以选项卡的形式出现在“发布设置”对话框，如图 12-57 所示。

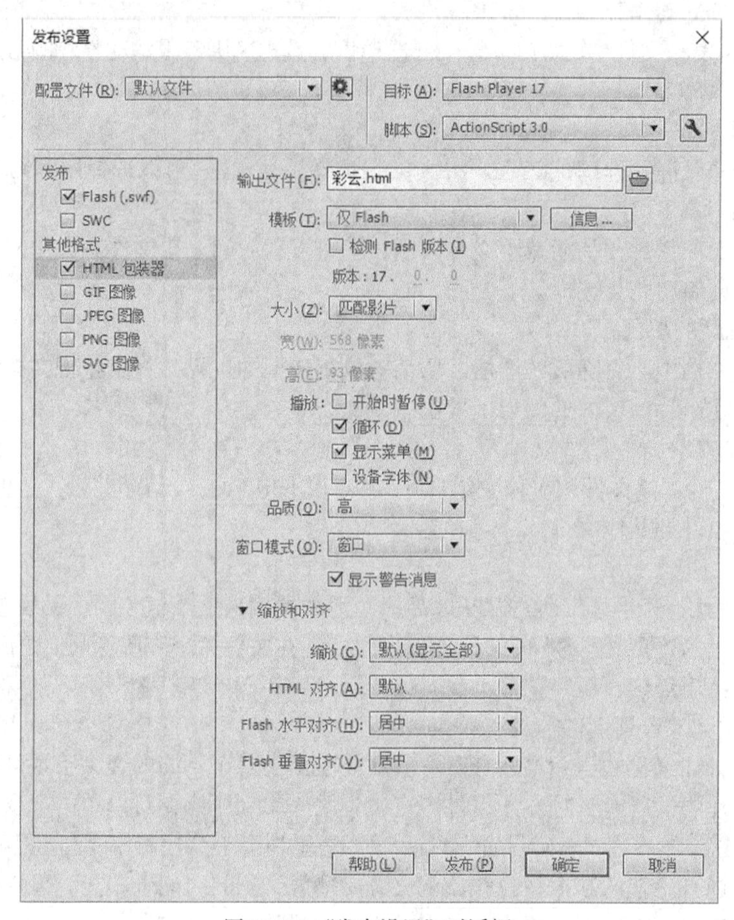

图 12-57 “发布设置”对话框

12.5 应用实例

下面通过入门动画作品来说明 Flash CC 基本的文件操作，以使读者对 Flash CC 软件有一个感性的认识。

一般来说，制作 Flash 动画作品的基本工作流程如下。

（1）作品的规划。确定动画要执行哪些基本内容和动作。

（2）添加媒体元素。创建并导入媒体元素，如图像、视频、声音、文本等。

（3）排列元素。在舞台上和时间轴中排列这些媒体元素，以定义它们在应用程序中显示的时间和显示方式。

（4）应用特殊效果。根据需要应用图形滤镜（如模糊、发光和斜角）、混合和其他特殊效果。

（5）使用 ActionScript 控制行为。编写 ActionScript 代码以控制媒体元素的行为方式，包括这些元素对用户交互的响应方式。

（6）测试动画。进行测试以验证动画作品是否按预期工作，查找并修复所遇到的错误。在整个创建过程中应不断测试动画作品。

（7）发布作品。根据应用需要，将作品发布为可在网页中显示并可使用 Flash Player 回放的 SWF 文件。

12.5.1　逐帧动画实例

下面来制作一个简单的 Flash 逐帧动画，动画的效果是小松鼠在奔跑。该逐帧动画的制作方法是将不同的图像导入到场景中，并分别放置在同一图层的不同关键帧上。动画效果如图 12-58 所示。

图 12-58　小松鼠在奔跑效果图

（1）选择“文件”|“新建”菜单命令，打开“新建文档”对话框，在其中选择需要创建的文档类型。

（2）选择“ActionScript 3.0”，单击确定按钮，进入文档编辑界面，也就是前面介绍的 Flash CC 操作界面。

在 Flash CC 软件启动时，也会自动创建一个新的 Flash 文档，其默认的文件名为“未命名-1”。此后创建新文档时，系统将会自动顺序定义默认文件名为“未命名-2”“未命名-3”等。

（3）设置舞台大小为宽 500 像素，高 277 像素。

（4）导入“背景.jpg”到舞台中，并调整位置使其覆盖整个场景；导入“松鼠 1.png”等 7 个图片文件到库中。

（5）单击“图层 1”图层第 65 帧，右键单击“插入帧”；添加新图层“图层 2”。

（6）打开库，新建元件“松鼠”，如图 12-59 所示。

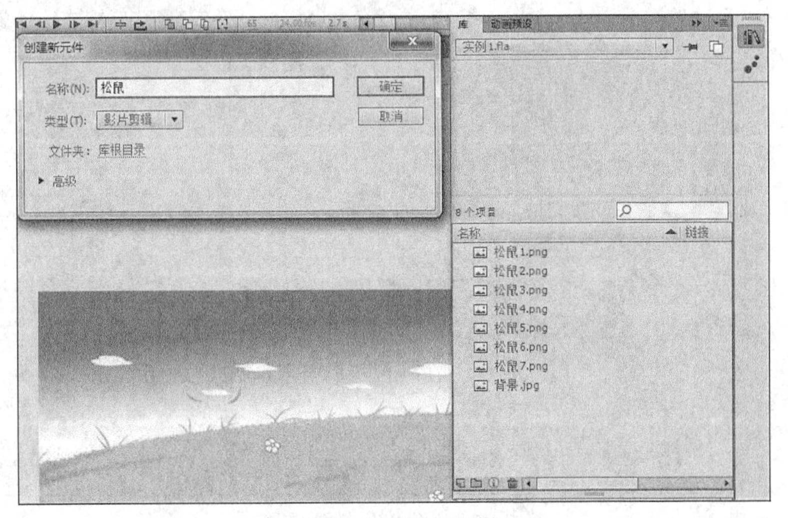

图 12-59　创建新元件

（7）打开库，单击“松鼠”元件的“图层 1”图层的第 1 帧，插入空白关键帧，把“松鼠 1.png”文件拖到第 1 帧；类似地，在第 2 帧插入空白关键帧，把“松鼠 2.png”文件拖到第 2 帧，其他操作类似。操作结果如图 12-60 所示。

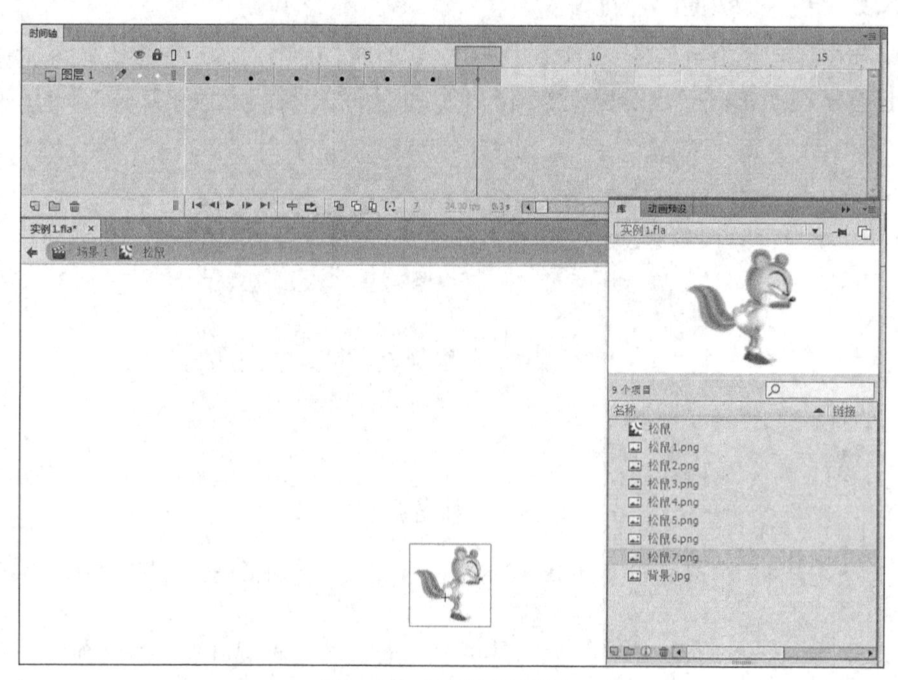

图 12-60　把图片插入帧中

（8）单击“场景 1”，返回场景 1，单击“图层 2”图层的第 1 帧，右键单击“创建传统补间”命令；打开库，把“松鼠”元件拖放到舞台左边，如图 12-61 所示。

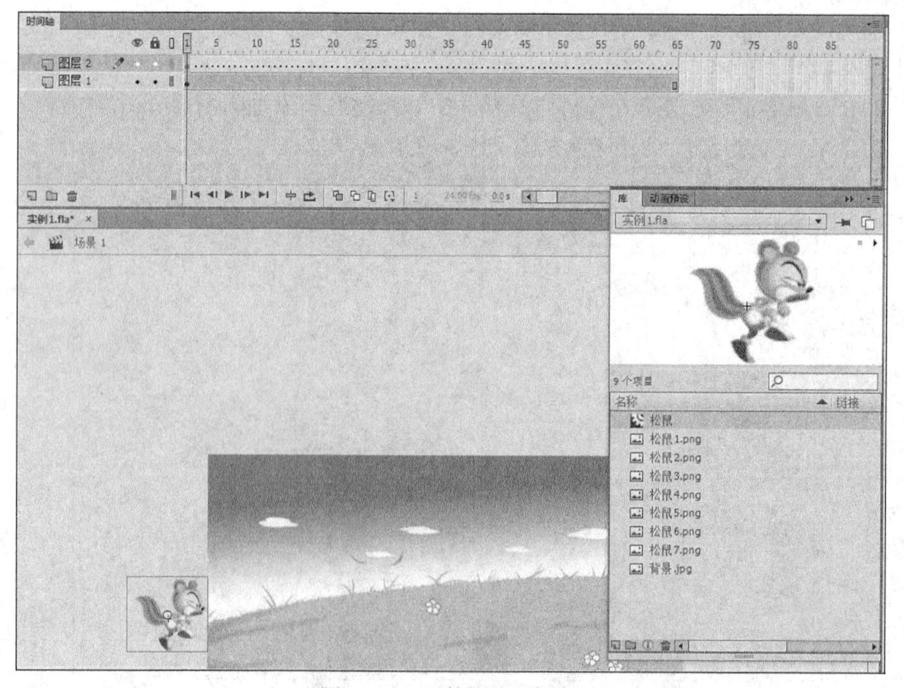

图 12-61　元件拖放到舞台

（9）在“图层 2”图层的第 65 帧处，移动“松鼠”元件到舞台右边，如图 12-62 所示。

（10）选择“控制”|“测试”菜单命令，查看动画效果。

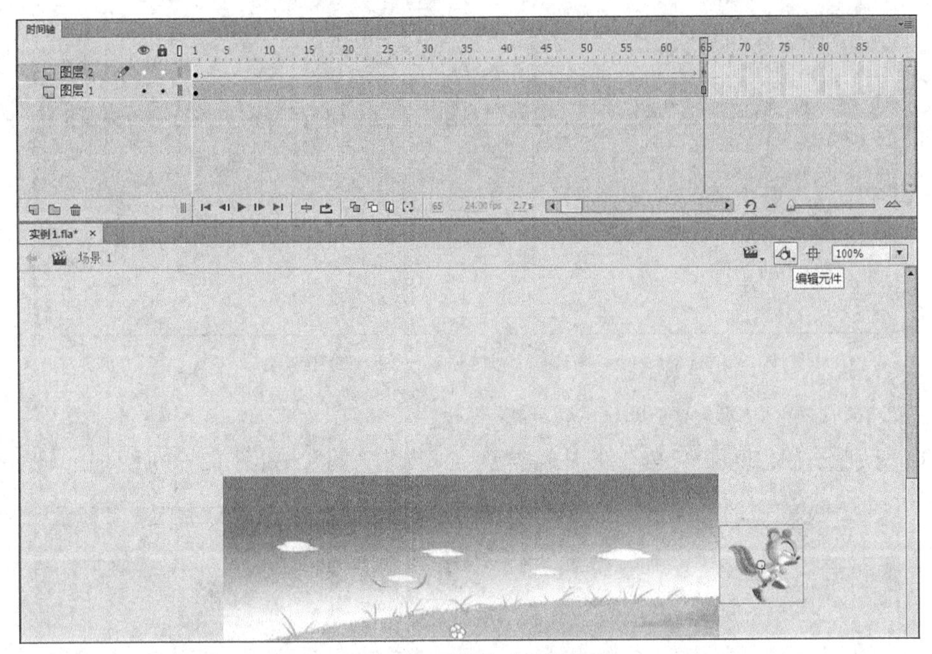

图 12-62　元件移动到指定帧

12.5.2　补间动画实例

下面来制作一个 Flash 补间动画，动画的效果是风景图片的淡入淡出。该补间动画的制作方法，首先将所需图像素材转换为元件，然后通过创建“传统补间”和设置 Alpha 值制作淡入淡出效果。动画效果如图 12-63 所示。

（1）新建 Flash 文档，设置舞台大小为 480 和 160。

（2）导入“风景 1.jpg”到舞台，选择图片，按 F8 键转换为图形元件。

（3）分别在第 15、20 和 35 帧处按 F6 键插入关键帧。

（4）将第 1 和 35 帧处的元件 Alpha 值设为 0%，如图 12-64 所示。

图 12-63　风景图片淡入淡出效果图

图 12-64　设置 Alpha 值

（5）分别设置第 1 和 20 帧上的补间类型为“传统补间”，在第 55 帧处按 F5 键插入帧，如图 12-65 所示。

（6）新建图层“图层 2”，在第 20 帧处按 F7 键插入空白关键帧。

（7）导入“风景 2.jpg”到舞台，选择图片，按 F8 键转换为图形元件。

（8）分别在第 35、40 和 55 帧处按 F6 键插入关键帧。

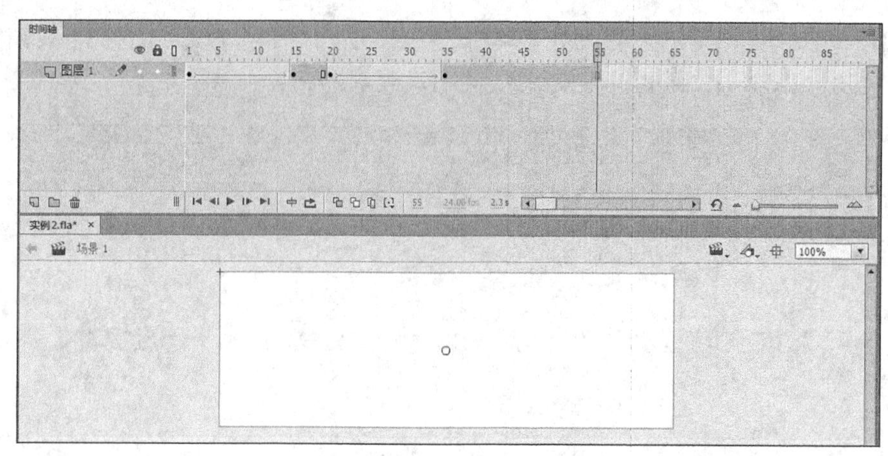

图 12-65　图层 1 步骤（1）～（5）的操作结果

（9）将第 20 和 55 帧处的元件 Alpha 值设为 0%。

（10）分别设置第 20 和 40 帧上的补间类型为“传统补间”，如图 12-66 所示。

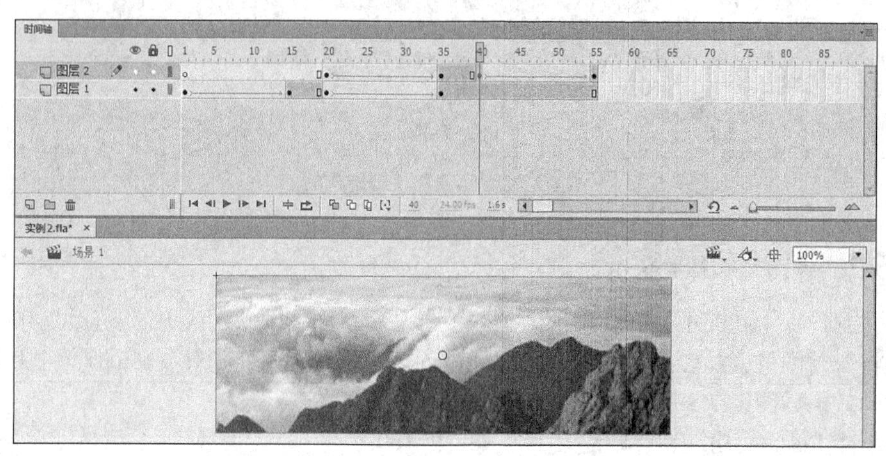

图 12-66　图层 2 步骤（6）～（10）的操作结果

（11）新建图层“图层 3”，使用矩形工具，在“属性”面板上设置“矩形选项”中的“矩形边角半径”为 19，并在场景上绘制圆角矩形，如图 12-67 所示。

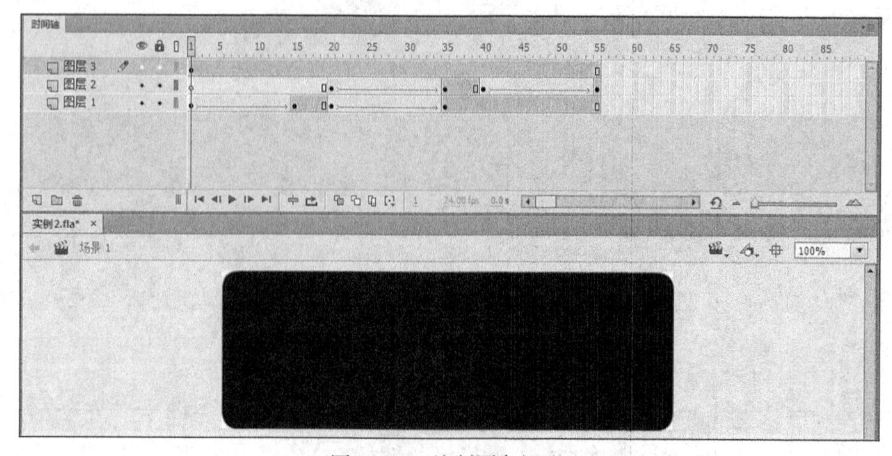

图 12-67　绘制圆角矩形

（12）在“图层 3”图层的名称上单击鼠标右键，在弹出的快捷菜单中选择“遮罩层”命令，在图层“图层 1”上单击鼠标右键，单击“属性”命令，在弹出的“图层属性”对话框中勾选“锁定”复选框并选择“被遮罩”选项，如图 12-68 所示。按“确定”按钮。

（13）最终时间轴图层如图 12-69 所示。按 Ctrl+Enter 组合键，查看动画效果。

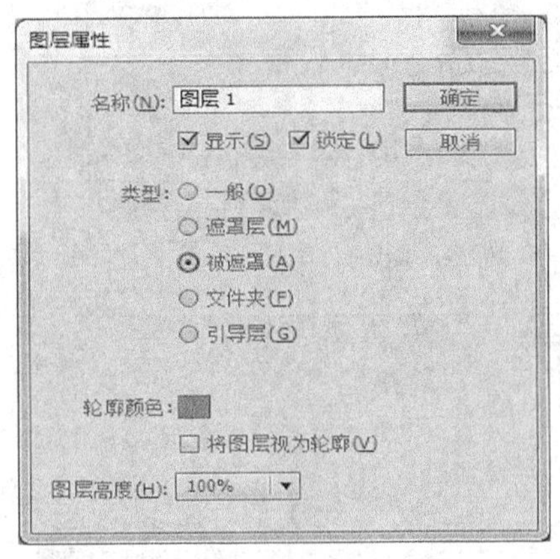

图 12-68　图层属性对话框

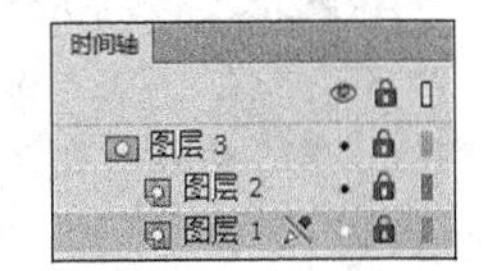

图 12-69　遮罩层

12.5.3　路径跟随动画实例

下面来制作一个 Flash 路径跟随动画，动画的效果是纸飞机按指定的路径飞行。该动画的制作方法，首先将所需图像素材导入场景，再创建引导层，绘制引导线，然后对元件进行相应的设置完成制作。动画效果如图 12-70 所示。

图 12-70　纸飞机飞行效果图

（1）新建 Flash 文档，设置舞台大小为 500 和 277。

（2）导入“背景.jpg”到舞台，导入“纸飞机.png”到库。

（3）打开库，创建新元件“元件 1”，如图 12-71 所示。

（4）把“纸飞机.png”拖入到“元件 1”中，如图 12-72 所示。

（5）在第 70 帧处插入帧。

（6）新建图层“图层 2”，从库中拖动“元件 1”到场景右边空白位置；在第 60 帧处插入关键帧，调整“元件 1”到场景左边位置；在第 70 帧处插入关键帧，调整元件到场景左边空白位置并且将元件 Alpha 值设为 0%。

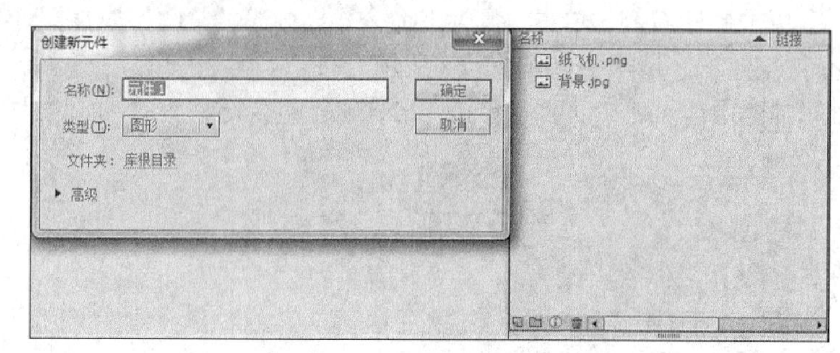

图 12-71　在库中创建新元件

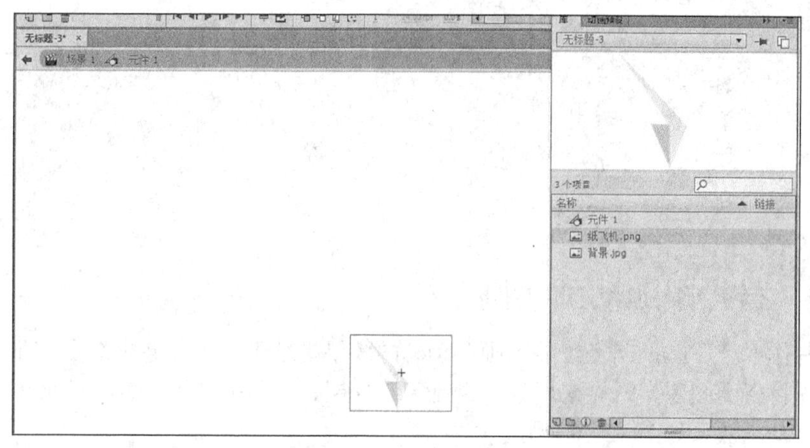

图 12-72　元件加入素材

（7）分别设置第 1 和 60 帧上的补间类型为“传统补间”。

（8）在“图层 2”上单击右键，在弹出的菜单中选择“添加传统运动引导层”命令；使用钢笔工具在场景中绘制引导线。

（9）选择“图层 2”中的元件，调整位置使其中心点到引导线的端点上，如图 12-73 所示。

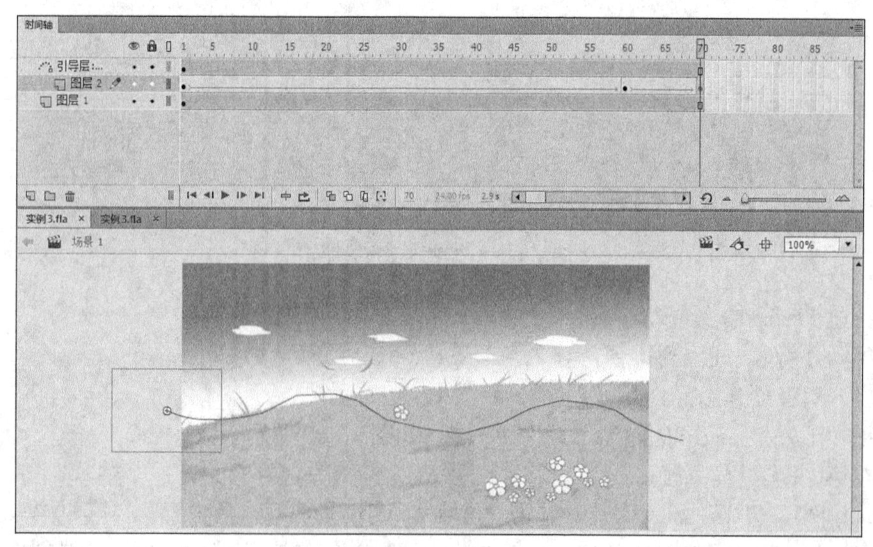

图 12-73　引导层

12.6 课后实验

设计一个路径跟随动画，使小鸟按指定的路径飞行，动画最终效果如图 12-74 所示。

实验步骤：

（1）打开资源管理器，查看本书配套素材“实验素材/第 12 章/课后实验/背景.jpg”图片文件的分辨率，并记下，如图 12-75 所示。

图 12-74 路径跟随动画实验效果图

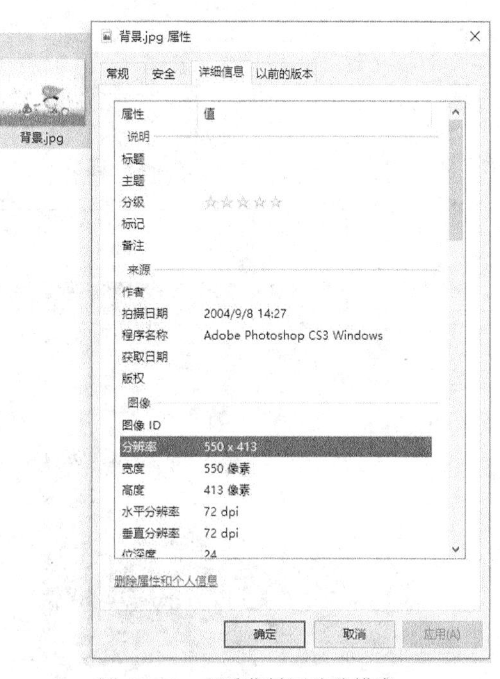

图 12-75 查看背景图片分辨率

（2）新建 Flash 文档，设置舞台宽和高为上一步的分辨率大小，即 550 和 413，如图 12-76 所示。

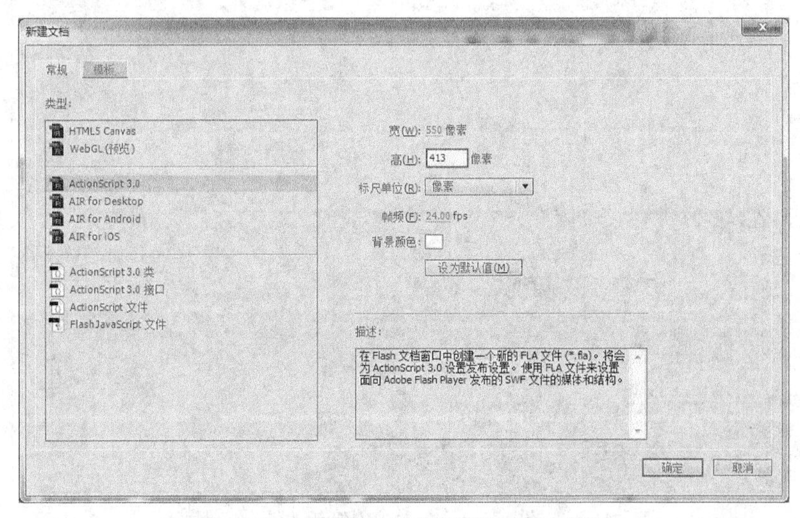

图 12-76 根据背景图分辨率设置舞台宽高

（3）导入“背景.jpg”到舞台，导入“小鸟.jpg”到库，如图 12-77 和图 12-78 所示。

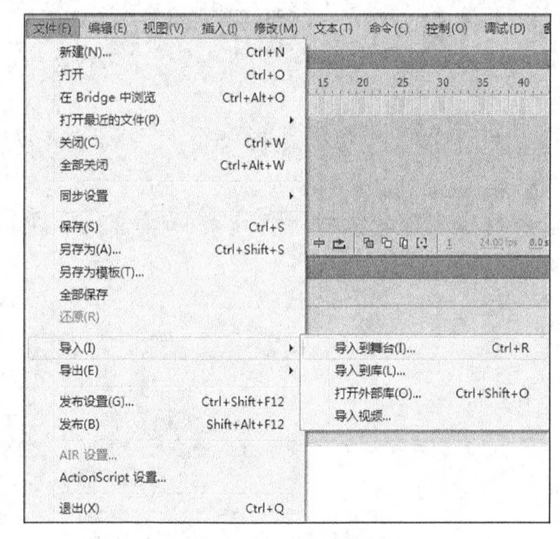

图 12-77　导入素材

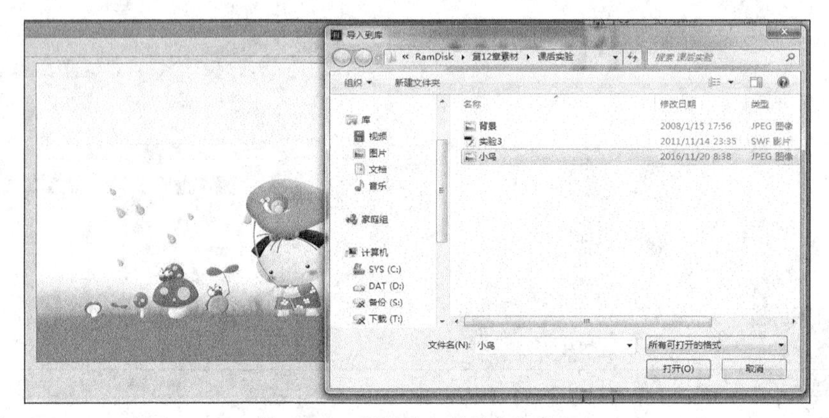

图 12-78　素材导入到舞台和库中

（4）打开库，创建新元件“元件 1”，如图 12-79 所示。

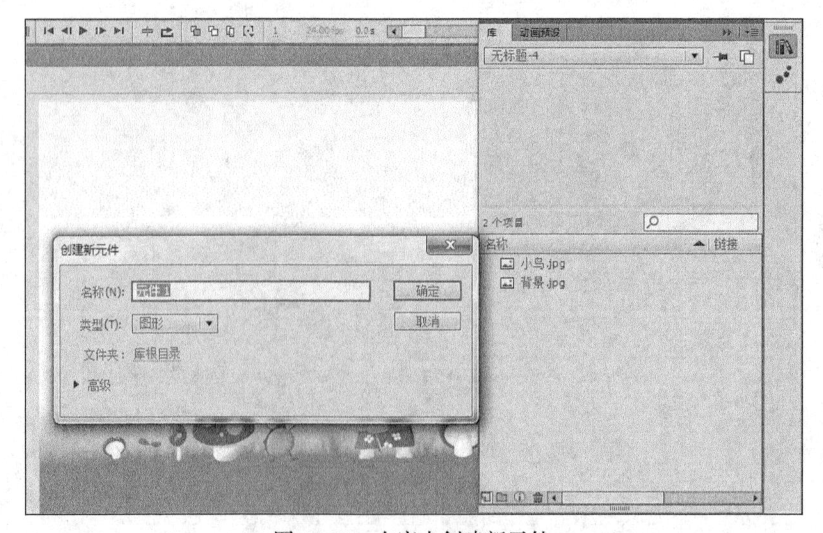

图 12-79　在库中创建新元件

（5）把“小鸟.jpg”拖入到“元件 1”中，如图 12-80 所示。

（6）单击“场景 1”，在第 65 帧处插入帧，如图 12-81 所示。

图 12-80　元件加入素材

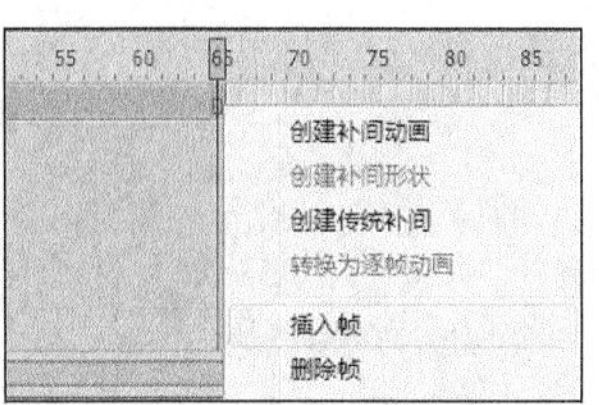

图 12-81　在动画结束位置插入帧

（7）新建图层“图层 2”，选中第 1 帧，从库中拖动“元件 1”到场景左边空白位置，如图 12-82 所示。

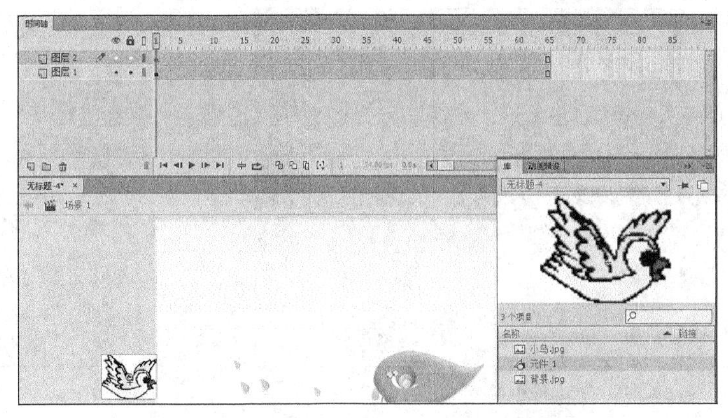

图 12-82　新建图层，加入元件

（8）在第 60 帧处插入关键帧，调整“元件 1”到场景靠右边位置，如图 12-83 所示。

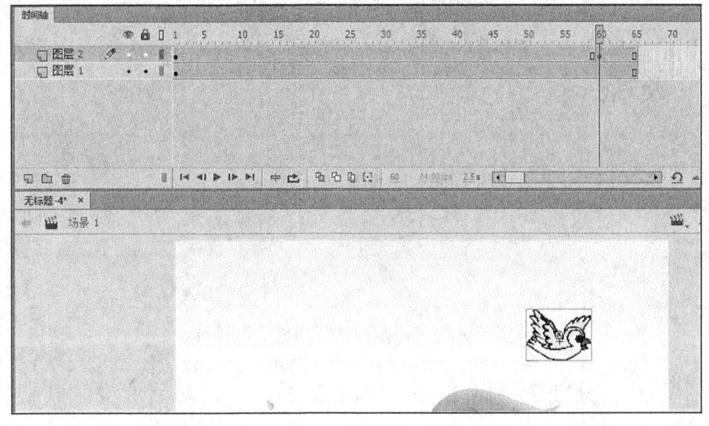

图 12-83　插入关键帧，调整位置

（9）在第 65 帧处插入关键帧，调整元件到场景右边空白位置并且将元件 Alpha 值设为 0%，如图 12-84 所示。

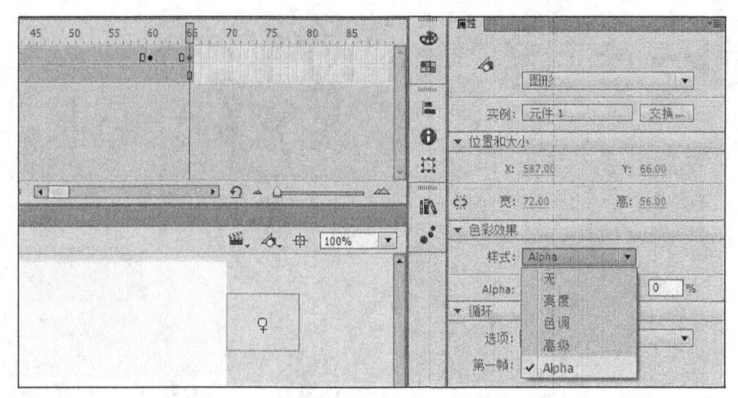

图 12-84　调整元件位置，设置 Alhpa 值

（10）分别设置第 1 和 60 帧上的补间类型为“传统补间”，如图 12-85 所示。

（11）在“图层 2”上单击右键，在弹出的菜单中选择“添加传统运动引导层”命令，如图 12-86 所示。

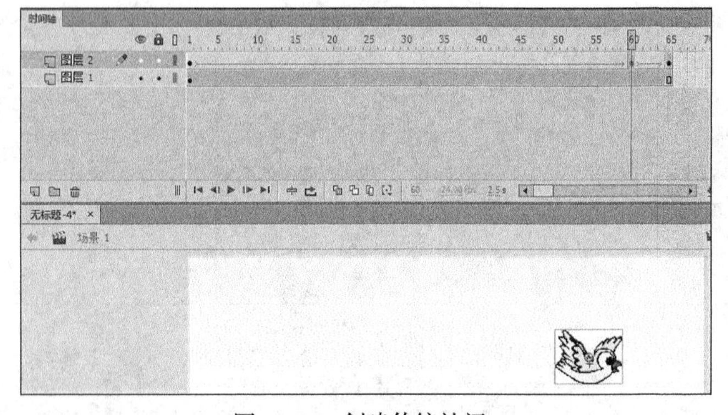

图 12-85　创建传统补间

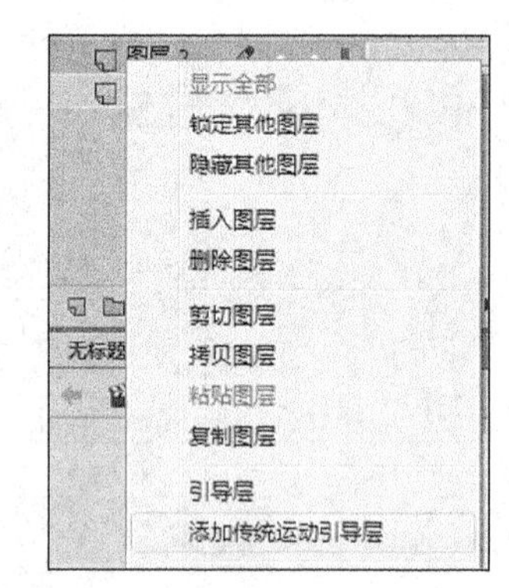

图 12-86　添加传统运动引导层

（12）使用钢笔工具在场景中绘制引导线，如图 12-87 所示。

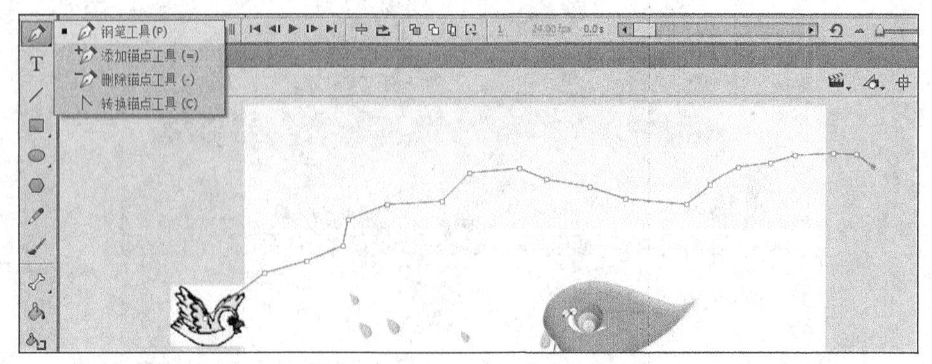

图 12-87　使用钢笔工具绘制引导线

（13）选择“图层 2”，分别选择第 1、60 和 65 帧的元件，调整位置使其中心点到引导线的端点上，如图 12-88 所示。

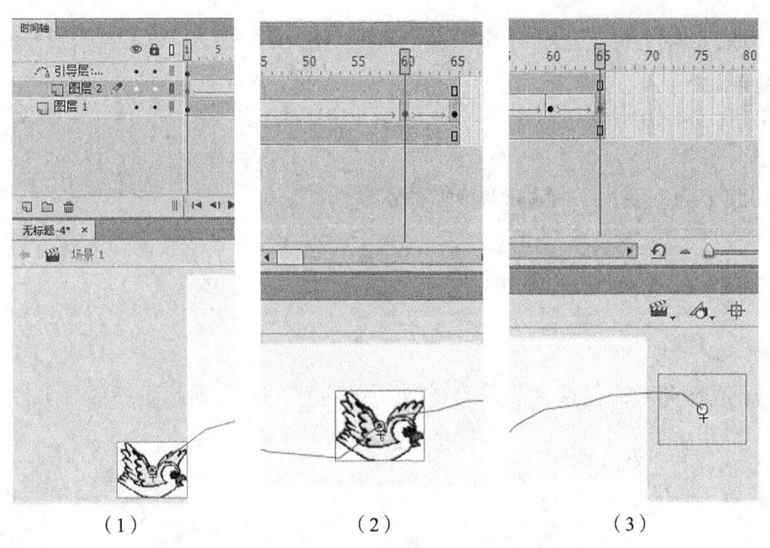

（1）　　（2）　　（3）

图 12-88　调整元件中心点到引导线的端点上

（14）按“Ctrl+Enter”组合键，查看实验结果。

12.7　小结

本章简单介绍了 Flash CC 的用户界面，并通过三个简单的动画实例说明了 Flash 文档的基本操作。通过这些内容的学习，能够使读者对 Flash CC 有一个最基本的感性认识。

12.8　作业与实验

一、选择题

1. 下面哪个面板可以设置舞台背景？（　　）

A. 对齐面板　　B. 颜色面板　　C. 动作面板　　D. 属性面板

2. 不修改时间轴，对下列哪个参数进行改动可以让动画播放的速度更快些？（　　）

A. alpha 值　　B. 帧频　　C. 填充色　　D. 边框色

3. 把矩形变为三角形，应用下边哪个工具最方便？（　　）

A. 钢笔工具　　B. 任意变形工具　　C. 套索工具　　D. 手形工具

4. 画圆形时，先选取椭圆工具，同时按下下边哪个键？（　　）

A. Ctrl　　B. Alt　　C. Shift　　D. Delete

5. 仅进行下边两个操作：在第一帧画一个月亮，第 10 处按下 F6 键，则第 5 帧上显示的内容是（　　）。

A. 一个月亮　　B. 空白，没什么东西

C. 不能确定　　D. 有图形，但不是月亮

6. 一个动画有两个图层，图层一是幅风景画，图层二是一个红色五角星，图层二为遮罩层，图层一为被遮罩层，则最终看到的效果是（　　）。

A. 看到红色的五角星　　B. 看到里边是风景画的五角星

C. 看到整个风景画　　D. 看到整个风景画与红色五角星

7. A lpha 是什么意思？（　　）

A. 透明度或不透明度　　B. 浓度

C. 厚度　　D. 深度

8. Flash 动画中插入空白关键帧的快捷键是（　　）。

A. F5　　B. F6　　C. F7　　D. F8

9. 将图形转换为元件的快捷键是（　　）。

A. F8　　B. F6　　C. F7　　D. F5

二、实验题

1. 设计一个逐帧动画，使文字“神奇的动画”逐字出现，动画最终效果如图 12-89 所示。

图 12-89　逐帧动画实验效果图

2. 设计一个补间动画，使文字“神奇的动画”形状变为 5 个圆，然后又恢复为文字，动画最终效果如图 12-90 所示。

图 12-90　形状补间动画实验效果图

第 13 章 网站制作综合应用

- 熟悉和掌握网站建设的基本流程
- 综合运用 DreamWeaver、Photoshop 和 Flash，能独立设计一个内容完整、图文并茂、技术运用得当的网站

13.1 网站建设流程

13.1.1 网站策划

在实际工作中，要建设一个网站，首先要明确所要设计网站的主题是什么，再根据该网站的性质合理构思网站的布局。网站策划一般包括以下步骤：

1. 定位网站主题

所谓网站主题，也就是网站所要表达信息的题材。网络上的网站题材千奇百怪、琳琅满目，有网上求职、网上聊天、社区、技术、娱乐、旅行、资讯、家庭和生活等，还有许多专业的、另类的、独特的题材可以选择，比如中医，热带鱼，天气预报等等。

对于个人网站，建议选择题材时，首先主题要小而精，即定位要小，内容要精；其次题材最好是自己擅长或者喜爱的内容；再次题材不要太滥或者目标太高。

2. 定位网站 CI 形象；

所谓 CI，是英文 Corporate Identity 的缩写，意指企业形象，即通过视觉来统一企业的形象。现实生活中的 CI 策划比比皆是，杰出的例子如：可口可乐公司，全球统一的标志、色彩和产品包装给我们的印象极为深刻，又如 SONY、三菱、麦当劳等等。图 13-1 列出了部分著名企业的 CI。

图 13-1 部分企业形象

一个杰出的网站和实体公司一样，也需要整体的形象包装和设计。准确的、有创意的 CI 设计对网站的宣传推广有事半功倍的效果。

网站 CI 一般包括：网站标志、标准色彩、标准字体和宣传标语等，是一个网站树立 CI 形象的关键。

3. 确定网站的栏目和版块

建立一个网站好比写一篇文章，首先要拟好提纲，文章才能主题明确，层次清晰；也好比造一座高楼，首先要设计好框架图纸，才能使楼房结构合理。

栏目的实质是一个网站的大纲索引，索引应该将网站的主体明确显示出来。在制定栏目的时候，要仔细考虑，合理安排。网站栏目要注意紧扣主题，一般的网站栏目包括：最近更新或网站指南栏目、可以双向交流的栏目、下载或常见问题回答栏目、其他的辅助内容（如关于本站、版权信息等）。图 13-2 所示为某公司的企业网站栏目结构图。

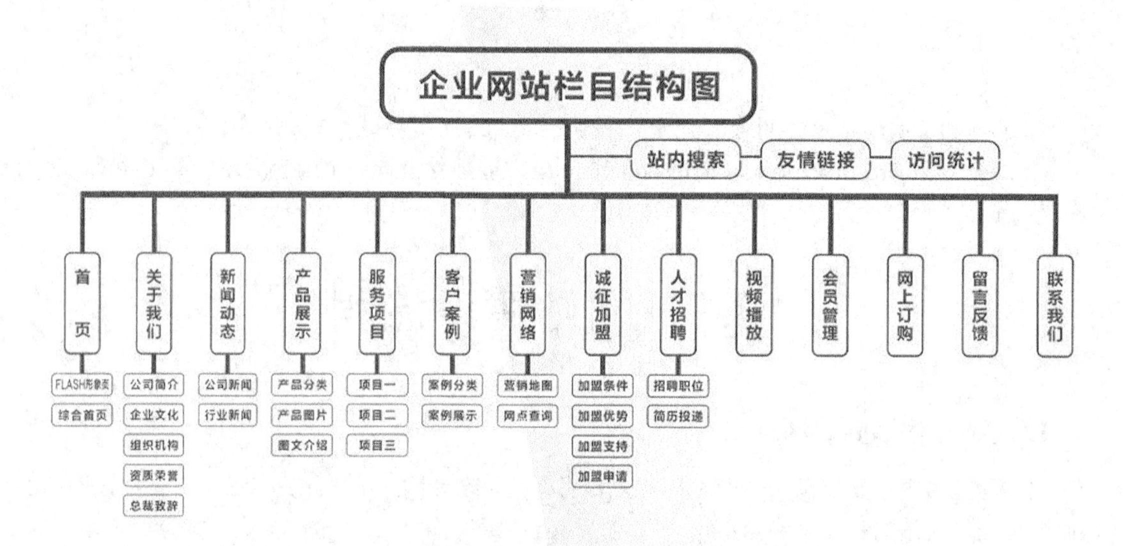

图 13-2　企业网站栏目结构

版块比栏目的概念要大一些，每个版块都有自己的栏目。举个例子：网易的站点分新闻、体育、财经、娱乐、教育等版块，每个版块下面各有自己的主栏目。设置版块时，应该注意：

- 各版块要有相对独立性；
- 各版块要相互关联；
- 版块的内容要围绕站点主题。

一般的个人站点内容少，只有主栏目（主菜单）就够了，不需要设置版块。

4. 确定网站的目录结构和链接结构

网站的目录是指建立网站时创建的文件目录。目录结构的好坏对浏览者来说并没有什么太大的感觉，但是对于站点本身的上传维护、未来内容的扩充和移植有着重要的影响。图 13-3 所示为网站目录结构示例。

下面是建立目录结构的一些建议：

- 不要将所有文件都存放在根目录下；
- 按栏目内容建立子目录；
- 在每个主目录下都建立独立的 images 目录；
- 目录的层次不要太深，建议不要超过 3 层；
- 其他需要注意的，包括：不要使用中文目录，不要使用过长的目录，尽量使用意义明确的目录等。

网站的链接结构是指页面之间相互链接的拓扑结构。它建立在目录结构基础之上，但可以跨越目录。

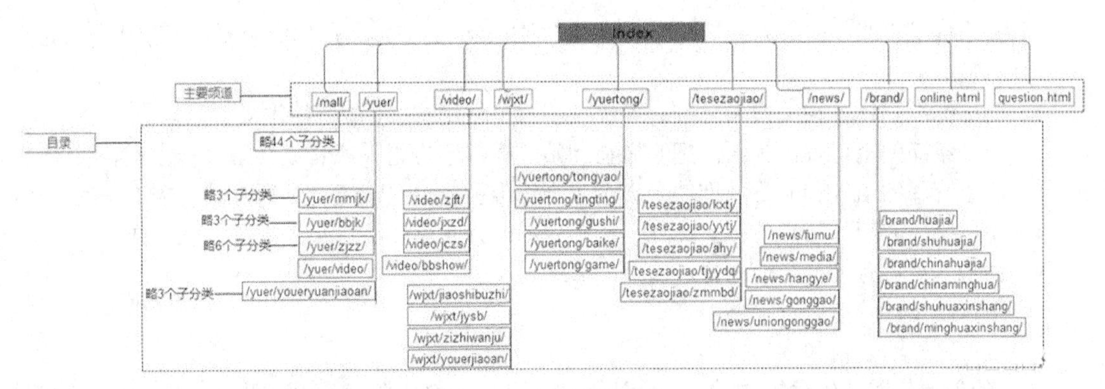

图 13-3　网站目录结构

建立网站的链接结构一般有两种基本方式：

- 树状链接结构（一对一）。首页链接指向一级页面，一级页面链接指向二级页面。
- 星状链接结构（一对多）。每个页面相互之间都建立有链接。

在实际的网站设计中，总是将这两种结构混合起来使用。

5. 确定网站的整体风格和创意设计

网站的风格是指站点的整体形象给浏览者的综合感受。这个“整体形象”包括站点的 CI（标志、色彩、字体、标语）、版面布局、浏览方式、交互性、文字、语气、内容价值、存在意义、站点荣誉等诸多因素。比如，我们觉得网易是平易近人的，迪斯尼是生动活泼的，IBM 是专业严肃的。这些都是网站给人们留下的不同感受。图 13-4 所示是一种常见的网页版面布局。

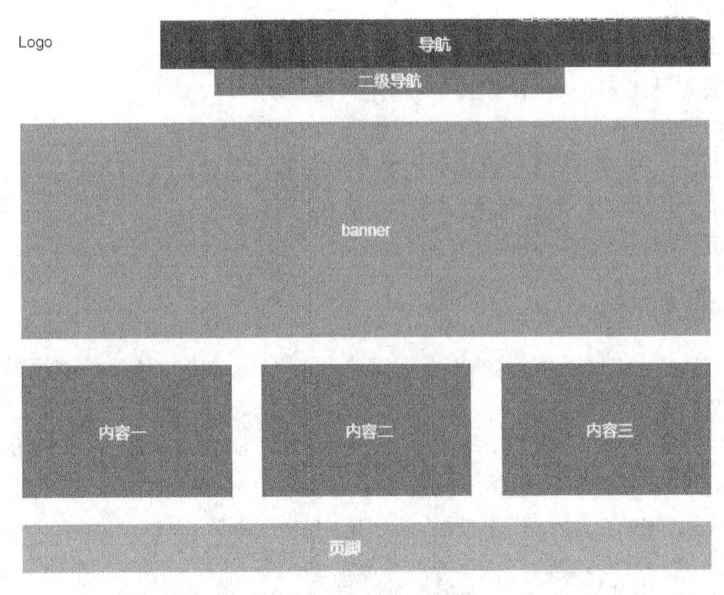

图 13-4　网页版面布局

风格是独特的，是站点不同于其他网站的地方，或者是色彩，或者是技术，或者是交互方式，能让浏览者明确分辨出这是你的网站独有的；风格又是有人性的，通过网站的外表、内容、文字、交流可以概括出一个站点的个性、情绪。

以下几条是确定网站风格的参考意见。

- 将标志 Logo 尽可能地出现在每个页面上，或页眉，或页脚，或背景。

- 突出标准色彩。文字的链接色彩、图片的主色彩、背景色、边框等色彩尽量使用与标准色彩一致的色彩。
- 突出标准字体。在关键的标题、菜单、图片里使用统一的标准字体。
- 想一条朗朗上口宣传标语。把它做在网站的横幅广告里，或者放在醒目的位置。
- 使用统一的语气和人称。即使是多个人合作维护，也要让读者觉得是同一个人写的。
- 使用统一的图片处理效果。比如，阴影效果的方向、厚度、模糊度都必须一样。
- 创造站点特有的符号或图标。
- 用自己设计的花边、线条、点。
- 展示网站的荣誉和成功作品。

网站的创意是网站生存的关键，是传达网站信息的一种特别方式。创意的目的是更好地宣传推广网站。

13.1.2　设计网页

在我们全面考虑好网站的栏目，链接结构和整体风格之后，就可以正式动手制作网页，特别是首页。

首页的设计是整个网站设计的难点，是网站成功与否的关键。一般的设计步骤如下。

1. 确定首页的功能模块

首页的内容模块是指你需要在首页上实现的主要内容和功能。一般的站点都需要这样一些模块：网站名称（logo）、广告条（banner）、主菜单（menu）、新闻（what's new）、搜索（search）、友情链接（links）、邮件列表（maillist）、计数器（count）、版权（copyright）等。

2. 设计首页的版面

在功能模块确定后，开始设计首页的版面。设计版面的最好方法是：找一张白纸、一支笔，先将理想中的草图勾勒出来，然后再用网页制作软件实现。

3. 处理技术上的细节

常见的技术细节，如：制作的主页如何能在不同分辨率下保持不变形，如何能在 IE 和 Firefox 下看起来都不至于太丑陋，如何设置字体和链接颜色等等。

其他二级网页在设计时应当保持与首页风格的一致性。

13.1.3　测试站点

网站设计完成后，我们必须测试站点，一般必须测试超链接，通过检查网站内部，避免断掉的链接和孤立的文件。

（1）单击菜单栏中“窗口”|“结果”|“链接检查器”命令，如图 13-5 所示。

（2）单击左上角的 ▶ 按钮，选择“检查整个当前本地站点的链接”。

（3）检查完成后，会在“结果”面板的列表框中显示检查结果。

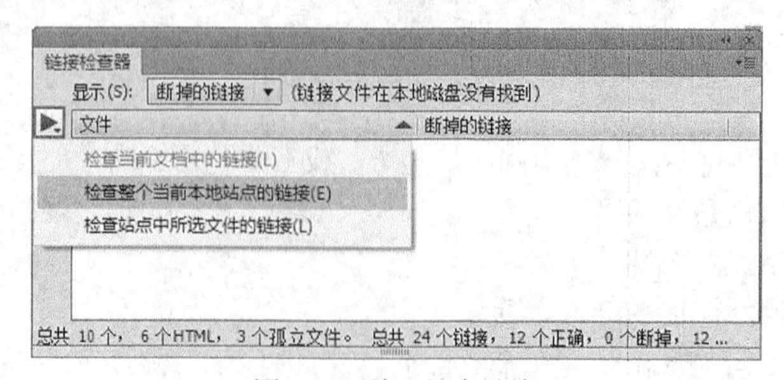

图 13-5　检查站点链接

（4）在显示的下拉菜单中有三个选项，分别是“断掉的链接”“外部链接”和“孤立文件”，用来查看当前站点中“断掉链接”“外部链接”和“孤立文件”的相关信息。具体如下所示。

- “断掉的链接”：是否存在断开的链接，是默认选项。
- “外部链接”：外部链接是否有效。
- “孤立文件”：站点中是否存在孤立的文件。

修复“断掉的链接”，只需打开要修复的网页，输入正确的链接地址就可以了。

13.1.4　发布站点

1. 设置远程服务器信息

（1）单击菜单栏中“站点”|“管理站点”命令，打开“管理站点”对话框，如图 13-6 所示。

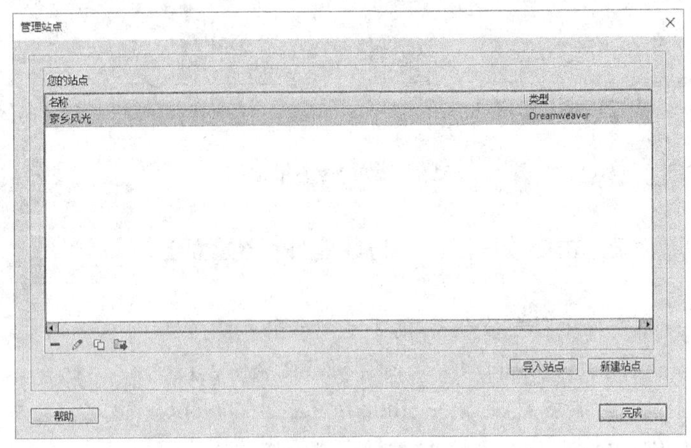

图 13-6　管理站点

（2）选择要上传的站点名称，如选择“家乡风光”，单击“编辑”按钮，打开“站点设置对象”对话框，如图 13-7 所示。

（3）设置服务器，单击“服务器”，如图 13-8 所示。

单击添加按钮 ➕，在基本设置中，填入服务器名称“计算机基础教学网”，连接方法选择“FTP”，FTP 地址输入“pc.hstc.cn”，用户名输入“2016869582”（学号），密码输入“19000101”（生日）。Web URL 输入“http:// {学号}.hpd.pc.hstc.cn”，如“http:// 2016869582.hpd.pc.hstc.cn”。根目录输入“网页制作{班号}实验区/{学号}{姓名}”，如“网页制作 20168695 实验区/2016869582 汉唐宋”，如图 13-9 所示。

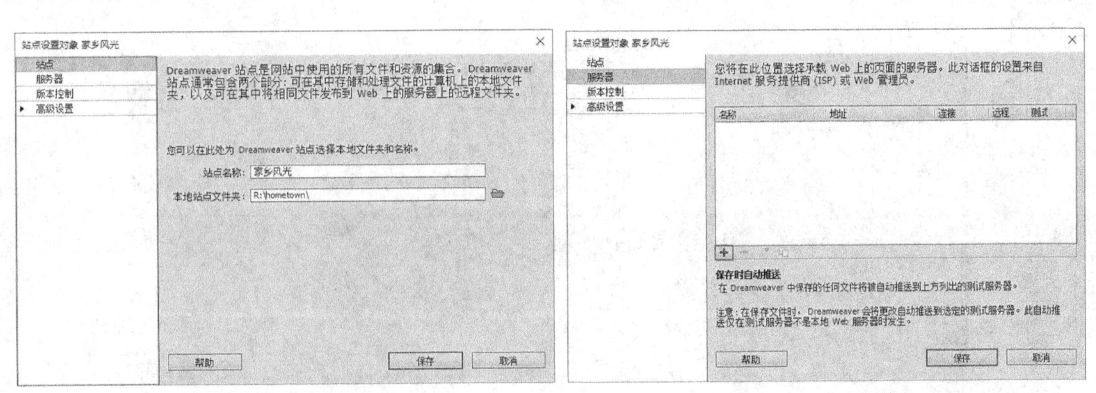

图 13-7　站点设置对象

图 13-8　添加远程服务器

完成设置后，单击“测试”按钮，可测试是否能链接到远程服务器。

单击“高级”选项卡，打勾“保存时自动将文件上传到服务器”，如图 13-10 所示。单击“保存”退出。

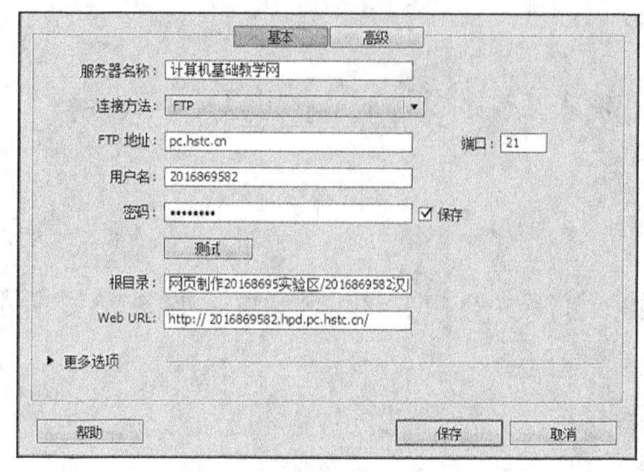

图 13-9　设置远程服务器信息

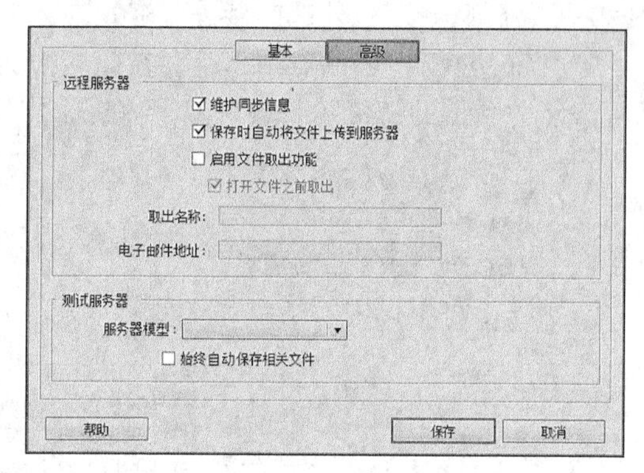

图 13-10　设置“高级”选项

（4）测试无误后，单击“确定”按钮，完成基本信息设置。

2. 上传站点

（1）在“文件”面板单击链接按钮，与远程服务器建立链接，如图 13-11 所示。

（2）在本地目录中选择上传的文件或文件夹，单击上传按钮，开始上传文件，上传文件的时间取决于计算机及网络的速度。

（3）打开浏览器，在地址栏中输入“http:// {学号}.hpd.pc.hstc.cn”，如“http:// 2016869582. hpd.pc.hstc.cn”，即可浏览到作品。

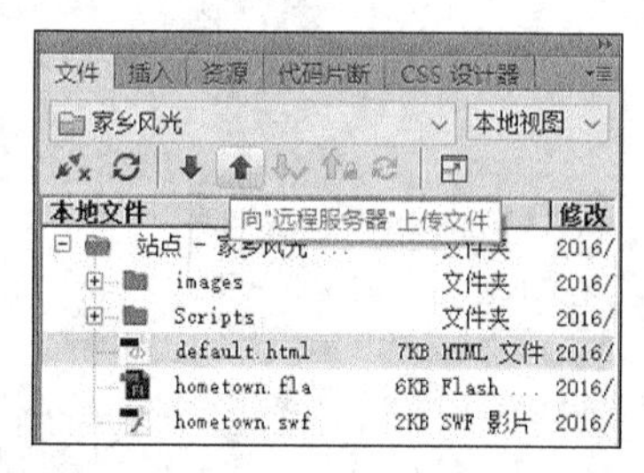

图 13-11　文件面板

13.2　综合应用实例

本节将介绍一个网站“家乡风光”的设计过程，网站主题为自然风景展示。

13.2.1　利用 Photoshop 设计网页

（1）新建文档，名称为“hometown”，文档类型为“自定”，设置宽度为 924 像素，高度为 768 像素，背景内容为“其他”，在“拾色器”中设置背景颜色为自定义“#F0F0F0”，其他不改变，如图 13-12 所示。

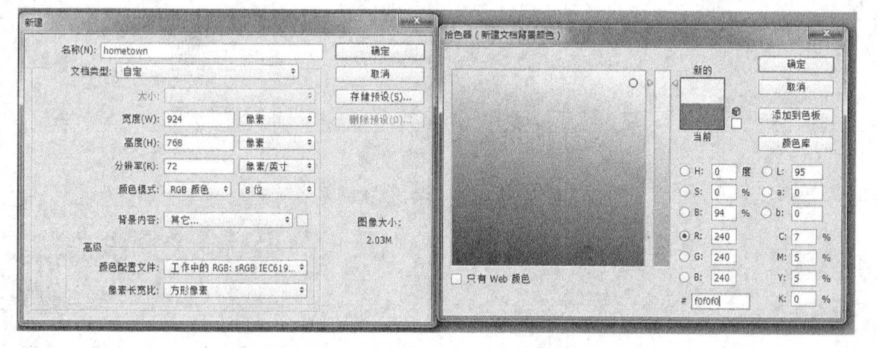

图 13-12　在 Photoshop 中新建文件

（2）利用钢笔工具，在图形右边绘制一些不规则点，使这些点组成一个不规则的闭合图形，如图 13-13 所示。

单击工具栏"选区"命令，在弹出的对话框中，设羽化为 24 像素，单击"确定"按钮，如图 13-14 所示。

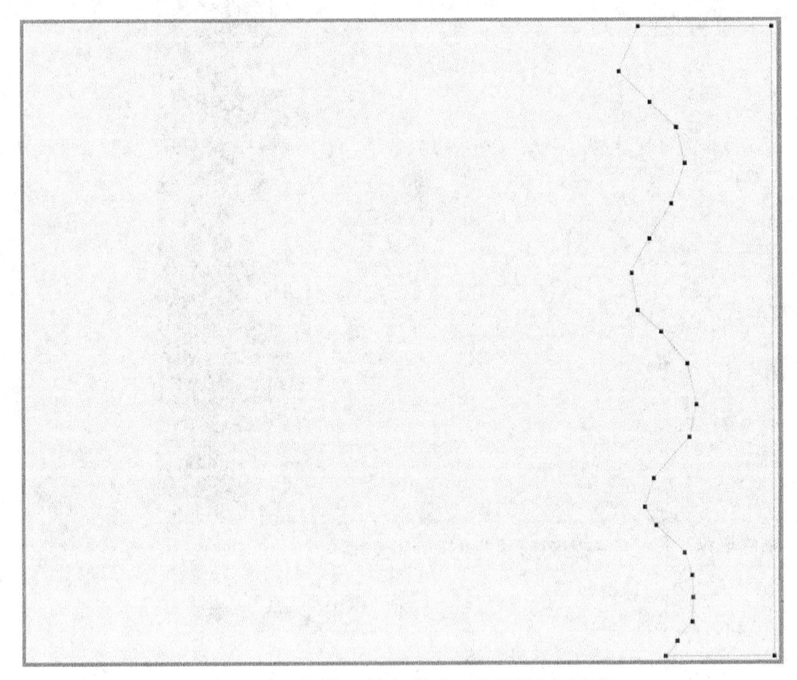

图 13-13　钢笔工具勾勒出不规则闭合图形

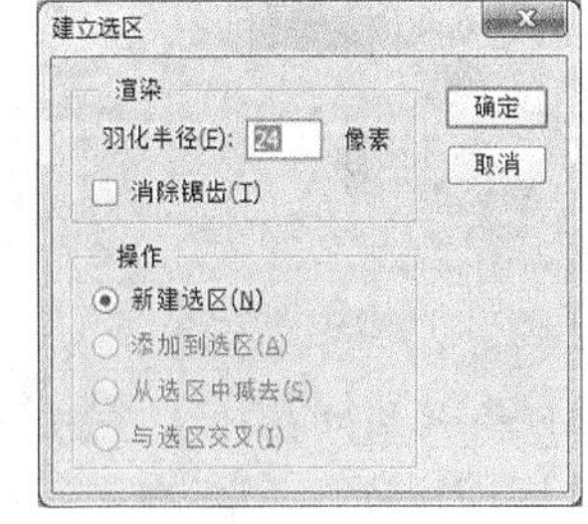

图 13-14　设置选区羽化

选择"编辑"|"填充"菜单命令，设置填充颜色为蓝色，如图 13-15 所示。

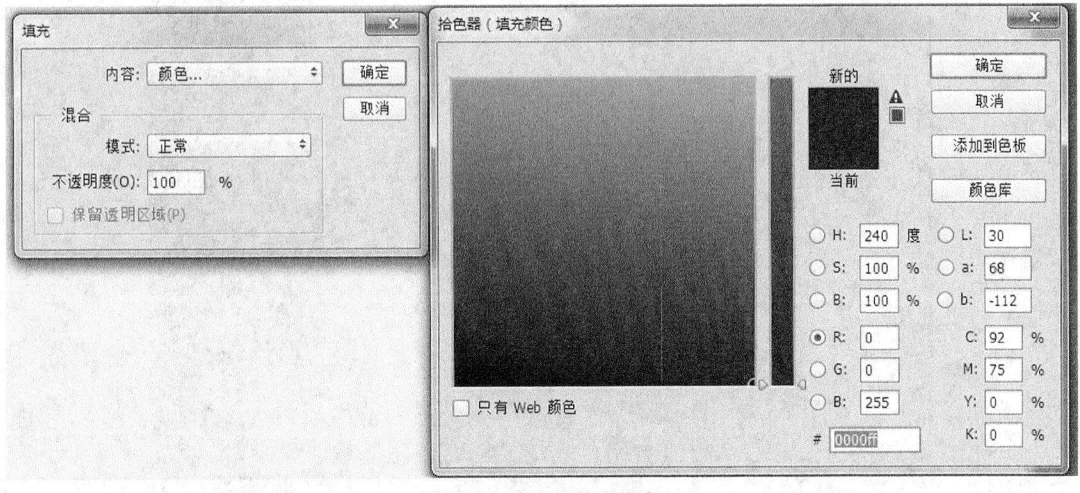

图 13-15　设置填充颜色

画板效果如图 13-16 所示。

（3）利用文字工具，在其中输入"HOME"几个字母，注意每个字母要占用一个图层，字母颜色为红色，字体为"Arial Black"，字号为 80 点，字体工具栏设置如图 13-17 所示。

图 13-16　设计不规则图形并着色和羽化效果

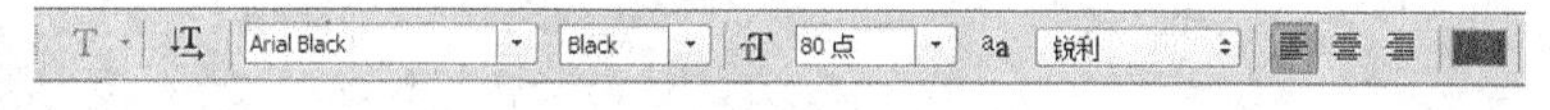

图 13-17　设置字体

为了更好地定位，我们也可以打开网格线辅助操作。完成后效果如图 13-18 所示。

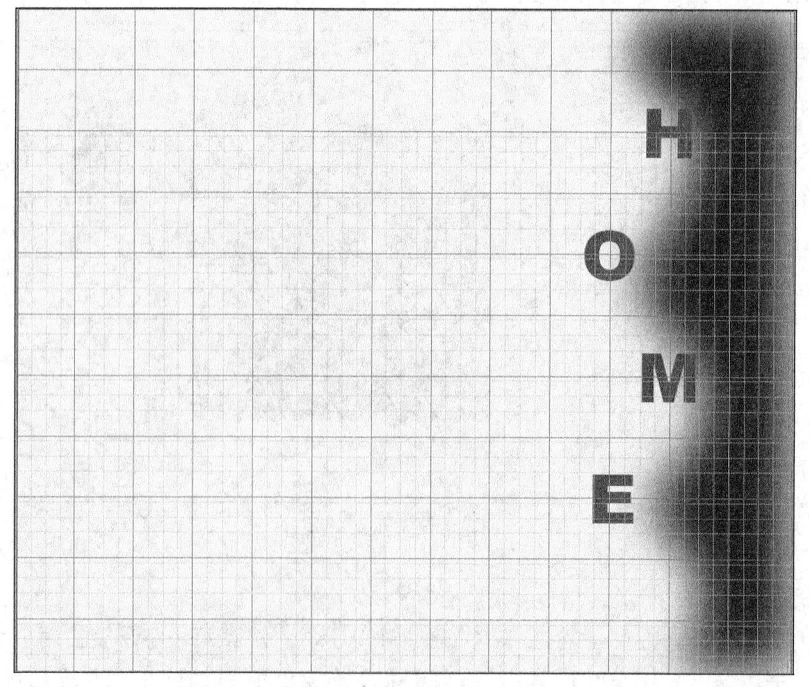

图 13-18　打开辅助风格线

（4）打开“1.jpg”，利用椭圆选框工具，设羽化值为 24 像素，选取中间部分，如图 13-19 所示。

图 13-19　椭圆选框工具

（5）复制并粘贴到“hometown”中，效果如图 13-20 所示。

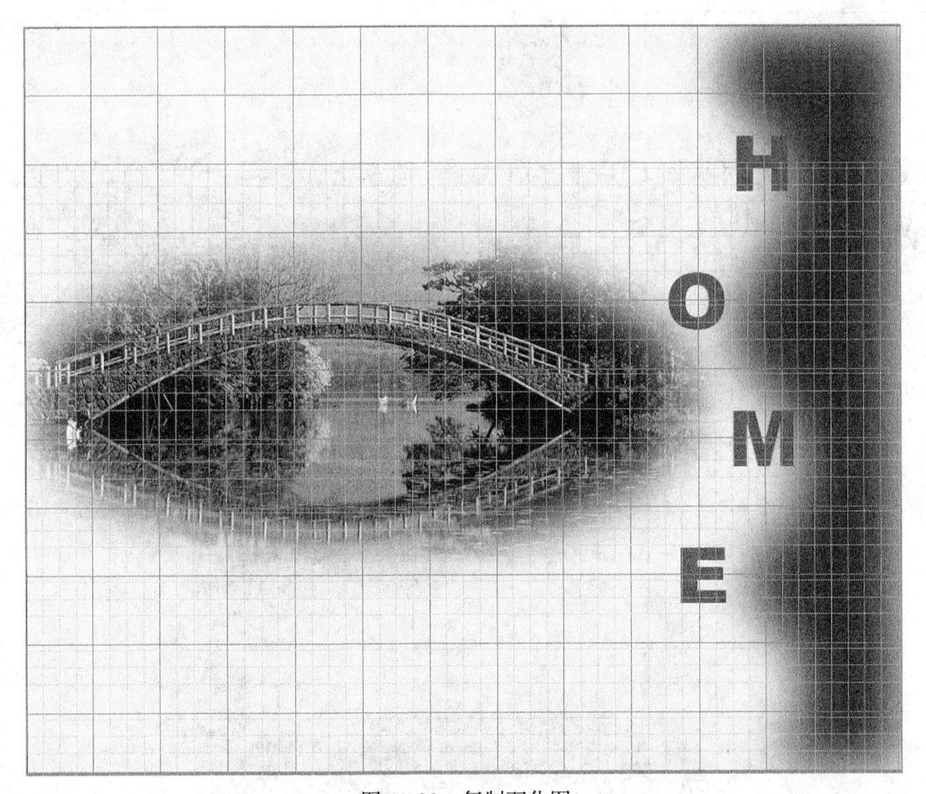

图 13-20　复制羽化图

（6）利用椭圆工具，在画板右边绘制一个圆形，大小为 24×24 像素，设置形状填充类型为“橙，黄，橙渐变”，设置形状描边类型为“水彩”图案，描边宽度为 5 点。该圆形可作图标，如图 13-21 所示。

在图标前输入文字“小桥流水”，大小为 32，颜色设置为白色，效果如图 13-22 所示。

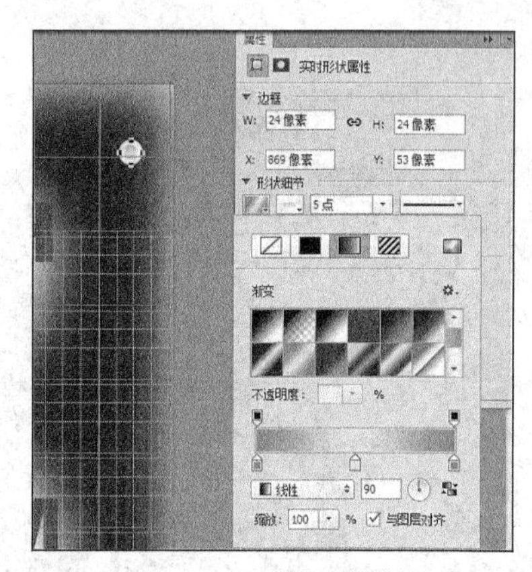

图 13-21 设置圆形图

图 13-22 制作导航

（7）参照步骤（6），复制其他的几个图标并且输入其他文字说明，包括“蓝天白云”“鲜花盛开”和“天高气爽”，并移动到相应位置。效果如图 13-23 所示。

（8）分别选中文字图层，选择“视图”|“通过形状新建参考线”菜单命令，打好切片范围。效果如图 13-24 所示。

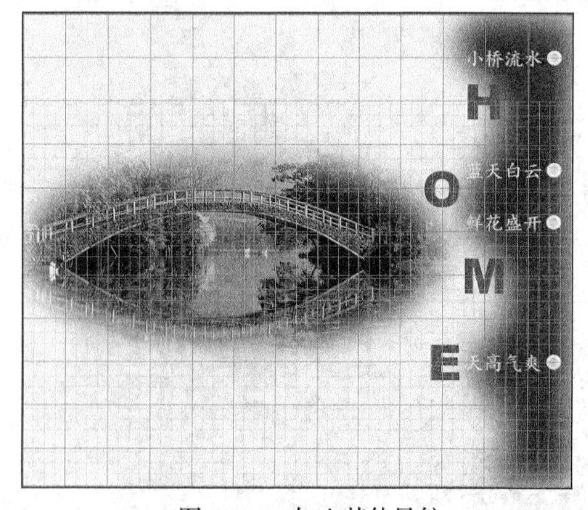

图 13-23 加入其他导航

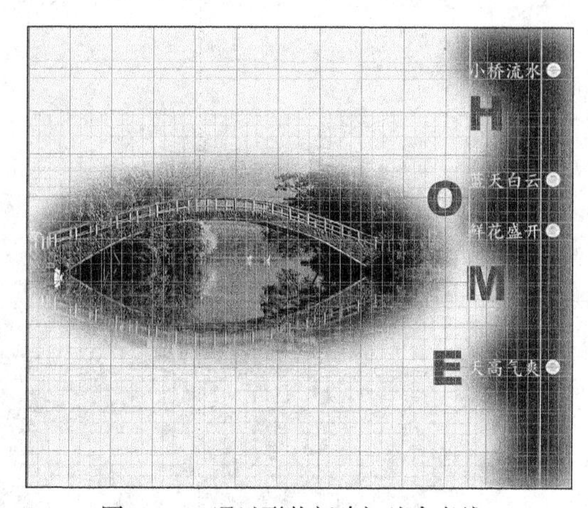

图 13-24 通过形状新建切片参考线

选择“切片工具”，单击“基于参考线的切片”工具命令，完成图片切片，如图 13-25 所示。

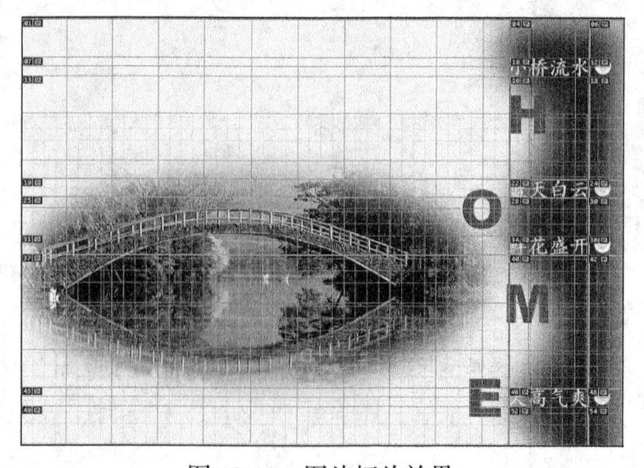

图 13-25 图片切片效果

分别选中文字切片，右键选择“编辑切片选项”菜单命令，如图 13-26 所示。

设置“切片选项”对话框中的名称和 URL，如图 13-27 所示。

图 13-26　编辑切片选项

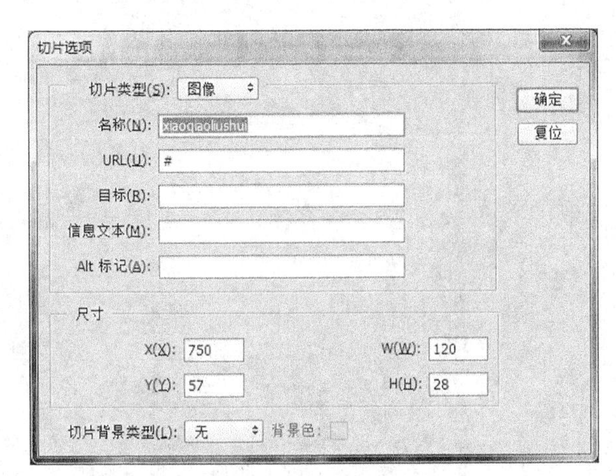

图 13-27　设置切片选项

（9）选择“文件”|“导出”|“存储为 Web 所用格式（旧版）”菜单命令，如图 13-28 所示。

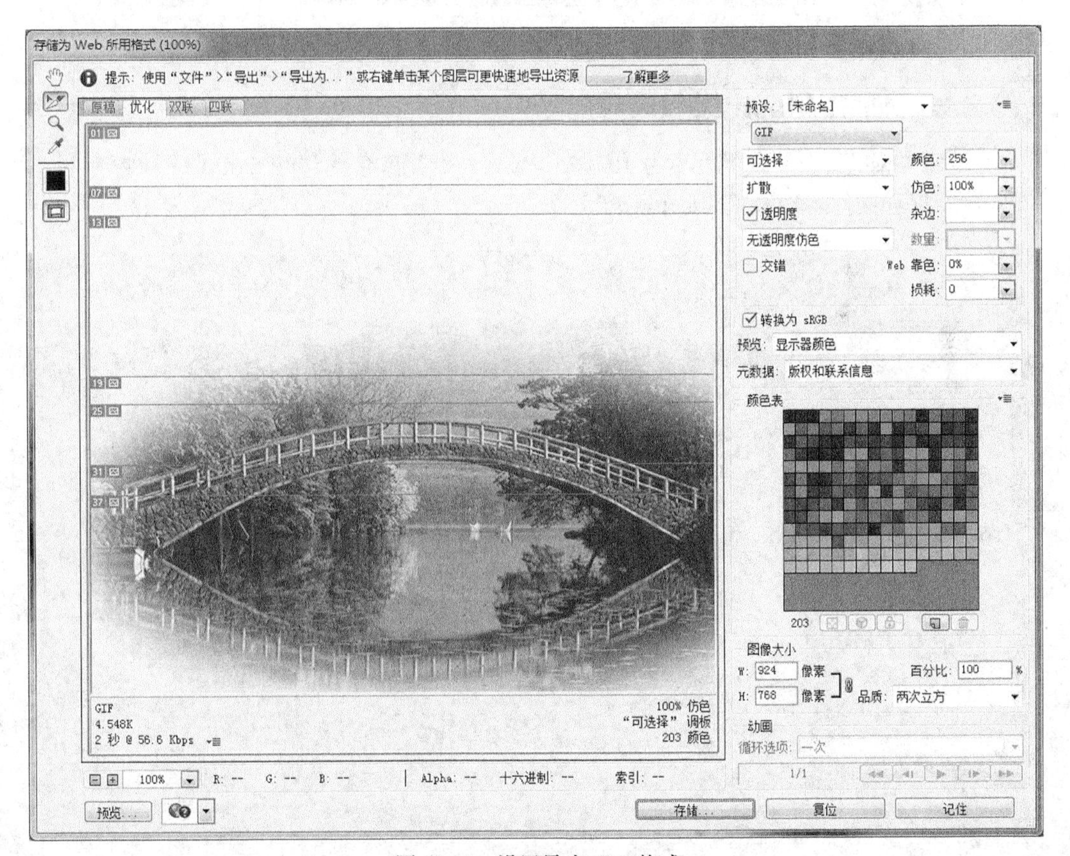

图 13-28　设置导出 Web 格式

单击“存储”按钮，在弹出的对话框中输入文件名“default.html”，格式为“HTML 和图像”，切片为“所有切片”，单击“保存”按钮，如图 13-29 所示。

至此我们已经导出了制作好的图片为网页格式。

图 13-29　保存网页

13.2.2　利用 Flash 设计动画

（1）新建 Flash 文档，设置大小为 100×768 像素，背景颜色为“#F0F0F0”，帧频为 6，如图 13-30 所示。保存文件名称为“hometown.fla”。

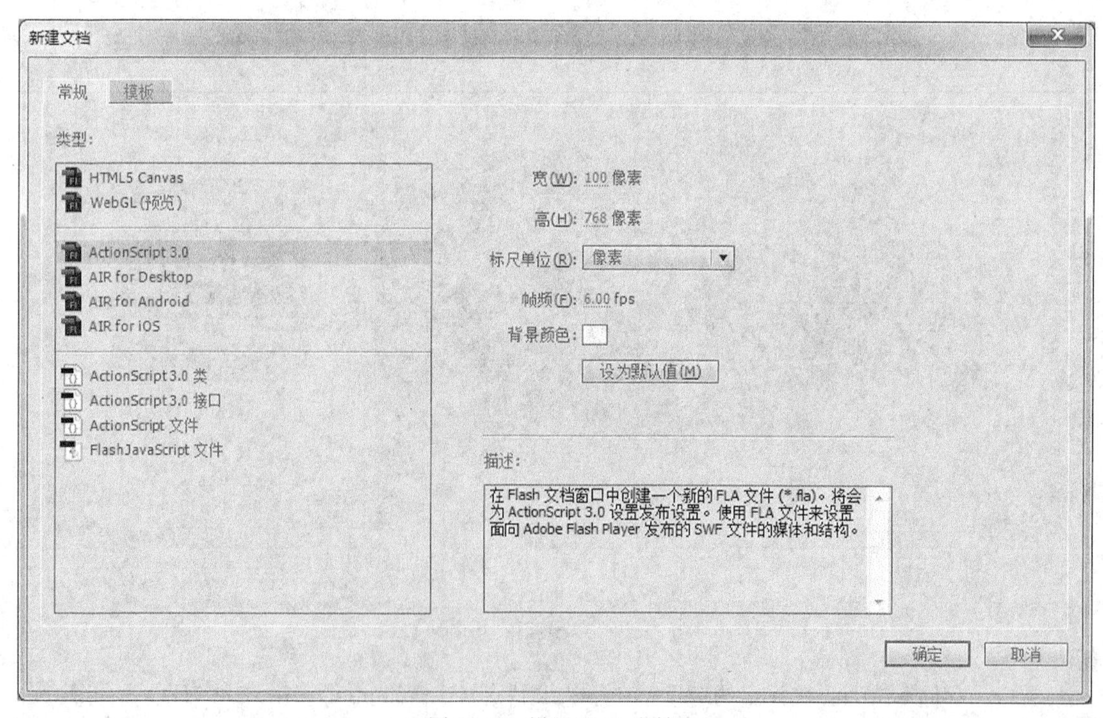

图 13-30　设置 Flash 文档

（2）打开库，新建 3 个影片剪辑元件，在其中分别输入“家”“乡”和“美”，字体分别为“黑体”“楷体”和“宋体”，颜色分别为“红”“蓝”和“绿”，大小为 48 磅，如图 13-31 所示。

图 13-31　3 个影片剪辑元件

（3）按“Ctrl+E”组合键回到主界面，单击“时间轴”面板中的“插入图层”按钮 2 次，新建 2 个图层，对每个图层的第 1 帧，从“库”面板中拖出 1 个元件到主场景的工作区中，如图 13-32 所示进行排列。

（4）在每个图层的第 10 帧和第 20 帧，插入关键帧，将第 10 帧的文字进行拖动，为每两个关键帧之间创建传统补间动画，此时的“时间轴”面板如图 13-33 所示。

图 13-32　每个图层的第 1 帧拖放 1 个元件，并排列文字

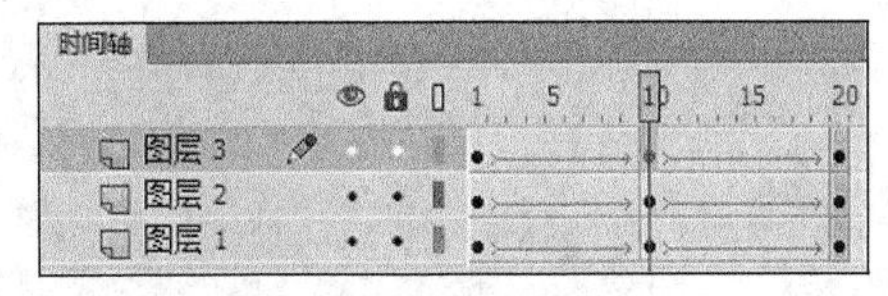

图 13-33　时间轴面板

第 1 帧时 3 个元件位置如图 13-34（1）所示；第 10 帧时位置如图 13-34（2）所示；第 20 帧时位置如图 13-34（3）所示。

（5）按“Ctrl+Enter”组合键，测试结果。

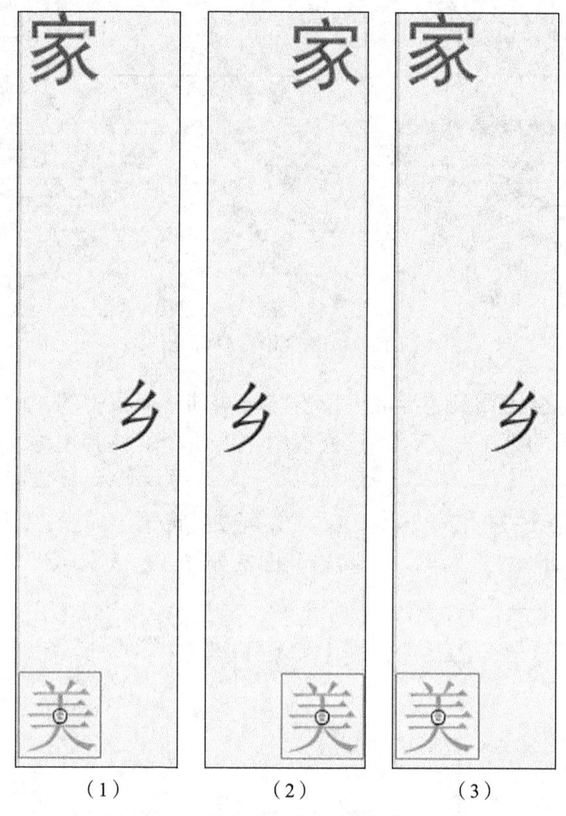

（1）　　（2）　　（3）

图 13-34　元件在 3 个关键帧所处位置

13.2.3　利用 DreamWeaver 制作网站

（1）新建站点，站点名称为“家乡风光”，选择本地根目录文件夹为刚才保存的页面所在位置（这里为“R:\hometown\”），如图 13-35 所示。设置本地信息中的默认图像文件夹为“R:\hometown\images\”。单击“保存”按钮。

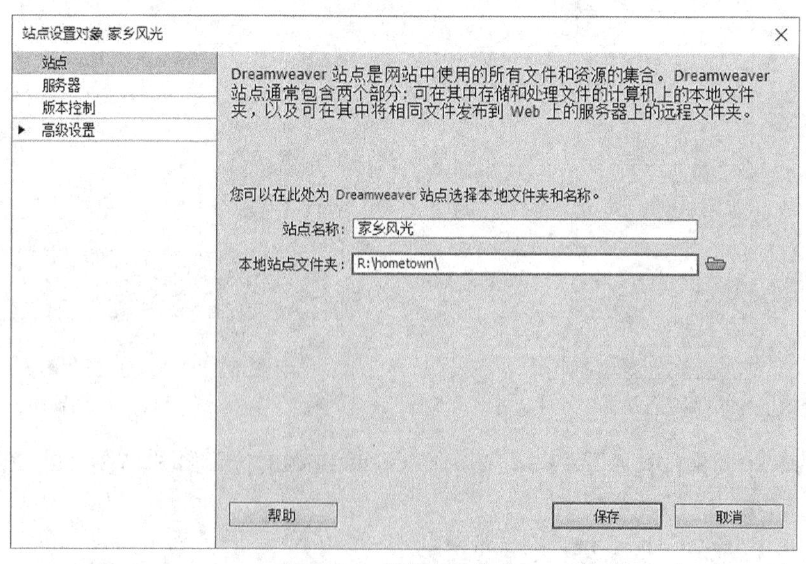

图 13-35　设置站点信息

（2）打开“default.html”，修改<body>标签的背景颜色为“#F0F0F0”，如图 13-36 所示。

```
<body bgcolor="#ffffff" leftmargin="0" topmargin="0" marginwidth="0" marginheight="0">
```

图 13-36　修改<body>标签属性

（3）在<body>标签后面，插入一个 1×2 的表格，表格宽度设为 1024 像素，边框粗细设为 0 像素，单元格边距和单元格间距均为 0，如图 13-37 所示。单击“确定”按钮。

（4）选择从“<!-- Save for Web Slices(hometown)-->”到“<!-- End Save for Web Slices -->”之间的代码，移动到右单元格，如图 13-38 所示。

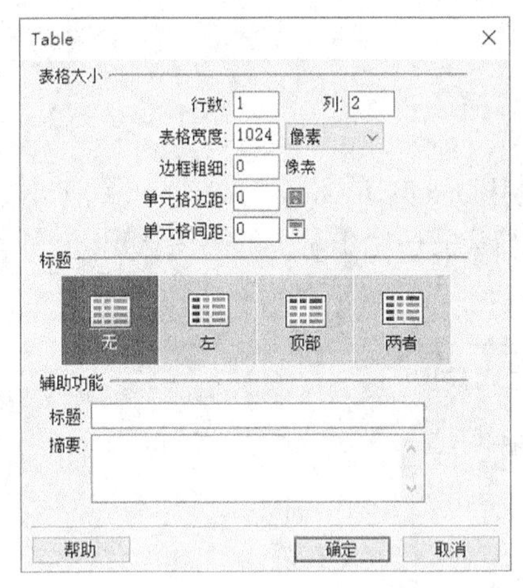

图 13-37　插入表格

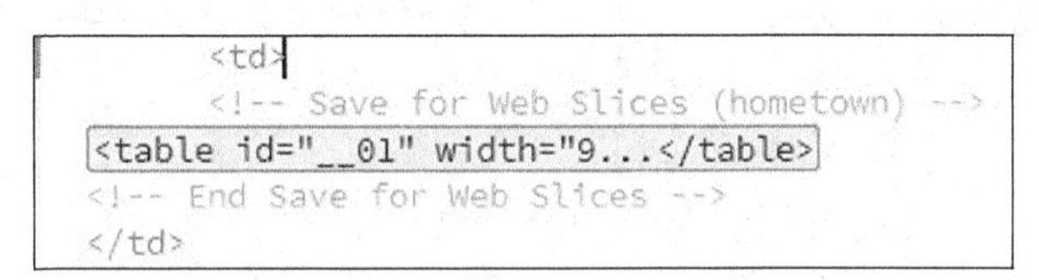

图 13-38　插入 Fireworks HTML

（5）将光标定位在左单元格中，插入“hometown.swf”动画，并调整大小，效果如图 13-39 所示。

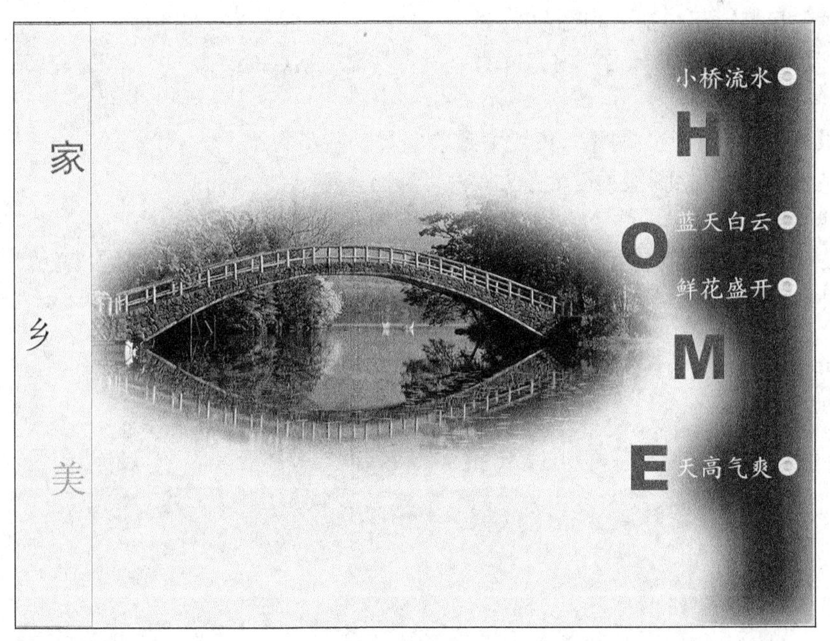

图 13-39　插入 Flash 动画

（6）接下来，完善其他二级页面，如“小桥流水”链接到“1.jpg”等。

（7）完成后，发布到远程服务器中，操作方法参照上一节。

13.3　课后实验

实验要求：应用DreamWeaver、Photoshop和Flash软件，参照13.2节的实例，设计自己的个人网站。

13.4　小结

本章简单介绍了网站建设的一般流程，并通过综合运用DreamWeaver、Photoshop和Flash，创建一个实例网站。通过这些内容的学习，使读者对网站建设有一个最基本的感性认识。

13.5　作业与实验

一、选择题

1. CI指的是什么？（　　）

　A. 企业标识　　B. 企业形象　　C. 企业文化　　D. 企业价值

2. 关于网站的版块与栏目，下列说法哪项正确？（　　）

　A. 栏目在概念上所指的范围比版块要大　　B. 版块在概念上所指的范围比栏目要大

　C. 版块与栏目没有什么关系　　D. 主题鲜明的网站，版块和栏目都没必要

3. 网站的风格，不包括下列哪项？（　　）

　A. 版面布局　　B. 内容价值　　C. 站点CI　　D. 网站域名

二、问答题

1. 如果要设计一个个人网站，说说大致要经过哪些步骤？
2. 网站CI一般包括哪些关键形象？

三、实验题

根据课本13.2节综合应用实例的风格，设计二级网页，使“小桥流水”“蓝天白云”等链接到所设计的网页。

参考文献

[1] 刘增杰，臧顺娟，何楚斌. HTML 5+CSS 3+JavaScript 网页设计. 北京：清华大学出版社，2012. 1

[2] 明日科技. HTML 5 从入门到精通. 北京：清华大学出版社，2012.9

[3] [美]Adobe 公司（陈家斌译）. Adobe Dreamweaver CC 标准培训教材. 北京：人民邮电出版社，2014.5

[4] 马丹，张野. Dreamweaver CC 网页设计与制作标准教程. 北京：人民邮电出版社，2016.3

[5] 中华网科技频道. http://tech.china.com/zh_cn/netschool/homepage/dreamweaver/

[6] Adobe 公司. Dreamweaver CC 帮助文件

[7] 我要自学网. Dreamweaver CS5 网页制作教程. http://www.51zxw.net/list.aspx?cid=321

[8] 金卫萍. 网页设计与制作中 AP Div 元素的应用课例. http://www.cskj.sjedu.cn/dwjs/zfjt/zyp/jxal/11/219228.shtml

[9] 前沿思想. 案例风暴：Flash CS4 动画设计与制作 300 例. 北京：兵器工业出版社，2010.1

[10] 崔洲浩，龙飞. 中文版 Flash 从新手到高手完全技能进阶. 北京：航空工业出版社，2010.6